普通高等教育自动化类专业系列教材

控制工程研究方法

鲁守银 高 诺 刘 斌 编著

科 学 出 版 社

北 京

内 容 简 介

本书较全面地介绍控制工程应用中自动控制系统的理论、方法和技术，以及工业控制系统的实现方法与技术。全书共八章，内容包括传感器与检测技术、系统建模技术、智能计算与信息处理技术、单回路控制方法、先进控制技术、控制工程技术、计算机控制系统和机器人技术与应用。本书采用理论结合例题、应用实例的方式进行讲解，内容翔实丰富，突出理论、技术和应用的有机结合，并吸收了国内外控制工程技术的最新研究成果。

本书可作为自动化类专业本科生及相关专业研究生的教材或参考书，也可供相关科研技术人员参考。

图书在版编目（CIP）数据

控制工程研究方法 / 鲁守银，高诺，刘斌编著. -- 北京 : 科学出版社, 2025. 5. --（普通高等教育自动化类专业系列教材）. -- ISBN 978-7-03-080513-3

Ⅰ. TP13

中国国家版本馆 CIP 数据核字第 2024NE4741 号

责任编辑：纪晓芬 李 莎 / 责任校对：赵丽杰
责任印制：吕春珉 / 封面设计：耕者设计工作室

科学出版社出版
北京东黄城根北街 16 号
邮政编码：100717
http://www.sciencep.com
三河市中晟雅豪印务有限公司印刷
科学出版社发行 各地新华书店经销
*
2025 年 5 月第 一 版 开本：787×1092 1/16
2025 年 5 月第一次印刷 印张：16
字数：377 000

定价：58.00 元

（如有印装质量问题，我社负责调换）
销售部电话 010-62136230 编辑部电话 010-62135397-2021（HF02）

前言

工业特别是制造业是国家经济命脉所系，是立国之本、强国之基，工业化是一个国家经济发展的必由之路。新型工业化是以新发展理念为引领，以科技创新为动力，以高质量发展为主线，以工业化与数字化、网络化、智能化、绿色化融合发展为特色，带动各产业、领域协同发展的工业化道路。党的二十大报告指出，要“推进新型工业化，加快建设制造强国”。

控制工程技术是机器人产业等现代制造领域的关键核心技术。控制工程技术是研究自动控制系统、控制装置、自动检测仪表等在工程领域应用的自动控制技术，其研究内容涉及自动控制理论、方法、技术及装备，以及自动控制系统的工程实现方法与技术，包括自动控制系统的建模、分析、设计、仿真、综合、安装、运行、检验、维护等过程。控制工程技术是在机械工程、电气工程和电子信息工程的基础上发展起来的，它是涉及机械工程、自动控制、计算机、人工智能、仪器仪表等技术领域的一门综合性技术，在电力、化工、机械、冶金、电子、建筑、交通、环保、航空航天、国防等领域得到了广泛的应用。

本书是为“控制工程研究方法”课程编写的研究生教材。目前，国内外介绍控制工程技术的专著已出版了很多，也有很多介绍控制工程技术的教材出版。该领域专著类的图书都有自己的研究主线和特色，但是作为研究生教材，基础知识稍显不足；该领域的教材类图书，所涉及的技术领域又显得不够全面。本书作为研究生教材，所介绍的基础知识较全面、知识结构较合理，能够为分析和设计目前控制工程中广泛应用的各种控制系统提供一定的技术和方法。本书主要内容安排如下：第 1 章主要介绍控制工程常用的传感器与自动检测技术；第 2 章介绍控制系统机理建模技术、系统辨识技术、智能建模技术、混合建模技术和软测量建模技术；第 3 章介绍智能计算与信息处理技术；第 4 章针对控制工程中常用的单回路控制方法进行了较为全面的介绍；第 5 章对模型预测控制、自适应控制系统、最优控制和解耦控制等先进控制技术进行了介绍；第 6 章介绍控制工程的过程优化技术、故障诊断与故障预测技术、控制系统性能评估技术和安全性技术；最后两章分别介绍了计算机控制系统和机器人技术与应用。

本书撰写分工如下：第 1 章、第 3 章由高诺撰写，第 2 章、第 4～6 章由鲁守银撰写，第 7 章、第 8 章由刘斌撰写。全书由鲁守银统一定稿。

本书在编写过程中，参考和借鉴了近几年出版的国内外专著、教材和学术论文的部分内容，并得到了山东建筑大学研究生教材建设项目经费资助，在此表示衷心的感谢！

由于编者学识有限，疏漏之处在所难免，敬请读者和专家批评指正。

目　录

第 1 章　传感器与检测技术

本章简要介绍自动检测技术和传感器的基本知识，重点介绍误差分析和数据处理、传感器静/动态特性和标定方法。

1.1　概　　述

1.1.1　自动检测技术

在科学研究过程中，一些研究成果必须要通过实验证实，这就需要利用一定的测试手段来完成。在工农业生产中，为了保证正常、高效地生产，也需要使用一定的测试手段进行生产过程的检查和监视。在机械制造行业，需要测量位移、尺寸、力、振动、速度、加速度等机械量参数，监视刀具的磨损和工件表面质量的变化，防止机床过载，控制加工过程的稳定性。在化工行业，需要在线检测生产过程的温度、压力、流量、物位等热工参数，实现对工艺过程的有效控制，确保生产过程能正常高效地进行，确保生产安全，防止事故发生。在现代物流行业，如在控制搬运机器人作业过程中，需要实时检测工件放置的位置参数，以便准确地控制执行机构工作，可靠地放置货物。在科学研究和产品开发中，将检测技术应用于逆向设计和逆向加工，可缩短产品设计和开发的周期。在文物保护领域，研究人员已开始用检测技术进行文物的保护和修复。

自动检测技术与人们的生产、生活密切相关，它是自动化领域的重要组成部分，尤其在自动控制中，如果不能有效准确地检测控制参数，控制就将成为无源之水、无本之木。

自动检测系统各组成部分以信息流的过程可分为：信息的获取、转换、处理和输出等。自动检测系统首先获取被检测的信息，将其转换成电量，然后将已转换成电量的信号做放大、整形等处理，再通过输出单元（如指示仪和记录仪）把信号显示出来，或者通过输出单元把已处理的信息发送到系统其他单元以供使用，成为系统的一部分等。自动检测系统的组成如图 1.1 所示。

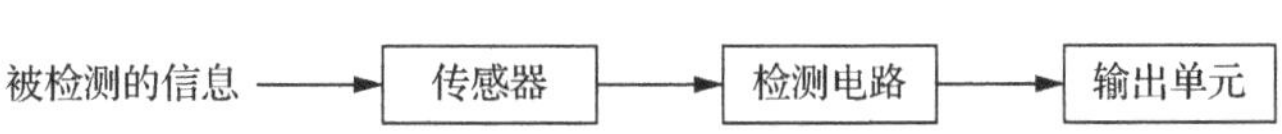

图 1.1　自动检测系统的组成

在自动检测系统中，传感器是把被测非电量转换为与之有确定对应关系，且便于应用的某些物理量（通常为电量）的检测装置。传感器获得信息的正确与否，关系到整个系统的精度。检测电路的作用是把传感器输出的物理量转换成电压或电流信号，使之能在输出单元的指示仪上指示或记录仪上记录；或者能够作为系统的检测或反馈信号。输出单元可以是指示仪、记录仪、计数器、累加器、报警器、数据处理电路等。若输出单元是指示仪或记录仪，则系统为自动检测系统；若输出单元是计数器或累加器，则系统为自动计量系统；若输出单元是报警器，则系统为自动保护系统或自动诊断系统；若输出单元是数据处理电路，则系统为部分数据分析系统，或部分自动管理系统或部分自动控制系统。

随着微电子技术、通信技术和计算机网络技术的发展，对自动检测技术也提出了越来越高的要求，并进一步推动了自动检测技术的发展，其发展趋势主要有以下几个方面。

1）仪器的性能、可靠性不断提高，应用范围不断扩大。随着科学技术的发展，人们对仪器的性能要求也相应地提高，如提高其分辨率、测量精度，提高系统的线性度、增大测量范围等，使其技术性能指标不断提高，应用领域不断扩大。

2）新型传感器的开发。主要包括利用新的物理效应、化学反应和生物功能研发新型传感器，采用新技术、新工艺填补传感器空白，开发微型传感器，仿照生物的感觉功能研究仿生传感器等。

3）新型敏感元件材料新加工工艺的采用。新型敏感元件材料的开发和应用是非电量电测技术中的一项重要任务，其发展趋势为从单晶体到多晶体、非晶体，从单一型材料到复合型材料、原子（分子）型材料的人工合成。其中，半导体敏感材料在传感器技术中具有较大的技术优势，陶瓷敏感材料具有较大的技术潜力，磁性材料向非晶体化、薄膜化方向发展，智能材料的探索在不断地深入。智能材料是指具备对环境的判断和自适应功能、自诊断功能、自修复功能和自增强功能的材料，如形状记忆合金、形状记忆陶瓷等。在开发新型传感器时，离不开新工艺的采用，如把集成电路制造工艺技术应用于微机电系统中微型传感器的制造。

4）微电子技术、微型计算机技术、现场总线技术和传感器的结合，构成新一代智能化测试系统，使测量精度、自动化水平进一步提高。

5）集成化、多功能和智能化传感器或测试系统的研究。传感器集成化主要有两层含义：一层含义是同一功能的多元件并列化，即将同一类型的单个传感元件在同一平面上排列起来，排成一维构成线型传感器，排成二维构成面型传感器，如电荷耦合器件（charge-coupled device，CCD）；另一层含义是功能一体化，即将传感器与放大、运算及误差补偿、信号输出等环节一体化，组装成一个器件，如容栅传感器的动栅数显单元。传感器多功能化是指一器多能，即用一个传感器可以检测两个或两个以上的参数。传感器多功能化不仅可以降低生产成本、减小传感器体积，而且可以有效地提高传感器的稳定性、可靠性等。传感器的智能化就是把传感器与微处理器相结合，使之不仅具有检测功能，还具有信息处理、逻辑判断、自动诊断等功能。

1.1.2 传感器

1. 传感器的定义

传感器是一种以一定精确度把被测量（主要是非电量）转换为与之有确定关系、便于应用的某种物理量（主要是电量）的测量装置。这一定义包含以下几个方面的含义：①传感器是测量装置，能完成检测任务；②它的输入量是某一被测量，如物理量、化学量、生物量等；③它的输出量是某种物理量，这种量要便于传输、转换、处理、显示等，可以是气、光、电量，但主要是电量；④输出与输入间有对应关系，且有一定的精确度。

在有些学科领域，传感器又称为检测器、转换器、发信器等。这些不同名称反映了在不同的技术领域中，只是根据器件的用途对同一类型的器件使用不同的术语而已，但它们的内涵是相同或相似的。

2. 传感器的组成

传感器一般由敏感元件、转换元件、转换电路组成，如图 1.2 所示。

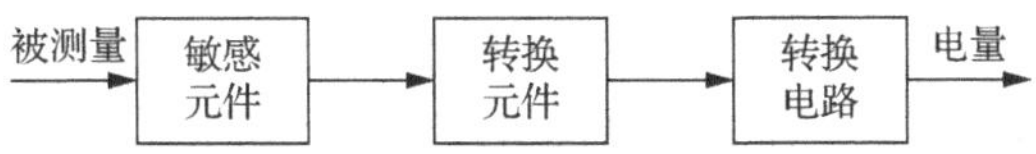

图 1.2　传感器的组成

1）敏感元件，直接感受被测量，并输出与被测量呈确定关系的某一物理量的元件。

2）转换元件，敏感元件的输出就是它的输入，它把输入转换成电路参数。

3）转换电路，将上述电路参数接入转换电路，便可转换成电量输出。

实际上，有些传感器很简单，有些则较为复杂，但大多数是开环系统，也有些是带反馈的闭环系统。最简单的传感器由一个敏感元件（兼转换元件）组成，它感受被测量时直接输出电量，如热电偶传感器。有些传感器由敏感元件和转换元件组成，没有转换电路，如压电式加速度传感器。有些传感器的转换元件不止一个，需要经过若干次转换。

3. 传感器的分类

传感器的种类繁多，分类方法也很丰富，目前广泛采用的分类方法有以下几种。

1）按传感器的工作机理，可分为物理型传感器、化学型传感器、生物型传感器等。

2）按构成原理，可分为结构型传感器和物性型传感器。

结构型传感器利用物理学中场的定律来感受被测量，场的定律包括力场的运动定律、电磁场的电磁定律等。这类传感器的特点是传感器的性能与材料关系不大，如差动变压器。

物性型传感器利用物质定律来感受被测量，如胡克定律、欧姆定律等。物性型传感器的性能因材料的不同而异，如光电管、半导体传感器等。

3）按传感器的能量转换情况，可分为能量控制型传感器和能量转换型传感器。

在信号变换过程中，能量控制型传感器的能量需要由外电源供给。电阻、电感、电容等电路参量传感器都属于此类传感器。

能量转换型传感器主要由能量转换元件构成，它不需要外电源。基于压电效应、热电效应、光电效应、霍尔效应等原理构成的传感器就属于此类传感器。

4）按物理原理分类，可分为电参量式（如电阻式、电感式、电容式等）传感器、磁电式（如磁电感应式、霍尔式、磁栅式等）传感器、压电式传感器、光电式传感器、气电式传感器、波式（如超声波式、微波式等）传感器、射线式传感器、半导体传感器、其他原理的传感器（如振弦式和振筒式传感器等）。

5）按传感器的使用分类，可分为位移传感器、压力传感器、振动传感器、温度传感器等。

1.1.3 测量误差

1. 测量误差的表示方法

（1）绝对误差

绝对误差是指测量值 A_x 与被测量真值 A_0 之间的差值，用 δ 表示，计算公式为

$$\delta = A_x - A_0 \tag{1-1}$$

在实际使用中，被测量真值 A_0 是得不到的，一般用理论真值或计量学约定真值 X_0 来代替 A_0，计算公式为

$$\delta = A_x - X_0 \tag{1-2}$$

（2）相对误差

相对误差是指绝对误差 δ 与约定真值 X_0 的百分比，用 γ 表示，计算公式为

$$\gamma = \frac{\delta}{X_0} \times 100\% \tag{1-3}$$

在实际测量中，由于被测量真值是未知的，而测量值又很接近真值，因此也可以用测量值 A_x 代替约定真值 X_0 来计算相对误差。

一般情况下，使用相对误差来说明不同测量结果的准确程度，即用来评定某一测量值的精确度，但不适用于衡量测量仪表本身的质量。因为同一台仪表可以用来测量许多不同真值的被测量，在整个测量范围内的相对误差不是一个定值。随着被测量的减小，相对误差变大。为了更合理地评价仪表的质量，采用了引用误差的概念。

（3）引用误差

引用误差 γ_0 是绝对误差 δ 与仪表满量程 L 的比值，通常以百分数表示，即

$$\gamma_0 = \frac{\delta}{L} \times 100\% \tag{1-4}$$

如果在测量仪表整个量程中，可能出现绝对误差最大值 δ_{m}，则可得到最大引用误差，计算公式为

$$\gamma_{0\mathrm{m}} = \frac{\delta_{\mathrm{m}}}{L} \times 100\% \tag{1-5}$$

【例 1-1】 有一台测量仪表，测量范围为−200～800℃，准确度为 0.5 级，现用它测量 500℃的温度，求仪表引起的最大绝对误差和相对误差分别是多少？

解： 题目中给出准确度为 0.5 级，可知最大引用误差为 0.5%。

仪表量程

$$L = 800 - (-200) = 1000\ (℃)$$

最大绝对误差

$$\delta_{\mathrm{m}} = 0.5\% \times 1000 = 5\text{（℃）}$$

最大相对误差

$$\gamma_{\mathrm{m}} = \frac{\delta_{\mathrm{m}}}{A_x} = \frac{5}{500} \times 100\% = 1\%$$

【例 1-2】 已知待测拉力为 70N，现有两只测力仪表，一只为 0.5 级，测量范围为 0～500N；另一只为 1.0 级，测量范围为 0～100N。问选用哪一种测力仪表较好？为什么？

解：选择正确的测量仪表，要求相对误差要小。

用 0.5 级仪表测量时，最大相对误差为

$$\gamma_{1\mathrm{m}} = \frac{\delta_{\mathrm{m}}}{A_x} \times 100\% = \frac{500 \times 0.5\%}{70} \times 100\% = 3.57\%$$

用 1.0 级仪表测量时，最大相对误差为

$$\gamma_{2\mathrm{m}} = \frac{\delta_{\mathrm{m}}}{A_x} \times 100\% = \frac{100 \times 1\%}{70} \times 100\% = 1.43\%$$

因为 $\gamma_{1\mathrm{m}} > \gamma_{2\mathrm{m}}$，所以选用 1.0 级的较好。

2. 测量误差的分类

根据测量数据中的误差所呈现的规律及产生的原因可将误差分为系统误差、随机误差和粗大误差。根据测量过程中被测量随时间变化的情况又可将误差分为静态误差和动态误差。

（1）系统误差

在相同的条件下，多次重复测量同一量时，保持恒定或遵循某种规律变化的误差称为系统误差。系统误差的数值和符号不变的称为恒值系统误差，而按照一定规律变化的称为变值系统误差。变值系统误差又可分为累进性的、周期性的和按复杂规律变化的等多种类型。

（2）随机误差

在相同的条件下，多次测量同一量时，其误差的大小和符号以不可预见的方式变化，这种误差称为随机误差。

（3）粗大误差

明显歪曲测量结果的误差称为粗大误差，又称过失误差。含有粗大误差的测量值称为坏值或异常值。在实际测量中，由于粗大误差的误差数值特别大，容易从测量结果中发现，一经发现粗大误差，可以认为该次测量无效，应将坏值从测量结果中剔除，从而消除其对测量结果的影响。

（4）静态误差

当测量器件的测量值（或输入值）不随时间变化时，测量结果（或输出值）会有缓慢的漂移，这种漂移称为静态输入误差或静态误差。静态误差的幅值和方向是恒定的，或者是按一定规律缓慢变化的（变化周期大于装置调整周期），即不需要考虑时间因素对误差的影响。

（5）动态误差

在被测量随时间变化时进行测量所产生的附加误差称为动态误差。由于检测系统（或仪表）对动态信号的响应需要一定的时间，输出信号不能立即反映输入信号的量值，加上传感器对不同频率的输入信号的增益和时间的延迟不同，因此输出信号与输入信号的波形将不完全一致而造成动态误差。在实际应用中，应尽量选用动态特性好的仪表，以减小动态误差。

3. 误差的处理及消除方法

（1）随机误差的处理

测量实践表明，多数测量的随机误差具有以下特征。

1）绝对值小的随机误差出现的概率大于绝对值大的随机误差出现的概率。

2）随机误差的绝对值不会超出一定界限。

3）测量次数 n 很大时，绝对值相等、符号相反的随机误差出现的概率相等，当 $n\to\infty$ 时，随机误差的代数和趋近于零。

随机误差的上述特征，说明其分布是单一峰值的和有界的，且当测量次数无穷大时，这类误差还具有对称性（即抵偿性），所以测量过程中产生的随机误差服从正态分布规律，其表达式为

$$f(\delta)=\frac{1}{\sigma\sqrt{2\pi}}\mathrm{e}^{-\frac{\delta^2}{2\sigma^2}} \tag{1-6}$$

式中，δ 为随机误差，$\delta=X-X_0$（X 为测量值，X_0 为约定真值）；σ 为均方根误差或标准误差，其表达式为

$$\sigma=\lim_{n\to\infty}\sqrt{\frac{1}{n}\sum_{i=1}^{n}(X_i-X_0)} \tag{1-7}$$

标准误差的大小可以表示测量结果的分散程度。

当对被测量进行多次测量后，在无系统误差和粗大误差的情况下，根据概率分析它的测量结果 X_0，可表示为

$$X_0=\overline{X}\pm3\sigma_{\overline{X}} \tag{1-8}$$

式中，$\overline{X}$ 为多次测量的平均值；$\sigma_{\overline{X}}$ 为多次测量标准误差。

（2）粗大误差的判别与系统误差的消除

在重复测量得到的一系列测量值中，首先应将含有粗大误差的坏值剔除，然后才可以进行有关的数据处理，判别方法如下。

1）观察所用传感器、测量仪表或组成元件是否准确可靠。例如，传感器或仪表灵敏度不高，仪表刻度不准确，变换器、放大器等性能欠佳，这些都可能引起常见的系统误差。

2）验证测量方法是否完善。例如，可以利用电位差计和标准电阻 R_{N}，采用对称测量法来测量未知电阻 R_X，如图 1.3 所示为对称测量法。在图 1.3（a）中，U_X 为待测电阻电压，U_{N} 为标准电阻电压，R_{P} 为滑动变阻器。

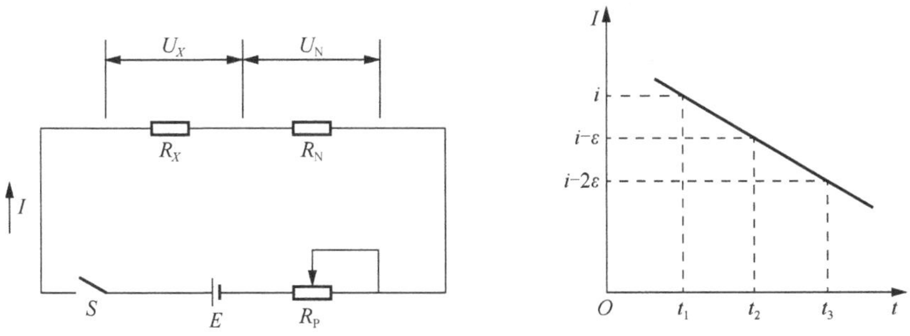

（a）电路图　（b）电路随时间变化趋势图

图 1.3　对称测量法

一般测量步骤是先测出 R_N 和 R_X 上的电压 U_N 和 U_X，然后按式（1-9）计算出 R_X 的值：

$$R_X = \frac{U_X}{U_N} R_N \tag{1-9}$$

但 U_N 和 U_X 的值不是在同一时刻测量的，而电流 I 随时间有较缓慢的变化，这个变化将给测量带来系统误差。假设电流 I 随时间的缓慢变化是与时间呈线性关系的，如图 1.3（b）所示，如果在 t_1、t_2 和 t_3 3 个等间隔的时刻，按照 U_X、U_N、U_X 的顺序测量，相应的电流变化量是 ε，列出在 3 个时刻 R_X 上的电压，并联立方程组，解此方程组可得：

$$R_X = \left(\frac{U_1 + U_3}{2U_2}\right) R_N \tag{1-10}$$

3）观察传感器或仪表安装、调整或放置是否合理。例如，安装时没有调好仪表水平位置、仪表指针偏斜等都会引起系统误差。

4）传感器或仪表工作场所的环境条件是否符合规定条件。例如，环境温度、相对湿度、气压等的变化也会引起系统误差。

5）测量者的操作是否正确。消除系统误差的常用方法有两种：在测量结果中进行修正，消除产生系统误差的根源；或在测量系统中采用补偿措施，实时反馈修正。

1.2　电阻应变式传感器

电阻应变式传感器的基本原理是将被测非电量的变化转变成电阻值的变化，通过测量电阻值达到测量非电量的目的。按其工作原理，可分为变阻器式（电位器式）传感器、电阻应变式传感器、压阻式传感器和热电阻式传感器。利用电阻应变式传感器可以测量形变、压力、力、位移、加速度和温度等非电量。

电阻应变式传感器具有悠久的历史，也是目前应用广泛的传感器之一。电阻应变式传感器由弹性元件和电阻应变片构成。当弹性元件感受被测物理量时，其表面产生应变，粘贴在弹性元件表面的电阻应变片的电阻值将随着弹性元件的应变而产生相应变化。通过测量电阻应变片的电阻值变化，可以用来测量位移、加速度、力、力矩、压力等各种非电量。

1.2.1 电阻应变片的工作原理

1. 金属的电阻应变效应

电阻应变片的工作原理是基于金属的电阻应变效应。金属丝的电阻随着其所受的机械形变（拉伸或压缩的大小）而发生相应变化的现象称为金属的电阻应变效应。

现有如图 1.4 所示的一根金属丝，其电阻设为R，电阻率为ρ，截面积为S，长度为l，则电阻的表达式为

$$R=\rho\frac{l}{S} \tag{1-11}$$

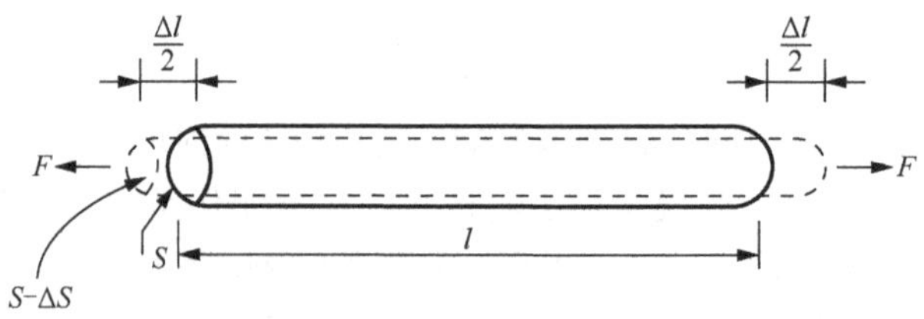

图 1.4　金属丝的电阻应变效应

当金属丝受到拉力作用时，金属丝将沿轴线伸长，伸长量设为Δl，截面积相应减小ΔS，电阻率的变化设为$\Delta\rho$，则电阻的相对变化量为

$$\frac{\Delta S}{S}=\frac{2\Delta r}{r} \tag{1-12}$$

对于半径为r的圆导体，$S=\pi r^2$，$\Delta S/S=2\Delta r/r$。又由材料力学可知，在弹性范围内，$\Delta l/l=\varepsilon$，$\Delta r/r=-\mu\varepsilon$，$\Delta\rho/\rho=\lambda\sigma=\lambda E\varepsilon$，代入式（1-12）可得

$$\frac{\Delta R}{R}=(1+2\mu+\lambda E)\varepsilon \tag{1-13}$$

式中，ε为圆导体的纵向应变，其数值一般很小，常以微应变度量；μ为金属丝材料的泊松比，一般金属为0.3～0.5；λ为压阻系数，与材质有关；σ为应力值；E为材料的弹性模量；$(1+2\mu)\varepsilon$为由于几何尺寸变化而引起电阻的相对变化量；$\lambda E\varepsilon$为由于材料电阻率的变化而引起电阻的相对变化量，不同属性的导体，这两项所占的比例相差很大。

通常把单位应变引起的电阻相对变化称为金属丝的灵敏系数，并用K_0表示，表达式为

$$K_0=\frac{\frac{\Delta R}{R}}{\varepsilon}=1+2\mu+\lambda E \tag{1-14}$$

K_0与金属材料及其形状有关。显然，K_0越大，单位纵向应变所引起的电阻相对变化越大，说明越灵敏。大量实验证明，在金属丝拉伸极限内，电阻的相对变化与应变成

正比，即 K_0 为常数。因此，式（1-14）可表示为

$$\frac{\Delta R}{R}=K_0\varepsilon \tag{1-15}$$

2. 电阻应变片的结构与种类

电阻应变片分为丝式应变片、箔式应变片和薄膜应变片 3 种。

电阻应变片的基本结构大体相同，使用最早的是丝式电阻应变片，如图 1.5 所示。将直径约为 0.025mm 的具有高电阻率的电阻丝弯曲成敏感栅 2，粘贴在绝缘基片 1 和覆盖层 3 之间，由引出线 4 与外部电路相连。这样构成的应变片再通过黏结剂与感受被测物理量的弹性体黏结。

对于电阻应变片，金属材料的电阻率随应变产生的变化很小，可忽略，由式（1-13）可得

$$\frac{\Delta R}{R}\approx(1+2\mu)\varepsilon=K_0\varepsilon \tag{1-16}$$

由此可知，应变片电阻的相对变化与应变片纵向应变成正比，并且对于同一金属材料，$K_0=1+2\mu$ 是常数。一般用于制造丝式电阻应变片的金属丝，其灵敏系数多为 1.7～3.6。

箔式电阻应变片是利用照相制版或光刻腐蚀技术，将电阻箔材（厚为 1～10μm）在绝缘基底上制成各种形状的应变片，如图 1.6 所示。它具有尺寸准确、线条均匀、适应不同的测量要求、传递试件应变性能好、横向效应小、散热性能好、允许通过的电流较大、易于批量生产等诸多优点，因此得到了广泛应用，现已基本取代了丝式电阻应变片。

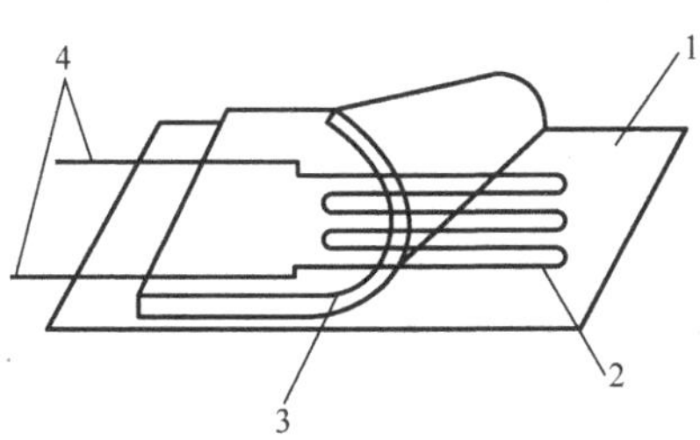

1—绝缘基片；2—电阻丝（敏感栅）；
3—覆盖层；4—引出线。

图 1.5　丝式电阻应变片的基本结构

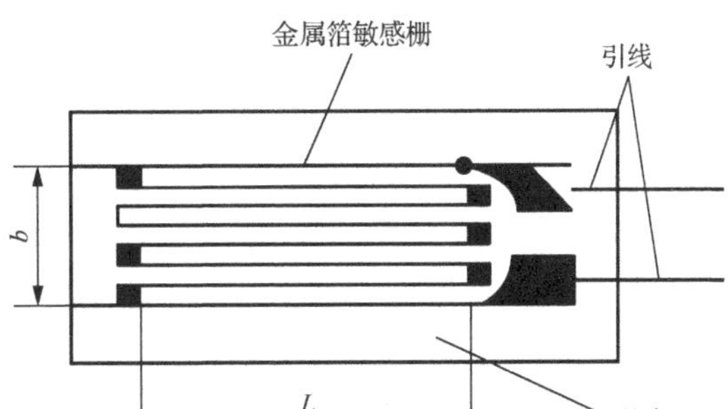

图 1.6　箔式电阻应变片

薄膜电阻应变片是采用真空蒸镀、沉积或溅射的方法，将金属材料在绝缘基底上制成一定形状的、厚度在 0.1μm 以下的薄膜而形成敏感栅，最后再加上保护层制成的。它的优点是灵敏系数高，允许电流密度大，工作范围广，易实现工业化生产，是一种很有前途的新型应变片。

电阻应变片必须被粘贴在试件或弹性元件上才能工作。黏结剂和粘贴技术对测量结果有着直接的影响，因此，黏结剂的选择、粘贴技术、应变片的保护等必须认真做好。

1.2.2 电阻应变片的主要性能

在实际应用中，选用电阻应变片时要考虑其性能参数，主要包括应变片的电阻、灵敏度、允许电流和应变极限等。用于动态测量时，还应当考虑应变片本身的动态响应特性。市售的金属电阻应变片的电阻已趋于标准化，主要规格有 60Ω、120Ω、350Ω、600Ω和 1000Ω 等，其中 120Ω 用得最多。

1. 电阻应变片的灵敏系数

将金属单丝做成电阻应变片后，其电阻的应变特性与金属单丝是不同的，因此必须通过实验重新测定。此实验必须按规定的统一标准进行。实验证明，$\Delta R/R$ 与 ε 的关系在很大范围内仍然有很好的线性关系，即

$$\frac{\Delta R}{R}=K\varepsilon \quad 或 \quad K=\frac{\frac{\Delta R}{R}}{\varepsilon} \tag{1-17}$$

式中，K 为电阻应变片的灵敏系数。

实验表明，电阻应变片的灵敏系数 K 小于金属单丝的灵敏系数 K_0。究其原因，主要是在应变片中存在着所谓的横向效应。电阻应变片的灵敏系数 K 是通过抽样测量得到的，产品包装上标明的“标称灵敏系数”是出厂时测定的该批产品的平均灵敏系数。

2. 横向效应

电阻应变片的敏感栅除了有纵向丝栅，还有圆弧形或直线形的横栅。横栅既对电阻应变片轴线方向的应变敏感，又对垂直于轴线方向的横向应变敏感。当电阻应变片粘贴在一维拉力状态下的试件上时，电阻应变片的纵向丝栅因发生纵向拉应变 ε_x，使其电阻值增加，而电阻应变片的横栅因同时感受纵向拉应变 ε_x 和横向压应变 ε_y，使其电阻值减小。因此，电阻应变片的横栅部分将纵向丝栅部分的电阻变化抵消了一部分，从而降低了整个电阻应变片的灵敏度。这就是电阻应变片的横向效应。

横向效应给测量带来了误差，其大小与敏感栅的构造及尺寸有关。敏感栅的纵向丝栅越窄、越长，而横栅越宽、越短，则横向效应的影响越小。

3. 温度误差及其补偿

电阻应变片由于温度变化所引起的电阻变化与试件（弹性元件）应变所造成的电阻变化几乎有相同的数量级，如果不采取必要的措施克服温度的影响，测量精度将无法保证。下面分析产生温度误差的原因及补偿方法。

（1）温度误差

由于测量现场环境温度改变而给测量带来的附加误差，称为应变片的温度误差。产生温度误差的主要因素有以下两点。

1）电阻温度系数的影响。敏感栅的金属丝阻值随温度变化的关系可表示为

$$R_T=R_0(1+\alpha\Delta T) \tag{1-18}$$

式中，R_T 是温度为 T 时的电阻；R_0 是温度为 T_0 时的电阻；ΔT 为温度变化值，$\Delta T = T - T_0$；α 为敏感栅材料的电阻温度系数。

当温度变化（ΔT）时，金属丝电阻的变化值可表示为

$$\Delta R_{T\alpha} = R_T - R_0 = R_0 \alpha \Delta T \tag{1-19}$$

2）试件材料和金属丝材料的线膨胀系数的影响。当试件与金属丝材料的线膨胀系数相同时，无论环境温度如何变化，金属丝的变形仍和自由状态一样，不会产生附加变形。

当试件与金属丝材料的线膨胀系数不同时，由于环境温度的变化，金属丝会产生附加变形，从而产生附加电阻。

设粘贴在试件上的金属丝的长度为 l_0，金属丝和试件的线膨胀系数分别为 β_s 和 β_g，当温度变化（ΔT）时，金属丝受热膨胀至 l_{T1}，而试件伸长至 l_{T2}，则金属丝和试件的膨胀量分别为

$$\Delta l_{T1} = l_{T1} - l_0 = l_0 \beta_s \Delta T \tag{1-20}$$

$$\Delta l_{T2} = l_{T2} - l_0 = l_0 \beta_g \Delta T \tag{1-21}$$

由于金属丝和试件是粘贴在一起的，若 $\beta_s < \beta_g$，则金属丝被迫从 Δl_{T1} 拉长至 Δl_{T2}，从而使金属丝产生附加变形 $\Delta l_{T\beta}$、附加应变 $\varepsilon_{T\beta}$ 和附加电阻变化 $\Delta R_{T\beta}$，其表达式分别为

$$\Delta l_{T\beta} = \Delta l_{T1} - \Delta l_{T2} = l_0(\beta_g - \beta_s)\Delta T \tag{1-22}$$

$$\varepsilon_{T\beta} = \frac{\Delta l_{T\beta}}{l_0} = (\beta_g - \beta_s)\Delta T \tag{1-23}$$

$$\Delta R_{T\beta} = R_0 K_0 \varepsilon_{T\beta} = R_0 K_0 (\beta_g - \beta_s)\Delta T \tag{1-24}$$

由式（1-19）和式（1-24），可得由于温度变化而引起的总电阻变化为

$$\Delta R_T = \Delta R_{T\alpha} + \Delta R_{T\beta} = R_0 \alpha \Delta T + R_0 K_0 (\beta_g - \beta_s)\Delta T \tag{1-25}$$

总附加虚假应变量为

$$\varepsilon_T = \frac{\Delta R_T / R_0}{K_0} = \frac{\alpha \Delta T}{K_0} + (\beta_g - \beta_s)\Delta T \tag{1-26}$$

由式（1-26）可知，由于温度变化而引起的附加电阻给测量带来误差。该误差除与环境温度有关外，还与应变片本身的性能参数 (K_0, α, β_s) 及试件的线膨胀系数 β_g 有关。

（2）温度补偿方法

应变片的温度补偿方法通常分为电桥补偿和应变片自补偿两大类。

1）电桥补偿法，又称补偿片法，其原理如图 1.7 所示。电桥输出电压 U_o 与桥臂参数的关系为

$$U_o = A(R_1 R_4 - R_B R_3) \tag{1-27}$$

式中，A 为由桥臂电阻和电源电压决定的常数；R_1、R_3、R_4 为已知标准电阻；R_B 为待测电阻。

由式（1-27）可知，当 R_3 和 R_4 为常数时，R_1 和 R_B 对电桥输出电压 U_o 的作用方向相反。利用这一基本关系可实现对温度的补偿。

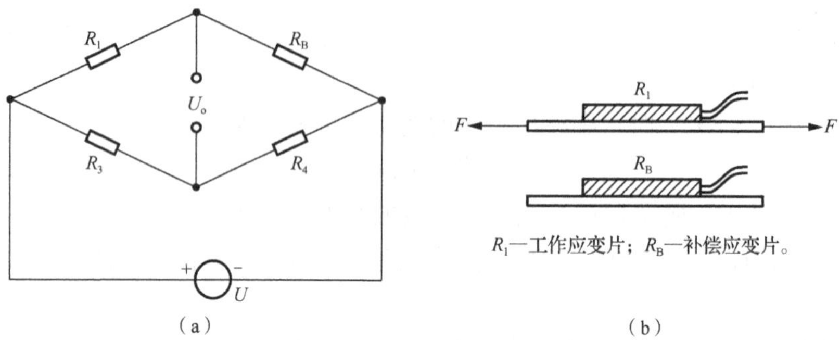

图 1.7　电桥补偿法原理

测量应变时，R_1 粘贴在被测试件表面，R_B 粘贴在与被测试件材料完全相同的补偿块上，置于试件附近，且仅 R_1 承受应变。

当被测试件不承受应变时，R_1 和 R_B 处于同一环境温度为 T 的温度场中，调整电桥参数使之达到平衡，则有

$$U_o = A(R_1R_4 - R_BR_3)=0 \tag{1-28}$$

工程上，一般按 $R_1 = R_B = R_3 = R_4$ 选取桥壁电阻。

当温度变化（ΔT）时，两个应变片因温度变化而引起的电阻变化量相同，电桥仍处于平衡状态，即

$$U_o=A[(R_1 + \Delta R_{1T})R_4 - (R_B + \Delta R_{BT})R_3] = 0 \tag{1-29}$$

若此时被测试件有应变 ε 的作用，则工作应变片 R_1 又有新的增量 $\Delta R_1 = R_1K\varepsilon$，而补偿应变片因不承受应变，故不产生新的增量，此时电桥的输出电压为式

$$U_o = AR_1R_4K\varepsilon \tag{1-30}$$

由式（1-30）可知，电桥输出电压 U_o 仅与被测试件的应变 ε 有关，与环境温度无关。

电桥补偿法的优点是简单、方便，在常温下补偿效果较好；缺点是在温度变化梯度较大的条件下，很难做到工作应变片与补偿应变片处于温度完全一致的情况，从而影响补偿效果。

2）应变片自补偿法。粘贴在被测试件上的是一种特殊应变片，当温度变化时，产生的附加应变为零或相互抵消，这种应变片称为温度自补偿应变片。利用这种应变片实现温度补偿的方法称为应变片自补偿法。下面介绍两种自补偿应变片。

① 选择式自补偿应变片。

由式（1-26）可知，实现温度补偿的条件为

$$\varepsilon_T = \frac{\alpha\Delta T}{K_0} + (\beta_g - \beta_s)\Delta T$$

当被测试件的线膨胀系数 β_g 已知时，通过选择敏感栅材料，使

$$\alpha = -K_0(\beta_g - \beta_s) \tag{1-31}$$

成立，即可达到温度自补偿的目的。

② 双金属敏感栅自补偿应变片。

这种应变片又称组合式自补偿应变片。它是利用两种金属丝材料的电阻温度系数不同（一个为正，一个为负）的特性，将二者串联组成敏感栅，如图 1.8 所示。若两段敏

感栅 R_1 和 R_2 由于温度变化而产生的电阻变化 ΔR_{1T} 和 ΔR_{2T} 的大小相等而符号相反，则可在一定的温度范围内和一定的试件材料上实现温度补偿。两段敏感栅的电阻 R_1 和 R_2 的大小可按式（1-32）选择。

$$\frac{R_1}{R_2}=-\frac{\Delta R_{2T}/R_2}{\Delta R_{1T}/R_1}=-\frac{\alpha_2+K_2(\beta_g-\beta_2)}{\alpha_1+K_1(\beta_g-\beta_1)} \tag{1-32}$$

式中，β_1、β_2 为 R_1、R_2 的线膨胀系数。

这种补偿效果比前者好，在工作温度范围内通常可达到 $\pm 0.14\times 10^{-6}\varepsilon/℃$。

3）热敏电阻补偿法。如图 1.9 所示，图中的热敏电阻 R_T 处在与应变片相同的温度条件下。当电桥的灵敏度随温度升高而下降时，热敏电阻 R_T 的阻值也下降，使电桥的输入电压随温度升高而增加，从而提高电桥的输出，补偿因应变片温度变化引起的输出下降。适当选择分流电阻 R_5 的值，可以得到良好的补偿。

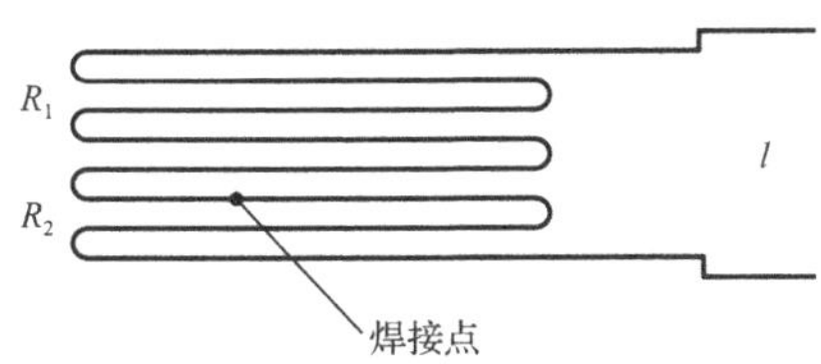

图 1.8　双金属敏感栅

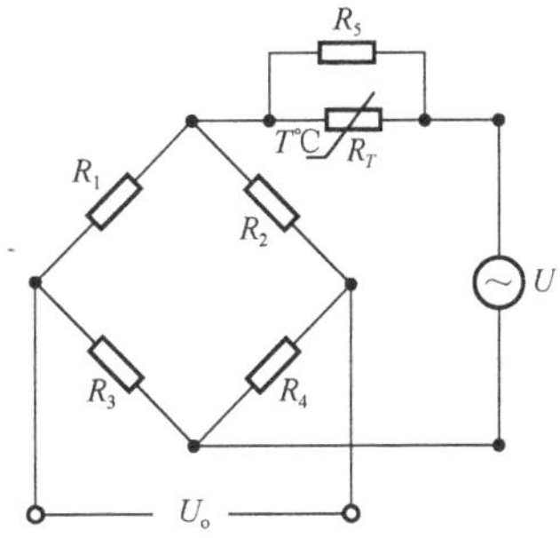

图 1.9　热敏电阻补偿法

1.2.3　电阻应变片的测量电路

电阻应变片可以将应变转换为电量的变化，为了显示与记录应变的大小，还要把电阻的变化再转换为电压或电流的变化，因此，需要有专用的测量电路，通常采用直流电桥和交流电桥。下面对直流不平衡电桥进行介绍。

1. 电桥电路的工作原理

由于电阻应变片电桥电路的输出信号一般比较微弱，因此目前大部分电阻应变式传感器的电桥输出端与直流放大器相连，如图 1.10 所示。

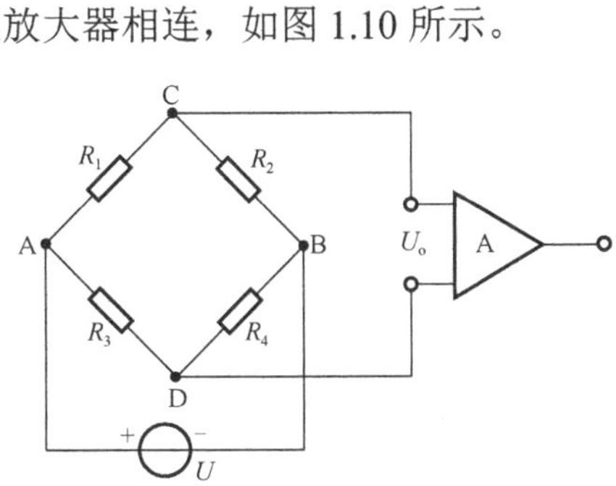

图 1.10　直流电桥

设电桥各臂的电阻分别为R_1、R_2、R_3和R_4，它们可以全部或部分是应变片。由于直流放大器的输入电阻比电桥电阻大得多，因此可将电桥输出端看成开路，这种电桥称为“电压输出桥”，输出电压U_o的表达为

$$U_o = U\frac{R_1R_4 - R_2R_3}{(R_1+R_2)(R_3+R_4)} \tag{1-33}$$

当$R_1R_4 = R_2R_3$时，电桥处于平衡状态，输出电压$U_o = 0$。若电桥各臂均有相应的电阻增量ΔR_1、ΔR_2、ΔR_3和ΔR_4，则由式（1-33）得

$$U_o = U\frac{(R_1+\Delta R_1)(R_4+\Delta R_4)-(R_2+\Delta R_2)(R_3+\Delta R_3)}{(R_1+\Delta R_1+R_2+\Delta R_2)(R_3+\Delta R_3+R_4+\Delta R_4)} \tag{1-34}$$

实际使用中往往采用等臂电桥，即$R_1 = R_2 = R_3 = R_4$。此时式（1-34）可写为

$$U_o = U\frac{R(\Delta R_1-\Delta R_2-\Delta R_3+\Delta R_4)+\Delta R_1\Delta R_4-\Delta R_2\Delta R_3}{(2R+\Delta R_1+\Delta R_2)(2R+\Delta R_3+\Delta R_4)} \tag{1-35}$$

当$\Delta R_i \ll R(i=1,2,3,4)$时，略去上式中的高阶微小量，则

$$U_o = \frac{U}{4}\left(\frac{\Delta R_1}{R}-\frac{\Delta R_2}{R}-\frac{\Delta R_3}{R}+\frac{\Delta R_4}{R}\right) \tag{1-36}$$

成立。

利用式（1-17），式（1-36）可写为

$$U_o = \frac{U}{4}(\varepsilon_1-\varepsilon_2-\varepsilon_3+\varepsilon_4) \tag{1-37}$$

式（1-37）表明：

1）$\Delta R_i \ll R$时，电桥的输出电压与应变呈线性关系。

2）若相邻两桥臂的应变极性一致，即同为拉应变或压应变，输出电压为两者之差；若相邻两桥臂的应变极性不同，则输出电压为两者之和。

3）若相对两桥臂应变的极性一致，输出电压为两者之和，反之则为两者之差。

4）电桥供电电压U越高，输出电压U_o越大。但是，当U_o大时，应变片通过的电流也大，若超过应变片所允许通过的最大工作电流，传感器就会出现蠕变和零漂。

5）增大应变片的灵敏系数K，可提高电桥的输出电压。

合理地利用上述特性，可以进行温度补偿和提高传感器的测量灵敏度。当安装敏感元件及接成电桥时，应当使得应变ε_1、ε_4与ε_2、ε_3的符号相反，这样便可增大电桥的输出电压。

2. 非线性误差及其补偿

式（1-37）的线性关系是在应变片的参数变化很小，即$\Delta R_i \ll R$的情况下得出的。若应变片所承受的应变太大，则上述假设不成立，电桥的输出电压与应变之间呈非线性关系。在这种情况下，用按线性关系刻度的仪表进行测量必然带来非线性误差。

当考虑电桥单臂工作时，即R_1桥臂变化ΔR，由式（1-36）的理想的线性关系转变为

$$U_o' = \frac{U}{4}\cdot\frac{\Delta R}{R} \tag{1-38}$$

而由式（1-37）得电桥的实际输出电压为

$$U_o' = U\frac{\Delta R}{4R + 2\Delta R} = \frac{U}{4}\cdot\frac{\Delta R}{R}\left(1 + \frac{1}{2}\cdot\frac{\Delta R}{R}\right)^{-1} \tag{1-39}$$

则电桥的相对非线性误差为

$$\begin{aligned}\gamma_L &= \frac{U_o}{U_o'} - 1 = \left(1 + \frac{1}{2}\cdot\frac{\Delta R}{R}\right)^{-1} - 1 \\ &\approx 1 - \frac{1}{2}\cdot\frac{\Delta R}{R} - 1 = -\frac{1}{2}\cdot\frac{\Delta R}{R} = -\frac{1}{2}K\varepsilon\end{aligned} \tag{1-40}$$

由式（1-40）可知，$K\varepsilon$ 越大，γ_L 也越大。为了消除非线性误差，在实际应用中，常采用半桥差动电路或全桥差动电路，如图 1.11 所示，以改善非线性误差和提高输出灵敏度。

图 1.11（a）为半桥差动电路，在传感器中经常使用这种接法。粘贴应变片时，使两个应变片一个受拉、一个受压，应变符号相反，工作时将两个应变片接入电桥的相邻两臂。设电桥在初始时是平衡的，且为等臂电桥，考虑到 $|\Delta R_1| = |-\Delta R_2| = \Delta R$，则由式（1-39）可得半桥差动电路的输出电压为

$$U_o = U\frac{\Delta R}{R} \tag{1-41}$$

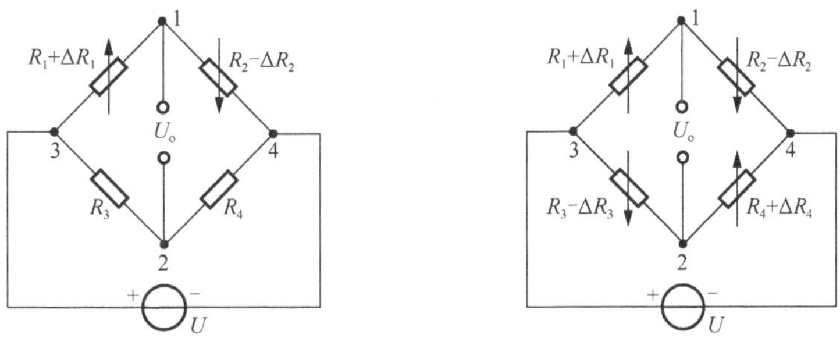

（a）半桥差动电路　　（b）全桥差动电路

图 1.11　差动电桥

由式（1-41）可知，半桥差动电路不仅能消除非线性误差，而且还使电桥的输出灵敏度比单臂工作时提高一倍，同时还能起温度补偿作用。

如果按图 1.11（b）所示构成全桥差动电路，同样考虑到 $|\Delta R_1| = |-\Delta R_2| = |-\Delta R_3| = |\Delta R_4| = \Delta R$，则由式（1-39）可得全桥差动电路的输出电压为

$$U_o = U\frac{\Delta R}{R} \tag{1-42}$$

可见，全桥差动电路的输出灵敏度是电桥单臂工作时的 4 倍，非线性误差也得以消除，同时还具有温度补偿的作用。该电路得到了广泛的应用。

1.2.4　电阻应变式传感器的应用

电阻应变片除测量试件应力、应变外，还被制造成多种应变式传感器来测量力、扭

矩、位移、压力、加速度等物理量。

下面介绍其典型应用。

1. 应变式力传感器

被测量为载荷或力的应变式传感器，统称为应变式力传感器。它是工业测量中用得较多的一种传感器，量程从几克到几百吨，主要用于各种电子秤与材料试验机的测力元件，也可用于发动机的推力测试、水坝坝体承载状况监测等。

应变式力传感器要求有较高的灵敏度和稳定性，当传感器受到侧向作用力或力的作用点发生轻微变化时，不应对输出有明显的影响。

应变式力传感器的弹性元件有柱（筒）式、梁式、环式等。

（1）柱（筒）式力传感器

柱（筒）式力传感器的弹性元件分为实心和空心两种，如图 1.12（a）、（b）所示。实心圆柱可以承受较大的载荷，在弹性范围内，应力与应变成正比关系，表达式为

$$\varepsilon=\frac{\Delta l}{l}=\frac{\sigma}{E}=\frac{F}{SE} \tag{1-43}$$

式中，F 为作用在弹性元件上的集中力；S 为圆柱的横截面积；E 为弹性元件的弹性模量。

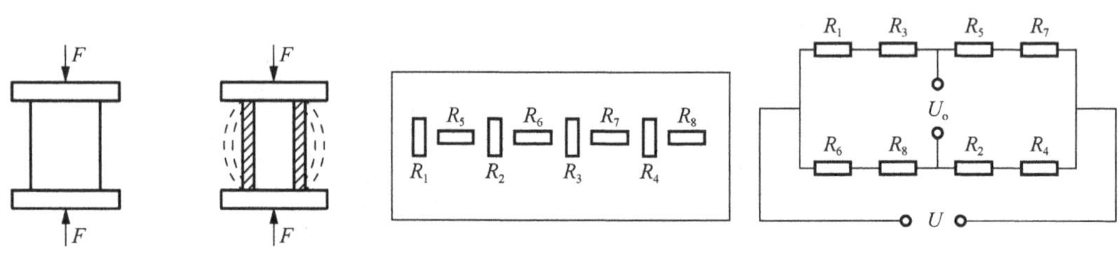

（a）实心圆柱　（b）空心圆柱　（c）圆柱面展开图　（d）桥路连接图

图 1.12　柱（筒）式力传感器

空心圆筒多用于小集中力的测量。应变片粘贴在弹性体外壁应力分布均匀的中间部分，对称地粘贴多片，电桥接线时应尽量减小载荷偏心和弯矩的影响，应变片粘贴在圆柱面上的位置及其在桥路中的连接如图 1.12（c）、（d）所示，R_1 和 R_3 串接，R_2 和 R_4 串接，并置于桥路对壁上，为减小弯矩影响，横向贴片做温度补偿用。

（2）梁式力传感器

1）等截面梁应变式力传感器，其结构如图 1.13 所示，弹性元件为一端固定的悬臂梁，力作用在自由端。在梁固定端附近的上、下表面顺着 l 的方向各粘贴两个应变片。此时，若 R_1 和 R_4 受拉，则 R_2 和 R_3 受压，两者发生极性相反的等量应变，4 个应变片组成如图 1.14 所示的全桥测量电路。粘贴应变片处的应变为

$$\varepsilon=\frac{6lF}{bh^2E} \tag{1-44}$$

式中，b、h 分别为悬臂梁的宽度和厚度。

由梁式弹性元件制作的力传感器适于测量 5000N 以下的载荷，最小可测零点几牛顿

的力。这种传感器具有结构简单、加工容易、应变片容易粘贴、灵敏度高等特点。

2）等强度梁应变式力传感器，其结构如图 1.15 所示，应变片的组桥方式与等截面梁应变式力传感器相同。当在自由端加上作用力时，在梁上各处产生的应变大小相等。因此，应变片沿纵向的粘贴位置误差为零，但上、下应变片对应位置要求仍然严格。梁上各点的应变为

$$\varepsilon=\frac{6lF}{b_0h^2E} \tag{1-45}$$

3）双端固定梁应变式力传感器，其结构如图 1.16 所示。梁的两端都固定，中间加载荷，应变片粘贴在中间位置，并按图 1.14 组成全桥测量电路。

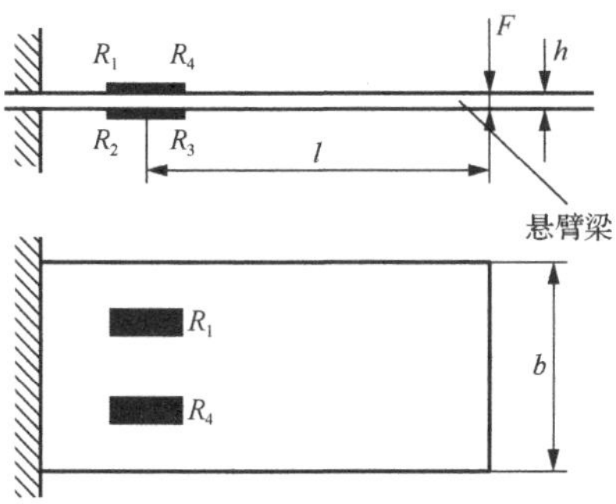

图 1.13　等截面梁应变式力传感器的结构

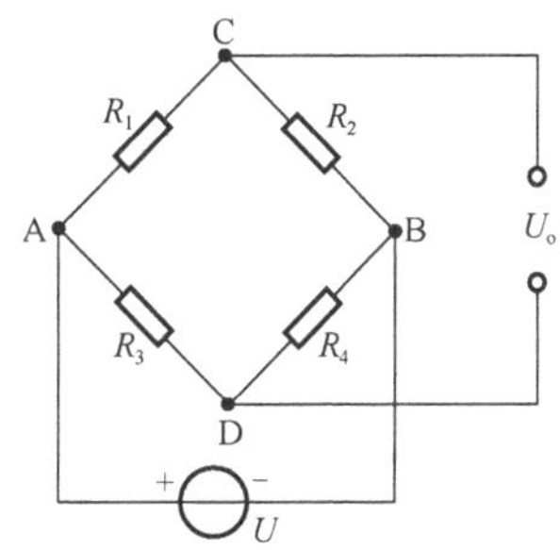

图 1.14　全桥测量电路

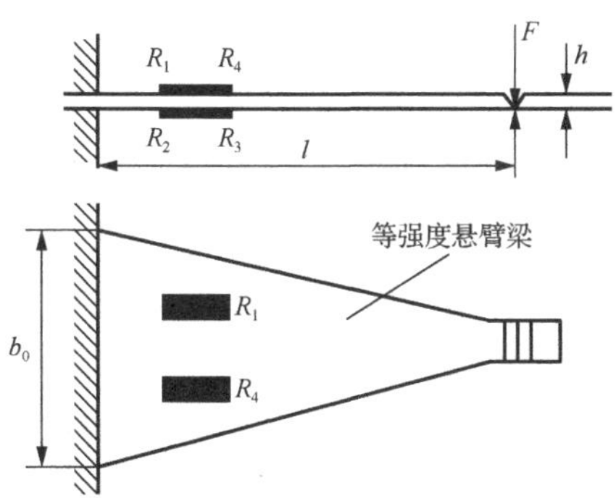

图 1.15　等强度梁应变式力传感器的结构

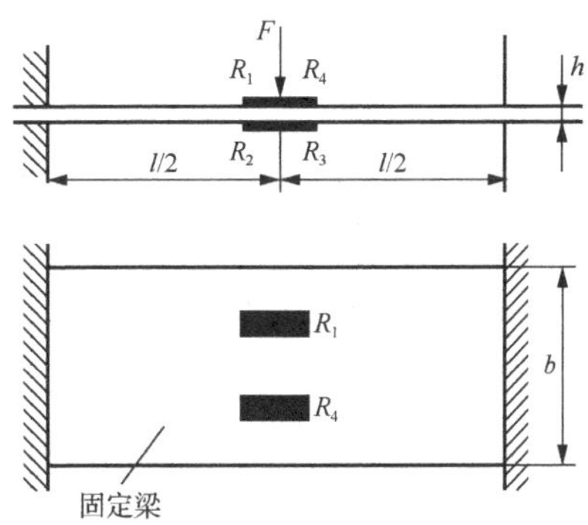

图 1.16　双端固定梁应变式力传感器的结构

双端固定梁的应变为

$$\varepsilon=\frac{3lF}{4bh^2E} \tag{1-46}$$

（3）薄壁圆环式力传感器

薄壁圆环式力传感器的结构如图 1.17 所示，其特点是在外力作用下，各点的应力差别较大。应变片按图示位置粘贴，并按图 1.14 组成全桥测量电路。贴片处的应变为

$$\varepsilon=\pm\frac{3F\left(R-\frac{h}{2}\right)}{bh^2E}\left(1-\frac{2}{\pi}\right) \tag{1-47}$$

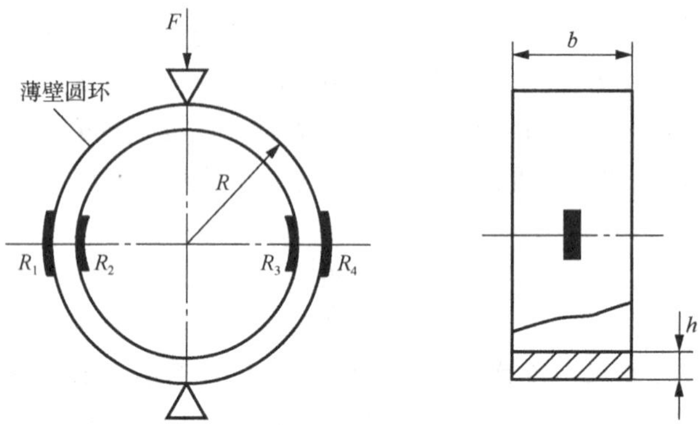

图 1.17　薄壁圆环式力传感器的结构

（4）机器人腕力传感器

机器人腕力传感器是测量施加到机器人上沿着直角坐标系三个参考轴方向的分力或分力矩的传感器。机械手夹住工件进行操作时，通过腕力传感器可以输出六维（三维力和三维力矩）分量反馈给机器人的控制系统，以控制或调节机械手的运动，完成所需的作业。腕力传感器由传感头和信号处理系统两部分组成。传感头由弹性体、应变片、测量电桥和前级放大器组成，主要负责将三维力和三维力矩转换成电压信号，并进行信号的初步放大。信号处理系统包括后级放大、滤波、模/数转换器和微处理器等，主要负责数据采集、模/数转换、矩阵解耦运算及通信和输出。

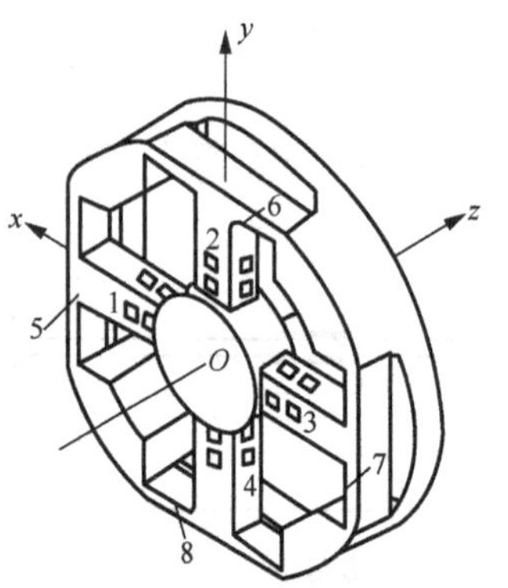

1、2、3、4—主梁；5、6、7、8—浮动梁。

图 1.18　腕力传感器弹性体的结构示意图

腕力传感器的敏感元件大多为整体轮辐式十字交叉梁结构的弹性体，如图 1.18 所示。十字交叉梁可以分为四个正方形棱柱形，主梁 1、2、3、4 的长度是宽度的 5～10 倍。在每个主梁和轮缘的连接处是一个薄板状的浮动梁 5、6、7、8。

对弹性体结构进行力学分析时，可以认为各分力的作用线都通过轮毂的中心点，并认为弹性体的轮毂和轮辐是理想刚体。当作用力作用于浮动梁表面的垂直方向上时，浮动梁在该方向上的空心量很大，可以将浮动梁视为柔性环节；当作用力作用于浮动梁表面的水平或平行方向上时，浮动梁在该方向上的变形量很小，可以将浮动梁视为理想刚体。例如，当 x 方向的力通过轮毂的中心点作用于弹性体时，浮动梁 5、7 可视为柔性环节，而浮动梁 6、8 可视为理想刚体，主梁 2、4 可简化为悬臂梁结构进行分析，而主梁 1、3 的变形量很小，可以忽略不计。

设作用于腕力传感器上沿 x、y 和 z 轴的力分别为 F_x、F_y 和 F_z，力矩分别为 M_x、M_y 和 M_z。其中，F_x、F_y 和 F_z 的受力分析相似，它们都使粘贴在主梁左、右或者上、下侧面的应变片变形，而 F_x、M_x 和 M_z 的受力情况也相似，它们都使粘贴在主梁前、后侧面的应变片变形。因此，以 F_x 和 M_x 为例进行受力分析。

当沿 x 轴有 F_x 力作用时，主梁 1、3 产生拉压变形，而主梁 2、4 产生弯曲变形。由于浮动梁 5、7 此时为柔性环节，主梁 2、4 可看成是悬臂梁，这样粘贴在主梁 2、4 左、右侧面的应变片的变形量最大，即 F_x 就可以由粘贴在主梁 2、4 左、右侧面的应变片组成的电桥测得。同理 F_y 和 M_z 也可以用类似方法测得。

当有 M_x 作用时，浮动梁 6、8 受到平行于表面方向的作用力，故可视为理想刚体。主梁 1、3 产生扭转变形，主梁 2、4 产生弯曲变形。由于主梁 1、3 的扭转变形量远远小于主梁 2、4 的弯曲变形量，故可以忽略不计。但是，此时浮动梁 5、7 的弯曲变形与主梁 2、4 的弯曲变形差不多，主梁 2、4 已经不能视为悬臂梁，即 M_x 不能直接测得，需要经过解耦才能得到。

弹性体的每个主梁上粘贴有 8 个应变片，4 个主梁上共有 32 个应变片，可以组成 8 个电桥。通过对这 8 个电桥输出电压的解耦，得到六维分量。

2. 应变式压力传感器

应变式压力传感器主要用于液体、气体动态和静态压力的测量，如内燃机管道和动力设备管道的进气口、出气口的压力测量，以及发动机喷口的压力测量，枪、炮管内部压力的测量等。这类传感器主要采用膜片式、筒式、组合式的弹性元件。

（1）膜片式压力传感器

图 1.19 所示为膜片式压力传感器，应变片粘贴在膜片内壁，在压力 P 的作用下，膜片产生径向应变 ε_{r} 和切向应变 ε_{t}，表达式分别为

$$\varepsilon_{\mathrm{r}}=\frac{3P(1-\mu^2)(R^2-3x^2)}{8h^2E} \tag{1-48}$$

$$\varepsilon_{\mathrm{t}}=\frac{3P(1-\mu^2)(R^2-x^2)}{8h^2E} \tag{1-49}$$

式中，P 为膜片上均匀分布的压力；R 和 h 分别为膜片的半径和厚度；x 为离圆心的径向距离；μ 为电阻丝材料的泊松比。

由应力分布图可知，膜片承受压力 P 时，其应变变化曲线的特点为：当 x=0 时，$\varepsilon_{\max}=\varepsilon_{\mathrm{tmax}}$；当 $x=R$ 时，$\varepsilon_{\mathrm{t}}=0$，$\varepsilon_{\mathrm{r}}=-2\varepsilon_{\max}$。

根据以上特点，一般在膜片圆心处沿切向粘贴 R_2 和 R_3 两个应变片，在边缘处沿径向粘贴 R_1 和 R_4 两个应变片，接成全桥电路，以提高灵敏度和进行温度补偿。

（2）筒式压力传感器

当被测压力较大时，多采用筒式压力传感器，如图 1.20 所示。圆筒内有一盲孔，一端有法兰盘与被测系统连接。被测压力 P 进入圆筒的腔内，使圆筒发生变形。圆筒外表面上的环向应变（沿着圆周线）表达式为

$$\varepsilon=\frac{P(2-\mu)}{E(n^2-1)} \tag{1-50}$$

式中，$n=D_0/D$。

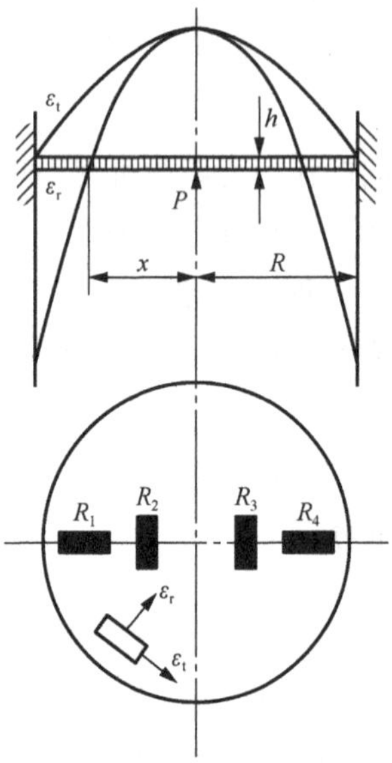

图 1.19　膜片式压力传感器

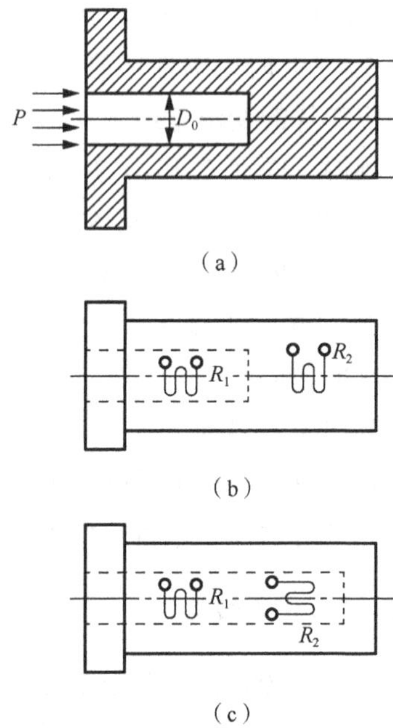

图 1.20　筒式压力传感器

对于薄壁筒，计算公式为

$$\varepsilon = \frac{PD}{2hE}(1-0.5\mu) \tag{1-51}$$

式中，$h=(D-D_0)/2$。

图 1.20（b）中在盲孔的外端部有一个实心部分，制作传感器时，在筒壁和端部沿圆周方向各粘贴一个应变片，端部在筒内有压力时不产生变形，只用作温度补偿。图 1.20（c）中端部较薄，则 R_1 和 R_2 垂直粘贴，一个沿圆周，另一个沿筒长，沿筒长方向的 R_2 用作温度补偿。

对于薄壁筒，计算公式为

$$\varepsilon = \frac{PD}{2hE}(1-0.5\mu) \tag{1-52}$$

式中，$h=(D-D_0)/2$。

这类传感器可用来测量机床液压系统的压力（10^6～10^8Pa），也可用来测量枪、炮管内的压力（10^8Pa），其动态特性和灵敏度主要由材料的弹性模量和尺寸决定。

（3）组合式压力传感器

组合式压力传感器的弹性元件为膜片、波纹管、膜盒和弹簧管等，应变片粘贴在悬臂梁上。利用弹性元件先将压力转换成力，然后再转换成应变，从而使应变片电阻发生变化，如图 1.21 所示。通常取悬臂梁的刚度比弹性元件的刚度高得多，以抑制后者的不稳定性和滞后等对测量的影响。这种传感器通常用于测量小压力，缺点是固有频率低，不适于测量瞬态过程。

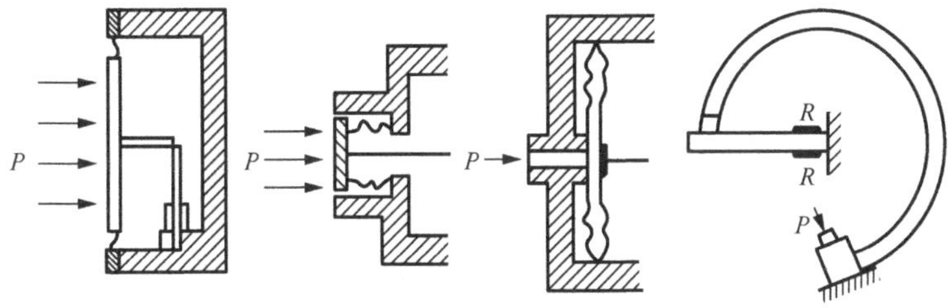

图 1.21　组合式压力传感器

3. 应变式容器内液体重量（或液位）传感器

图 1.22 是插入式容器内液体重量（或液位）传感器示意图。该传感器有一根传压杆，上端安装腰形筒微压传感器，下端安装感压膜，在三者腔内充满传压介质并密封。传压介质的压力和被测溶液的压力作用在感压膜的内、外侧，由于杆内传压介质的高度比被测溶液的高度高，因此腰形筒微压传感器处于负压状态。为了提高测量的灵敏度，共安装了两个性能完全相同的微压传感器。

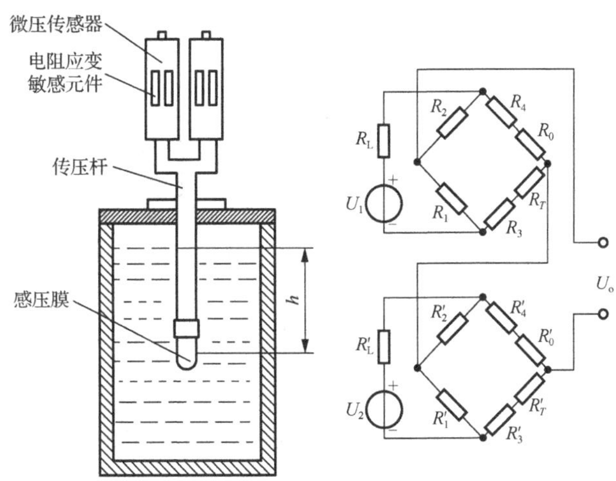

图 1.22　插入式容器内液体重量（或液位）传感器示意图

当容器中的溶液多时，感压膜感受的压力就大。将两个微压传感器的电桥接成如图 1.22 所示的正向串接的双电桥电路，则输出电压为两个电桥输出电压之和，即

$$U_o=U_{1o}+U_{2o}=(A_1+A_2)\rho gh \tag{1-53}$$

式中，A_1、A_2 为传感器的传输系数；ρ 为被测溶液的密度（kg/m^3）；g 为重力加速度（m/s^2）；h 为感压膜与液体表面之间的距离。

如果被测溶液的密度不变，当容器中溶液的液位 h 变化时，则输出电压也变化，这样就成为液位传感器。

又由于 ρgh 表示感压膜上面液体的压强，则对于等截面的柱形容器，有

$$U_o=U_{1o}+U_{2o}=(A_1+A_2)\rho gh \tag{1-54}$$

$$\rho gh=\frac{G}{S} \tag{1-55}$$

式中，G 为容器内感压膜上面溶液的重量；S 为柱形容器的截面积。

将式（1-54）与式（1-55）联立，得到容器内感压膜上面溶液重量与电桥输出电压之间的关系式为

$$U_o=\frac{(A_1+A_2)G}{S} \tag{1-56}$$

由式（1-56）可知，电桥的输出电压与柱形容器内感压膜上面溶液的重量呈线性关系，因此，可以利用此类传感器测量容器内储存的溶液重量。

4. 应变式加速度传感器

应变式加速度传感器主要用于物体加速度的测量。基本工作原理：物体运动的加速度 a 与作用在其上的力 F 成正比，与物体的质量 m 成反比，即 $a=F/m$。

图 1.23 所示为应变式加速度传感器的结构示意图，图中 1 是等强度梁，在其自由端安装质量块 2，另一端固定在壳体 3 上。等强度梁上粘贴 4 个电阻应变片 4，并组成全桥测量电路。为了调节振动系统的阻尼系数，在壳体内充满了硅油。

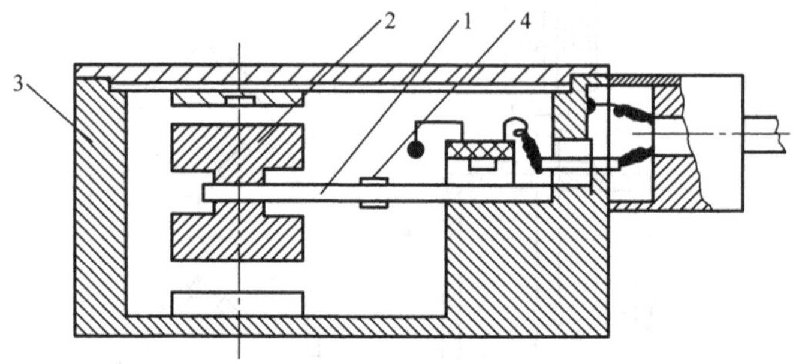

1—等强度梁；2—质量块；3—壳体；4—电阻应变片。

图 1.23　应变式加速度传感器的结构示意图

测量时，将传感器壳体与被测物体刚性连接，当被测物体以加速度 a 运动时，质量块受到一个与加速度方向相反的惯性力作用，使等强度梁变形。该变形被粘贴在其上的应变片感受到并随之产生应变，从而使应变片的电阻发生变化，桥路输出不平衡电压，即可得出加速度 a 的大小。

这种传感器在低频（10～60Hz）振动测量中得到广泛的应用，但不适用于频率较高的振动和冲击。

5. 应变式扭矩传感器

扭矩与力矩一样，是用作用力 F 与作用距离 l 的乘积表示的，计算公式为

$$M=Fl \tag{1-57}$$

式中，M 为扭矩；F 为作用力；l 为作用距离。

扭矩是各类工作机械传动轴的基本载荷形式。在设计机械传动系统的各零部件时，必须满足强度或刚度的要求。另外，在确定原动机时，为了合理选择容量，也需要测量扭矩，特别是运行过程中传动轴上所受的扭矩。因此，转轴上扭矩的测量具有重要意义。

测量扭矩的方法是将转轴上的扭矩转化为与其有一定数量关系的物理量，然后再转化成相应的电量。

转轴受扭矩作用后，在其表面产生剪切应变，这一应变可用电阻应变片测量。应变片可以粘贴在需要测量扭矩的传动轴上，也可以粘贴在另外专用的传动轴上，制成一个应变式扭矩传感器。由材料力学理论分析可知，轴体在扭矩 M 的作用下，转轴表面沿着与轴线呈 45° 和 135° 斜角方向产生主应力，如图 1.24 所示。这一应力所对应的主应变分别为

$$\varepsilon_1 = -\varepsilon_3 = \left(\frac{1+\mu}{E}\right)\frac{M}{W} = KM \tag{1-58}$$

式中，E 为转轴的弹性模量；μ 为转轴的泊松比；ε_1、ε_3 分别为主应力 σ_1、σ_3 对应的主应变；W 为转轴的扭转断面系数。

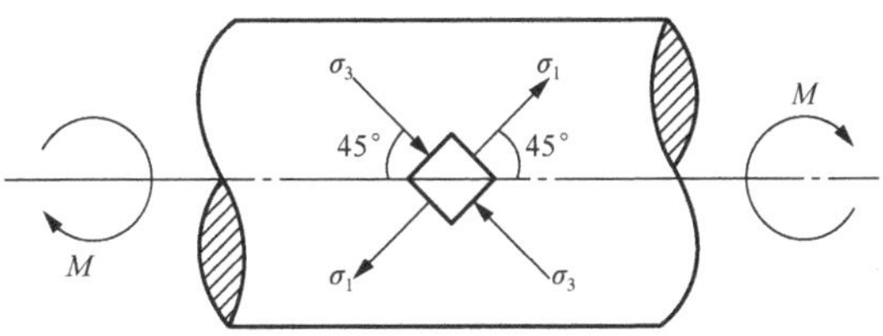

图 1.24　转轴表面应力应变示意图

如果在主应变 ε_1、ε_3 方向上粘贴应变片，测出主应变即可间接测出转轴上所受的扭矩 M。

图 1.25 所示为一种应变式扭矩传感器。一般圆轴多受拉伸、弯曲、扭转的联合作用，为了测扭矩，要设法消除弯曲和拉伸的影响。在转轴的适当部位按图 1.26 粘贴 4 个应变片，进行全桥连接。若能保证应变片粘贴位置准确、应变片特性匹配，则这种装置具有良好的温度补偿和消除弯曲应力、轴向应力影响的功能。4 个应变片必须准确与轴线呈 45° 粘贴，而且应变片 1 和 3、2 和 4 都必须在直径方向上相对粘贴。采用特殊形式的应变花可以简化粘贴并易于获得准确的位置。集流环是将转动中轴体上的电信号与固定测量电路装置相联系的专用部件。4 个集流环中的两个用于接入激励电压，两个用于输出信号。集流环按工作原理分为电刷-滑环式、水银式和感应式等。集流环的转动部分和固定部分的接触电阻应当变化很小，如果接触电阻不稳定，则这种变化会作为较大的噪声信号被记录下来，从而产生测量误差。为了避免集流环带来的弊端，国内已研制出遥测应变仪。它是在应变电桥后，将电桥输出电压通过振荡器转换为矩形波频率变化的信号，从而将应变信号载于脉冲波上。这一频率调制信号经发射芯片耦合到固定的接收芯片上，实现信号的无接触传输。接收的信号经鉴频电路将频率调制信号复原为与原应变信号成比例的电压信号，然后再记录和显示。

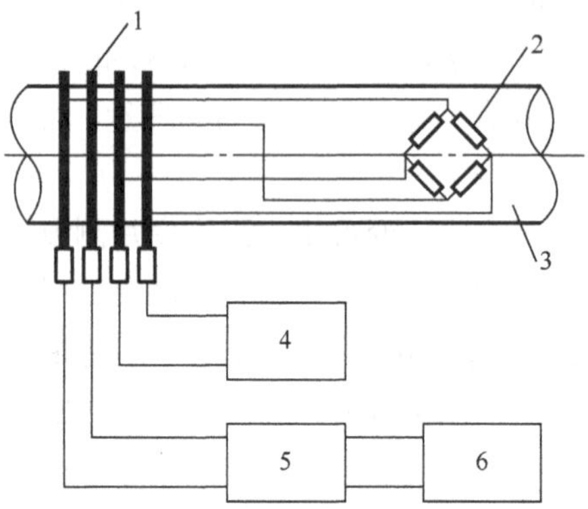

1—集流环；2—应变片；3—回转轴；
4—振荡器；5—放大器；6—显示记录器。

图 1.25　应变式扭矩传感器

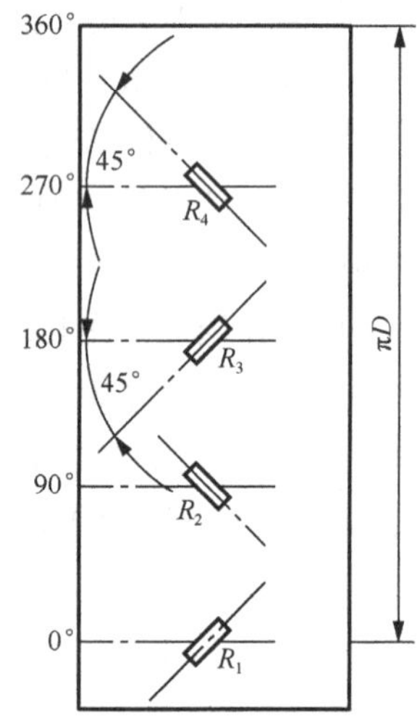

图 1.26　应变片粘贴方法

图 1.27 所示为滑环式扭矩传感器，在测量轴上粘贴与轴呈 45° 角的应变片。轴一端支撑于壳体上，通过滚珠轴承来减小因摩擦产生的测量误差。轴上装有风扇，起散热作用。应变片电路与静止壳体的连接是经滑环和可移动电刷组来完成的。

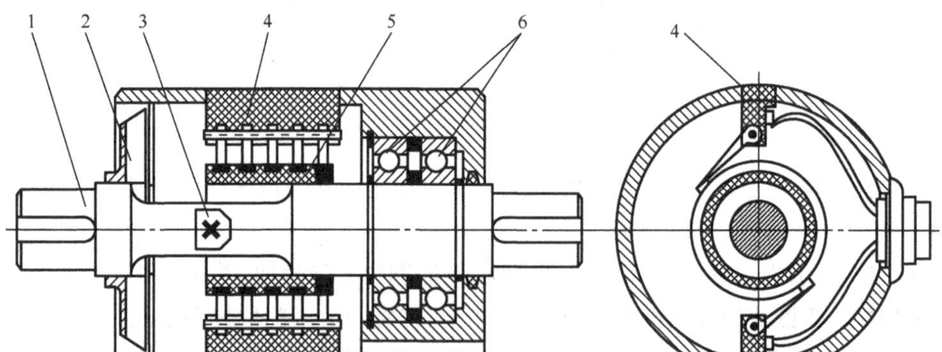

1—测量轴；2—风扇；3—应变片；4—电刷组；5—滑环组；6—轴承。

图 1.27　滑环式扭矩传感器

6. 应变式张力传感器

将应变片粘贴于悬臂梁上，可用来检测张力。图 1.28 所示为纱线张力检测装置，检测辊 4 通过连杆 5 与悬臂梁 2 的自由端相连，连杆 5 同阻尼器 6 的活塞相连，纱线 7 通过导线辊 3 与检测辊 4 接触。当纱线张力变化时，悬臂梁随之变形，使应变片 1 的阻值发生变化，通过电桥可将其转换为电压的变化。

必须指出的是，电阻应变片测出的是弹性元件上某处的应变，而不是该处的应力、力或位移。只有通过换算或标定，才能得到相应的应力、力或位移。有关换算关系可查阅相关资料。

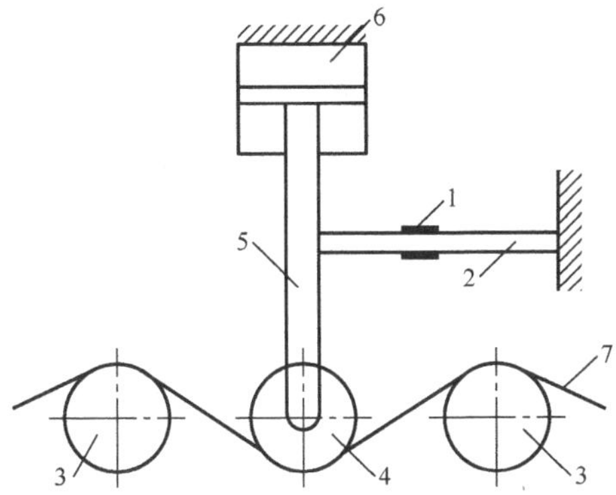

1—应变片；2—悬臂梁；3—导线辊；4—检测辊；5—连杆；6—阻尼器；7—纱线。

图 1.28　纱线张力检测装置

1.3　电容式传感器

电容式传感器是一种将被测非电量的变化转换为电容量变化的传感器。它的结构简单，体积小，分辨率高，具有平均效应，测量精度高，可实现非接触测量，并能在高温、辐射和强烈振动等恶劣条件下工作，广泛应用于压力、差压、液位、振动、位移、加速度、成分含量等方面的测量。

1.3.1　电容式传感器的工作原理

1．工作原理及类型

电容式传感器由两块平行板组成，若忽略其边缘效应，其电容量为

$$C=\frac{\varepsilon S}{d} \tag{1-59}$$

式中，ε 为电容极板间介质的介电常数，$\varepsilon=\varepsilon_0\varepsilon_r$，其中 ε_0 为真空介电常数（$\varepsilon_0=8.85\times10^{-12}$ F/m），ε_r 为极板间介质的相对介电常数；S 为两块平行板所覆盖的面积；d 为两块平行板之间的距离。

由式（1-59）可知，当 S、d 和 ε 中的任一参数发生变化时，电容量 C 也随之发生变化，通过测量电路就可以将电容量的变化转换为电量输出。因此，电容式传感器可分为变极距型、变面积型和变介电常数型 3 种。图 1.29 所示为常用的电容式传感器的结构形式。其中，图（a）、（e）为变极距型，图（b）、（c）、（d）、（f）、（g）和（h）为变面积型，图（i）～（l）为变介电常数型。

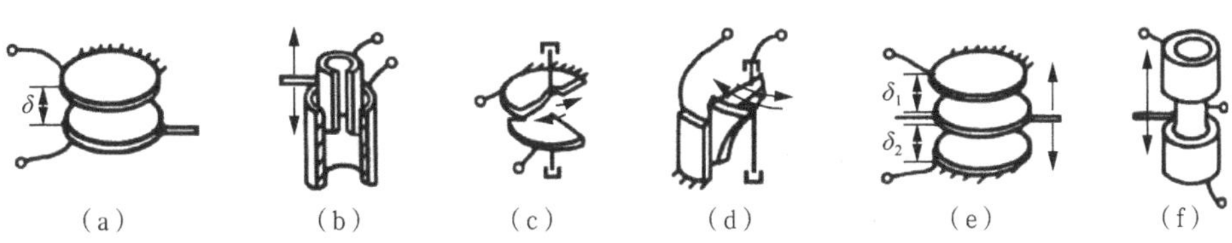

图 1.29　电容式传感器的结构形式

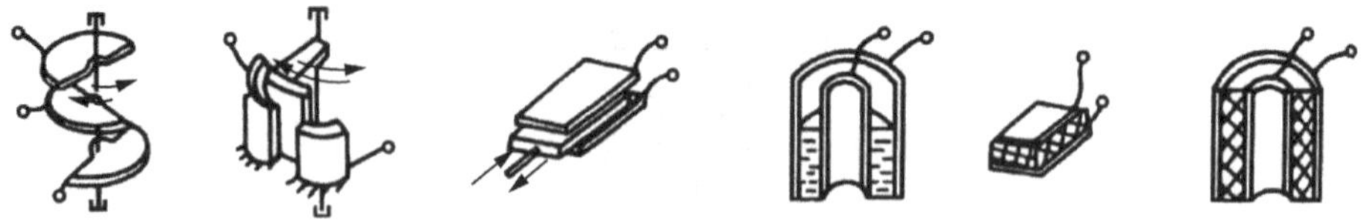

（g）　（h）　（i）　（j）　（k）　（l）

图 1.29（续）

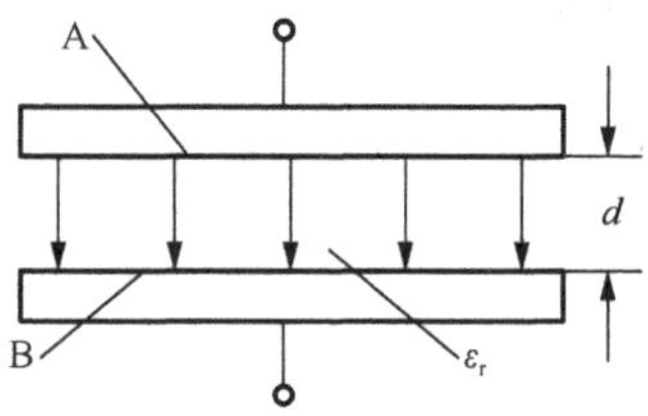

图 1.30　变极距型电容式传感器原理图

2. 变极距型电容式传感器

图 1.30 所示为变极距型电容式传感器原理图。图中 A 为可动极板，一般称为动极板；B 为固定极板，一般称为定极板。当动极板因被测量变化引起移动时，就改变了两块极板间的距离，从而使电容量发生变化。设初始极距为d，则有

$$C_0=\frac{\varepsilon_0\varepsilon_r S}{d} \tag{1-60}$$

若电容器极距由初始值d缩小Δd，电容量增大ΔC，则有式

$$C=C_0+\Delta C=\frac{\varepsilon_0\varepsilon_r S}{d-\Delta d}=\frac{C_0}{1-\dfrac{\Delta d}{d}}=\frac{C_0\left(1+\dfrac{\Delta d}{d}\right)}{1-\left(\dfrac{\Delta d}{d}\right)^2} \tag{1-61}$$

由式（1-61）可知，C 与 Δd 不为线性关系。但是，若 $\Delta d/d \ll 1$，则式（1-61）可简化为

$$C=C_0+C_0\frac{\Delta d}{d} \tag{1-62}$$

此时，C 与 Δd 近似为线性关系，所以变极距型电容式传感器只有在 $\Delta d/d$ 很小时，才有近似的线性关系，一般最大位移应小于间距的 1/10。

在实际应用中，为了改善非线性、提高灵敏度和减少外界干扰的影响，电容式传感器常做成差动形式。

3. 变面积型电容式传感器

图 1.31 所示为变面积型电容式传感器原理图。被测量变化导致动极板移动，引起两块极板间有效覆盖面积S的变化，从而得到电容量的变化。当动极板相对于定极板沿着长度方向移Δx时，其电容量变化为

$$\Delta C=C_0-C=\frac{\varepsilon_0\varepsilon_r ab}{d}-\frac{\varepsilon_0\varepsilon_r(a-\Delta x)b}{d}=\frac{\varepsilon_0\varepsilon_r b\Delta x}{d} \tag{1-63}$$

式中，$C_0=\varepsilon_0\varepsilon_r b$；$a/d$为初始电容；$a$为极板长度；$b$为极板宽度；$\Delta x$为极板水平位移。

由式（1-63）可知，ΔC 与 Δx 呈线性关系。

图 1.32 所示为电容式角位移传感器原理图。当动极板有一个角位移 θ 时，其与定极板间的有效覆盖面积发生变化，从而改变了两块极板间的电容量。当 $\theta = 0$ 时，有

$$C_0 = \frac{\varepsilon_0 \varepsilon_r S_0}{d_0} \tag{1-64}$$

式中，ε_r 为介质的相对介电常数；d_0 为两极板间的距离；S_0 为两极板的初始覆盖面积。

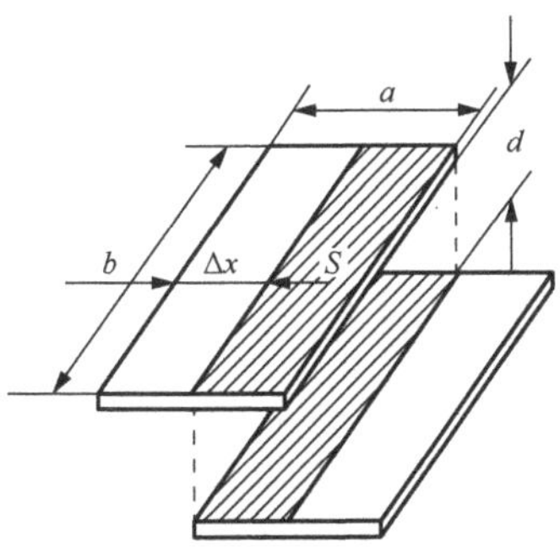

图 1.31　变面积型电容式传感器原理图

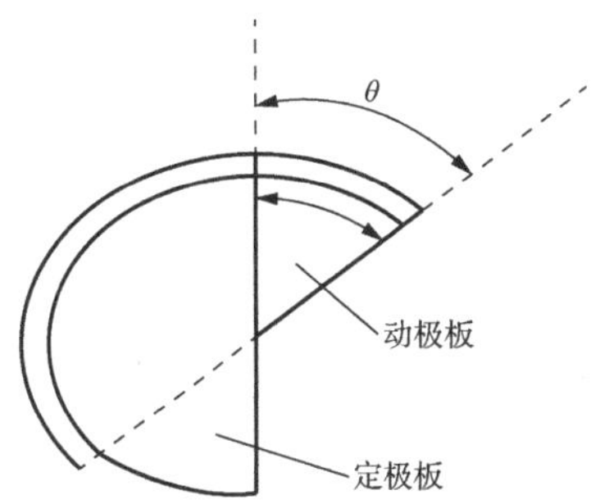

图 1.32　电容式角位移传感器原理图

当 $\theta \neq 0$ 时，有

$$C_0 = \frac{\varepsilon_0 \varepsilon_r S_0 \left(1 - \dfrac{\theta}{\pi}\right)}{d_0} = C_0 - C_0 \frac{\theta}{\pi} \tag{1-65}$$

由式（1-65）可知，电容量 C 与角位移 θ 呈线性关系。

4. 变介电常数型电容式传感器

图 1.33 所示为一种变极板间介质的介电常数型电容式传感器用于测量液位的结构原理图。设被测非导电液体的介电常数为 ε_1，液面高度为 h，传感器总高度为 H，内筒外径为 d，外筒内径为 D，此时电容量为

$$C = \frac{2\pi\varepsilon_1 h}{\ln\dfrac{D}{d}} + \frac{2\pi\varepsilon(H-h)}{\ln\dfrac{D}{d}} = \frac{2\pi\varepsilon H}{\ln\dfrac{D}{d}} + \frac{2\pi h(\varepsilon_1 - \varepsilon)}{\ln\dfrac{D}{d}} = C_0 + \frac{2\pi h(\varepsilon_1 - \varepsilon)}{\ln\dfrac{D}{d}} \tag{1-66}$$

式中，ε 为空气的介电常数；C_0 为由传感器的基本尺寸决定的初始电容值：

$$C_0 = \frac{2\pi\varepsilon H}{\ln\dfrac{D}{d}}$$

由式（1-66）可见，此传感器的电容量与被测液位的高度 $d_0\varepsilon_{r2}$ 成正比。

图 1.34 是变介质介电常数型电容式传感器的另一种常用形式。图中两平行板电极固定不动，极距为 d_0，相对介电常数为 ε_{r2} 的电介质以不同深度插入电容器中，从而改变了两种介质的极板覆盖面积。传感器的总电容量为

$$C = C_1 + C_2 = \varepsilon_0 b_0 \frac{\varepsilon_{r1}(L_0 - L) + \varepsilon_{r2} L}{d_0} \tag{1-67}$$

式中，L_0、b_0 分别为极板的长度和宽度；L 为第二种介质进入极板的长度。

若电介质 $\varepsilon_{r1}=1$，当 $L=0$ 时，传感器的初始电容 $C_0=\dfrac{\varepsilon_0\varepsilon_{r1}L_0b_0}{d_0}=\dfrac{\varepsilon L_0b_0}{d_0}$，当被测电介质 ε_{r2} 进入极板间 L 深度后，引起的电容相对变化量为

$$\frac{\Delta C}{C}=\frac{C-C_0}{C_0}=\frac{(\varepsilon_{r2}-1)L}{L_0} \tag{1-68}$$

可见，电容相对变化量与电介质介电常数 ε_{r2} 和移动量 L 呈线性关系。

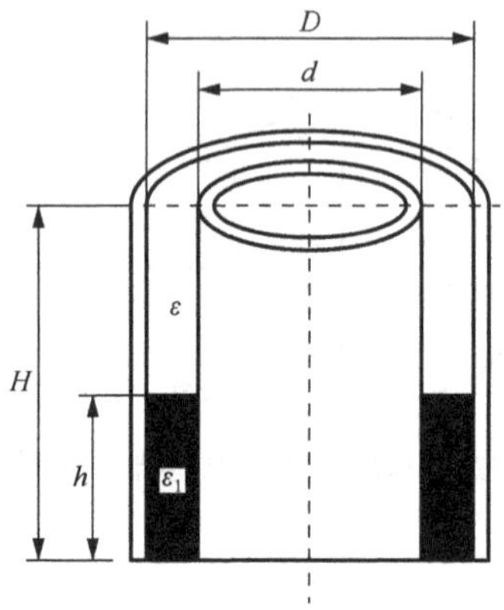

图 1.33　变极板间介质的介电常数型电容式传感器原理图

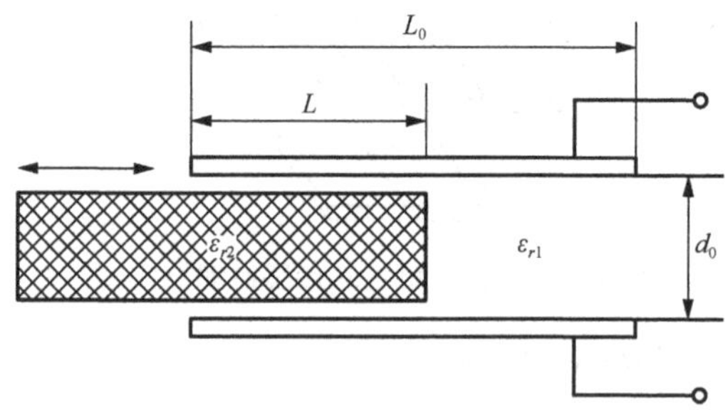

图 1.34　变介质介电常数型电容式传感器原理图

1.3.2　电容式传感器的主要性能

1. 静态灵敏度

静态灵敏度是被测量变化缓慢的状态下电容变化量与引起其变化的被测量之比。

对于变极距型电容式传感器，电容量变化可由下式得到

$$\Delta C=C-C_0=C_0\frac{\Delta d}{d-\Delta d}$$

则变极距型电容式传感器的静态灵敏度为

$$k_{\mathrm{g}}=\frac{\Delta C}{\Delta d}=\frac{C_0}{d}\left(\frac{1}{1-\dfrac{\Delta d}{d}}\right)$$

因为 $\Delta d/d<1$，上式可按泰勒级数展开，即

$$\Delta C=C_0\frac{\Delta d}{d}\left[1\mp\frac{\Delta d}{d}+\left(\frac{\Delta d}{d}\right)^2\mp\left(\frac{\Delta d}{d}\right)^3+\cdots\right] \tag{1-69}$$

由式（1-69）可知，静态灵敏度与初始极距 d 有关，而且不是常数，随被测量变化而变化。要提高灵敏度，应减小 d，但 d 过小不但影响两块极板间移动的平稳性，而且容易击穿电容器。一般可在极板间放置云母片或塑料膜，以提高电容器的耐击穿性能。

对于变面积型电容式传感器，忽略边缘效应，其静态灵敏度为常数，即

$$k_g = \frac{C_0}{a} = \frac{\varepsilon b}{d} \tag{1-70}$$

因此，增大极板宽度 b、减小极板间距 d 可以提高灵敏度，而极板起始遮盖长度 a 的大小与灵敏度无关。但是 a 不能太小，必须保证 $a \gg d$，否则会因边缘电场增大而影响传感器的非线性。

除减小 d、增大 b 等方法外，变极距型和变面积型电容式传感器也可以采用差动形式来提高其静态灵敏度。

2. 非线性

变极距型电容式传感器当极板间距 d 变化（$\pm\Delta d$）时，电容量 C 随之变化，即

$$\Delta C = C_0 \frac{\Delta d}{d \pm \Delta d} = C_0 \left(\frac{1}{1 \pm \frac{\Delta d}{d}} \right) \frac{\Delta d}{d}$$

因为 $\Delta d / d < 1$，所以有式（1-69）成立，即 ΔC 与 Δd 之间呈非线性关系。

为了改善非线性，可采用差动形式。假设中间动极板上移 Δd，则上电容量增大，下电容量减小，差动电容总变化量 $\Delta C = \Delta C_1 + \Delta C_2$，即

$$\Delta C = 2C_0 \frac{\Delta d}{d} \left[1 + \left(\frac{\Delta d}{d} \right)^2 + \cdots \right] \tag{1-71}$$

比较式（1-69）与式（1-71）可知，采用差动形式的电容式传感器的非线性得到了很大的改善，灵敏度也提高了 1 倍。

如果采用容抗 $X_c = \frac{1}{j\omega C}$ 作为电容式传感器的输出量，那么被测量 Δd 就与 ΔX_c 呈线性关系，不一定要满足 $\Delta d \ll d$ 这一要求。

在忽略边缘效应的情况下，变面积型和变介电常数型电容式传感器都具有很好的线性，但实际上由于边缘效应引起的漏电力线，导致极板（或极筒）间电场分布不均匀，仍有非线性问题，且灵敏度下降，但仍比变极距型电容式传感器好得多。

1.3.3　电容式传感器的设计要点

1. 特点

电容式传感器与电阻式、电感式等传感器相比有以下优点。

1）温度稳定性好。电容式传感器的电容值一般与电极材料无关，有利于选择温度系数低的材料，又因其本身发热极小，影响稳定性甚微。

2）结构简单，适应性强，能够承受很大的温度变化以及高压力、高冲击、过载等情况。

3）动态响应好。电容式传感器由于带电极板间的静电引力很小，需要的作用能量极小。又由于它的可动部分质量可以做得很轻，因此其固有频率很高，动态响应时间短，特别适用于动态测量。

4）可实现非接触测量，且具有平均效应，可以减小由于传感器极板加工过程中局部误差较大而对整体测量精度的影响。

电容式传感器存在如下主要缺点。

1）输出阻抗高，负载能力差。电容式传感器的容量受其电极的几何尺寸等限制，一般为几十到几百皮法，使传感器输出阻抗很高，负载能力差，易受外界干扰影响而产生不稳定现象，严重时甚至无法工作，必须采取屏蔽措施。

2）寄生电容影响大。电容式传感器的初始电容量小，而连接传感器和电子线路的引线电缆电容、电子线路的杂散电容及传感器内极板与周围导体构成的电容等寄生电容却较大，这不仅降低了传感器的灵敏度，而且这些电容常常是随机变化的，导致仪器工作很不稳定，影响测量精度。因此，电容式传感器对电缆的选择、安装、接法等都有要求。

2. 设计要点

在设计传感器过程中，在所要求的量程、温度和压力范围内，应尽量使其具有低成本、高精度、高分辨率、稳定可靠和良好的频率响应等，一般不易实现每项技术指标均为最优，因此常使用折中方案。在设计时可从以下几个方面考虑。

（1）减小环境温度、湿度等变化所产生的误差，保证绝缘材料的绝缘性能

温度变化使传感器内各零件的几何尺寸、相互位置及某些介质的介电常数发生改变，从而改变传感器的电容量，产生温度误差。湿度也影响某些介质的介电常数和绝缘阻值，因此，必须从选材、结构、加工工艺等方面减小温度和湿度误差，保证绝缘材料具有高的绝缘性能。

（2）消除和减小边缘效应

边缘效应不仅使电容式传感器的灵敏度降低，而且产生非线性，因此应尽量消除或减小它。适当减小极板间距，使极径与间距比很大，可以减小边缘效应的影响，但易发生击穿并有可能限制测量范围。在结构上，可以通过增设等位环来消除边缘效应，如图 1.35 所示。

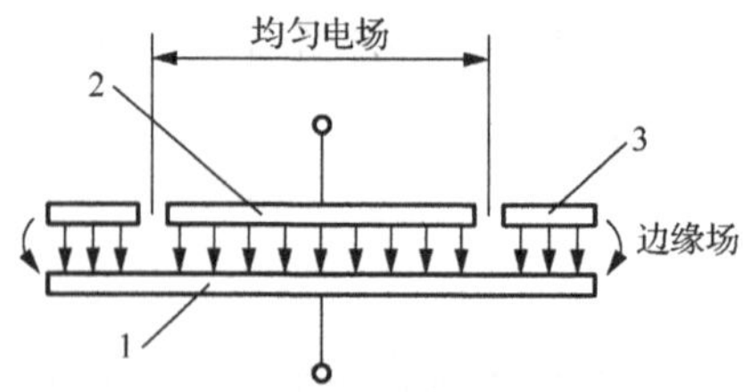

1、2—电极；3—等位环。

图 1.35　带等位环的电容式传感器原理图

（3）消除和减小寄生电容的影响，防止和减少外界干扰

防止和减少外界干扰的措施归纳起来有以下几点。

1）屏蔽和接地。用良导体做传感器壳体，将传感器元件包围起来，并可靠接地；用屏蔽电缆且金属网可靠接地；用双层屏蔽线且可靠接地；用双层屏蔽罩壳且可靠接地；传感器与电子线路前置级一起装在良好屏蔽壳体内，壳体可靠接地等。

2）增加初始电容值，降低容抗。

3）导线间分布的电容有静电感应，因此导线与导线距离要远，线要尽可能短，最好呈直角排列；若采用平行排列，可采用同轴屏蔽线。

4）尽可能一点接地，避免多点接地。接地线要用粗的良导体或宽印制线。

（4）尽可能采用差动电容式传感器

这样可减小非线性误差，提高传感器的灵敏度，减小寄生电容的影响和减小干扰。

1.3.4　电容式传感器的测量电路

将电容量转换成电压（或电流）的电路称为电容式传感器的转换电路。它们的种类很多，目前较常用的有调频电路、运算放大器电路、双 T 形电桥电路、脉宽调制电路等。

（1）调频电路

将电容式传感器接入高频振荡器的 LC 振荡回路中，作为回路的一部分。当被测量变化使传感器电容改变时，振荡器的振荡频率 $f=1/2\pi\sqrt{LC}$ 也随之改变。测定频率经鉴频器将频率变化转换成电压幅值的变化，就可测得被测量的变化。调频电路原理如图 1.36 所示，图中 C_i 为寄生电容。设 $C=C_1+C_i+C_0\pm\Delta C$，$C_2=C_3\gg C$，则

$$f=\frac{1}{2\pi\sqrt{LC}}=\frac{1}{2\pi\sqrt{L(C_1+C_i+C_0\pm\Delta C)}} \tag{1-72}$$

当被测量为零时，$\Delta C=0$，振荡器有一个固有振荡频率 f_0，其数值为

$$f_0=\frac{1}{2\pi\sqrt{L(C_1+C_i+C_0)}}$$

当被测量不为零时，$\Delta C\neq 0$，此时的振荡频率为

$$f=\frac{1}{2\pi\sqrt{L(C_1+C_i+C_0\pm\Delta C)}}=f_0\mp\Delta f C_x U\dot{U}_o \tag{1-73}$$

调频电路具有较高的灵敏度，可测量小至 0.01μm 级的位移变化量。信号的输出易于用数字仪器测量，并可与计算机通信，抗干扰能力强，可以发送、接收，以达到遥测控制的目的。

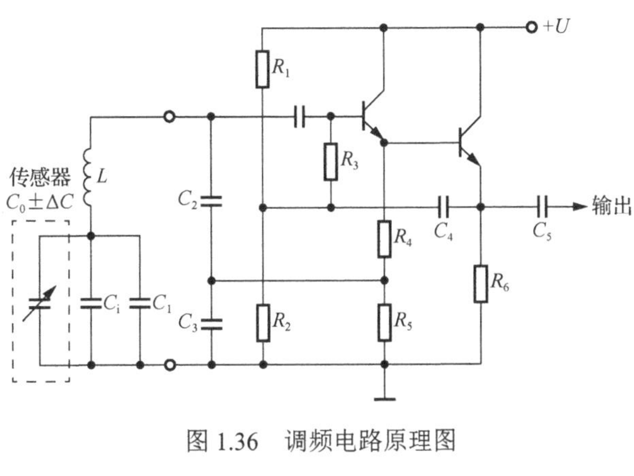

图 1.36　调频电路原理图

（2）运算放大器电路

将电容式传感器接入运算放大器电路中，作为电路的反馈元件，如图 1.37 所示。图中 C 是固定电容，C_x 是传感器电容，$\dot{U}_{\mathrm{i}}$ 是交流电压源，$\dot{U}_{\mathrm{o}}$ 是输出信号电压。在开环放大倍数为 A 和输入阻抗 Z_{i} 较大的情况下，有

$$\dot{U}_{\mathrm{o}}=-\frac{C}{C_x}\dot{U}_{\mathrm{i}} \tag{1-74}$$

将 $C_x=\dfrac{\varepsilon S}{d}$ 代入得

$$\dot{U}_{\mathrm{o}}=-\dot{U}_{\mathrm{i}}\frac{C}{\varepsilon S}d \tag{1-75}$$

式中，“—”表示输出电压 $\dot{U}_{\mathrm{o}}$ 的相位与电源电压 $\dot{U}_{\mathrm{i}}$ 反相。

由式（1-74）可知，$\dot{U}_{\mathrm{o}}$ 与 d 呈线性关系，表明运算放大器电路能克服变极距型电容式传感器 C 与 d 的非线性，但要求 A 及 Z_{i} 足够大。为保证仪器精度，还要求电源电压 $\dot{U}_{\mathrm{i}}$ 的幅值及固定电容 C 的稳定。

（3）双 T 形电桥电路

图 1.38 是二极管双 T 形电桥电路原理图。图中，u 是交流电压，它提供了幅值为 U 的对称方波，VD_1、VD_2 为特性完全相同的两个二极管，固定电阻 $R_1=R_2=R$，C_1、C_2 为传感器的两个差动电容。

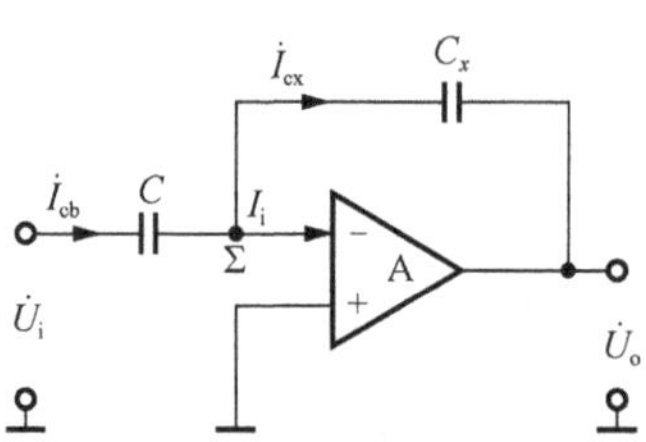

图 1.37　运算放大器电路原理图

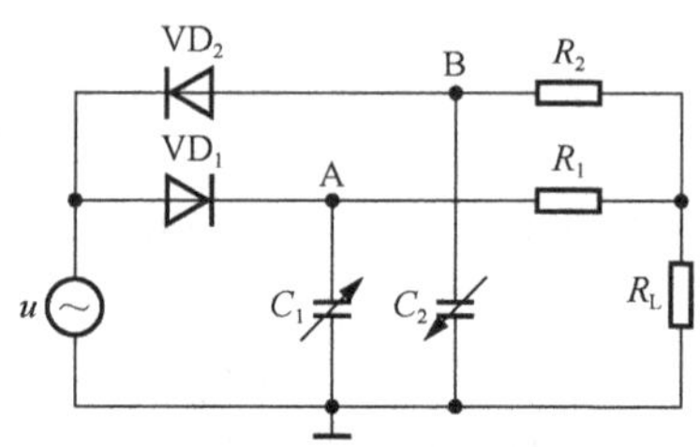

图 1.38　二极管双 T 形电桥电路原理图

当传感器没有输入时，$C_1=C_2$。电路工作原理：当 u 为正半周时，二极管 VD_1 导通，VD_2 截止，于是电容 C_1 充电；在随后出现的负半周，电容 C_1 上的电荷通过电阻 R_1、负载电阻 R_{L} 放电，通过 R_{L} 的电流为 I_1。当 u 为负半周时，VD_2 导通，VD_1 截止，则电容 C_2 充电；在随后出现的正半周，C_2 通过电阻 R_2、负载电阻 R_{L} 放电，流过 R_{L} 的电流为 I_2。根据以上条件，电流 $I_1=I_2$，且方向相反，则在一个周期内流过 R_{L} 的平均电流为零。

若传感器输入不为零，则 $C_1\neq C_2$，$I_1\neq I_2$，此时在一个周期内通过 R_{L} 的平均电流不为零，因此产生输出电压 U_{o}，且输出电压 U_{o} 是电容 C_1 和 C_2 的函数。该电路输出电压较高，可用来测量高速的机械运动。

（4）脉宽调制电路

脉宽调制电路原理图如图 1.39 所示，图中 C_{x1}、C_{x2} 为差动电容式传感器，电阻 $R_1=R_2$，A_1、A_2 为比较器。当双稳态触发器处于某一状态时，$Q=1$，$\overline{Q}=0$，A 点高电位通过 R_1 对 C_{x1} 充电，时间常数 $\tau_1=R_1C_{x1}$，直至 F 点点位高于参比点位 U_{r}，比较器 A_1 输出正跳变信号。与此同时，因 $\overline{Q}=0$，C_{x2} 上的已充电电压通过 VD_2 迅速放电至零电

平。A_1正跳变信号激励触发器翻转，使$Q=0$，$\overline{Q}=1$，于是 A 点为低电位，C_{x1}上的已充电电压通过VD_1迅速放电。因B点为高电位，通过R_2对C_{x2}充电，时间常数为$\tau_2=R_2C_{x2}$，直至 G 点的电位高于参比电位U_r，比较器A_2输出正跳变信号，使触发器发生翻转。当$C_{x1}=C_{x2}$时，A、B 两点间平均电压为零。当$C_{x1}\neq C_{x2}$，且$C_{x1}>C_{x2}$时，$\tau_1=R_1C_{x1}>\tau_2=R_2C_{x2}$。由于充电、放电时间常数的变化，电路中各点电压波形产生相应的改变。

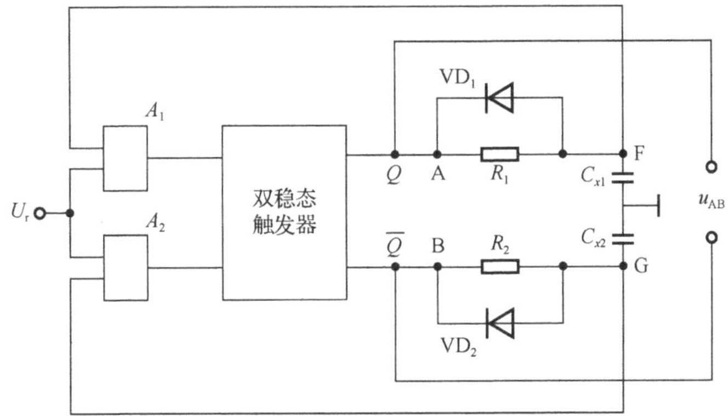

图 1.39　脉宽调制电路原理图

此时u_A、u_B的脉冲宽度不再相等，一个周期(T_1+T_2)内输出的平均电压不为零。此u_{AB}经低通滤波器滤波后，可得U_o输出，表达式为

$$U_o=U_A-U_B=U_1\frac{T_1-T_2}{T_1+T_2} \tag{1-76}$$

式中，U_1为触发器输出高电平；T_1、T_2分别为C_{x1}、C_{x2}充电至U_r时所需的时间。

由电路知识可知式（1-77）、式（1-78）成立。

$$T_1=R_1C_{x1}\ln\frac{U_1}{U_1-U_r} \tag{1-77}$$

$$T_2=R_2C_{x2}\ln\frac{U_1}{U_1-U_r} \tag{1-78}$$

将T_1、T_2代入式（1-76），考虑$R_1=R_2$得

$$U_o=\frac{C_{x1}-C_{x2}}{C_{x1}+C_{x2}}U_1 \tag{1-79}$$

把平行板电容器的电容公式代入式（1-77），在变极距的情况下可得

$$U_o=\frac{d_2-d_1}{d_2+d_1}U_1 \tag{1-80}$$

式中，d_1、d_2分别为C_{x1}、C_{x2}极板间的距离。

在变面积型电容式传感器中，则有式（1-81）成立。

$$U_o=\frac{S_2-S_1}{S_2+S_1}U_1 \tag{1-81}$$

由此可见，差动脉冲调制电路适用于变极距型和变面积型差动电容式传感器，且为线性特性，转换效率高，经过低通滤波器就有较大的直流输出，脉宽频率的变化对输出没有影响。

1.3.5 电容式传感器的应用

1. 电容式差压传感器

图 1.40（a）是电容式差压传感器的结构示意图，它由两个凹玻璃圆盘和一个金属膜片组成，两个凹玻璃圆盘上镀金层作为电容式传感器的两个固定电极，而夹在两个凹玻璃圆盘中的金属膜片作为传感器的可动电极。当两边的压力 P_1 与 P_2 相等时，膜片处于中间位置，与左、右固定电极的间距相等，即 $C_{AB}=C_{DB}$，经图 1.40（b）转换电路，输出 $U_o=0$；当 $P_1>P_2$（或 $P_2>P_1$）时，膜片弯向 P_2（或 P_1），$C_{AB}<C_{DB}$（或 $C_{AB}>C_{DB}$），U_o 输出与 $|P_1-P_2|$ 成正比的信号。这种差压传感器不仅可以用来测量 P_1 与 P_2 的压差，还可以用来测量真空或微小绝对压力。

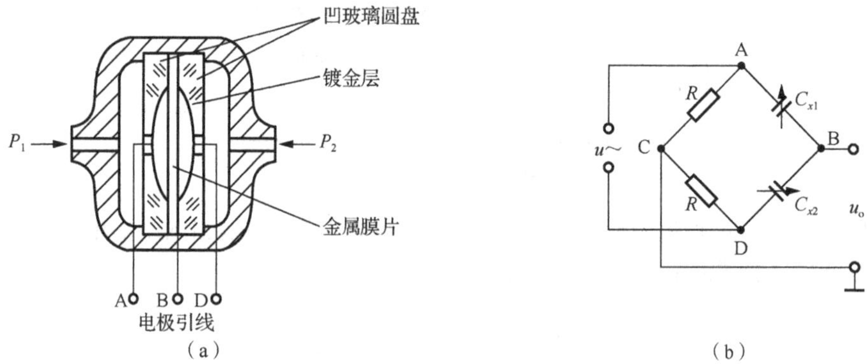

图 1.40　电容式差压传感器的结构示意图及转换电路

2. 电容式加速度传感器

图 1.41 为电容式加速度传感器的结构图。它有两个固定极板（与壳体绝缘），中间有一个用弹簧支撑的质量块，此质量块的两个端面经磨平抛光后可作为可动极板。当传感器壳体随被测对象沿垂直方向做直线加速运动时，质量块在惯性空间中相对静止，两个固定电极将相对于质量块在垂直方向上产生大小正比于被测加速度的位移。此位移使 C_R 和 C_2 的值随之改变，一个增大，一个减小，它们的差值正比于加速度。这种加速度传感器的精度较高，频率响应范围宽，量程大。

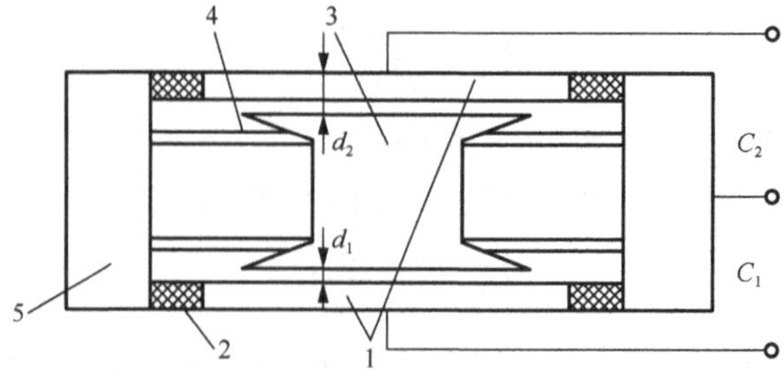

1—固定电极；2—绝缘垫；3—质量块；4—弹簧；5—壳体。

图 1.41　电容式加速度传感器的结构图

3. 电容式振动位移传感器

图 1.42 所示为电容式振动位移传感器应用示意图，其中传感器的一极是被测振动体表面。电容式振动位移传感器不仅可以测量振动的位移，而且可以测量转轴的回转精度和轴心的动态偏摆。

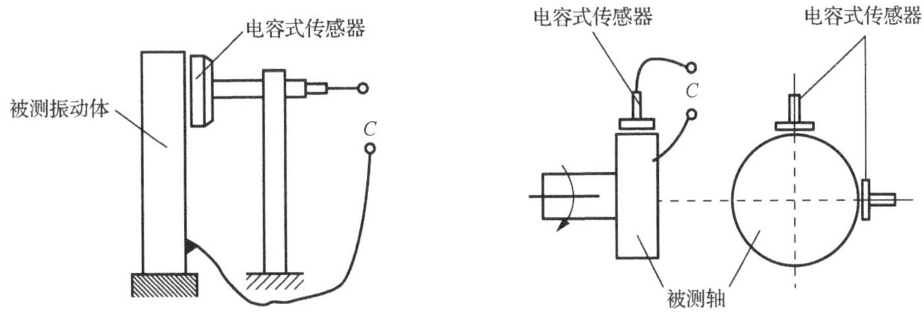

图 1.42　电容式振动位移传感器应用示意图

图 1.43 所示为电荷平衡式位移传感器结构示意图。这个系统安装在测头中，图中 x 表示测头的位移。工作原理：一块接地的导电圆屏蔽板在两块静止不动的同轴圆筒电极间移动，从理论上来说，这时电容量 C_M 与屏蔽板的位置成比例。具有电容量为 C_R 的参考电容器也装在测头中，可变电容器和参考电容器具有一个公用电极，这个公用电极的输出连接到内置的前置放大器的输入端。工作时，一个等幅的方波信号电压 V_R 加到可变电容器外层极上，一个幅值变化且与 V_R 反相的方波信号电压 V_M 施加到参考电容器上，方波信号电压 V_M 的幅值由前置放大器输出电压 V_b 控制的反馈系统自动调整，以保证公共电极的信号为零，即

$$V_R C_M + V_M C_R = 0 \tag{1-82}$$

或

$$V_M = -\frac{C_M V_R}{C_R} \tag{1-83}$$

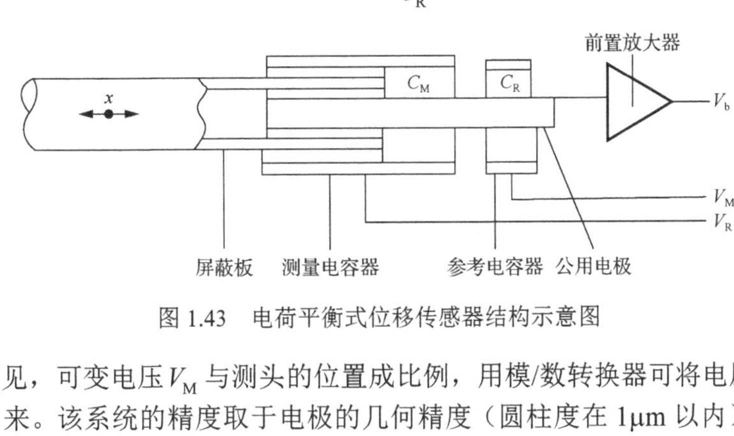

图 1.43　电荷平衡式位移传感器结构示意图

由此可见，可变电压 V_M 与测头的位置成比例，用模/数转换器可将电压量转变成数字量显示出来。该系统的精度取于电极的几何精度（圆柱度在 1μm 以内）和电子部分的精度。该系统具有 0.1μm 的分辨率，测量范围为 10mm 的测头，其线性误差为 1μm。

该系统已在类似于孔径测量仪等便携式测量工具中得到应用。

4. 电容式物位传感器

电容式物位传感器分为电容式液位传感器和电容式料位传感器。

（1）电容式液位传感器

电容式液位传感器是一种利用被测介质的液面变化，从而影响传感器电容量发生变化的变介质型电容式传感器。

1）当被测介质为非导电物质时，其传感器的结构如图 1.44（a）所示。

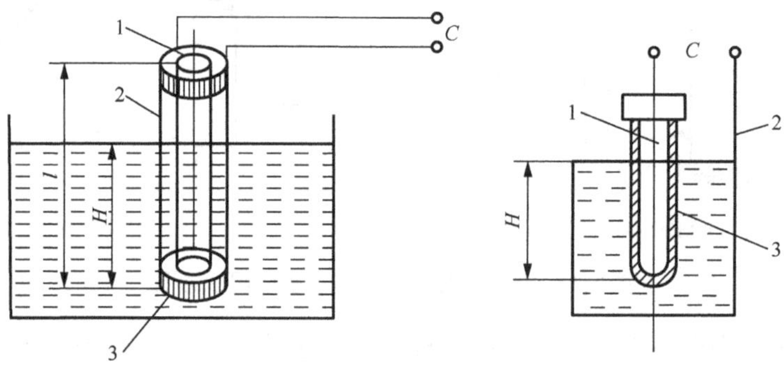

（a）　（b）

1—内电极；2—外电极；3—绝缘层。

图 1.44　电容式液位传感器

工作原理：当被测液面高度 H 发生变化时，两个电极之间的介电常数随之发生变化，从而引起电容的变化。电容的计算公式为

$$C=\frac{2\pi\varepsilon_1 H}{\ln\dfrac{r_2}{r_1}}+\frac{2\pi\varepsilon_2(l-H)}{\ln\dfrac{r_2}{r_1}} \tag{1-84}$$

式中，ε_1 为被测介质的介电常数；ε_2 为液面以上部分的介电常数；H 为传感器插入液面的深度；l 为传感器的有效工作长度；r_1、r_2 分别为传感器内电极的外半径和外电极的内半径。

对式（1-84）进行化简后，得

$$C=C_0+\frac{\varepsilon_1-\varepsilon_2}{\ln\dfrac{r_2}{r_1}}\cdot 2\pi H \tag{1-85}$$

式中，$C_0=\dfrac{2\pi\varepsilon_2 l}{\ln\dfrac{r_2}{r_1}}$，为传感器全部在液体外的初始电容。当传感器的结构确定后，电容 C 就是 H 的单值函数。

2）当被测介质为导电物质时，其传感器的结构如图 1.44（b）所示。内电极用绝缘层与导电液体隔离。当液面发生变化时，相当于外电极的面积发生变化，所以，它是一种变面积型电容式传感器。因为外电极的面积随液面高度 H 而变化，所以其电容为

$$C=\frac{2\pi\varepsilon H}{\ln\frac{r_2}{r_1}}+C_S \tag{1-86}$$

式中，ε 为内电极绝缘层的介电常数；H 为传感器插入液面的深度；r_1、r_2 分别为传感器内电极的外半径和外电极的内半径；C_S 是传感器顶端非工作段的电容，其值为

$$C_S=\frac{\varepsilon\pi r_1^2}{4\pi\delta}=\frac{\varepsilon r_1^2}{4\delta} \tag{1-87}$$

式中，δ 为顶端绝缘层厚度。

（2）电容式料位传感器

用电容式传感器测量固体块状、颗粒状及粉状料位的结构示意图如图 1.45 所示。

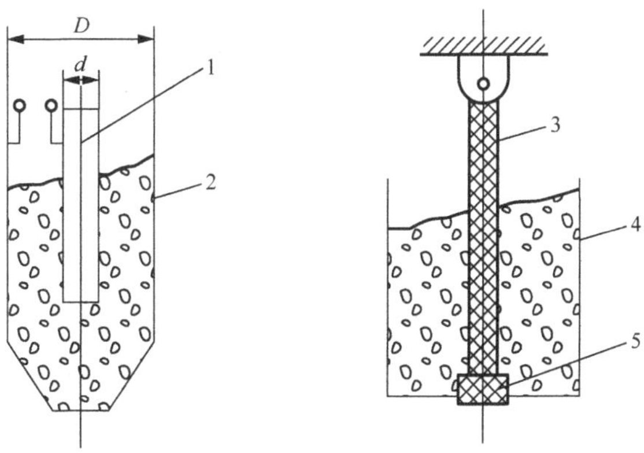

（a）　（b）

1—电极棒；2、4—容器壁；3—钢丝绳内电极；5—绝缘体。

图 1.45　电容式料位传感器

因为固体摩擦力大，容易滞留，所以一般不用双层电极，可以用电极棒和容器壁组成两个电极来测量非导电固体的料位，如图 1.45（a）所示。对于导电性固体，可以在电极外套以绝缘管作为内电极，物料作为外电极，组成电容器的两个电极，如图 1.45（b）所示。用金属棒插入容器中测量料位，其料位与电容之间的关系为

$$C=\frac{2\pi(\varepsilon-\varepsilon_0)H}{\ln\frac{D}{d}}+C_S \tag{1-88}$$

式中，D 和 d 分别为容器的内径和电极的外径；ε 和 ε_0 分别为物料的介电常数和空气的介电常数。

5. 容栅式传感器

（1）基本类型及工作原理

容栅式传感器是 20 世纪 80 年代在变面积型电容式传感器的基础上开发的，它具有电容式传感器的优点，如动态响应快、结构简单、能实现非接触测量等，还因多极电容及其平均效应，使其具有抗干扰能力强、精度高、测量范围大等特点。容栅式传感器有

长容栅和圆容栅两种。图 1.46（a）是长容栅结构示意图，它由定栅尺和动栅尺组成，国内一般用敷铜板制造。在定栅尺上蚀刻反射电极（或称标尺电极）和屏蔽电极（或称屏蔽），在动栅尺上蚀刻发射电极和接收电极。当定栅尺与动栅尺的栅极面相对放置，其间留有间隙时，其发射电极与反射电极形成一对对电容（容栅），这些电容并联连接，忽略边缘效应，其最大电容量为

$$C_{\max} = n\frac{\varepsilon ab}{\delta} \tag{1-89}$$

式中，n 为动栅尺栅极片数；a 和 b 为栅极片的长度和宽度；ε 为动栅尺和定栅尺间介质的介电常数；δ 为动栅尺和定栅尺的间隔距离。

最小电容量理论上为零，实际上为固定电容 C_0，称为容栅固有电容。当动栅尺沿 x 方向平行于定栅尺移动时，每对电容的相对遮盖长度 a 将由大到小、由小到大周期性变化，电容量也随之呈周期性变化，如图 1.46（b）所示，图中 W 为反射电极的极距（相邻两个反射电极间的距离）。经电路处理后，可测得线位移值。

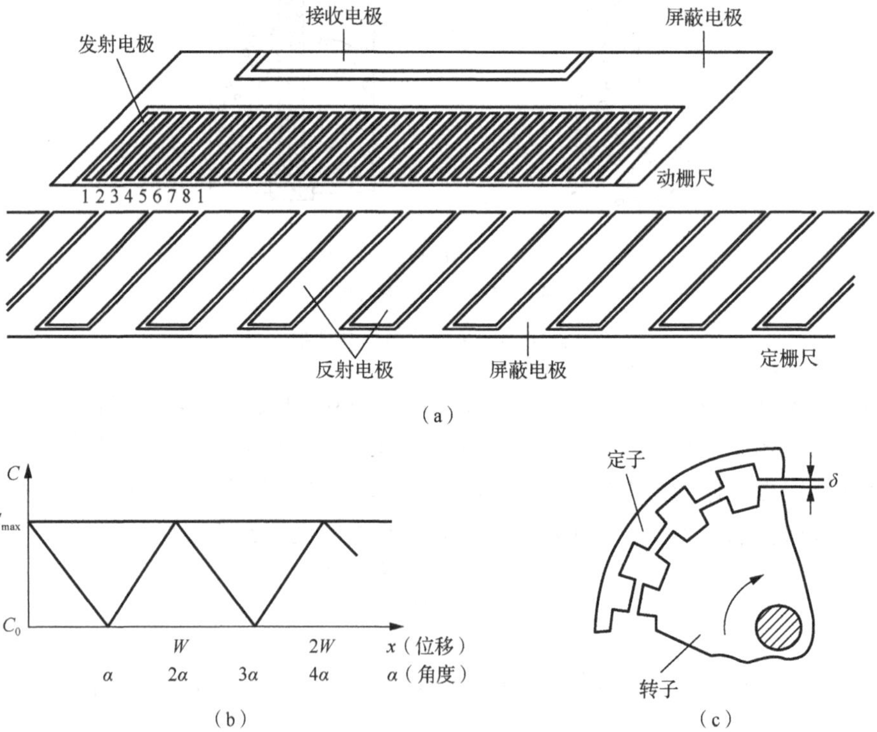

图 1.46　容栅式传感器结构原理图

图 1.46（c）是圆容栅结构示意图，可以测量角位移。它由同轴安装的定子和转子组成，在它们的内、外柱面上刻制一系列宽度相等的齿和槽，当转子旋转时就形成了一个可变电容器。当定子、转子齿面相对时，电容量最大；错开时，电容量最小。该电容器转角 α 与电容 C 的关系曲线如图 1.46（b）所示，图中 α 为齿或槽所对应的圆心角。

（2）测量电路

容栅式传感器测量电路主要有鉴幅式测量电路和鉴相式测量电路两种形式。目前，鉴幅式测量电路可达到 0.001mm 的分辨率，主要在测长仪上使用；鉴相式测量电路的分辨率为 0.01mm，主要在电子数字显示卡尺等数显量具上使用。下面以长容栅为例讨论这两种电路形式。

1）鉴幅式测量电路。图 1.47 所示为鉴幅式测量电路原理图，图中 A、B 为动栅尺上的两组电极片，P 为定栅尺上的一个电极片，它们之间构成差动电容 C_A 和 C_B。动栅尺上两组电极片各由 4 个小电极片组成，如图 1.47（b）所示，在位置 a 时，一组为小电极片 1～4，另一组为 5～8，分别加以同频反相矩形交变电压 U_{m1} 和 U_{m2}，U_1 和 U_2 为参考直流电压，当电极片 P 在初始位置（x=0），即在 A 与 B 两组电极片中间时，测量转换系统输出初始电压 $U_{m0}=(U_1+U_2)/2$。此时，加在 A 组和 B 组电极片上的交变电压 U_{m1} 和 U_{m2} 是同频等幅反相的，如图 1.47（c）所示，通过电容耦合，在电极片 P 上产生电荷并保持不变，因而输出电压 U_{m0} 不发生变化。当电极片 P 相对于电极片组 A、B 有位移 x 时，电极片 P 上的电荷量发生变化，输出交变电压，经测量转换系统输出 U_m，通过电子开关 S_1 和 S_2，改变 U_{m1} 和 U_{m2} 的值，最终使电极片 P 上所产生的电荷变化为零，即

$$(U_m-U_1)C_A+(U_m-U_2)C_B=0 \tag{1-90}$$

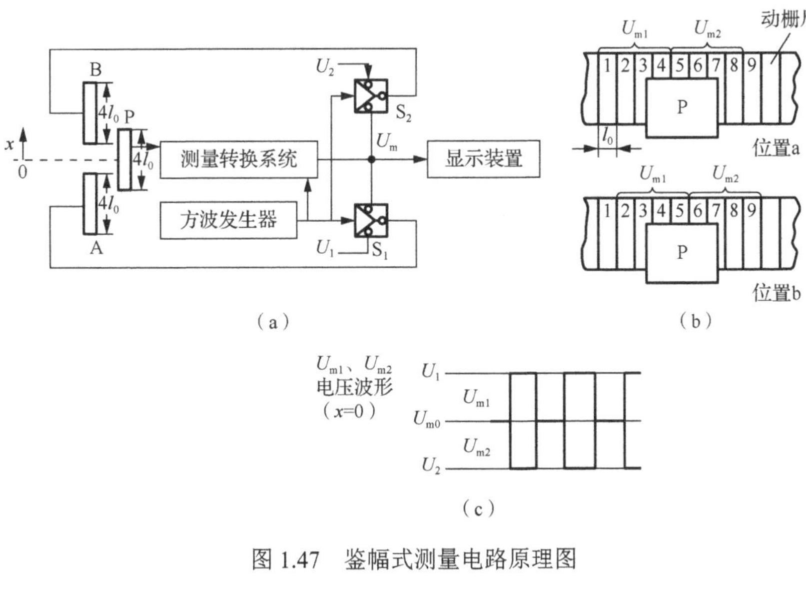

图 1.47　鉴幅式测量电路原理图

当位移 x 使电极片 P 和 B 组电极片的遮盖长度增加，且 $|x|\leqslant l_0/2$ 时，$U_m=\frac{1}{2}u$，$C_B=C_0(1+x/l_0)$。式中，C_0 为初始位置时的电容；l_0 为小电极片的间距。由式（1-90）可得

$$U_m=\frac{1}{2}(U_1+U_2)+\frac{(U_2-U_1)x}{l_0} \tag{1-91}$$

当相对位移$|x| \geqslant l_0$（小极片间距）时，由控制电路自动改变小电极片的接线，如图 1.47（b）所示，这时 A 组电极片由小电极片 2～5 构成，加电压U_{m1}，B 组电极片由小电极片 6～9 构成，加电压U_{m2}，这样在电极片 P 相对移动的过程中，能保证始终与不同的小电极片形成差动电容器，输出与位移呈线性关系的电压信号。

2）鉴相式测量电路。容栅式传感器动栅尺上的发射电极 E 每 8 片为一组，分别加以$u_1 \sim u_8$个等幅、同频、相位依次相差$\pi/4$的调制方波电压，通过对方波电压信号进行谐波分析可知，调制方波由基波和奇次谐波之和组成，其中基波成分占主要部分，因此可用正弦波进行讨论。设动栅尺相对于定栅尺的初始位置及各小发射电极所加激励电压相位如图 1.48（a）所示，且各发射电极片与反射电极片（或称标尺电极片）M 全遮蔽时的电容均为C_0，当位移$x \ll l_0$（发射电极片间距）时，如图 1.48（b）所示，在反射电极片 M 上的感应电荷为

$$\begin{aligned}Q_M &= C_0\frac{x}{l_0}U_m\sin\left(\omega t-\frac{\pi}{2}\right)+C_0U_m\left(\omega t-\frac{\pi}{4}\right)\\&+C_0U_m\sin\omega t+C_0U_m\sin\left(\omega t+\frac{\pi}{4}\right)+C_0\frac{l_0-x}{l_0}U_m\sin\left(\omega t+\frac{\pi}{2}\right)\\&=C_0U_m\left[\left(1-\frac{2x}{l_0}\right)\cos\omega t+\left(2\cos\frac{\pi}{4}+1\right)\sin\omega t\right]\end{aligned}\tag{1-92}$$

式中，U_m为发射电极激励信号的基波电压幅值；ω为发射电极激励信号的基波电压频率。

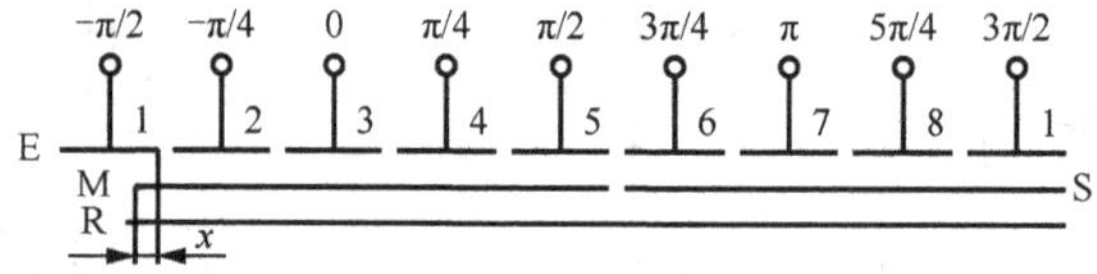

（a）一组电极片的初始位置示意图

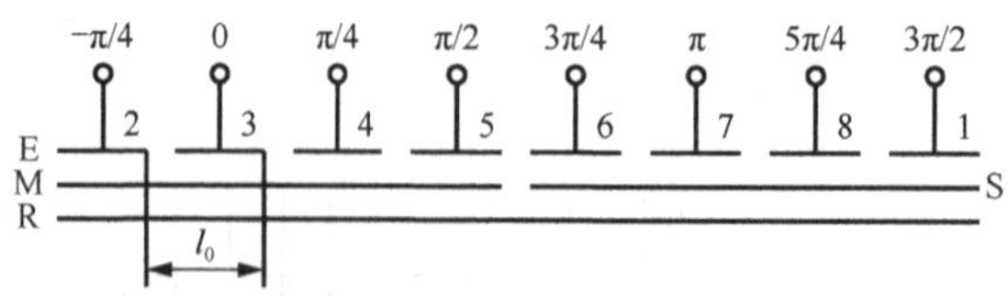

（b）动栅尺与定栅尺相对位置为x时的示意图

图 1.48 鉴相式测量电路原理图

设$1-\frac{2x}{l_0}=a$，$2\cos\frac{\pi}{4}+1=b$，则式（1-92）可写成

$$Q_M=C_0U_m\sqrt{a^2+b^2}\left(\frac{a}{\sqrt{a^2+b^2}}\cos\omega t+\frac{b}{\sqrt{a^2+b^2}}\sin\omega t\right)\tag{1-93}$$

设$\frac{a}{\sqrt{a^2+b^2}}=\sin\theta$，$\frac{b}{\sqrt{a^2+b^2}}=\cos\theta$，因此可得

$$Q_M=C_0U_m\sqrt{a^2+b^2}\sin(\omega t+\theta)\tag{1-94}$$

由于静电感应，接收电极与反射电极耦合产生感应电荷，其接收电极输出电压正比于接收电极上的电荷量，即与 Q_M 成正比，因此，θ 反映了传感器输出电压相位的变化规律，而 θ 又与位移 x 有关，故通过测量输出电压的相位，就能间接地测出位移的大小。

鉴相式测量电路具有较强的抗干扰能力。由式（1-94）可知，鉴相式测量电路在理论上还存在非线性误差，同时由于激励电压含有高次谐波，影响了测量精度。

（3）容栅式传感器的应用

目前容栅式传感器主要应用于量具、量仪和机床数显装置。例如，角位移容栅式传感器已在电子数显千分尺和机床分度盘中应用；线位移容栅式传感器已在电子数显卡尺、数显深度尺、数显高度尺、机床数显标尺中应用。随着对容栅式传感器研究的不断深入，其应用领域还会不断扩大，将会有更多的容栅式传感器系列产品在仪器仪表中得到应用，实现产品的升级换代，如容栅式数显沟槽测量仪、容栅式棱角度错边量检测仪等。

参考文献

布莱文思，沃伊什尼斯，尼克松，2021．先进控制基础：工具、技术和应用[M]．陈德基，王泉，译．北京：清华大学出版社．

陈夕松，汪木兰，杨俊，等，2022．过程控制系统[M]．4 版．北京：科学出版社．

胡寿松，2019．自动控制原理[M]．7 版．北京：科学出版社．

黄德先，王京春，金以慧，2011．过程控制系统[M]．北京：清华大学出版社．

鲁照权，方敏，2014．过程控制系统[M]．北京：机械工业出版社．

沙占友，2004．集成化智能传感器原理与应用[M]．北京：电子工业出版社．

孙优贤，等，2015．控制工程手册：上册[M]．北京：化学工业出版社．

张靖，刘少强，2002．检测技术与系统设计[M]．北京：中国电力出版社．

朱自勤，2005．传感器与检测技术[M]．北京：机械工业出版社．

第2章　系统建模技术

模型是为了理解事物而对事物做出的一种抽象，是对事物的一种无歧义的书面描述，建立系统模型是研究系统的重要手段和前提。数学模型就是根据系统运动过程的物理、化学等规律，编写出的描述系统运动规律、特性、输出与输入关系的数学表达式。用模型描述系统的因果关系或相互关系的过程即为建模。

根据数学模型的功能不同，数学模型具有不同的形式。

根据时间因素的不同，数学模型可以分为静态数学模型和动态数学模型。静态数学模型是描述系统静态（工作状态不变或慢变过程）特性的模型，一般是以代数方程形式表示的，数学表达式中的变量不依赖于时间，是输入与输出之间的稳态关系。动态数学模型是描述系统动态或瞬态特性的模型，动态数学模型中的变量依赖于时间，一般是以微分方程等形式表示的。静态数学模型可以看成是动态数学模型的特殊情况。

根据描述变量的不同，可以分为输入/输出描述模型和内部描述模型。描述系统输出与输入之间关系的数学模型称为输入/输出描述模型，如微分方程、传递函数、频率特性等数学模型。状态空间模型描述了系统内部状态和系统输入与输出之间的关系，所以也称为内部描述模型。内部描述模型不仅描述了系统输入与输出之间的关系，而且描述了系统内部信息传递关系，所以比输入/输出描述模型更深入地揭示了系统的动态特性。

根据数学模型所描述的系统中是否存在离散信号，数学模型分为连续时间模型和离散时间模型，简称连续模型和离散模型。连续模型有微分方程、传递函数、状态空间表达式等，离散模型有差分方程、Z传递函数、离散状态空间表达式等。

从描述方式上看，数学模型分为参数模型和非参数模型两大类。参数模型是用数学表达式表示的数学模型，如传递函数、差分方程、状态方程等。非参数模型是直接或间接从物理系统的试验分析中得到的响应曲线表示的数学模型，如脉冲响应、阶跃响应、频率特性曲线等。

数学模型虽然有不同的表示形式，但它们之间可以互相转换，可以由一种形式的模型转换为另一种形式的模型。例如，一个集中参数的系统，可以用参数模型表示，也可以用非参数模型表示；可以用输入/输出描述模型表示，也可以用状态空间模型表示；可以用连续时间模型表示，也可以用离散时间模型表示。

在研制一个新可控制系统时，首先要分析系统的内在规律和运行条件，经过仿真实验，掌握系统运行状态、操作参数之间的相互关系与系统运行时约束边界条件，然后再进行系统设计，进而完成系统开发。无论是进行控制系统仿真实验，还是实际系统设计开发，必须有一个描述系统特征的模型，然后基于系统模型，根据相应优化算法，才能设计相应的控制器或控制律。

对于许多复杂的工业控制过程，建模往往是最关键和最困难的任务。因建模目的和要求不同，系统模型描述的关系各异，产生了各种不同的建模手段与方法。传统的建模方法包含机理分析建模与实验建模（系统辨识）两类，随着人工智能领域研究的深入，智能建模、混合建模和软测量建模技术等也逐渐成为关注的热点。下面将从机理建模、系统辨识、智能建模、混合建模和软测量建模几个方面介绍控制工程中常用的系统建模技术。

2.1 机理建模技术

机理建模是通过对系统内在机理的分析，运用各种反映物体运动、传热、化学反应等基本规律的运动方程、物性参数方程和设备特性方程等物理、化学定律，推导出描述系统数学模型的方法。

根据对象的机理进行建模，一般包含以下步骤。

（1）根据建模对象和模型使用目的进行合理假设

实际的系统或过程一般非常复杂，很难用数学公式精确地加以描述，因此，在建立数学模型时通常要做一定的假设。根据建模对象的特性及模型使用的目的，在满足模型应用要求的前提下，可忽略部分次要因素，进行一些近似处理，简化建模过程。

（2）根据系统或过程内在机理建立数学方程

在建立控制系统数学模型时，主要依据质量、能量、动量及各种物理化学平衡关系，采用物理、化学定律来建立内在机理关系的数学模型。这些数学模型通常由常微分方程、偏微分方程及相关的代数方程共同构成，并采用自由度分析方法来保证获得的数学模型有解。

（3）简化模型

从应用的角度来讲，系统模型在能够满足建模目的、反映其特性情况下应尽可能简单。因此，需要对根据系统内在机理得到的初步数学模型进一步整理和简化，如应用于过程控制的模型往往采用增量的形式进行表达，增量形式可以把原来的非线性系统线性化，且通过坐标变换，把稳态工作点转化为原点，使输入/输出关系简单清晰，便于运算。

机理建模一般包括物料平衡建模、能量平衡建模和动量平衡建模，对于复杂过程，往往可以将其分成若干子系统进行建模，且所用建模方法可根据各子系统的特点灵活选择。

2.1.1 物料平衡建模

1. 物料平衡建模过程

物料平衡建模是基于质量守恒原理的一种机理建模方法，其基本原理为

$$\text{输入量}+\text{产生量}-（\text{输出量}+\text{消耗量}）=\text{积累量} \tag{2-1}$$

按照物料操作方法，可将其过程分为如下 3 类。

（1）连续操作过程

原料连续稳定地进入反应器，同时，等量的产物从反应器中连续排出，反应条件不随时间而产生变化。

（2）间歇操作过程

将一次生产所需原料一次性投入反应器中，反应完成后放出全部物料，其间，反应条件（温度、压力、组成等）随时间不断变化。

（3）半连续操作过程

兼有物料连续操作和间歇操作的特点，如瞬时投入原料，连续排出产物，或连续投入原料，瞬时排出产物。

物料操作方式的不同，也带来操作过程的进料、出料原则各异。因此，在考虑相应物料平衡方程时需要给予足够重视。

同时，如果相关工业过程中存在化学反应，虽然化学反应过程中反应物的消耗与产物总质量仍然守恒，但其组分不再守恒，所以也要区别对待。

2. 物料平衡关系

（1）无化学反应物料平衡关系

对于没有发生化学反应的过程，其物料的平衡关系可表示为

$$\frac{\mathrm{d}(\rho V)}{\mathrm{d}t}=\sum_{i=1}^{N}\rho_i F_i-\sum_{j}^{M}\rho_j F_j \tag{2-2}$$

式中，ρ 为密度；V 为体积；ρ_i 为流入各物料的密度；F_i 为流入各物料的体积流量；ρ_j 为流出各物料的密度；F_j 为流出各物料的体积流量。

（2）具有化学反应的组分 A 的物料平衡关系

对于具有化学反应的组分 A 的物料平衡关系可表示为

$$\frac{\mathrm{d}(n_\mathrm{A})}{\mathrm{d}t}=\frac{\mathrm{d}(c_\mathrm{A}V)}{\mathrm{d}t}=\sum_{i=1}^{N}c_{\mathrm{A}i}F_j-\sum_{j}^{M}c_{\mathrm{A}j}F_j\pm rV \tag{2-3}$$

式中，n_A 为组分 A 的物质的量；c_A 为组分 A 的浓度；r 为单位体积下 A 的反应速率，产生 A 时取正，反之取负；V 为体积；F 为体积流量。

运用物料平衡进行机理建模，一般包含以下步骤。

1）分析过程内的各种变化，确定过程所涉及的组分。

2）绘制物流简图。若系统内包含较多的物料与设备，则对简图做出必要简化。

3）列出方程与约束式。对过程单元进行物料平衡，所列的方程主要可分为如下三类：

① 物料平衡方程组。对每个过程单元给出合理的物料平衡方程，对于无化学反应过程及化学反应中的惰性组分采用分子衡算，对化学反应过程中的化学活性物采用原子衡算。

② 摩尔分率约束式。对每一个物流列写一个摩尔分率约束式。

③ 设备约束式。常用的设备约束式有进料比（或任何两股物流流量之比），两股物流具有相同的组分（如分流器），化学反应过程的转化率限度，化学平衡常数，相平衡常数。

4）方程组求解。

2.1.2　能量平衡建模

工业过程往往伴随着大量热量传递，如将工件或原料预热到适宜的操作温度，在过程中加入热量（吸热）或是移去热量（放热）等。在此类过程中，出入设备的能量及在该设备内能量的移动与转换均服从能量守恒定律。根据这一规律对系统进行建模也称为能量平衡建模。

能量平衡的一般形式为

$$\sum_{i=1}^{N} F_i H_i + \sum_{i=1}^{N} q_i + \sum_{i=1}^{N} \omega_i = 0 \tag{2-4}$$

式中，F_i 为第 i 股物流的体积流量；H_i 为第 i 股物流的焓值（单位质量的物质所含的全部热能）；q_i 与 ω_i 分别为系统与环境发生的热流与动流。F_i、q_i 与 ω_i 的符号根据其移动方向而定，一般取进入系统为正，反之为负。

在列写能量平衡方程时，通常考虑如下因素。

1）能量的收入形式与规模。包括燃料燃烧热，原料、物料带入的物理热，预热空气带入热，物料状态变化潜热，物料放热反应放出热，以及各种能源转化的热量等。

2）能量的支出形式与规模。包括生产过程吸热，物料带出热，灰渣、烟尘耗散热，燃料不完全燃烧的热损失，反应器散热等。

3）内部循环热量的情况。对于具有温度非均匀分布特性的反应器，一般还需考虑其内部热量的循环情况。

在实际应用中，能量平衡建模很少独立使用，而是以物料平衡与能量平衡联结的形式出现，以在工业中广泛使用的连续反应搅拌釜（continuous stirred-tank reactor，CSTR）模型为例进行介绍。

连续反应搅拌釜是一种连续流动反应器。在强烈搅拌的反应釜中，反应原料连续恒定地进入反应器，同时反应产物连续不断地流出反应器。由于搅拌强烈，反应器内物料达到全釜均匀的浓度和温度，其结构示意图如图 2.1 所示。

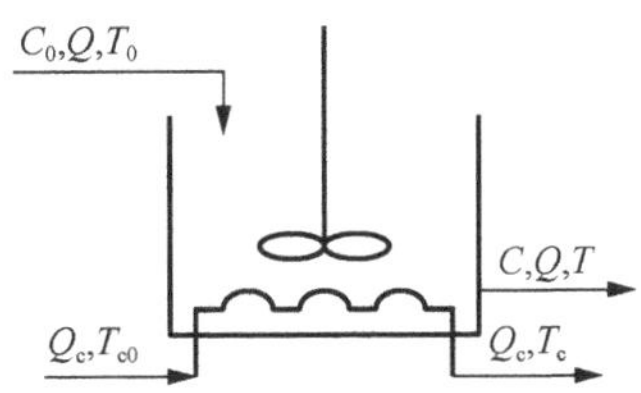

图 2.1　连续反应搅拌釜结构示意图

设一反应釜内发生一级不可逆放热化学反应。浓度为 C_0、温度为 T_0 的物料以流量 Q 进入反应器，在反应器中发生化学（放热）反应，生成浓度为 C 的化合物。采用流量为 Q_C、温度为 T_C 的冷却剂来抑制反应所产生的大量热能，以避免溶液温度升高，进而影响反应速度和反应物浓度，从而控制生成物的浓度 C。

根据物料平衡，列写其物料浓度的动态方程：

$$\frac{\mathrm{d}C(t)}{\mathrm{d}t}=\frac{Q}{V}[C_0-C(t)]-r_{\mathrm{C}}$$

根据能量平衡，列写其物料温度的动态方程：

$$\frac{\mathrm{d}T(t)}{\mathrm{d}t}=\frac{Q}{V}[T_0-T(t)]+r_{\mathrm{T}}+k_2Q_{\mathrm{C}}(t)\left[1-\exp\left(-\frac{k_3}{Q_{\mathrm{C}}(t)}\right)\right][T_{\mathrm{C0}}-T(t)]$$

其中，浓度和温度的反应速度 r_{C} 和 r_{T} 分别为

$$r_{\mathrm{C}}=k_0C(t)\exp\left[-\frac{E}{RT(t)}\right],\quad r_{\mathrm{T}}=k_1C(t)\exp\left[-\frac{E}{RT(t)}\right]$$

式中，k_0、k_1 为反应时间常数；k_2、k_3 为关于化学反应特性的参数；E 为反应活化能；R 为气体常数。

由此，综合物料平衡和能量平衡，可以得到该反应器的初步机理模型。实际工业过程中，这种基于理想假设条件的初步模型并不能直接适用，需要根据工艺特点及控制需求对模型做进一步细化。

2.1.3　动量平衡建模

动量平衡建模是以动量守恒定律为基础发展出的机理建模方式。对一个系统而言，在能量平衡时，系统的动量收支的差值及其他形式的作用力之和必等于系统的动量累积。

对于稳态系统，系统内的动量不随时间而变，也就是系统中无能量蓄积，此时动量平衡关系式为

动量传入量-动量传出量+系统作用力总和=0　　（2-5）

对于非稳定系统，动量平衡的关系式为

动量传入量-动量传出量+系统作用力总和=动量的累积量　　（2-6）

显然，稳态系统的动量平衡实质上是非稳态系统动量平衡的特例。

不同类型系统的动量平衡表述形式不一。对传输系统而言，其理想流体动量平衡微分方程为欧拉方程，而实际流体（即黏性流体）的动量平衡方程，主要以纳维-斯托克斯（Navier-Stokes）方程为主，表述流体流动条件下的动量及作用力之间的平衡与转换关系。

2.2　系统辨识技术

系统辨识通过对所研究工业过程输入与输出关系的观测，基于一组给定的模型类，用参数估计方法确定与所测过程等价的模型。系统辨识的关键是模型种类的确定及参数的估计方法。采用系统辨识技术建立模型的步骤如图 2.2 所示。

主要有以下几个步骤。

1）明确辨识的目的和先验知识。不同的需求所对应的辨识的目的是不同的。针对不同目的所进行的系统辨识，其辨识精度的要求及模型的形式是不同的。

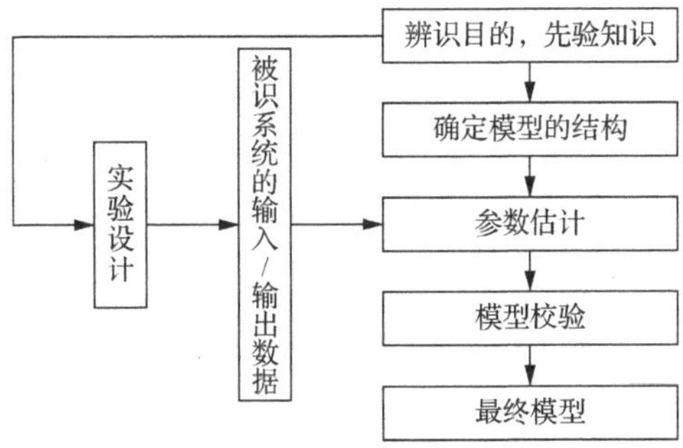

图 2.2　系统辨识建模步骤

2）实验设计。实验主要用作获取关键的系统输入/输出数据，其设计包括被测量的选取及传感器布置、检测设备的选取、信号的种类及大小、采样速度等。

3）确定模型类型和结构。

4）参数估计。在确定所用模型结构的情况下，根据实验所获得数据确定模型中各参数的具体数值。模型的选取与参数估计是系统辨识过程中两大重要部分。

5）模型校验。任何数学模型的有效性及准确性均需要通过实验来校验。若条件允许，应尽量使用真实的系统运行数据对所建立的模型进行校验。

可见，模型的选取与参数的估计是系统辨识建模过程中的关键。以下将对系统辨识建模中常用的模型结构及参数辨识方法进行简要介绍。

2.2.1　模型的结构

模型类型和结构的确定是决定辨识效果的关键，也是系统辨识过程中的一项困难工作。模型类别与结构的选取一般以定性分析为主，辅以定量研究，因为这一阶段的工作与模型的应用密切相关。

由于工序及内部反应的复杂性，大多数工业过程表现出强烈的非线性特性。因此，本节将结合具体需要，对控制工程中常用的非线性模型进行介绍。线性模型部分则摘选较为经典的状态方程模型做简要介绍。

1. 状态方程模型

对于线性定常系统，设其具有 n 个状态变量、r 个输入及 m 个输出，则该系统可用状态空间为

$$\begin{cases} x(t) = \boldsymbol{A}x(t) + \boldsymbol{B}u(t) \\ y(t) = \boldsymbol{C}x(t) + \boldsymbol{D}u(t) \end{cases} \tag{2-7}$$

式中，$x(t)$为 n 维状态向量；$u(t)$为 r 维输入向量；$y(t)$为 m 维输出向量；

$$\boldsymbol{A} = \boldsymbol{A}_{n\times n} = \begin{bmatrix} a_{11} & a_{21} & \cdots & a_{n1} \\ a_{12} & a_{22} & \cdots & a_{n2} \\ \vdots & \vdots & & \vdots \\ a_{1n} & a_{2n} & \cdots & a_{nn} \end{bmatrix}$$

$$\boldsymbol{B}=\boldsymbol{B}_{n\times r}=\begin{bmatrix} b_{11} & b_{21} & \cdots & b_{n1} \\ b_{12} & b_{22} & \cdots & b_{n2} \\ \vdots & \vdots & & \vdots \\ b_{1r} & b_{2r} & \cdots & b_{nr} \end{bmatrix}$$

$$\boldsymbol{C}=\boldsymbol{C}_{m\times n}=\begin{bmatrix} c_{11} & c_{21} & \cdots & c_{m1} \\ c_{12} & c_{22} & \cdots & c_{m2} \\ \vdots & \vdots & & \vdots \\ c_{1n} & c_{2n} & \cdots & c_{mn} \end{bmatrix}$$

$$\boldsymbol{D}=\boldsymbol{D}_{m\times r}=\begin{bmatrix} d_{11} & d_{21} & \cdots & d_{m1} \\ d_{12} & d_{22} & \cdots & d_{m2} \\ \vdots & \vdots & & \vdots \\ d_{1r} & d_{2r} & \cdots & d_{mr} \end{bmatrix}$$

通常将这种由一个状态方程和一个输出方程所构成的动态方程称为系统（A,B,C,D）。该系统的传递函数为

$$G(s)=\boldsymbol{C}(s\boldsymbol{I}-\boldsymbol{A})^{-1}\boldsymbol{B}+\boldsymbol{D} \tag{2-8}$$

式中，s 为拉普拉斯变换中的复频率变量；$\boldsymbol{I}$ 为单位矩阵，与系统状态向量的维度相同。

对于这类系统，辨识工作就是根据系统的输入/输出确定各个矩阵的参数，需辨识的参数数量为

$$N=n^2+nr+mn+mr=(n+m)(n+r) \tag{2-9}$$

由式（2-9）可知，若不经处理直接进行辨识，计算代价较高，可考虑采用将系统方程转换为状态方程的方法来减少需要辨识参数的数量。

2. 双线性模型

工业过程，特别是流程工业过程多具有时间特性，运用时间序列分析的方法来建立模型是一个可行的思路。因此，双线性模型在控制工程的建模工作中得到了广泛运用。

称随机序列 $\{x_i\}$ 服从双线性模型分布，如果

$$x_i=\sum_{j=1}^{p}\varphi_j x_{i-j}+\sum_{j=0}^{q}\theta_j a_{i-j}+\sum_{k=0}^{Q}\sum_{l=1}^{P}\beta_{kl}x_{i-l}a_{i-k} \tag{2-10}$$

其中，a_i 为随机序列，当 $\beta_{kl}=0(k=0,1,\cdots,Q,l=1,P)$ 时，式（2-10）称为自回归移动平均模型（autoregressive moving average model，ARMA）模型，因此双线性模型是线性模型的直接推广。但是，由于它的非线性特性，模型的定价准则、稳定性与可逆性等相比ARMA 模型要复杂，计算也更为困难。

对于某些较为简单的双线性模型，建模时可沿用时间序列分析中线性系统的定价准则，如 F 检验、AIC（Akaike information criterion）准则等。对于参数估计问题，在阶数已确定的情况下，原则上与线性模型的处理方法相同。对于较为简单的双线性建模，可采用苏巴·饶（Subba Rao）在牛顿-拉夫森算法基础上进行递推所得出的“反复残差法”。

3．分块组合模型

维多·沃尔泰拉（Vito Volterra）用多维泰勒级数展开并取极限所得的 Volterra 泛函级数模型，是非线性系统辨识理论中最早出现的模型。Volterra 泛函级数模型适合于描述很大一类非线性系统。然而，即使在二次项以后把 Volterra 级数截断，辨识其 Volterra 核也是非常复杂的，导致其实用性受到了制约。因此，学者们在 Volterra 泛函级数模型的基础上，研究出了多种更为简洁易用的非线性辨识方法。

连续的非线性系统可用如图 2.3 所示的分块组合结构组成，其中第 1、3 单元是线性动态子系统，第 2 单元是非线性稳态增益。虽然这种结构的模型仍然是由泛函级数模型演化而来的，但由于分块后可按各子系统进行辨识，非线性单元中不包含动态关系，因而可以引申出比较简单的辨识方法。哈默斯坦（Hammerstein）模型与威纳（Wiener）模型正是其中较为重要的两类模型。

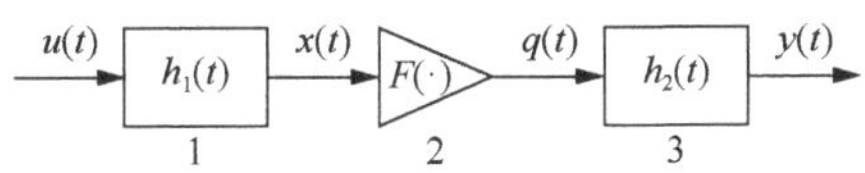

图 2.3　分块组合结构

（1）Hammerstein 模型

对于如图 2.3 所示系统，当 $h_1(t)=\delta(t)$，且取 $F(\cdot)$为单值非线性函数时，有

$$q(t)=b_1x(t)+b_2x^2(t)+\cdots+b_nx^n(t) \tag{2-11}$$

以 $q(t)$ 作为输入，线性动态子系统 $h_2(t)$ 的输入/输出关系可用卷积方程描述为

$$y(t)=\int_0^{T_s}h_2(\tau)q(t-\tau)\mathrm{d}\tau \tag{2-12}$$

式中，T_s 为调节时间，即系统响应的时间范围；$h_2(\tau)$ 为系统单位冲激响应。

串联组合后，系统方程为

$$y(t)=\int_0^{T_s}h_2(\tau)[b_1x(t-\tau)+b_2x^2(t-\tau)+\cdots+b_nx^n(t-\tau)]\mathrm{d}\tau \tag{2-13}$$

式（2-13）称为 Hammerstein 模型，其离散广义形式为

$$y(k)=k_0+\frac{B_1(q^{-1})}{A(q^{-1})}u(k-d)+\cdots+\frac{B_P(q^{-1})}{A(q^{-1})}u^P(k-d)+\frac{C(q^{-1})}{A(q^{-1})}\varepsilon(k) \tag{2-14}$$

式中，k_0 为静态增益；$A(q^{-1})$、$B_1(q^{-1})$、…、$B_{\rm p}(q^{-1})$、$C(q^{-1})$ 均为 n 阶后移算子多项式。

从式（2-13）与式（2-14）可以看出，Hammerstein 模型是关于非线性系统的参数模型，Hammerstein 模型把辨识 Volterra 核的问题转化为参数估计问题，大大简化了计算过程，提升了实用性。

（2）Wiener 模型

对于如图 2.3 所示系统，当 $h_2(t)=\delta(t)$，仍取 $F(\cdot)$ 为单值非线性函数，取 $h_1(t)$ 为线性动态子系统的脉冲响应函数，得到如图 2.4 所示系统。

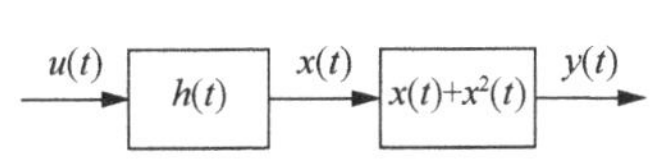

图 2.4　分块系统结构

其系统方程为

$$y(t)=\int h(\tau_1)u(t-\tau_1)\mathrm{d}\tau_1+\iint h(\tau_2)h(\tau_3)u(t-\tau_2)u(t-\tau_3)\mathrm{d}\tau_2\tau_3 \tag{2-15}$$

式（2-15）恰为阶次为 2 的 Volterra 级数。将这种特殊结构的非线性系统展开成新的解析泛函级数，得到 Wiener 模型。

Wiener 发展了两种构成泛函级数的方法及其相应的辨识方法，分别称为 Wiener Ⅰ模型和 Wiener Ⅱ模型。

1）Wiener Ⅰ模型。

Wiener 根据卡梅伦-马丁（Cameron-Martin）的思路，对线性动态子系统用傅里叶-埃尔米特（Fourier-Hermite）级数来表示，在 $[o,\infty)$ 上形成完备的规格化正交集的拉盖尔（Laguerre）函数 $l_p(t)$，由系统过去的输入 $u(t)$ 构成：

$$V_p(t)=\int_0^{\infty} l_p u(t-\tau)\mathrm{d}\tau, p=0,1,\cdots \tag{2-16}$$

作为非线性稳态单元的输入，非线性稳态单元用带 Laguerre 系数的 Hermite 展开式表达，综合的系统方程为

$$y(t)=\lim_{n\to\infty}\sum_{m_n=0}^{\infty}\cdots\sum_{m_n=0}^{\infty}C_{m_0m_1\cdots m_n}H_{m_0}[V_n(t)] \tag{2-17}$$

式中，$H_{m0}(\cdot)$为 Hermite 多项式；$C_{m_0m_1\cdots m_n}$ 为 Wiener 系数。

2）Wiener Ⅱ模型。

Wiener 用格拉姆-施密特（Gram-Schmidt）正交化过程来构成一个新的泛函级数，表达式为

$$y(t)=\sum_{n=0}^{\infty}\{G_n[K_n,u(t)]\} \tag{2-18}$$

其中泛函 $\{G_n(\cdot)\}$ 对于正态白噪声激励来说是正交的，其前两项为

$$\begin{cases}G_1[K_1,u(t)]=\int_{-\infty}^{+\infty}K_1(\tau)u(t-\tau)\mathrm{d}\tau\\ G_2[K_2,u(t)]=\int_{-\infty}^{+\infty}\int_{-\infty}^{+\infty}K_2(\tau_1,\tau_2)u(t-\tau_1)u(t-\tau_2)\mathrm{d}\tau_1\tau_2-P\int_{-\infty}^{+\infty}K_2(\tau_1,\tau_2)\mathrm{d}\tau_1\end{cases} \tag{2-19}$$

式中，P 为白噪声的功率谱密度；K_1、K_2 称为 Wiener 核。虽然在 Wiener 级数和 Volterra 级数之间有一定关系，但在一般情况下 Wiener 核不等于 Volterra 核。

从 Wiener 发展的两种模型可以看出，Wiener Ⅰ模型把非线性系统辨识归结为辨识 Wiener 系数 $C_{m_0m_1\cdots m_n}$，具有参数模型形式；Wiener Ⅱ模型把非线性系统辨识归结为辨识 Wiener 核，具有非参数模型的形式。

2.2.2 模型参数估计方法

当模型结构确定后，需要根据已取得的输入/输出试验数据来估计模型中的未知参数。模型的结构具有相当程度的通用性，因此，不同系统的特性差异很大程度上体现在参数的差别上。因此，参数估计是系统辨识的主要内容之一。

参数估计的方法众多，主要分为确定性估计方法、概率性估计方法和经典法三大类型。确定性估计方法中，以各种形式的最小二乘法应用最广；概率性估计方法中，以极大似然法最具有代表性；经典法则以相关分析法较为实用。不同估计方法的优劣，目前尚无定论。

（1）最小二乘法

最小二乘法是一种经典的数据处理方法，也是系统参数估计领域的一种最基本的估计方法，其可以用于线性系统，也可以用于非线性系统，可以用于离线估计，也可以用于在线估计。同时，虽然最小二乘法对观测数据的概率统计信息不作要求，其估计结果却具有很好的统计特性。最小二乘法在系统辨识领域应用得相当普及，方法也达到了相当完善的程度。

最小二乘法的创建人高斯认为，根据观测数据推断位置参数时，使各次实际观测值和计算值之间差值的平方乘以度量其精度的数值以后的和为最小的参数即为最佳的位置参数，这即是最小二乘法的思想。用数学形式描述如下。

设有一被识系统，表达式为

$$y = a_1 x_1 + a_2 x_2 + \cdots + a_n x_n \tag{2-20}$$

式中，$a_i(I = 1,2,\cdots,n)$ 是一组未知的常数。

假定对系统进行 N 次观测，获得了相应观测数据，根据所得的观测数据可以获得 N 个线性方程，即

$$y(i) = a_1 x_1(i) + a_2 x_2(i) + \cdots + a_n x_n(i) \qquad i = 1,2,\cdots N \tag{2-21}$$

写成矩阵形式为

$$\boldsymbol{y} = \boldsymbol{\Phi\theta} \tag{2-22}$$

$$\boldsymbol{y} = [y(1) y(2) \cdots y(N)]^{\mathrm{T}} \tag{2-23}$$

式中

$$\boldsymbol{\theta} = [a_1 a_2 \cdots a_n]^{\mathrm{T}}$$

$$\boldsymbol{\Phi} = \begin{bmatrix} x_1(1) & x_2(1) & \cdots & x_n(1) \\ x_1(2) & x_2(2) & \cdots & x_n(2) \\ \vdots & \vdots & & \vdots \\ x_1(N) & x_2(N) & \cdots & x_n(N) \end{bmatrix}$$

若观测次数 $N = n$，则可从式（2-22）唯一地解出 $\boldsymbol{\theta}$，即

$$\boldsymbol{\theta} = \boldsymbol{\Phi}^{-1} \boldsymbol{y}$$

但当 $N > n$ 时，要确定一组 $\boldsymbol{\theta}$，使之精确地满足式（2-20）是难以实现的。因此，采用估计方法。定义误差向量 $\boldsymbol{e}$ 为

$$\boldsymbol{e} = [e_1 e_2 \cdots e_n]^{\mathrm{T}} \tag{2-24}$$

且

$$\boldsymbol{e} = \boldsymbol{y} - \boldsymbol{\Phi\theta} \tag{2-25}$$

选择 $\boldsymbol{\theta}$，使误差函数

$$J = \boldsymbol{e}^{\mathrm{T}} \boldsymbol{e} = \sum_{i=1}^{N} e_i^2 \tag{2-26}$$

为最小。得到$\boldsymbol{\theta}$的估计值为

$$\hat{\boldsymbol{\theta}}=[\boldsymbol{\Phi}^{\mathrm{T}}\boldsymbol{\Phi}]^{-1}\boldsymbol{\varphi}\boldsymbol{y} \tag{2-27}$$

式（2-26）即为未知参数$\boldsymbol{\theta}$的最小二乘估计。

若对每个误差进行加权，设权阵为$\boldsymbol{W}$，则加权后的误差函数为

$$J_W=\boldsymbol{e}^{\mathrm{T}}\boldsymbol{W}\boldsymbol{e}=[\boldsymbol{y}-\boldsymbol{\Phi}\boldsymbol{\theta}]^{-1}\boldsymbol{W}[\boldsymbol{y}-\boldsymbol{\Phi}\boldsymbol{\theta}] \tag{2-28}$$

使J_W对于$\boldsymbol{\theta}$极小化，得加权最小二乘估计$\hat{\boldsymbol{\theta}}_W$为

$$\hat{\boldsymbol{\theta}}_W=[\boldsymbol{\Phi}^{\mathrm{T}}\boldsymbol{W}\boldsymbol{\Phi}]^{-1}\boldsymbol{\Phi}\boldsymbol{W}\boldsymbol{y}$$

当$\boldsymbol{W}$取单位阵时，$\hat{\boldsymbol{\theta}}_W$退化为$\hat{\boldsymbol{\theta}}$。

（2）极大似然法

极大似然法是一种基于概率统计的参数估计方法。在很多实际应用中，观测值和未知参数都具有随机本质。任何一种估计方法或估计判据能否付诸实际运用，都不可避免地要涉及观测值与未知参数之间的概率特性和统计关系。因此，在参数估计领域内，以一种完全概率性的观点发展了一系列概率性估计方法。各种概率性方法的出发点都与贝叶斯条件概率分布概念有关，通称为概率性贝叶斯估计法。在概念理论上，概率性估计方法要比确定性估计方法丰富，同时也具有更大的适用范围和较好的估计精度。

极大似然估计法可表述如下：设z是一个随机变量，它的概率密度$f(z,\theta)$取决于未知参数θ（参数θ可以是确定性的量，也可以是随机性的。在具有几个未知参数的情况下，参数θ应理解为一个向量）。在事先已知其联合概率分布的情况下，根据随机变量z的N个观测值确定参数θ估计量的方法即为极大似然估计法。

极大似然估计法的基本思想是构造一个自变量为模型参数θ的函数$L(\theta)$，这个函数就是随机变量z所具有的联合概率密度，即

$$g(z_1,z_2,\cdots,z_n,\theta)$$

一旦得到随机变量z的观测值$z_1,z_2,\cdots,z_n$，它们就是一组固定值，于是，这个函数仅仅是参数θ的函数，称它为似然量数$L(\theta)$，表达式为

$$L(\theta)=g(z_1,z_2,\cdots,z_n,\theta) \tag{2-29}$$

随机变量z的联合概率分布表示出某组观测结果$[z_1,z_2,\cdots,z_n]$的可能性的大小，该联合概率密度量数$g(z,\theta)$又与参数θ的值有关，不同的参数值将有不同的概率密度函数。对于一组特定的观测结果，似然函数是评价不同参数值$\hat{\theta}$下，得到该组观测结果的可能性相对大小的一种手段。当观测结果为$\{z_i,i=1,2,\cdots,N\}$时，似然函数$L(\theta)$为最大的参数值，即被定为未知参数θ的估计量，称这样的估计量为最大似然估计量$\hat{\theta}_{\mathrm{ML}}$。显然，参数值$\hat{\theta}_{\mathrm{ML}}$接近于参数真实值的可能性为最大。这就是参数的最大似然估计。

由于观测结果是在被估参数为某一定值的条件下取得的，因此，$g(z,\theta)$实质上是条件概率密度函数，即

$$g(z,\theta)=g(z/\theta) \tag{2-30}$$

在一般情况下，$g(z/\theta)$是观测值z和参数θ两者的函数。对于确定了的观测值z而言，它仅是参数θ的函数，这就是似然函数。由定义可知，θ_{ML}满足方程

$$\frac{\partial}{\partial\theta}L(\theta)|_{\theta=\hat{\theta}_{\mathrm{ML}}}=0 \tag{2-31}$$

上述方程通常称为似然方程。考虑到对数函数是单调函数，L 的最大值和 $\ln L$ 的最大值在同一个 θ 值出现，为了方便起见，似然方程也写成

$$\frac{\partial}{\partial\theta}\ln(\theta)|_{\theta=\hat{\theta}_{\mathrm{ML}}}=0 \tag{2-32}$$

在特殊情况下，直接求解似然方程，能够解析求得 $\hat{\theta}_{\mathrm{ML}}$。但一般情况下，似然方程是一个非线性方程，难以求得其解析解，通常数值方法求其近似解或利用寻求函数极值点的最优化方法能搜索出 $\hat{\theta}_{\mathrm{ML}}$ 值。

（3）相关分析法

相关分析法最初用于辨识线性动态系统的非参数模型。线性动态系统的非参数模型有阶跃响应曲线、频率响应曲线或函数，以及脉冲响应函数等多种形式。根据系统阶跃响应或频率响应确定系统的传递函数或频率特性函数，是一种经典的建模方法。由于这类方法只适用于定常系统和确定性过程，无法处理随机噪声的影响，一般不属于系统辨识的范围。脉冲响应函数在经典控制理论和现代控制理论中都起着重要的作用，由脉冲响应既可以得到阶跃响应和频率响应，又可以转化为参数模型。因此，在非参数模型辨识中，只讨论依据系统动态实验数据辨识脉冲响应数量的方法。相关分析法在脉冲响应数量的辨识方法中具有重要意义，因为其理论依据充分，抗干扰能力强，是时域方法与频域方法之间的联系桥梁，且在非线性系统辨识中，相关分析法也占有重要的地位。

研究一个线性单输入/单输出系统，其输入函数 $x(t)$ 是平稳随机信号；$g(t)$ 是被试系统的脉冲响应函数，输出函数 $y(t)$ 是一个随机过程；$y_0(t)$ 是理想输出函数；$n(t)$ 是随机干扰；$y_m(t)$ 是模型的输出函数；$e(t)$ 是残差，即

$$e(t)=y(t)-y_m(t) \tag{2-33}$$

则系统辨识就是从一类模型 $g_m(t)$ 中寻找被识系统脉冲响应函数 $g(t)$ 的一个最优估计 $\hat{g}(t)$，其最优化准则如下。

当相同信号作用于系统和模型时，残差的均方值 J 取极小值，即

$$J=\lim_{T\to\infty}\frac{1}{T}\int_0^T e^2(t)\mathrm{d}t\to\min \tag{2-34}$$

使 J 极小化的脉冲响应量函数 $\hat{g}(t)$ 是唯一的，并满足维纳-霍普夫（Wiener-Hopf）方程，如

$$R_{xy}(\tau)=\int_0^\infty \hat{g}(t)R_{xx}(\tau-t)\mathrm{d}t \tag{2-35}$$

式中，$R_{xx}(\tau)$ 为输入函数 $x(t)$ 的自相关函数；$R_{xy}(\tau)$ 为输入与输出的互相关函数。

当随机干扰 $n(t)$ 的均值为零，且与输入函数 $x(t)$ 无关时，有

$$R_{xy0}(\tau)=R_{xy}(\tau) \tag{2-36}$$

这时，式（2-35）等价于

$$R_{xy0}(\tau)=\int_0^\infty \hat{g}(t)R_{xx}(\tau-t)\mathrm{d}t \tag{2-37}$$

式（2-37）表明相关分析法具有较强的抗干扰能力。

当取白噪声作为系统的输入函数时，有

$$R_{xx}(\tau)=K\delta(\tau) \tag{2-38}$$

式中，K 为常数。这时，式（2-35）变为

$$R_{xy}(\tau)=\int_0^\infty \hat{g}(t)K\delta(\tau-t)\mathrm{d}t \tag{2-39}$$

式（2-39）表明，当采用白噪声作为输入信号时，输出和输入的互相关函数 $R_{xy}(\tau)$ 与系统的脉冲响应函数 $\hat{g}(t)$ 成正比。这样，求系统的脉冲响应函数 $g(t)$ 就简化为计算系统输出和输入的互相关函数。

相关分析法可以减弱甚至消除噪声的影响，只要系统的噪声与加到系统的试验信号在统计上是相互独立的。相关分析法适用于在线辨识，因为试验型号白噪声的能量谱是均匀分布的，反馈控制系统对这种形式干扰的响应不大，甚至可以忽略。

理论上讲，相关函数的积分时间应是无穷大，这在工程上是不允许的，而有限的积分时间又给辨识带来一定误差，因此积分时间的选择应当恰当。

2.3 智能建模技术

智能建模是将人工智能、神经网络、模糊逻辑、模式识别等智能化技术和理论用于工业过程建模的方法，主要包括神经网络方法、模糊逻辑方法、专家经验方法、模式识别方法、遗传编程方法及基于遗传算法的方法等。以下简要介绍应用最多的神经网络建模、模糊逻辑建模和专家经验建模。

2.3.1 神经网络建模

人工神经网络不仅可任意逼近非线性，且具有大规模并行处理、知识分布存储、自学习能力强、容错性好等特点，在复杂工业过程建模中备受青睐。

实际系统大都是多输入/多输出的非线性系统，很难用机理建模或系统辨识的方法获得足够精确的数学模型。人工神经网络的输入和输出变量的数目是任意的，并具有逼近任意非线性函数的能力，为多输入/多输出的非线性系统提供了一种通用的建模方法。另外，人工神经网络系统的模型是非算式的，人工神经网络本身就是辨识模型，其可调参数反映在网络内部的连接权上，不需要建立以实际系统数学模型为基础的辨识格式，可以省去系统结构辨识这一步骤。神经网络建模的任务是利用已有的输入/输出数据来训练一个由神经网络构成的模型，使其能足够精确地近似给定的非线性系统。

神经网络是由大量神经元广泛互相连接形成的高度复杂非线性动力学系统。神经元被作为接受或产生、传递和处理信息的基本单元，其数学描述为

$$u_i=\sum_{j=1}^{n}w_{ij}x_i-\theta=\sum_{j=1}^{n}w_{ij}x_j \tag{2-40}$$

$$y_i=f(u_i) \tag{2-41}$$

式中，w_{ij} 为神经元 j 到神经元 i 的连接权重，$w_{i0}=-1$，$x_0=\theta_i$；$f(u_i)$ 为神经元的特征

函数，即输入与输出的关系；x_j 为神经元 j 的输出，也是神经元 i 的输入。

图 2.5 为简单神经元的 M-P 模型结构。

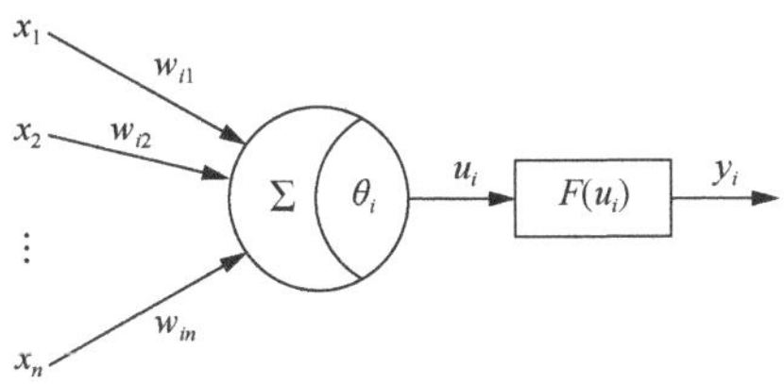

图 2.5　简单神经元的 M-P 模型结构

多个神经元时，可表示成矢量，如

$$Y = f(XW)^{\mathrm{T}} \tag{2-42}$$

式中，$\boldsymbol{X}$ 为输入，为 n 维行矢量；$\boldsymbol{Y}$ 为输出，为 m 维行矢量；$\boldsymbol{W}$ 为 $m \times n$ 维权矩阵。

多个神经元相互连接便构成了为建模所需要的神经网络，其连接模式视建模目标而定，对于描述复杂非线性动力学系统，通常采用循环型连接模式。

在构成神经网络模型时，训练是至关重要的。训练的目的是能用一组输入矢量 $\boldsymbol{X}$ 产生一组所期望的、能够等价描述建模对象的输出量 $\boldsymbol{Y}$。训练通常通过预先确定的算法（如辨识算法等）调整网络的权值来实现，而训练算法按照训练规则进行。目前，训练规则主要有赫布（Hebb）和 δ（Delta）训练规则。

若训练通过辨识算法来完成，则这种神经网络建模叫作神经网络模型辨识，即利用已有输入/输出数据来训练一个由神经网络构成的模型。目前，这种神经网络建模方法在非线性复杂系统建模中得到广泛应用。

2.3.2　模糊逻辑建模

模糊技术是根据经验知识对过程进行描述，但它采用模糊推理方法，不会产生用传统专家系统进行推理时所出现的问题，能很好地处理生产过程中存在的大量不确定性信息。

对于一个不确定性的复杂系统，要建立精确数学模型是极其困难的。利用模糊数学，通过模糊集合、模糊规则和隶属度函数，建立系统模糊模型是一条很重要且有效的途径。模糊规则的产生一般基于专家知识、工程经验和系统辨识。隶属函数确定法是模糊逻辑建模中常用的方法。

设 A 是论域 U 上的一个集合，对任意的 $u \in E$，令其满足

$$C_A(u) = \begin{cases} 1, & u \in A \\ 0, & u \notin A \end{cases} \tag{2-43}$$

称 $C_A(u)$ 是集合 A 的特征函数

任意一个特征函数都唯一确定一个子集 $A = \{u \mid C_A(u) = 1\}$，任意一个集合 A 都有唯一的一个特征函数与之对应。因此，集合 A 与其特征函数 $C_A(u)$ 是等价的。

特征函数 $C_A(u)$ 在 u_0 处的值称为 u_0 对集合 A 的隶属函数，简称隶属度。当 $u \in A$，隶属度为 100%（即 1），表示 u 绝对隶属于集合 A；当 $u \notin A$，隶属度为 0%（即 0），表示

u 绝对不属于集合 A。

经典集合论的特征函数只允许取{0,1}两个值，与二值逻辑对应，模糊数学将特征函数推广到可取闭环区间[0,1]的无穷多个连续值逻辑，即隶属函数 $\mu(x)$ 满足

$$0 \leqslant \mu(x) \leqslant 1 \tag{2-44}$$

或表示为 $\mu(x) \in [0,1]$。

给定论域 U 上的一个模糊子集 A，是指对于任意 μ 属于 U，都指定了函数 μ_A，$\mu_A(u) \in [0,1]$ 的一个值，即满足

$$A = \{u|\mu_A(u)\},\ \forall u \in U \tag{2-45}$$

称为论域 U 上的一个模糊子集 A，简称模糊集，其中，μ_A 是指模糊子集 A 的隶属函数，$\mu_A(u)$ 是 u 对模糊子集的隶属度。当 μ_A 值域取值为[0,1]的两个端点时，μ_A 就是特征函数，A 就是普通集合，因此，普通集合是模糊集合的特殊情况。常用的隶属函数有三角形隶属函数、梯形隶属函数、高斯形隶属函数及钟形隶属函数等。

模糊建模的基本结构如图 2.6 所示。

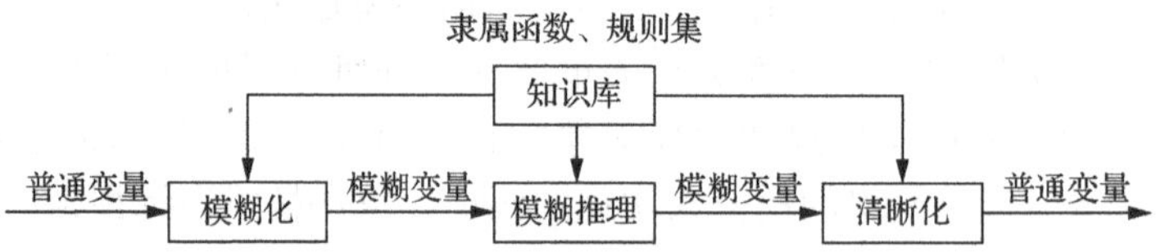

图 2.6　模糊建模的基本结构

2.3.3　专家经验建模

专家经验建模方法是依靠专家系统运用所获取的专家知识与经验对生产过程进行描述的方法，可以处理定性和启发式的知识信息。专家经验建模方法，可以处理多变量、非线性、强耦合等复杂关系，且具有较强的解释功能，通过专家经验模型可以很容易地得到对工业过程机理与本质的认识。

1. 特点

1）启发性。专家系统运用专家知识和经验进行推理和决策。世界上大部分工作和知识是非数字性的，即使是化学、物理等学科的知识也需要靠推理进行思考，启发式推理是专家系统的一大特点。

2）透明性。专家系统解释推理过程和回答问题的过程是透明的。

3）灵活性。专家系统需要不断吸取知识，修正原有知识，不断更新。

2. 结构

专家系统功能和构成方法多种多样，但其内部结构（图 2.7）主要由下列几部分组成。

1）知识库。用以存储某个具体领域的专门知识，包括理论知识和经验知识。专家系统的性能在很大程度上取决于知识库中知识的完备性及知识表示的正确性、一致性

及独立性。常用知识表示方法有逻辑因果图、产生式规则、语义网络、框架理论及概念从属等，尤以产生式规则构成的知识库使用最多。产生式规则的一般形式是：if<前提>then<动作>。将规则和知识库中的数据相匹配，一旦匹配成功就执行相应动作或得出某个结论。

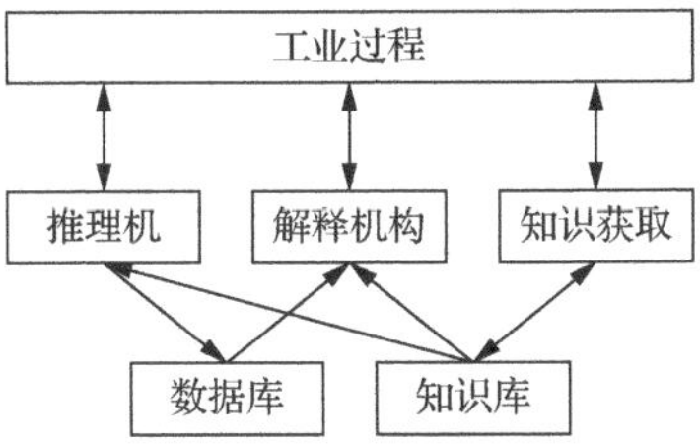

图 2.7　一般专家系统结构图

2）知识获取。要保证知识库能对应用对象所有状态的描述具有完全性和正确性，往往需要新知识的获取。一方面将专家知识和经验进行描述并写入，另一方面进行机器自学习，增添新知识。

3）数据库。用于存储表征应用对象的特性数据、状态数据、求解目标和中间状态数据等，供推理机和解释机构使用。

4）解释机构。用以检验和解释知识库中相应规则的条件部分，即用推理得到的中间结果对规则中条件部分的变量加以约束，并将该规则所预言的变化（由动作引起）返回推理机。

5）推理机。承担控制并执行专家推理的过程。数据库里的数据经过一定的推理和计算形成事实，然后与知识库中相应的规则进行匹配，找出可用规则集，根据一定的优先级别应用各条规则，同时执行各规则的动作（或结论）部分，并更新数据库。在整个推理过程中，如何快速查找并正确使用可用规则是决定推理速度和正确性的关键。推理方法与知识描述方式密切相关，例如，对语义网络知识库采用匹配和继承推理方法，对神经网络知识库采用模式识别推理方法，对产生式规则采用链式逻辑推理方法等。链式逻辑推理可分为正向推理（数据驱动策略）、逆向推理（目标驱动策略）和正反向混合推理 3 种方式。

2.4　混合建模技术

工业过程的复杂性造成传统的建模方法往往无法适用，为此，控制界和工业界采取了各种手段和措施进行解决。其中最引人瞩目的研究有：针对这些建模方法的优缺点，将各种方法有效结合，取长补短，克服单一建模方法本身存在的问题；针对实际工业过程的具体情况将多种建模方法有机结合。这些研究成果包括多种神经网络共同建模、神经网络与传统方法相结合建模、模糊与神经网络混合建模等方法。这些研究的仿真与应用实践证明，多种方法相结合用于复杂过程建模比单一的智能建模方法更有效，是复杂工业过程模型化研究的发展方向。

混合建模是指将两种或两种以上的建模方法，按一定的方式进行集成后用于实际对象抽象化描述的过程。

2.4.1　混合建模的基本结构

实际应用中，集成的形式往往是复杂多变的，但基本形式主要有以下 6 种。

1. 并联补集成

并联补集成属于松耦合集成，一般结构上可分解为由两个子模型模块组成。并联补集成结构如图 2.8 所示。并联补集成建模是将两个模型模块相并联，并把两个模型模块的输出进行相加或相乘后作为模型的总输出的建模方式。其中两个模型有主从之分，一个模型在集成模型中占主导地位，另一个模型则是对主模型的补充，或者说是主模型输出误差的补偿。

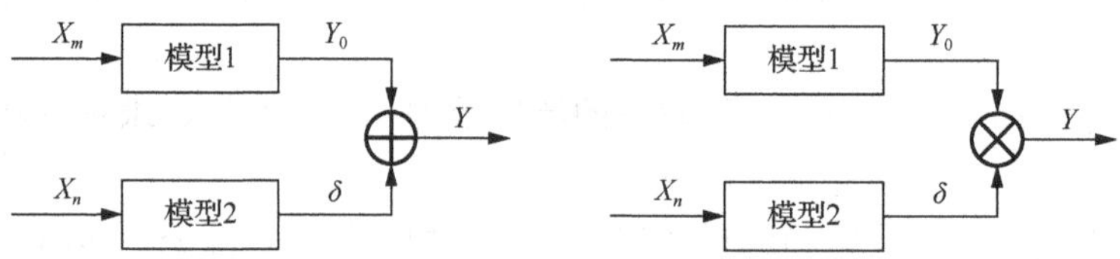

（a）相加　　（b）相乘

图 2.8　并联补集成

这一集成形式可表示如下。

对于图 2.8（a），有式

$$Y = f(Y \mid X) = Y_0 + \delta = f_1(Y_0 \mid X_m) + f_2(Y - Y_0 \mid X_n) \tag{2-46}$$

对于图 2.8（b），有式

$$Y = f(Y \mid X) = \delta Y_0 = f_2(Y / Y_0 \mid X_n) f_1(Y_0 \mid X_m)\text{，}\quad X = X_m \cup X_n \tag{2-47}$$

式中，$f(Y \mid X)$ 表示一个以 X 为输入、Y 为输出的模型；X_m 为模型 1 的输入；Y_0 为模型 1 的输出；X_n 为模型 2 的输入；δ 为模型 2 的输出。

2. 加权并集成

加权并集成（图 2.9）与并联补集成结构相似，但内容和意义则有不同。

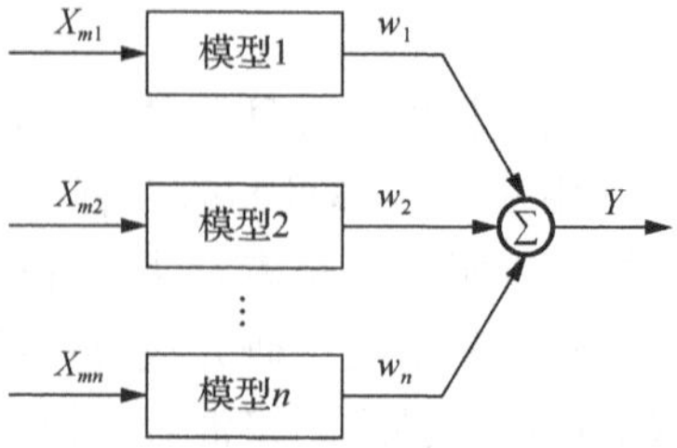

图 2.9　加权并集成

加权并集成建模可有多个子模型模块，这些模型模块作用互补，在集成模型中的地位由加权权重 $w_i(i=1,2,\cdots,n)$ 决定，其中 $\sum_{i=1}^{n}w_i=1$，$0\leqslant w_i\leqslant 1$。权重的确定方法不同，得到的加权并集成模型也将不同。权重可由经验法、等权值法、最小二乘法、模糊组合法和专家系统法等确定。这一集成形式的数学表达式为

$$Y=f(Y\mid X)=\sum_{i=1}^{n}w_i f_i(Y_i\mid X_{mi}),\quad X=X_{mi} \tag{2-48}$$

3. 串联集成

串联集成是模型结构形式上的一种集成，如图 2.10 所示。

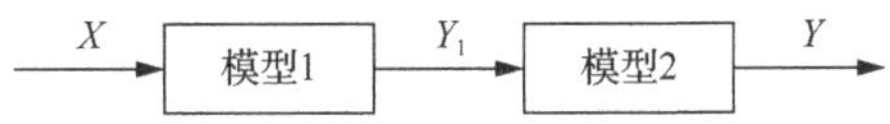

图 2.10　串联集成

若一个集成模型由两个子模型模块组成，其中一个子模型模块的输出是另一个子模型模块的输入，则这种集成称为串联集成。非线性动态系统建模常采用这种形式，经典的例子就是用神经网络和 NARMAX（nonlinear autoregressive moving average model with exogenous variables，具有外部输入的非线性回归滑动平均模型）串联描述非线性动态过程。其中，神经网络用于反映过程静态时的非线性本质，NARMAX 线性模型用于表征过程的动态特性。两个子模型的前后位置不同，集成模型的最终形式也不同。模型嵌套串联集成的数学表达式为

$$Y=f(Y\mid X)=f_2(Y\mid f_1(Y_1\mid X)) \tag{2-49}$$

4. 模型嵌套集成

模型嵌套集成也至少需要两个模型模块，其中，一个模型为基模型模块，其他模型模块则嵌套在基模型模块中，用于代替基模型模块中的部分变化参数。模型嵌套集成结构如图 2.11 所示。

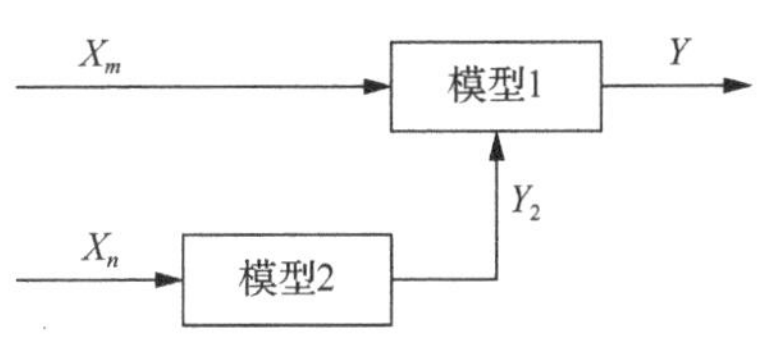

图 2.11　模型嵌套集成结构

集成的数学表达式为

$$\begin{cases}Y=f(Y\mid X)=f[(Y\mid(X_m,Y_2))]=f_1(Y_0\mid X_m)+f_2(Y-Y_0\mid X_n)\\ X=X_m\cup X_n\end{cases} \tag{2-50}$$

可以认为，串联集成是模型嵌套集成的一种特殊形式。

5. 结构网络化集成

结构网络化集成是指将一种建模方法用神经网络的结构形式和学习方法予以实现的集成方法，是神经网络的思想与其他建模方法的一种集成，其最大的特点是增强了原有建模方法的学习能力。另外，与传统神经网络模型相比，由于其他建模方法的介入，所得集成模型在网络结构方面明显具有优势。另外，由于是按模糊系统建立模型，网络节点及所有参数具有明显物理意义，且参数初值易于确定。

网络结构化集成不同于前四种集成，无法用简单的数学表达式予以描述，通过混合建模的形式化描述定义的模型基元，再结合网络的结构与信息传递原理可对这种集成方法进行描述。

6. 部分方法替代集成

部分方法替代集成是基于某一种模型，将其他新的方法集成到该模型中，用于替代原有建模方法中的某一部分的一种集成思路。一个完整的建模方法包括模型变量选择、模型结构确定和参数估计等部分。部分方法替代集成就是用新的方法替代原有建模方法以上几个部分中的一个或多个。例如，基于遗传算法的线性辨识建模方法，其沿用线性辨识建模的思路，然而不同之处是用遗传算法替代原有最小二乘参数估计方法。

以上六种集成建模形式为基本形式，表 2.1 总结了这六种基本集成建模形式的异同点。前四种集成可认为是两种或两种以上的模型模块在外部结构上的集成，归为松耦合集成。后两种集成是多种方法在模型内部的集成，归为紧耦合集成。紧耦合集成不易用简单数学表达式描述。实际工业过程的混合建模是以上六种基本形式的复杂组合和嵌套。

表 2.1　六种基本集成建模形式的比较

基本集成形式	模型模块数	数学描述	集成紧密程度	模型块有无主次之分
并集补集成	2	易	松	有
加权并集成	≥2	易	松	无
串联集成	≥2	易	松	无
模型嵌套集成	≥2	易	较松	有
结构网络化集成	1	难	紧	有
部分方法替代集成	1	难	紧	有

2.4.2 混合建模的形式化描述

根据模型定义和建模步骤可知，一个模型可由$\{O, G, V, S, P, W\}$六个元素决定。其中：O 为建模对象；G 为建模目标或目的；V 为模型变量集，包括输入变量 V_{I}、输出变量 V_{O} 和中间变量 V_{M}；S 为模型的结构形式，如偏微分方程组、if-then 规则、三层前馈神经网络等；P 为模型参数集，包括结构参数 P_{S} 和变量参数 P_{V}；W 为建模用的方法集，包括变量确定方法和参数确定方法等。

混合建模往往包括多个模型基元的建立，其中模型基元的定义如下：

所谓模型基元是指具有{*O*, *G*, *V*, *S*, *P*, *W*}模型六元素且不可再细分的模型单元。

为此，混合建模可描述为组模型基元的集合，即

$$\begin{cases} f(\cdot)=M<O,G,V,M_{\mathrm{Sub}} \mid B=1> \\ f_i(\cdot)=M_i<O,G,V,S,P,W \mid B=0>, f_i(\cdot)\in M_{\mathrm{Sub}} \end{cases} \tag{2-51}$$

式中，$f(\cdot)$和$f_i(\cdot)$表示模型；$M<\cdot>$和$M_i<\cdot>$为模型表征符号，$<>$内的变量是构成模型的元素；M_{Sub}是集成模型所包括的模型基元集合；*B* 为模型的属性，若 *B*=0 意味着该模型为模型基元，可用{*O*, *G*, *V*, *S*, *P*, *W*}六元素直接描述，若 *B*=1，表示模型由多个模型基元组成，为此需要用式（2-50）完整描述。

2.4.3 混合建模的实现

混合建模是根据已有建模方法存在的问题、复杂工业过程的特点及过程控制对模型的要求提出的，其关键是模型结构的设计。根据不同工业过程的特点，可将六种基本集成形式做出以下组合及嵌套。

1）基于残差补偿的混合集成。以基于反应动力学、热力学，以及物料平衡、能量平衡的机理模型为混合建模的主体，利用生产数据和专家知识建立残差模型，补偿主体模型输出与实际输出的差值。该方法适用于反应机理相对明确的工业过程，残差建模具有弱化智能建模的复杂度和提高模型预测精度的作用。

2）基于模型嵌套的混合集成。以机理模型为集成模型的主体，基于数据的模型和基于知识的模型则以辨识或修正主体模型中的关键参数为目的嵌入主体模型中。该方法适用于机理模型中部分参数不确定、时变的情况。

3）基于多模型协调的混合集成。基于多模型协调的混合集成法强调机理模型、数据模型与知识模型三者的共同作用，采用基于专家经验、基于模糊隶属度和基于统计分布的智能协调方法确定模型加权，以发挥不同工况下不同模型的优势。

在实际建模过程中，可参考以上原则对模型的组合嵌套结构做出设计。

将混合建模理论应用于实际工业过程中，离不开以下几个步骤。

（1）明确建模目的与确定建模对象

模型是现代工业过程控制与决策、故障诊断、系统特性与效果评价的基础，由于建模目的不同，相应模型所需描述的过程本质不同，选择的过程范围也将不同。为此，建模的目的是建模的前提，根据建模目的可确定建模对象。

（2）初步确定模型变量

模型中的变量一般包括输入变量、输出变量和中间变量。有些中间变量也称状态变量。根据建模目的和对象，通常可以确定输出变量。再根据一定的机理分析，可以了解对输出变量有影响的因素，并初步确定为输入变量。有时输入变量与输出变量间的关系异常复杂，可以借助中间变量来细化这一复杂关系。

（3）收集过程信息

所谓过程信息就是建立模型所用到的工艺过程理论知识、生产过程数据和技术人

员、操作人员积累的经验知识的统称。收集这些过程信息时，应了解输出变量与输入变量间有无工艺理论可以支持，判断变量间的关系是用定量（数据）、半定量（模糊知识）还是定性（专家经验）信息来反映。根据已收集的信息，还可对初步确定的输入变量、中间变量进行适当的增减。例如，若输入变量在实际生产中变化不大，则有些时候可以不予考虑，从而可以精简输入变量数目。

（4）确定建模方法并建立模型

混合建模有两个关键问题：一是根据已收集到的过程信息建立模型基元；二是确定如何将模型基元进行集成。已知，对于需要建立的模型往往要满足以下几个要求：模型越接近反映过程机理越好；模型精度尽可能高；模型结构尽可能精简。由于建立的模型无法同时满足所有的要求，因此建模时，应根据建模目的，即模型在过程中或系统中起的作用，确定建模原则的优先权，然后在此基础上建立模型基元并确定适合的集成形式，尽可能满足建模要求。

（5）模型检验

这是建模的最后一步，用于检验所得模型是否满足建模目的和对模型的要求。若满足要求，则表明建模已经完成；否则，将回到第（4）步，逐步完善模型，直到获得一个满意的模型为止。

通过以上步骤，可得到用于工业过程的混合模型。

2.5　软测量建模技术

软测量是指对某些难以直接用仪器或仪表检测的待测变量，利用一组与其有密切联系、容易检测到的其他变量，建立基于物理或化学基本定律的某种数学关系，实现对待测变量的估计。待测变量又称主导变量，与其相关且容易测量的变量称为辅助变量，基于物理或化学基本定律的方程或输入/输出的数学表达式称为软测量模型。

在一个软测量建模系统中，辅助变量作为软测量模型的输入，主导变量作为软测量模型的输出。通过模型的输出来实现对主导变量的估计。软测量模型的结构如图 2.12 所示。

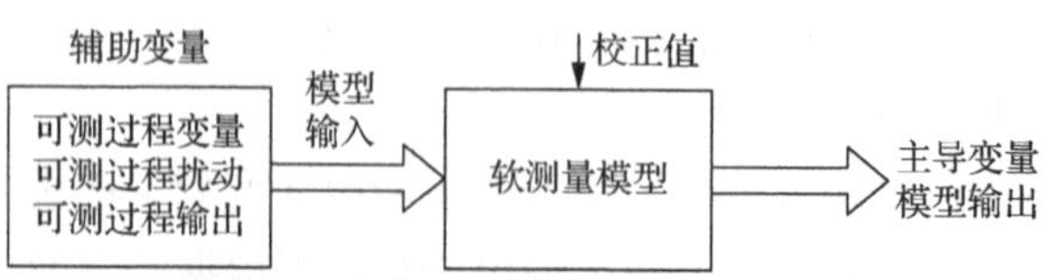

图 2.12　软测量模型的结构

一个软测量系统一般由 4 部分构成：辅助变量、预处理模块、软测量模型和在线校正模块。软测量系统的结构如图 2.13 所示。

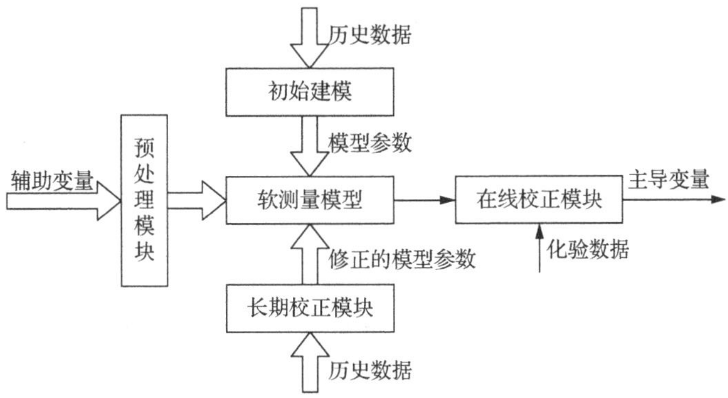

图 2.13　软测量系统的结构

2.5.1　软测量的模型分类

软测量模型是软测量技术中的核心部分。一般情况下软测量模型大多采用参量模型的形式。按照建模方法分类，软测量模型大致可以分为以下三类。

（1）基于机理分析的软测量模型

基于机理分析的软测量模型又称“白箱模型”。这种类型的软测量模型完全按照物理机理分析和化学机理分析，找出不可测主导变量与可测辅助变量之间的关系，构建物理关系方程式或化学关系方程式，如采用运动方程式、状态方程式、反应动力学方程式、物料平衡方程式等作为软测量模型，从而实现对主导变量的估计。

对于物理和化学机理比较清楚的过程对象，采用这种白箱模型，能够建立性能良好的软测量模型。对于过程机理比较复杂或机理研究不充分、不清楚的过程对象，则难以建立精确的机理模型。

（2）基于数据驱动的软测量模型

基于数据驱动的软测量模型又称“黑箱模型”。这种类型的软测量模型无须机理分析，仅依赖收集到的历史输入/输出数据（辅助变量/主导变量），利用各种数学方法，从中提取有用信息，构建主导变量和辅助变量之间的数学关系，最常用的方法包括：基于多元统计分析的建模方法、基于统计学习理论的建模方法、基于人工智能的建模方法等。缺点是建模需要积累大量的历史数据，模型输出的可解释性差。

（3）基于机理分析和数据驱动结合的混合软测量模型

基于机理分析和数据驱动结合的混合软测量模型，即采用二者相结合的折中方法，从机理分析出发确定模型的结构，根据收集到的历史数据进行参数估计以建立满足要求的过程机理模型。例如，反应过程中在进行机理分析的基础上，对于反应动力学常数、传热系数、反应概率等，利用实际能够检测到的数据来加以修正或确定。

按照上述三种建模方法，可以选择采用各种不同的数学形式来描述系统特性并形成不同表达方式的数学模型，构成各种不同形式的软测量模型。

按照软测量模型的形式分类，常见的软测量模型的表达形式如表 2.2 和表 2.3 所示。

表 2.2 由过程机理推导得到的模型表达形式

过程模型	静态模型	动态模型
集中参数过程	代数方程、积分方程	微分方程
分布参数过程	微分方程	偏微分方程
多级过程	差分方法	微分-差分方程

表 2.3 由数据驱动建模方法得到的常见模型表达形式

划分方法	表达形式
按系统连续性划分	连续系统模型或离散系统模型
按模型的结构划分	输入/输出模型或状态空间模型
按时域划分	阶跃响应模型或脉冲响应模型
按频域划分	传递函数模型
按变量关系是否确定划分	随机模型或确定性模型
按变量关系是否线性划分	线性模型或非线性模型

在软测量中基于人工智能和机器学习的常用建模方法包括人工神经网络、支持向量机、模糊技术及多种人工智能技术结合的建模方法等。

2.5.2 软测量系统的工程设计

一个软测量系统能否在实际工程中成功应用，不仅取决于软测量模型的性能，更与辅助变量的选择、样本数据的采集和处理、模型的运行和维护等各个环节有关。

1. 辅助变量的选择

建立基于数据驱动型的软测量模型时，首先必须很好地熟悉和了解工艺流程，分析生产工艺中与主导变量有关的各个环节和因素，初步确定一个辅助变量集合，然后采用一些方法从给定的辅助变量集合中找出其中的一个子集，使这个子集尽可能地在保持原来完整数据集的多元结构特征的基础上包含较少的变量，能对主导变量进行最好的描述。

通常选择辅助变量的方法主要有如下几种。

（1）主成分分析法

主成分分析（principal component analysis，PCA）即利用采集的过程历史数据作统计分析，对待选的辅助变量集作取相关处理，通过主成分贡献率的排序实现辅助变量的选择，其原理是将多变量相关的原始高维数据投影到相互独立的低维数据空间，实现数据降维。

（2）相关系数法

根据可检测的输入变量特征属性的相关性分析，利用随机变量间的线性相关系数来选择辅助变量。设系统的样本集为 $Z=\{z_1,z_2,\cdots,z_n\}$，其中 $z_k=[x_k,y_k]^{\mathrm{T}}(k=1,2,\cdots,n)$，待

选辅助变量样本集 $x\in\mathbf{R}^m$，主导变量样本集 $y\in\mathbf{R}$，x_k^j 为第 k 个样本的第 j 维输入属性，$j=1,2,\cdots,m$。则待选辅助变量集 x 的第 j 维属性和主导变量集 y 的相关系数为

$$\rho_j=\frac{\sum_{k=1}^{n}(x_k^j-\overline{x}^j)(y_k-\overline{y})}{\sum_{k=1}^{n}(x_k^j-\overline{x}^j)^2\sum_{k=1}^{n}(y_k-\overline{y})^2},\quad j=1,2,\cdots,m \tag{2-52}$$

式中，$\overline{x}^j=\frac{1}{n}\sum_{k=1}^{n}x_k^j$，$\overline{y}=\frac{1}{n}\sum_{k=1}^{n}(y_k-\overline{y})$。

分析比较每一维候选的可测变量特征属性 $x^j(j=1,2,\cdots,m)$ 与主导变量 y 之间的相关系数，确定一个阈值 δ，选择那些相关系数 $\rho_j\geqslant\delta$ 的可测变量作为辅助变量。

（3）互信息熵法

互信息是一个随机变量中包含的关于另一个随机变量的信息量，或者说是一个随机变量由于已知另一个随机变量而减少的不确定性。互信息熵法利用互信息来直观地反映主导变量和各辅助变量之间的相关性。

通过计算主导变量与某些不相关变量序列之间的互信息，利用检验法确定一个落入正拒绝域的临界值，在增加一定的裕量后将其作为判断主导变量和每个辅助变量是否相关的阈值，从而筛选出最佳的辅助变量。这种基于互信息的变量选择方法对线性和非线性相关都适用，通过对大量现场操作数据的分析，可以假定稳定的过程操作变量一般符合近似正态分布，因此可以用最大熵方法有效地拟合各个变量的概率分布。

2. 过程数据预处理

软测量模型的建立和运行完全依赖工业现场可测操作变量的数据来推断和估计主导变量。为了提高现场采集过程干扰和误差导致的软测量模型准确度和精度，在建模前或是模型运行过程中，都需要对过程数据作必要的预处理。

软测量的过程数据预处理包括样本采集中主导变量与辅助变量之间的时序匹配、数据变换、异常点剔除和数据滤波等内容。

（1）主导变量与辅助变量之间的时序匹配

在流程工业中，当前时刻的主导变量通常是辅助变量在相应时间的作用下形成的。例如，一个连续搅拌反应釜的出口生成物浓度，是由参与反应的原料经过 τ 时刻后反应生成的，即从辅助变量发生变化到主导变量发生变化经历了时间 τ，所以采集建模的样本数据时，主导变量（通常是分析值）的采集时间要滞后于各个辅助变量 τ 时刻。软测量模型运行时，要用前 τ 时刻的辅助变量来估计当前时刻的主导变量。

（2）数据变换

因为工业过程中的测量数据有着不同的工程单位，直接使用这些数据进行计算无法得到准确结果。所以通常采用归一化的方法将有量纲的数据转换成量纲为 1 的数据表达，使之成为纯量，避免具有不同物理意义和量纲的输入变量不能平等使用，改善算法的精度和稳定性。

数据变换包含对数据的线性变换和非线性变换，通过对数据进行变换有效地降低非线性特性。

3. 数据校正

数据校正是对测量数据进行去伪存真处理，以提高准确性和平衡性。过程数据校正受过程环境、工艺、设备等一系列因素的影响，各种数据处理技术有一定的使用范围，必须与实际工艺紧密联系。具体分为以下三个步骤。

（1）过程数据的分类和冗余分析

在数据校正前通常要对过程变量进行分类，以确定哪些变量是冗余的，可以校正，哪些变量需要估计，成为可观测的。

对于一个已测变量，它的值除了本身的测量值外还可以从其他已测变量中根据平衡方程来估算，则每个已测变量是冗余的，否则是不冗余的。只有冗余的变量才可以进行数据校正。

冗余数据又可分为空间冗余型数据和时间冗余型数据。空间冗余型数据是根据物质或能量平衡方程或系统的传递函数模型由其他已测数据计算而来的；时间冗余型数据由历史数据计算得来。

未测变量中可以根据平衡方程由已测变量唯一确定的称为可观测型未测变量，否则称为不可观测型未测变量。

（2）过失误差的检测和剔除

测量数据一般都不可避免地带有误差，这种误差分为随机误差和过失误差。

随机误差主要由随机因素的影响、操作过程的微小波动、检测信号的噪声等引起；过失误差主要由仪表的系统偏差、测量设备的故障、不完全或不正确的过程模型等引起。随机误差可用数据滤波的方法解决，也可通过数据协调去除随机误差。过失误差可用异常点剔除的方法解决。

（3）参数估计和数据协调

利用冗余数据对测量数据进行随机误差去除，使其满足约束关系的过程称为数据协调。数据协调内容包括以下两方面内容。

1）找到一组估计值，使在满足约束条件的基础上，各测量值和对应调和值的偏差平方和达到最小，实现利用冗余对测量数据进行随机误差的去除，以得到更为准确地满足物料平衡和能量平衡等约束关系的一致性数据。

2）根据平衡方程由已测变量确定未测变量中的可观测型数据。

4. 模型校正

工况、环境和操作条件的变化往往会导致运行中的软测量模型偏离建模时的工作点，需要根据实际情况按照人工分析值对模型进行在线校正。软测量模型的在线校正分为短期校正和长期校正两种。

（1）短期校正

短期校正的方法一般是针对某时刻软测量对象的真实值（人工分析值或在线质量分析仪的实时测量值）与模型的预测值之差，采用各种补偿算法对模型作在线校正。此外，为了保证软测量模型的稳定，必须使模型的在线校正在一个可控的范围内进行。例如，根据误差、累计误差和误差的增量对软测量模型的输出估计进行 PID（proportional integral derivative，比例、积分、微分）校正，步骤如下。

1）确定一个校正阈值 $\varepsilon(\varepsilon \geqslant 0)$，确定校正上限 $|y_{\max}|$ 和校正下限 $|y_{\min}|$。

2）计算模型的估计误差 $err(t) = y(t) - \hat{y}(t)$。

3）计算模型的校正量，

$$\Delta y(t) = k_1 \times err(t) + k_2 \times serr(t) + k_3 \times derr(t) \tag{2-53}$$

式中，$err(t) = y(t) - \hat{y}(t)$；$serr(t) = err(t) + err(t-1)$；$derr(t) = err(t) - err(t-1)$；$k_1$、$k_2$、$k_3$ 为可调参数。可通过仿真选择，如 $k_1 = 1.2$、$k_2 = 0$、$k_3 = 0.1$。

4）按照式（2-53）对软测量模型输出进行校正得到

$$\Delta y(t) = \begin{cases} 0, & |err(t)| < \varepsilon \\ \Delta y(t), & |err(t)| \geqslant \varepsilon \\ \Delta y_{\max}, & |\Delta y(t)| \geqslant |\Delta y_{\max}| \\ \Delta y_{\min}, & |\Delta y(t)| \leqslant |\Delta y_{\min}| \end{cases} \tag{2-54}$$

$$\hat{y}'(t) = \hat{y}(t) + \Delta y(t) \tag{2-55}$$

式中，$\hat{y}'(t)$ 为模型校正后的输出值；$\hat{y}(t)$ 为模型校正前的输出值；$\Delta y(t)$ 为模型校正量。

（2）长期校正

长期校正是在积累了足够的样本数据后，重新对软测量模型进行学习，以使模型能够适应新的操作工况。将在线收集的人工分析值与对应过程输入变量组成的新样本集加入建模时的原始样本集，按照样本采集的时间给予适当的加权。时间越久远的，权重越小，并适当淘汰较老的样本，由此构成长期校正样本集。长期校正可以分为离线校正和在线校正。

在线校正可由系统自动完成。如果建模方法具有递推算法，可对模型进行递推计算更新模型参数。但这种方法要求人工干预软测量过程，校正过程受到现场装置的限制。如果建模方法不能采用递推算法，则只能考虑离线校正。

离线校正实质上就是重新建立新的软测量模型。对模型参数甚至模型结构重新作辨识或改进，以满足新工况。

通过模型的短期校正和长期校正可以提高软测量模型的估计精度和对对象特性变化的适应能力。

参 考 文 献

包伯成，周国华，许建平，等，2010. 斜坡补偿电流模式控制开关变换器的动力学建模与分析[J]. 物理学报，59（6）：3769-3777.

戴连奎，张建明，谢磊，等，2020. 过程控制工程[M]. 4 版. 北京：化学工业出版社.

乔俊飞，孙子健，汤健，2021．面向工业过程软测量建模的概念漂移检测综述[J]．控制理论与应用，38（8）：1159-1174．
单鸿亮，王文海，孙优贤，2003．间歇蒸煮过程软测量建模综述[J]．中国造纸学报，18（2）：195-200．
孙优贤，等，2015．控制工程手册：上册[M]．北京：化学工业出版社．
孙优贤，邵惠鹤，2006．工业过程控制技术：应用篇[M]．北京：化学工业出版社．
王介生，2007．烧结过程软测量建模综述[J]．烧结球团，32（4）：31-36．
萧德云，2014．系统辨识理论及应用[M]．北京：清华大学出版社．
颜雪峰，2007．基于径向基函数-加权偏最小二乘回归的干点软测量[J]．自动化学报，33（2）：193-196．
于志家，赵宗昌，王宝和，等，2008．化工过程物料平衡与能量平衡[M]．大连：大连理工大学出版社．

第 3 章　智能计算与信息处理技术

3.1　概　　述

智能计算与信息处理是模拟人或自然界其他生物处理信息的行为，建立处理复杂系统信息的理论、算法和系统性的方法和技术。智能信息处理要面对的是不确定性系统和不确定性现象的信息处理问题。

智能信息处理起源于 20 世纪 30～40 年代，但长期发展缓慢。传统意义上的智能信息处理依赖于人工智能技术和方法。数字计算机应用后，以人工智能符号运算推理为基础的智能信息处理，在智能仪器、自动跟踪、自动控制与导航、自动诊断等领域得到了广泛的应用。此阶段的智能信息处理系统的共同特点是模仿或代替与人的思维有关的功能，通过逻辑符号处理系统的推理规则来实现自动诊断、问题求解及专家系统智能。

随着测试和信息技术的飞速发展，传统的基于人工智能的信息处理系统已经不能适应信息量迅速增大的需求，在实时性、可靠性和智能性等方面不能满足要求。基于计算智能的智能信息处理能克服上述不足，近年来得到了长足发展。计算智能与人工智能的区别在于：计算智能采用数值计算方法对测试数据进行分析处理，而不是基于某种给定的规则或知识进行处理。目前，智能信息处理领域主要采用人工神经网络、进化计算、模糊逻辑等计算智能方法。此外，还有小波分析、数据融合、粗集理论、开拓信息处理等信息处理方法。

3.2　人工神经网络

3.2.1　基本概念与模型

1. 基本概念

神经元是脑组织的基本单元，是神经系统结构与功能的单位。据统计，人类大脑有 10^{10}～10^{11} 个神经元，每个神经元与 10^{3}～10^{5} 个其他神经元互相连接，从而构成一个极为庞大复杂的网络，即生物神经网络。

生物神经网络中各神经元之间连接的强弱会根据外部的激活信号做适应变化，而每个神经元又随着所接受的多个激活信号的综合结果体现出兴奋和抑制状态。人脑的学习过程就是神经元之间连接强度随着外部激活信号做适应变化的过程，人脑处理信息的结果由各神经元状态的整体效果确定。

人类神经元在结构上由细胞体、树突、轴突和突触 4 部分组成，如图 3.1 所示。

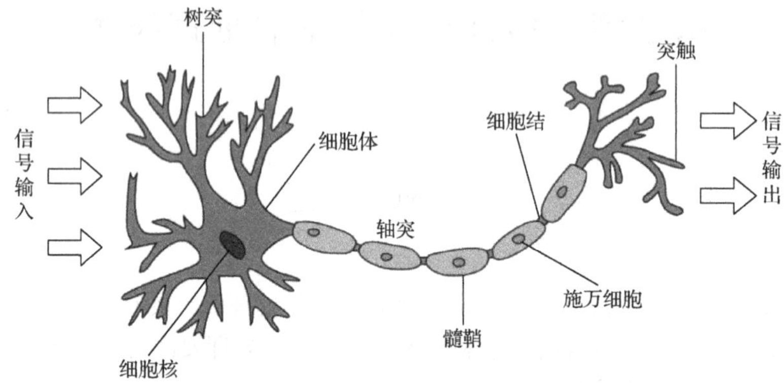

图 3.1　人类神经元结构示意图

1）细胞体：由细胞核、细胞质和细胞膜等组成。

2）树突：是神经元的管状延伸部分，是细胞体向外延伸出的许多较短的分支，围绕细胞体形成灌木丛状，它们的作用是接受来自四面八方传入的神经信号，相当于细胞的“输入端”，信息流从树突出发，经过细胞体，再通过轴突传递出去。

3）轴突：是由细胞体向外冲出的最长的一条分支，形成一条通路，信号能经过此通路从细胞体长距离地传送到脑神经系统的其他部分，相当于细胞的“输出端”。

4）突触：神经元之间通过一个神经元的轴突末梢和其他神经元的细胞体或树突进行通信连接，这种连接相当于神经元之间的输入/输出的接口。

人工神经网络（artificial neural network，ANN）是 20 世纪 80 年代以来人工智能领域兴起的研究热点。它从信息处理角度对人脑神经元网络进行抽象，建立某种简单模型，按不同的连接方式组成不同的网络。在工程与学术界也常直接简称为神经网络或类神经网络。神经网络是一种运算模型，由大量的节点（或称神经元）之间相互连接构成。每个节点代表一种特定的输出函数，称为激活函数（activation function）。每两个节点间的连接都代表一个对于通过该连接信号的加权值，称为权重，这相当于人工神经网络的记忆。网络的输出则依网络的连接方式、权重值和激活函数的不同而不同。网络自身通常都是对自然界某种算法或函数的逼近，也可能是对一种逻辑策略的表达。

近年来，人工神经网络的研究工作不断深入，已经取得了很大的进展，在模式识别、智能机器人、自动控制、预测估计、生物、医学、经济等领域已成功地解决了许多现代计算机难以解决的实际问题，表现出了良好的智能特性。

2. 人工神经元模型

人工神经元模型是对生物神经元的模拟、简化模型，是神经网络的基本信息处理单元。图 3.2 给出了人工神经元的一种常见形式，包括连接突触、加法器和激活函数。突触权值 ω_{ij} 表示输入信号 x_j 对神经元 i 的激活程度，不同输入信号对应不同的突触权值，反映了同一个神经元对不同信号具有不同的敏感度；加法器用于所有输入信号在对突触权值加权之后求和，本质是一个线性组合器；激活函数将输出信号限制在一个固定的范围之内，如 Sigmoid 函数将输出信号限制在 0～1 之间，激活函数反映了一个神经元在受到刺激之后的反应类型，不同的激活函数构成的神经网络具有不同的特点，图 3.2 所示的神经元还包括一个偏置，图中记为 x_0，有些地方记为 b，其含义是将偏置作为一个输入恒为 1 的输入信号，这样做的优点在于方便向量形式的公式表达。

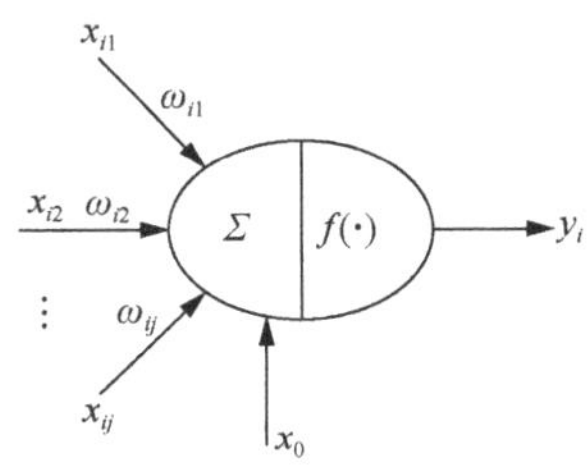

图 3.2　人工神经元模型

人工神经元模型的输入/输出之间关系可以描述为

$$I_i = \sum_{j=1}^{n} \omega_{ij} x_j - \theta_i \tag{3-1}$$

$$y_i = f(I_i) \tag{3-2}$$

式中，$x_j(j=1,2,\cdots,n)$ 为从其他神经元传来的输入信号，ω_{ij} 为从神经元 j 到神经元 i 的连接权值；θ_i 为阈值；$f(\cdot)$ 为激活函数或作用函数。将偏置作为定输入后的形式为

$$I_i = \sum_{j=0}^{n} \omega_{ij} x_j \tag{3-3}$$

$$y_i = f(I_i)，\quad \omega_{i0} = -\theta_i, x_0 = 1 \tag{3-4}$$

这里给出几种常用的激活函数的形式，如表 3.1 所示。

表 3.1　几种常用的激活函数

类型	特性	数学表达式	图像
阈值型函数	当 y 取 0 或 1 时，$f(x)$ 为阶跃函数	$f(x)=\begin{cases}1, x>0\\0, x<0\end{cases}$	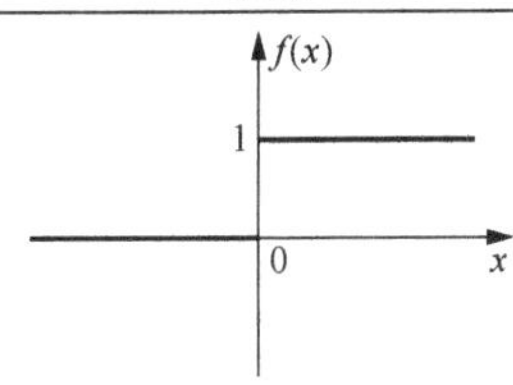
	当 y 取 1 或−1 时，$f(x)$ 为符号函数	$f(x)=\begin{cases}1, x>0\\-1, x<0\end{cases}$	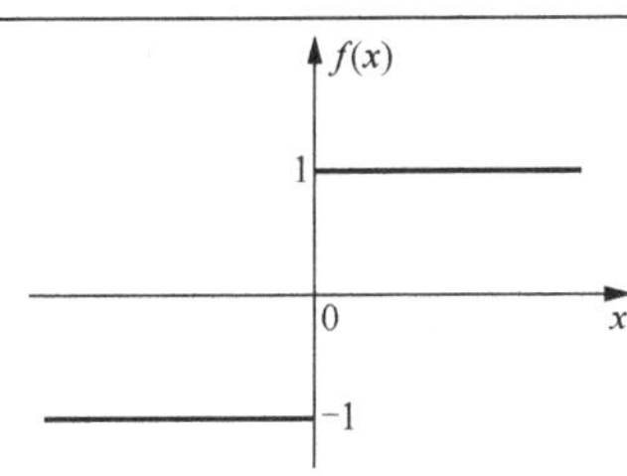

续表

类型	特性	数学表达式	图像
饱和型函数	饱和函数在输入接近于 0 时，增加了线性段	$f(x)=\begin{cases}1, x\geqslant \dfrac{1}{k} \\ kx, -\dfrac{1}{k}\leqslant x\leqslant \dfrac{1}{k} \\ -1, x\leqslant \dfrac{1}{k}\end{cases}$	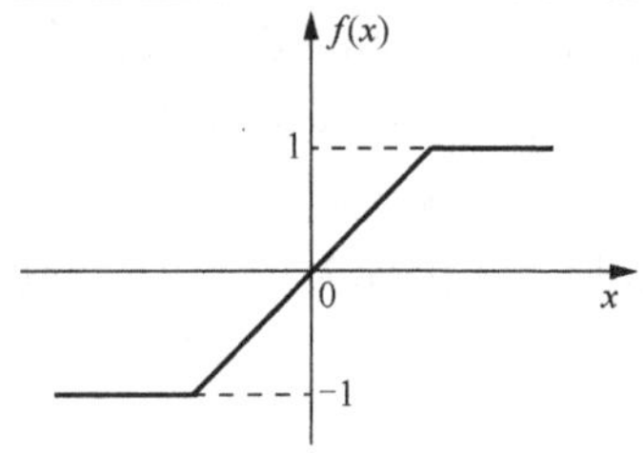
S 型函数	神经元的状态与输入作用之间的关系是在(0，1)内连续取值的单调可微函数，称为 Sigmoid 函数，简称 S 型函数	$f(x)=\dfrac{1}{1+\exp(-\beta x)}, \beta>0$	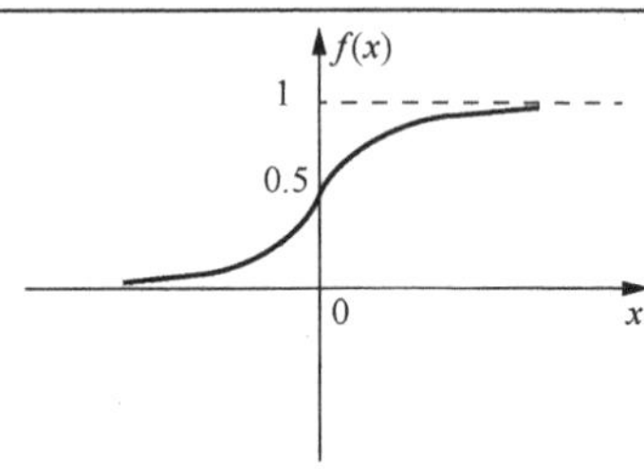
双曲正切函数	相对于 S 型函数，双曲正切函数允许激活函数取负值	$f(x)=\dfrac{\mathrm{e}^{x}-\mathrm{e}^{-x}}{\mathrm{e}^{x}+\mathrm{e}^{-x}}$	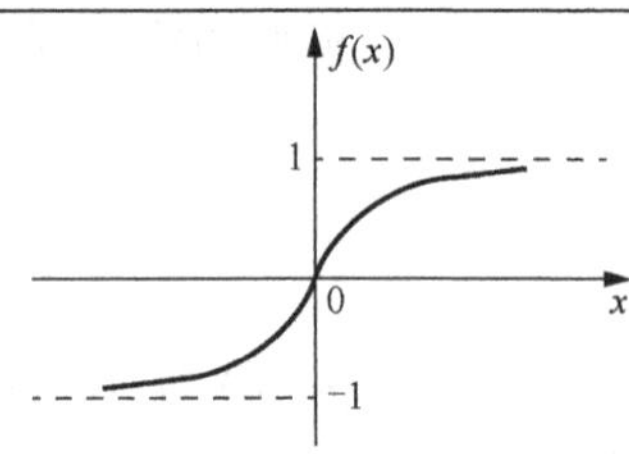
高斯函数	对于径向基函数构成的神经网络，神经元的结构可用高斯函数描述	$f(x)=\mathrm{e}^{-x^{2}/\delta^{2}}$	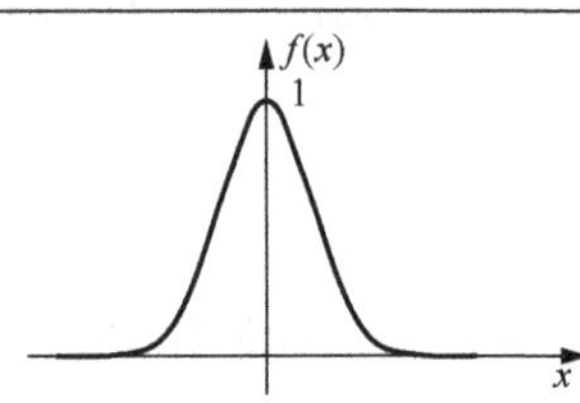

3.2.2　人工神经网络模型

在人脑中，神经元之间突触连接数目和形式极其复杂，利用简单的神经元也可以完成复杂任务，这也是连接主义的基本思想。为了模拟人脑神经元的连接方式，科学家发明创造了多种连接方式，下面介绍两种常见的连接方式。

1. 前馈型神经网络

前馈型神经网络又称前向网络，如图 3.3 所示。神经元分层排列，有输入层、隐含层和输出层，每一层的神经元只接受前一层神经元的输入，大部分前馈型神经网络都是学习网络，常用的有感知网络和反向传播网络（back propagation network，简称 BP 网络）。前馈型神经网络包括单层前馈网络和多层前馈网络。

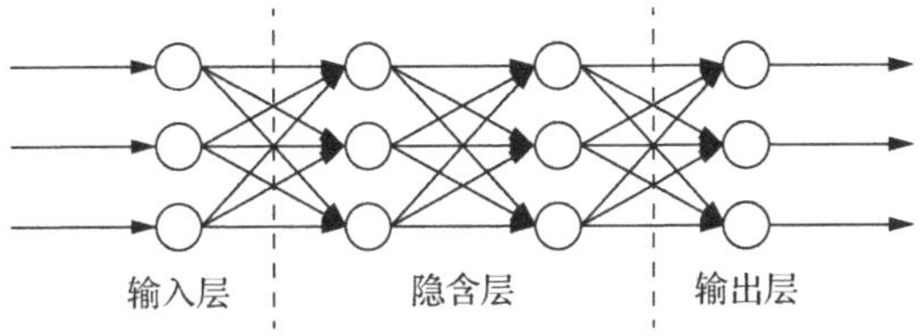

图 3.3　前馈型神经网络

前馈型神经网络可以通过增加隐含层的数目来提高其非线性表达能力，但也同样面对梯度消失或梯度爆炸的问题。同时，太多的隐含层需要大量训练数据来学习连接权重，因此确定一个网络的规模也是一个重要的研究问题。

2. 反馈型神经网络

反馈型神经网络与前馈型神经网络的区别在于其至少含有一个反馈环。反馈型神经网络的结构如图 3.4 所示，若总节点（神经元）数目为 N，则每个节点有 N 个输入和 1 个输出，即所有节点都是一样的，它们之间可以相互连接，霍普菲尔德（Hopfield）神经网络就是典型的反馈型神经网络。

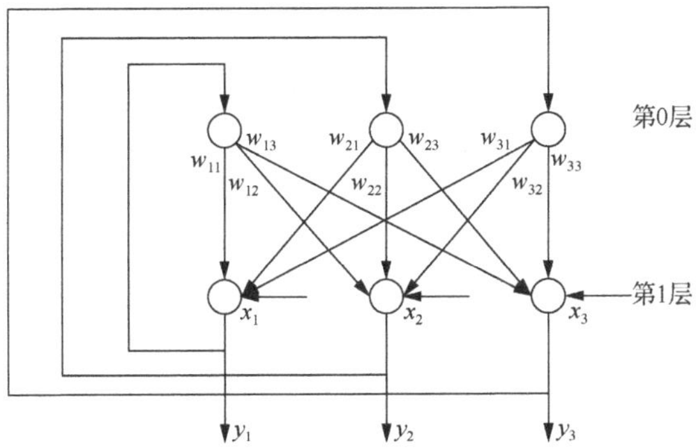

图 3.4　反馈型神经网络

神经网络的学习过程就是其训练过程，与人类的学习过程类似，神经网络的学习过程就是按照某种目标、规则对不同的输入信号不断优化自己的输出结果。按照神经网络的功能，可以将学习过程分为两类：有教师学习和无教师学习，无教师学习又包含无监督学习和强化学习。

（1）有教师学习

有教师学习，又称监督学习，其最主要的特点就是每个训练样本都包括输入和期望输出，以及教师给出了输入模式所对应的“正确答案”。神经网络根据自己计算的实际输出和期望输出得到误差，通过批量学习或者随机学习，不断优化自己的学习目标函数，使误差不断减小，直到达到所需的性能指标。图 3.5 为有教师学习的框图。按照教师监督信号是否固定，可将教师学习分为固定式学习和示例学习。

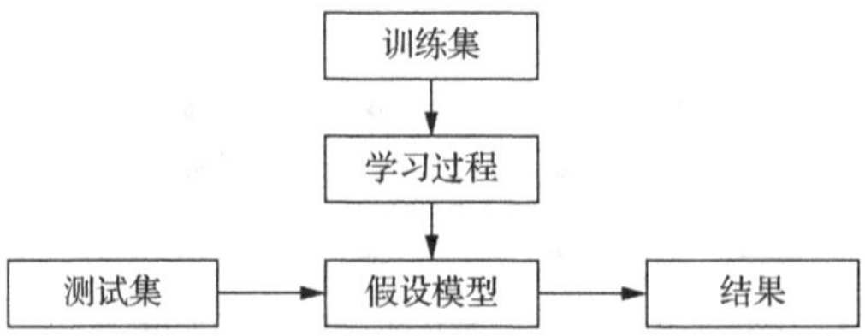

图 3.5　有教师学习结果框图

（2）无监督学习

无监督学习及网络的学习过程完全是一种自我学习的过程，不存在外部“教师”的监督，也不存在来自外部环境的反馈。学习过程根据输入信息和自身特有的网络结果和学习规则来调节参数或结构，是一种自学习、自组织过程，从而使网络的输出反映输入的某种固有特征（如聚类或某种统计上的分布特征）。其中，最常用的是 Hebb 学习规则。无监督学习的结构框图如图 3.6 所示。

（3）强化学习

强化学习是介于有监督学习和无监督学习之间的一种学习方法，通过学习系统和环境之间的交互来最小化一个性能指标（图 3.7）。监督学习需要大量有标签的训练数据，搜集这样带标签的样本是耗时费力的工作，而强化学习需要环境对学习系统的动作做出正面或负面的反馈信号，解决了缺乏带标签样本时的学习问题。

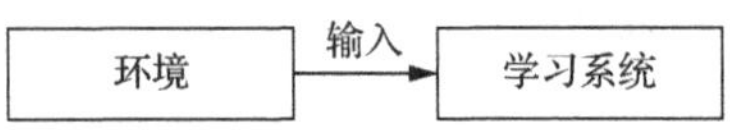

图 3.6　无监督学习结构框图

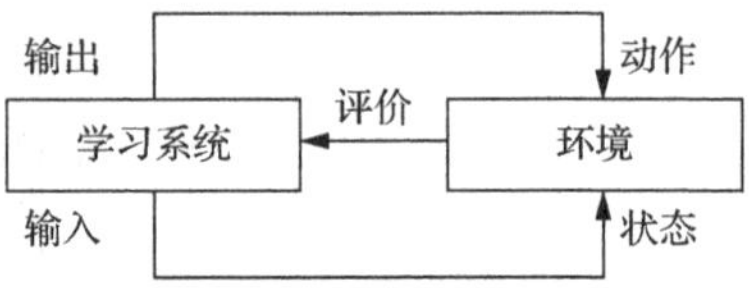

图 3.7　强化学习框图

3.2.3　感知机模型

感知机（perceptron）算法最初由弗兰克•罗森布拉特（Frank Rosenblatt）于 1957 年在康奈尔大学航空实验室提出。设计感知机最初目的是构造一台机器，而不是一个程序，但感知机的第一次实现是运行在 IBM 704 上的一个软件，随后又设计了“马克 1 号”（Mark 1），完成了感知机的硬件实现。1958 年，罗森布拉特与美国海军研究办公室合作举办了一次新闻发布会，并发表了关于感知机的说明，感知机在新兴的人工智能社区中引起了激烈的讨论。然而很快就被证明单层感知机只能学习线性可分的模式，不能识别出许多类型的模式。1969 年，马文•明斯基（Marvin Minsky）和西摩•派珀特（Seymour Papert）在所著的《感知器》（*Perceptrons*）一书中表示，神经网络不能够处理“异或问题”，当时的学者也错误地认为多层感知机也不能处理“异或问题”，这导致了神经网络研究的低谷。直到 1987 年《感知器》（扩展版）（*Perceptrons-Expanded Edition*）更正了原文中的错误，才给神经网络的研究带来生机。感知机是最简单的生物神经元简化模型，但在神经网络研究领域有着至关重要的地位。下面介绍感知机模型的具体原理。

感知机是一种有监督的二元分类器。二元分类器是指一个可以表明输入样本是否属于特定的一个类别的函数，输入值一般表示为一个数值向量，输出为样本所属的类别。感知机属于线性分类器，是一种基于线性预测函数的分类算法，它将样本的特征向量按照一定的权重加权求出，从而判断样本所属类别。感知机模型在输入空间中对应一个超平面，将训练数据划分为正、负两个类别，用+1 和−1 来表示。

感知机的学习算法为梯度下降法。首先构建错误分类的损失函数，再用梯度下降法对损失函数进行最小化，求得感知机模型的参数。本小节首先介绍单层感知机模型的定义及对应解决的二分类问题，然后讲述感知机的损失函数和学习算法，最后用 Python 语言实现感知机模型，通过数值实验证明感知机模型的线性可分能力。

首先给出变量的说明，$\{(x_i, y_i)\}_{i=1}^{s}$ 表示一个包含 s 个样本的训练集，其中 $\boldsymbol{x}_i$ 表示第 i 个样本的 n 维特征向量，y_i 表示 $\boldsymbol{x}_i$ 对应的样本标签。将输入向量（特征向量）$\boldsymbol{x}(\boldsymbol{x}\in\mathbf{R}^n)$ 映射到输出值 $f(\boldsymbol{x})$ 的函数

$$f(\boldsymbol{x}) = \mathrm{sgn}(\boldsymbol{w}\boldsymbol{x} + b) \tag{3-5}$$

称为感知机。式中，$\boldsymbol{w}\in\mathbf{R}^n$ 为感知机的权重向量；$b\in\mathbf{R}$ 为感知机的偏置，$\boldsymbol{w}\boldsymbol{x} = \sum_{i=1}^{n}\boldsymbol{w}_i\boldsymbol{x}_i$ 为 $\boldsymbol{w}$ 和 $\boldsymbol{x}$ 的内积，sgn 为符号函数，表达式为

$$\mathrm{sgn}(\boldsymbol{x}) = \begin{cases} +1, \boldsymbol{x} \geqslant 0 \\ -1, \boldsymbol{x} < 0 \end{cases} \tag{3-6}$$

感知机的输出表示一个样本属于正类（positive instance，用+1 表示）还是反类（negative instance，用−1 表示）。

感知机是线性分类器。假设一个样本集由两类不同标签的样本组成，如果存在一个线性分类器，可将样本集内每个样本都分类正确，那么就称这个样本集是线性可分的。也就是说，如果在样本集所属的空间里存在一个超平面将空间划分为两部分，两类标签的样本分别分布于超平面的两侧，那么这个样本集就是线性可分的。

如图 3.8 所示的样本集是线性可分的。线性方程 $\boldsymbol{w}\boldsymbol{x} + b = 0$ 表示二维空间中的一个超平面，“○”表示样本集内的正样本，“×”表示负样本，存在超平面将正负样本分开。感知机模型也可以理解为输入空间（特征空间）中的一个超平面，感知机的权重向量 $\boldsymbol{w}$ 等价于超平面的法向量，决定了超平面的方向；感知机的偏置相当于超平面的截距，决定了超平面相对于特征空间远点的位置。图 3.8 中的正样本满足 $\boldsymbol{w}\boldsymbol{x} + b \geqslant 0$，对应感知机的输出是+1；负样本满足 $\boldsymbol{w}\boldsymbol{x} + b < 0$，对应感知机的输出是−1。

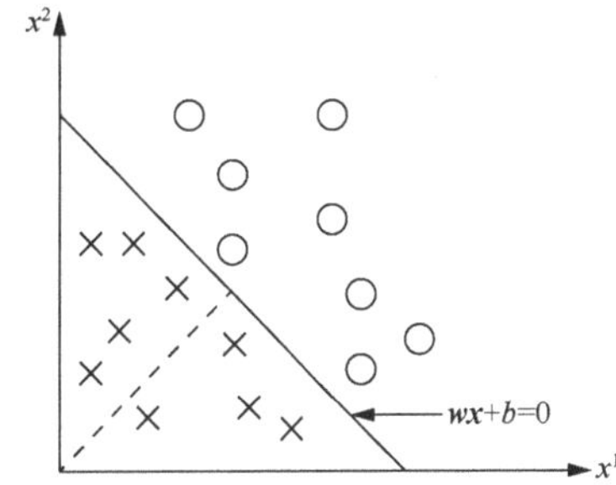

图 3.8　感知机模型

下面介绍感知机的损失函数和学习算法。

假设在 $\mathbf{R}^n$ 空间内有两类线性可分样本点 $\{(x_i, y_i)\}_{i=1}^{s}$，感知机的任务就是寻找一个超平面将两类样本分开，也就是需要学习感知机的参数 w 和 b。最直接的做法是用训练集内错误分类的样本数作为损失函数，然后将损失函数最小化，但由于这个损失函数不是参数 w 和 b 的连续可导函数，不易优化，因此，感知机采用的损失函数是错误分类点到超平面的距离和。

那么如何表示感知机对一个样本集的损失函数呢？首先，空间内任意一点 x_0 到感知机超平面的距离为

$$\frac{1}{\|w\|}|wx_0 + b| \tag{3-7}$$

式中，$\|w\|$ 为 w 的 L_2 范数。

以上表达式中仍存在绝对值符号，不能求导。观察发现，对于正样本 (x_i, y_i)，有 $y_i = 1$，若其被错误认为是负样本，则有 $wx_i + b < 0$；对于负样本 (x_i, y_i)，有 $y_i = -1$，若其被错误认为是正样本，则有 $wx_i + b > 0$，因此，对于错误分类的样本有

$$-y_i(wx_i + b) > 0 \tag{3-8}$$

所以一个错误分类点 (x_i, y_i) 到分类平面的距离为

$$-\frac{1}{\|w\|} y_i(wx_i + b) \tag{3-9}$$

假设对于一个给定的训练数据集 T，根据当前分类平面得到的错误分类点的集合为 M，那么所有错误分类点到超平面的总距离为

$$-\frac{1}{\|w\|}\sum_{x_i \in M} y_i(wx_i + b) \tag{3-10}$$

式中，$\frac{1}{\|w\|}$ 为常数，可以不考虑，就得到了感知机的损失函数

$$L(w,b) = -\sum_{x_i \in M} y_i(wx_i + b) \tag{3-11}$$

$L(w,b)$ 是非负的，当 M 为空集时，$L(w,b)$ 取最小值 0。当错误分类点的数目越少，错误分类点距分类平面越近时，损失函数的值越小。

$L(w,b)$ 是 w 和 b 的连续可导函数，因此可以利用随机梯度下降法来极小化目标函数。假设错误分类点的集合为 M，那么损失函数对其变量的导数分别为

$$\nabla_w L(w,b) = -\sum_{x_i \in M} y_i x_i \tag{3-12}$$

$$\nabla_b L(w,b) = -\sum_{x_i \in M} y_i \tag{3-13}$$

因此，在学习过程中遇到一个随机选取的错误分类点时，参数 w 和 b 的更新公式为

$$w \leftarrow w + \eta y_i x_i \tag{3-14}$$

$$b \leftarrow b + \eta y_i \tag{3-15}$$

式中，$\eta(0 < \eta \leqslant 1)$ 为学习率，反映了每遇到一个错误样本，参数改变的程度。

下面给出感知机的学习算法：

输入：样本集合 $\{(x_i, y_i)\}_{i=1}^{s}$

输出：分类超平面的法向量 $\boldsymbol{w}$

初始化：$w_1 \leftarrow 0 \in \mathbf{R}^n, b_1 \leftarrow 0$

For $t = 1, 2, \cdots, T$

随机挑选样本序号 $i = 1, 2, \cdots, s$

If 分类错误 $y_{i(t)}(w_t \cdot x_{i(t)}) \leqslant 0$

$$w_{t+1} \leftarrow w_t + \eta y_{i(t)} x_{i(t)}$$

$$b_{t+1} \leftarrow b_t + \eta y_{i(t)}$$

Else（分类正确）：

$$w_{t+1} \leftarrow w_t$$

返回 w_{t+1}

需要说明的是，以上算法称为感知机的原始形式，已经证明该算法是收敛的，即在有限次迭代中可以得到一个超平面将一个线性可分数据集完全正确地划分为两个类别。

3.2.4 BP 神经网络

BP 神经网络就是用 BP 算法训练的多层前向传播神经网络模型，BP 神经网络是神经网络模型的基础，属于有监督学习模型，在线性回归、逻辑回归等任务中有着出色的表现。

BP 神经网络模型是人工神经元按照不同层级组织起来的网络，每一层的输出变量都是下一层的输入变量。图 3.9 是一个三层的 BP 神经网络模型，第一层为输入层，最后一层为输出层，中间一层为隐含层，输入层和隐含层中第一个神经元称为偏置神经元，出现一个常数值。对图 3.9 中的变量做以下定义：x_i 表示输入向量的第 i 个特征变量，x_0 表示输入偏置，$a_i^{(j)}$ 表示第 j 层的第 i 个神经元，$N^{(j)}$ 表示第 j 层的神经元个数（不包括偏置神经元）；$\boldsymbol{\theta}^{(j)}$ 表示从第 j 层映射到第 j+1 层的权重矩阵，其矩阵大小为 $[N^{j+1}, N^j + 1]$，图 3.9 所示神经网络的大小为 3×4，θ_{ij} 表示矩阵 $\boldsymbol{\theta}$ 的第 i 行第 j 个元素。

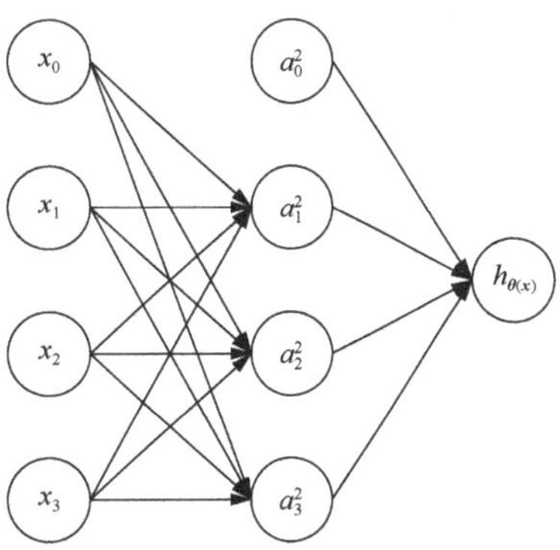

图 3.9　三层 BP 神经网络模型

为什么神经网络优于逻辑回归、线性分类器等机器学习算法呢？最主要的原因是人工神经网络增加了隐含层，对原始特征向量进行了新的非线性表示，可以理解为隐含层提取了更“高级”、更利于分类的特征。

下面介绍神经网络的前向传播过程。设神经网络的激活函数为 $g(\cdot)$，那么网络的向前传播计算公式可以表示为

$$a_1^{(2)} = g(\theta_{10}^{(1)} x_0 + \theta_{11}^{(1)} x_1 + \theta_{12}^{(1)} x_2 + \theta_{13}^{(1)} x_3)$$

$$a_2^{(2)} = g(\theta_{20}^{(1)}x_0 + \theta_{21}^{(1)}x_1 + \theta_{22}^{(1)}x_2 + \theta_{23}^{(1)}x_3)$$
$$a_3^{(2)} = g(\theta_{30}^{(1)}x_0 + \theta_{31}^{(1)}x_1 + \theta_{32}^{(1)}x_2 + \theta_{33}^{(1)}x_3)$$
$$h_\theta(x) = g(\theta_{10}^{(2)}a_0^{(2)} + \theta_{11}^{(2)}a_1^{(2)} + \theta_{12}^{(2)}a_2^{(2)} + \theta_{13}^{(2)}a_3^{(2)})$$

一般情况下，设置 $x_0 = 1$。假设已经给定了网络连接权重矩阵 $\boldsymbol{\theta}$ 和偏置 $a_0^{(2)}$，则可以计算神经网络的输出，这一过程称为前向传播算法（forward propagation）。也可以通过向量化，用矩阵的形式表示前向传播过程，设输入向量为 $\boldsymbol{x} = [x_0 \quad x_1 \quad x_2 \quad x_3]^{\mathrm{T}}$，第 i 层网络接收到的输入为 $\boldsymbol{z}^{(i)} = [z_1^{(i)} \quad z_2^{(i)} \quad z_3^{(i)}]^{\mathrm{T}}$，则

$$\boldsymbol{z}^{(2)} = \boldsymbol{\theta}^{(1)}\boldsymbol{x}$$
$$\boldsymbol{a}^{(2)} = g(\boldsymbol{z}^{(2)})$$
$$\boldsymbol{z}^{(3)} = \boldsymbol{\theta}^{(2)}[1 \quad \boldsymbol{a}^{(2)}]^{\mathrm{T}}$$
$$h(x) = g(\boldsymbol{z}^{(3)})$$

式中，$\boldsymbol{\theta}^{(1)} = \begin{bmatrix} \theta_{10}^{(1)} & \theta_{11}^{(1)} & \theta_{12}^{(1)} & \theta_{13}^{(1)} \\ \theta_{20}^{(1)} & \theta_{21}^{(1)} & \theta_{22}^{(1)} & \theta_{23}^{(1)} \\ \theta_{30}^{(1)} & \theta_{31}^{(1)} & \theta_{32}^{(1)} & \theta_{33}^{(1)} \end{bmatrix}$，$\boldsymbol{\theta}^{(2)} = [\theta_{10}^{(2)} \quad \theta_{11}^{(2)} \quad \theta_{12}^{(2)} \quad \theta_{13}^{(2)}]$。

在前向传播中，假设网络参数是已知的。

第一个式子表示输入向量 $\boldsymbol{x}$ 通过连接权重矩阵 $\boldsymbol{\theta}^{(1)}$ 传递给第二层神经元；第二个式子将隐含层神经元的输入进行了非线性映射，作为第二层的输出；第三个式子将第二层的输出通过 $\boldsymbol{\theta}^{(2)}$ 矩阵加权，作为第三层的输入，需要注意的是，在此步前向传递过程中，扩充了向量的维度，即增加了偏置项，表示为 $[1 \quad \boldsymbol{a}^{(2)}]^{\mathrm{T}}$；第四个式子输出了神经网络的最终输出值。如此就可以实现 BP 网络对一个训练实例的前向传播过程。对整个训练集进行向量化的前向传播时，只需要将输入特征向量扩展成矩阵。

下面介绍 BP 神经网络的代价函数。引入新的标记定义：假设神经网络的训练样本的数目为 m，每一个样本包括一个输入特征向量 $\boldsymbol{x}$ 和一个理想输出信号 $\boldsymbol{y}$，另外将神经网络对一个输入样本的实际输出定义为 $h_\theta(x)$ 或 $\hat{y}$。L 表示网络的层数，S_l 表示网络的第 l 层的神经元的个数，S_L 表示网络最后一层的神经元个数。

BP 神经网络的应用场景主要包括回归问题和分类问题。回归问题的输出为连续值或连续值构成的向量，此时把回归的平方误差定义为损失函数，表达式为

$$J(\theta) = \frac{1}{m}\sum_{i=1}^{m}(y^{(i)} - h_\theta(x^{(i)}))^2 \tag{3-16}$$

分类问题的输出为离散值，利用 one-hot 编码对每个类别标签进行编码，如对一系列图片进行分类时，假设已知图片的内容包括三类：轿车、公交车和摩托车，那么就可以用以下三个向量分布表示三类图片：$[1 \quad 0 \quad 0]^{\mathrm{T}}$，$[0 \quad 1 \quad 0]^{\mathrm{T}}$，$[0 \quad 0 \quad 1]^{\mathrm{T}}$。当用神经网络完成 k 类分类任务时，则需要一个 k 维的向量表示类别标签，对应的网络最后一层的神经元个数 S_L 等于 k。此时的代价函数用交叉熵来表示：

$$J(\theta) = -\frac{1}{m}\left[\sum_{i=1}^{m}\sum_{k=1}^{K} y_k^{(i)}\lg(h_\theta(x^{(i)}))_k + (1 - y_k^{(i)})\lg(1 - h_\theta(x^{(i)}))_k\right] \tag{3-17}$$

在此之前已经给出了神经网络的前向传播过程，其中的神经网络参数是提前给定的，在实际中还需要利用反向传播算法训练神经网络的参数。反向传播算法的实质是利

用梯度下降的方法来最小化代价函数。

下面给出 BP 算法计算步骤：

1）网络初始化：随机初始化连接权重，设定误差函数 e，最大学习次数 M。

2）随机挑选第 k 个输入样本及对应期望输出，并计算隐含层各神经元的输入和输出。

3）计算误差。

4）计算误差函数对输出层各神经元的偏导数。

5）计算误差函数对隐含层各神经元的偏导数。

6）更新修正连接权重。

7）计算全局误差。

8）判断网络误差是否满足要求。当误差达到预设精度或学习次数大于设定的最大次数时则结束算法，否则，选取下一个学习样本及对应的期望输出，返回到第 3）步，进入下一轮学习。

3.2.5　循环神经网络

循环神经网络（recurrent neural network，RNN）是另外一种典型的神经网络，RNN 最大的特点就是利用了样本的序列信息。在传统神经网络中，假设所有的输入和输出都是相互独立的，这对很多机器学习任务其实是不成立的。例如，已经知道句子的前一个单词，想要预测句子的下一个单词，就需要学习单词之间的相互关系。循环神经网络中，“循环”的意思就是将序列的每一个元素按照顺序作为自己的输入，并且 RNN 的当前输出不仅与当前的输入有关，还与之前的输入有关。RNN 依靠自己的内部节点来保留之前的输入信息。理论上，RNN 可以保留任意长度序列的信息，但是在实际中，RNN 只可以“记忆”之前几步信息，再“久远”的信息由于“梯度消失现象”的存在就被遗忘了。

图 3.10 为循环神经网络及其前向计算示意图。左侧为一个循环神经网络示意图，x 为网络当前输入；S 为网络隐含层状态；O 为网络输出；$\boldsymbol{U}$ 为从输入到隐含状态的连接矩阵，称为输入矩阵；$\boldsymbol{V}$ 为隐含状态到输出的连接矩阵，称为输出矩阵；$\boldsymbol{W}$ 为从当前隐含状态到下一步隐含状态的连接矩阵，称为状态矩阵。RNN 的前向传递方程可以表示为

$$S_t = f(\boldsymbol{U}x_t + \boldsymbol{W}S_{t-1}) \tag{3-18}$$

$$O_t = \mathrm{softmax}(\boldsymbol{V}S_t) \tag{3-19}$$

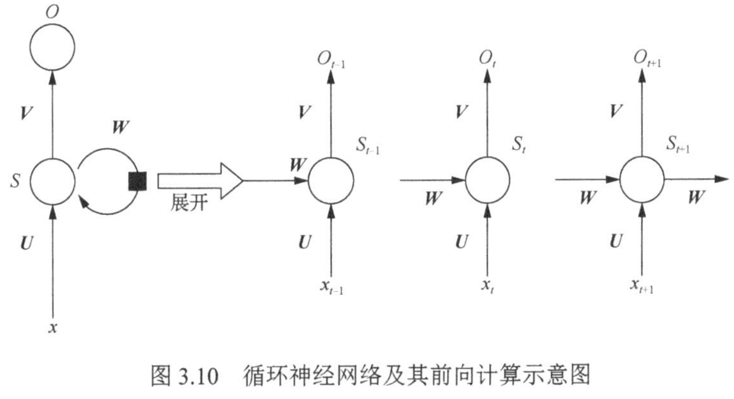

图 3.10　循环神经网络及其前向计算示意图

RNN 前向传播计算过程如下：RNN 训练样本为一个序列，前向传播过程中按照前后顺序将序列的每个元素输入 RNN 中，并根据每个输入元素给出一个输出。x_t 表示第 t 步的输入，由于 x_t 的输入会改变 RNN 的隐含状态 S_t，而 S_t 又会受上一步的隐含状态影响，所以 S_t 是 x_t 和 S_{t-1} 的函数，$S_t = f(\boldsymbol{U}x_t + \boldsymbol{W}S_{t-1})$，其中，$f$ 为 tanh 函数或 LeRU 函数。也可以理解为 RNN 的输入包含两部分：一部分是当前的输入，一部分是上一步的隐含状态。在计算输出时，RNN 仅依赖当前的隐含状态 S_t。

需要说明的是，根据学习任务不同，RNN 的输出形式也不同，图 3.10 展示的 RNN 在每一步都计算一个输出，RNN 也可以在接收完成一个序列之后给出最后的输出结果。例如，在用 RNN 做翻译时，需要给每个英文单词输入给出一个中文输出，或者在生成句子时，输入是句子当前的单词，输出的是句子下一个单词的概率；而如果是判断句子的情感，就只需要在最后给出一个输出。

RNN 训练过程中存在的主要问题是梯度消失问题，在沿时间向后传递过程中，需要对每个时间点的状态进行求导，每次求导中都会给导数乘一个小于 1 的矩阵，当时间较为久远时，梯度就会近似为零，导致无法最小化代价函数。梯度消失的问题不局限于 RNN，在多数深度前向神经网络中都会遇到这个问题。RNN 在实际应用中最常用的模型是长短时记忆网络（long short-term memory networks，LSTM）。相对于 RNN，LSTM 最大的优点是其很好地克服了梯度消失的问题，使网络可以记录更久远的信息。

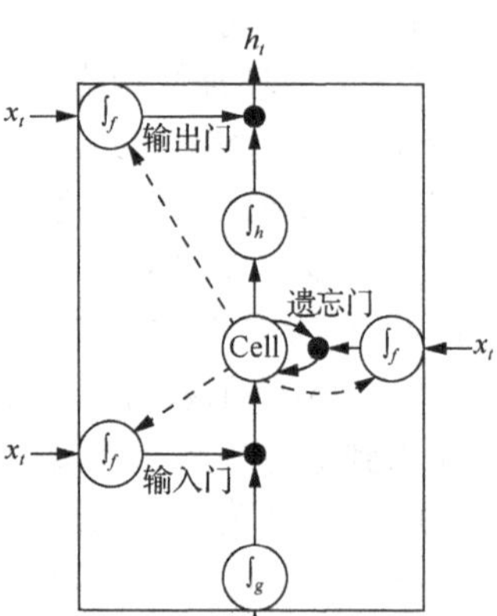

图 3.11　LSTM 模型

LSTM 模型最初由霍赫雷特（Hochreiter）和施密德胡伯（Schmidhuber）于 1997 年提出，LSTM 模型通过三个特别设计的“门”来控制隐含状态的改变，包括输入门、输出门和遗忘门。图 3.11 展示了 LSTM 模型。与 RNN 相似，LSTM 的输入也是序列，x_t 表示 t 时刻的输入，h_t 表示 t 时刻的输出，三个门函数会同时接收 x_t 和 h_{t-1} 为输入。输入门决定了输入向量对隐含状态的影响程度，遗忘门决定上一刻隐含状态对此时隐含状态的影响程度，输出门决定隐含状态对输出向量的影响。图 3.11 中的 Cell 表示保存隐含状态的神经元。另外，LSTM 的门控函数还受到隐含状态的控制，如图 3.11 中的虚线箭头所示。

LSTM 的前向传播函数如下：

$$i_t = \sigma(\boldsymbol{W}_{xi}x_t + \boldsymbol{W}_{hi}h_{t-1} + \boldsymbol{W}_{ci} \cdot c_{t-1} + b_i)$$

$$f_t = \sigma(\boldsymbol{W}_{xf}x_t + \boldsymbol{W}_{hf}h_{t-1} + \boldsymbol{W}_{cf} \cdot c_{t-1} + b_f)$$

$$c_t = f_t \cdot c_{t-1} + i_t \cdot \tanh(\boldsymbol{W}_{xc}x_t + \boldsymbol{W}_{hc}h_{t-1} + b_c)$$

$$o_t = \sigma(\boldsymbol{W}_{xo}x_t + \boldsymbol{W}_{ho}h_{t-1} + \boldsymbol{W}_{co} \cdot c_t + b_o)$$

$$h_t = o_t \tanh(c_t)$$

式中，“·”为 Hadamard 积；x_t、c_t 和 h_t 分别为 t 时刻 LSTM 的输入、存储单元（隐含层）状态和输出；i_t、o_t 和 f_t 是输入门、输出门、遗忘门的值；$\boldsymbol{W}$ 为权重矩阵，其下标指示了该矩阵连接的变量，如 $\boldsymbol{W}_{xi}$ 为输入 x 到状态 i 的权重矩阵；b 为门的偏置。以上等式看上去很复杂，但实际并不难理解，关键在于理解式子的整体含义。LSTM 可以理解为用一种改进的方式计算隐含层状态。在普通 RNN 中，利用 $S_t = f(\boldsymbol{U}x_t + \boldsymbol{W}S_{t-1})$ 计算隐含层状态，该隐含节点的输入包括当前的输入 x_t 和上一时刻的隐含层状态 S_{t-1}，隐含节点的输出就是 S_t。LSTM 实际也是在用一种改进的方式完成一样的事情，LSTM 不再用全部的 x_t、S_{t-1} 来计算 S_t，而是通过三个门函数选择一部分 x_t、S_{t-1} 并计算 S_t。

3.3　群智能算法

3.3.1　蚁群算法

蚁群优化算法（ant colony optimization algorithm，ACO）灵感来自自然界蚁群的寻径方式，是通过对其进行模拟而得到的一种仿生算法，由意大利学者多里戈（Dorigo）等于 1991 年第一届欧洲人工生命会议（European Conference on Artificial Life，ECAL）上首次提出；次年，多里戈又在其博士论文中进一步阐述了其核心思想。ACO 作为蚁群智能领域第一个取得成功的实例，曾一度成为蚁群智能的代名词，相应理论研究及改进算法近年来层出不穷。

目前 ACO 算法已被广泛应用于组合优化问题中，在图着色问题、车辆调度问题、车间流问题、机器人路径规划问题等应用效果良好。

1. 基本原理

自然界中的蚂蚁群居生存，蚁群中每只蚂蚁分类、分工明确。蚂蚁在移动过程中，会在它所经过的路径上留下一种称为信息素（pheromone）的物质，其他蚂蚁也能感知这种物质的位置和浓度强弱，并以此指导自己的运动方向。通过这种信息传递机制，大量蚂蚁组成的蚁群集体行为便表现出一种信息正反馈现象：某一路径上走过的蚂蚁越多，则后来者选择该路径的概率就越大。

（1）蚁群觅食行为分析

寻找食物时，一些蚂蚁毫无规律地分散在四周游荡，如果其中一只蚂蚁找到食物，它就返回巢穴通知同伴，并沿途留下信息素作为蚁群前往食物所在地的标记。留下的信息素会逐渐挥发，也就是说，如果两只蚂蚁同时找到了同一食物，又采取不同路线回到巢穴中，那么比较绕弯的一条路径上信息素的气味会比较淡，则蚁群将倾向于沿另外一条更近路线前往食物所在地。下面定量地介绍一下蚁群搜寻食物的具体过程。

如图 3.12 所示，A 为蚁穴起点，D 为一处食物。假设两只蚂蚁分别走 ABD 和 ACD 两条路径去取食。设蚂蚁每一个时间单位会留下一个单位的信息素，则经过 12 个时间单位后，走 B 点的蚂蚁到达 D 点取到食物后，又原路返回到起点 A，而走 C 点的蚂蚁才刚好走到 D 点。此时，ABD 路径上的信息素与 ACD 路径上的信息素浓度比为 2∶1。

蚁群继续寻找食物，后面的蚂蚁会考虑信息素的指导，逐渐形成正反馈，最后所有的蚂蚁都会放弃 ACD 路径而采用 ABD 路径，即选择出了最优路径。

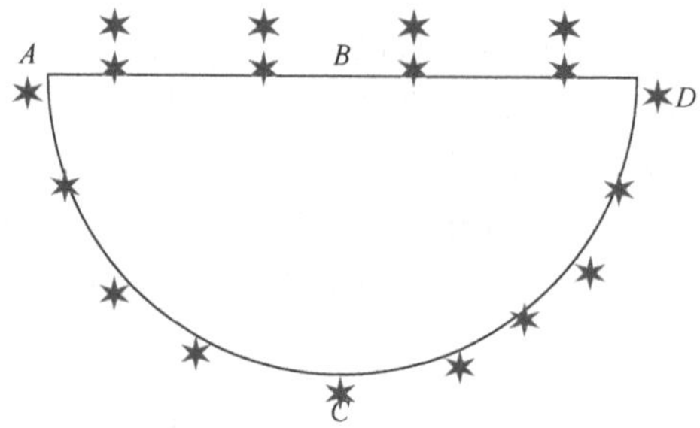

图 3.12　蚁群寻食路径示意图

（2）人工蚁

基于以上蚁群寻找食物时的最优路径选择问题，可以构造人工蚁群来解决最优化问题，如旅行商问题（travelling salesman problem，TSP）。

人工蚁群中把具有简单功能的工作单元看作蚂蚁。与真实蚂蚁相比有以下异同之处。

1）相同点。

① 都存在一个群体中个体相互交流通信的机制。真实蚂蚁在经过的路径上留下信息素，人工蚂蚁改变在其所经路径上存储的数字信息，也就是算法中定义的信息量。它记录了蚂蚁当前解和历史解的性能状态，并且可被其他后续人工蚂蚁读写。

② 都要完成一个同样的任务。即寻找一条从源节点（巢穴）到目的节点（食物源）的最短路径。人工蚂蚁和真实蚂蚁都不具有跳跃性，只能在相邻节点之间逐步移动，直至遍历完所有节点。为了能在多次寻找过程中找到最短路径，则应该记录当前的移动序列。

③ 利用当前信息进行路径选择的随机选择策略。人工蚂蚁从某一节点到下一节点的移动和真实蚂蚁一样，都是利用随机选择策略实现的，随机选择策略只利用当前的信息去预测未来的情况，而不能利用未来的信息。因此人工蚂蚁和真实蚂蚁所使用的选择策略在时间和空间上都是局部的。

2）不同点。

① 人工蚂蚁存在于一个离散的空间中，它们的移动是从一个状态到另一个状态的转换。

② 人工蚂蚁具有一定的记忆能力，能记忆已经访问过的节点。

③ 人工蚂蚁存在于一个与时间无关联的环境之中。

④ 人工蚂蚁能受到问题空间特征的启发，选择下一条路径的时候按一定算法有意识地寻找最短路径。

⑤ 为了改善算法的优化效率，人工蚂蚁可灵活地增加一些性能，如预测未来、局部优化、回退等。

（3）蚂蚁行为规则

为蚂蚁寻找食物设计一个人工智能的程序，让蚂蚁能够避开障碍物，找到食物。事实上，每只蚂蚁并不像我们想象得那样需要知道整个世界的信息，它们只需要关心它们周围很小范围内的信息，遵循几条简单的规则进行决策，因此，在蚁群这个集体层面上，就会出现整体大于部分之和的复杂性的行为。

那么，这些简单的规则如下。

① 范围。蚂蚁能感知到的范围是一个方格世界，设一个参数为速度半径(一般是 3)，那么它能观察到的范围就是 3×3 的方格世界，并且能移动的距离也在这个范围之内。

② 环境。每只蚂蚁都能感知其范围内的环境信息。蚂蚁所在的环境是一个虚拟的世界，其中有障碍物、其他蚂蚁、信息素。信息素有两种：一种是找到食物的蚂蚁释放的食物信息素，一种是找到窝的蚂蚁释放的蚁穴信息素。环境以一定的速率参数让信息素消失。

③ 觅食。若蚂蚁能够观察到的范围内有食物，就直接过去；否则，根据是否有信息素，并且比较在感知的范围内哪一点的信息素最多，这样，蚂蚁就向信息素多的地方移动。每只蚂蚁都会以小概率犯错误，并不一定是向信息素最多的点移动。蚂蚁找蚁穴的规则与觅食类似，只不过对应的是蚁穴信息素。

④ 移动。每只蚂蚁都以极大的概率向信息素最多的方向移动。当周围没有信息素指引时，蚂蚁会以极大概率按照自己原来运动的方向惯性地移动下去。在运动的方向有一个随机的小的扰动。为了防止蚂蚁原地转圈，它会记住最近刚走过了哪些点，如果发现要走的下一个点已经在最近走过时，它就会尽量避开。

⑤ 避障。如果蚂蚁要移动的方向有障碍物，它会避开该方向。

⑥ 释放信息素。每只蚂蚁在刚找到食物或者蚁穴的时候释放的信息素最多，并随着它走的距离越来越远，释放的信息素会越来越少。

每只参与觅食的蚂蚁只要遵循这几条简单规则，与周围环境进行简单交互，就能完成蚁群复杂的群体行为。这些规则综合起来有两方面的特点：多样性和正反馈。

多样性保证了蚂蚁在觅食的时候不至于走进死胡同而陷入无限循环，也可以看成是一种不确定性和创造性，可以打破既定的规则，进行新的探寻。正反馈机制则保证了相对优良的信息能够被保存下来，是一种经验性的学习。引申来讲，大自然的进化、人类社会的发展，实际上都离不开这两种特点的巧妙交融。

2. 系统模型

(1) TSP

蚁群算法最早成功应用于解决著名的 TSP 问题。该算法采用分布式并行计算机制，易于与其他方法结合，并且具有较强的鲁棒性。为了说明蚁群算法系统模型，首先引入 TSP 问题。

TSP 可简单描述如下：一个旅行商要拜访 n 个城市，每个城市只能拜访一次，最后要回到原来出发的城市。要求所选择路径的路程为所有路径之中最短的。

TSP 问题可分为对称 TSP 和非对称 TSP 两大类，若两城市往返距离相同，则称为对称 TSP，否则，称为非对称 TSP。为了简单起见，这里只讨论对称 TSP。

TSP 属于组合优化问题，即寻找一个组合对象，如一个排列或一个组合，这个对象能够满足特定的约束条件并使某个目标函数取得极值——价值最大或成本最小。

(2) 系统模型

为模拟实际蚂蚁行为，首先引入如下变量符号。

m：蚁群中蚂蚁数量。

d_{ij}：城市 i 和城市 j 之间的距离。

η_{ij}：由城市 i 转移到城市 j 的路径（i,j）的能见度，反映该路径的启发程度，在这里实际上可以取 $\eta_{ij}=\dfrac{1}{d_{ij}}$，即采用两个城市之间距离的倒数作为蚁群算法的启发因子。

$\Delta\tau_{ij}$：路径（i,j）上的信息素的轨迹的强度。

P_{ij}^{K}：在城市 i 的蚂蚁 K 到城市 j 的转移概率，城市 j 是尚未访问的城市。

根据前面所述实际蚂蚁的行为规则，每只人工蚁都是具有如下特征的简单主体。

1）在从城市 i 到城市 j 的运动过程中或是在完成一次循环后，蚂蚁在路径（i,j）上释放信息素。

2）蚂蚁依据一定的概率选择下一个将要访问的城市，这个概率是两个城市间距离和连接两个城市的路径上存有信息素的函数。

蚂蚁 K 从城市 i 到城市 j 的转移概率为

$$P_{ij}^{K}(t)=\begin{cases}\dfrac{[\tau_{ij}(t)]^{\alpha}\cdot(\eta_{ij})^{\beta}}{\sum\limits_{K\in\{允许K\}}[\tau_{ij}(t)]^{\alpha}\cdot(\eta_{ij})^{\beta}} & ,j\in\{允许K\}\\ 0 & ,其他\end{cases} \tag{3-20}$$

较多的信息素 τ_{ij} 一般对应着较短的路径，即 τ_{ij} 越大，η_{ij} 越大，蚂蚁选择较短路径的概率更大，这就形成了一个正反馈的过程。

3）在完成一次循环以前，不允许蚂蚁选择已经访问过的城市。因此，需要为每只蚂蚁设定一个禁忌表，记录蚂蚁已经访问过的城市，以满足问题的约束条件。

4）经过 n 个时刻，蚂蚁完成一次循环，各路径上留下的信息素量根据下式进行调整，使信息素随着时间的推移会逐渐消散，

$$\begin{cases}\tau_{ij}(t+n)=(1-\rho)\cdot\tau_{ij}(t)+\Delta\tau_{ij}(t)\\ \Delta\tau_{ij}(t)=\sum\limits_{k=1}^{n}\Delta\tau_{ij}^{k}(t)\end{cases} \tag{3-21}$$

式中，ρ 为信息素挥发因子；$\Delta\tau_{ij}^{k}(t)$ 为第 K 只蚂蚁在时刻 $(t,t+1)$ 留在路径 (i,j) 上的信息素，其值视蚂蚁表现的优劣程度而定，路径越短，释放的信息素就越多；$\Delta\tau_{ij}(t)$ 为本次循环中路径 (i,j) 的信息素量的增量；$(1-\rho)$ 为信息素轨迹的衰减系数，用来避免路径上的轨迹量的无限增加。

3. 算法流程

（1）算法流程图

蚁群算法流程图如图 3.13 所示。具体如下：

1）记城市数目为 n，用矩阵 $\boldsymbol{C}$ 表示 n 个城市的坐标，则 $\boldsymbol{C}$ 为 $n\times2$ 的矩阵，蚂蚁的个数为 m，循环变量为 N_c，最大循环次数为 N_{cmax}；

2）将 m 只蚂蚁随机放到 n 个城市上，蚂蚁数目一般小于城市个数；

3）m 只蚂蚁按概率函数选择下一座城市，完成各自的周游；

4）选取路径最短的一条路径作为本次循环中的最佳路径，并记录；

5）更新信息素；

6）清零禁忌表；

7）确认是否达到最大迭代次数，如果是，则结束循环，返回结果，否则转到第 3）步继续循环。

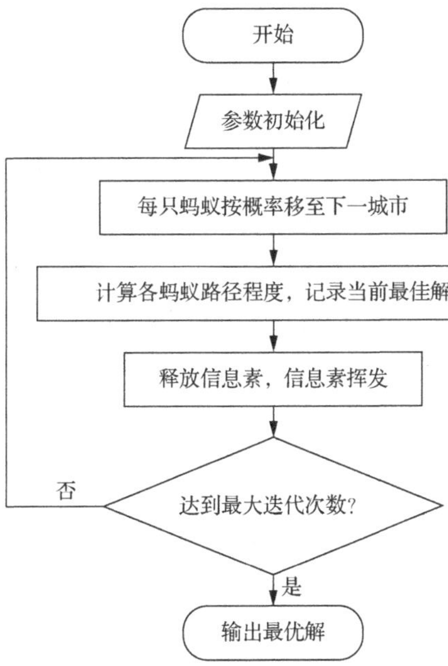

图 3.13 蚁群算法流程

（2）信息素更新

为避免过度的残留信息会掩码全局最优解，需要在每只蚂蚁完成一次循环后对残留信息进行更新，增强新信息，削弱旧信息。信息素的更新方式有两种：一是挥发，也就是所有路径上的信息素以一定比率进行减少，模拟自然蚁群的信息素随时间的挥发过程，二是增强，给评价值“好”（有蚂蚁走过）的边增加信息素。其中，信息素的挥发有离线和在线两种。离线方式（同步更新方式）的主要思想是若干蚂蚁完成 n 个节点访问后，统一对残留信息进行更新处理。

例如，蚁环算法（ant-cycle algorithm）中信息素的更新为在线更新（异步更新方式），即蚂蚁每行走一步，立即回溯并更新行走路径上的信息素。

蚁量算法（ant-quantity algorithm）中信息素更新为

$$\Delta\tau_{ij}(k)=Q$$

蚁密算法（ant-density algorithm）中信息素更新为

$$\Delta\tau_{ij}(k)=\frac{Q}{d_{ij}}$$

式中，d_{ij} 表示 i 到 j 的距离，这样信息素浓度会随城市距离的减小而增加。

常见的路由表信息公式如下：

$$\alpha_{ij}(k-1)=\begin{cases}\dfrac{\tau_{ij}^{\alpha}(k-1)\eta_{ij}^{\beta}(k-1)}{\sum\limits_{l\in T}\tau_{ij}^{\alpha}(k-1)\eta_{ij}^{\beta}(k-1)} & ,j\in T\\ 0 & ,j\notin T\end{cases} \tag{3-22}$$

式中，α 为残留信息的相对重要程度；β 为预见值的相对重要程度；α 和 β 体现了相关信息痕迹和预见度对蚂蚁决策的相对影响。

TSP 问题中，$\eta_{ij}(k-1)=1/d_{ij}$：先验知识；$t_{ij}(k-1)$：信息素痕迹为 k-1 时刻连接城市 i 和 j 的路径上的信息素残留浓度。

记（i, j）弧上的信息素在第 k-1 个循环的变化为 $\Delta\tau_{ij}(k-1)$，则保留的信息素为 $\tau_{ij}(k)=\tau_{ij}(k-1)+\Delta\tau_{ij}(k)$，然后信息素进行挥发，挥发量按照 $(1-\rho)\tau_{ij}(k)$ 进行计算。其中，$\rho\in[0,1]$ 为信息素的衰退系数。

蚁环算法、蚁量算法和蚁密算法中，蚁环算法效果最好，因为它用的是全局信息，而其余两种算法用的是局部信息。蚁环离线更新方法很好地保证了残留信息，不至于无线积累，非最优路径会随时间推移被忘记。

3.3.2　粒子群优化算法

粒子群算法（particle swarm optimization，PSO）源于对鸟群捕食的行为研究，由肯尼迪（Kennedy）和埃伯哈特（Eberhart）在 1995 年提出。与遗传算法类似，PSO 基于群体迭代，但没有遗传算法用的交叉与变异，而是由粒子在解空间追随最优的粒子进行搜索。PSO 的优势在于简单，容易实现，同时又有深刻的智能背景，既适合科学研究，又适合功能应用，并且没有太多需要调整的参数。

1. 算法原理

设想这样一个场景：一群鸟搜索食物，在所在区域里只有一块食物，所有的鸟都不知道食物在哪里，不过它们通过感知能判断出当前的位置离食物还有多远。那么最简单有效的策略就是搜寻目前离食物最近的鸟的周围区域。

PSO 中每个优化问题的解都是搜索空间中的一只鸟，称为“粒子”。所有的粒子都有一个由被优化的函数决定的适应值（fitness value），每一个粒子还有一个速度决定它们飞翔的方向和距离。然后粒子们就追随当前的最优粒子在解空间中搜索。

2. 算法流程

1）初始化。对微粒群的随机位置和速度进行初始设定。

在 d 维空间中初始化 n 个粒子，第 i 个粒子的初始化为

$$p_i^g=(p_{i1}\quad\cdots\quad p_{ik}\quad\dots\quad p_{id})^{\mathrm{T}}$$

第 i 个粒子的个体最优：

$$\mathrm{ibest}_i^g=(p_{I1}\quad\cdots\quad p_{Ik}\quad\dots\quad p_{Id})^{\mathrm{T}}$$

第 i 个粒子的速度：

$$v_i^g = (v_{i1} \quad \cdots \quad v_{ik} \quad \cdots \quad v_{id})^{\mathrm{T}}$$

式中，g 为迭代次数。

2）微粒的适应值计算。每一代进化中，计算每个粒子的适应度函数值。

3）对于每个微粒，将其适应值分别与所经历过的最好位置 P_i、全局所经历的最好位置 P_g 的适应值进行比较，若较好，则更新其作为当前最好位置。

4）根据上式，对微粒的速度和位置进行进化。

5）如未达到结束条件（通常为足够好的适应值）或达到一个预设的最大代数（$G_{\max}$），则返回 2）。

粒子群优化算法流程如图 3.14 所示。

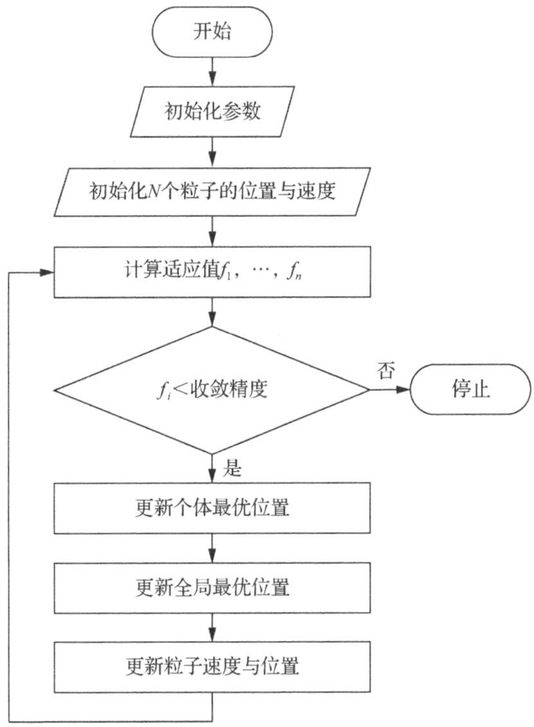

图 3.14　粒子群优化算法流程图

3. 模型分析

基本粒子群算法的速度进化方程由认识和社会两部分组成：

$$v_i^d(k+1) = v_i^d(k) + c_1 \times \mathrm{rand1}_i^d \times (\mathrm{pbest}_i^d - x_i^d) + c_2 \times \mathrm{rand2}_i^d \times (\mathrm{gbest}^d - x_i^d)$$

式中，$i = 1, 2, \cdots, \mathrm{PS}$，表示第 i 个粒子，PS 为种群规模；$d = 1, 2, \cdots, D$，表示搜索空间的第 d 维，D 为搜索空间维数；x 和 v 分别为粒子的位置和速度；pbest_i 为第 i 个粒子自身发现的个体最优位置；gbest 为整个种群当前时刻发现的最优位置；c_1 和 c_2 为加速度因子，又被称作认知因子和社会因子；rand1 和 rand2 为区间[0,1]内的随机数。基本粒子群算法的速度进化方程可进一步表示为

$$v_{ij}(t+1)=v_{ij}(t)+c_1r_{1j}(t)(p_{ij}(t)-x_{ij}(t))+c_2r_{2j}(t)(p_{gj}(t)-x_{ij}(t)) \tag{3-23}$$

$$v_{ij}(t+1)=p_1+p_2+p_3 \tag{3-24}$$

式中，p_1为微粒的先前速度；p_2为“认知”部分，仅体现了微粒自身的经验，表示微粒本身的思考；p_3为“社会”部分，表示微粒间的社会共享信息。若速度进化方程仅包含“认知”部分，即

$$v_{ij}(t+1)=v_{ij}(t)+c_1r_{1j}(t)(p_{ij}(t)-x_{ij}(t)) \tag{3-25}$$

这种不同微粒间缺乏信息交流，即没有社会信息共享，微粒间没有交互，使一个规模为N的群体等价于运行了N个单位微粒，因而得到最优解的概率非常小。

如果速度进化方程仅包含“社会”部分，即

$$v_{ij}(t+1)=v_{ij}(t)+c_2r_{2j}(t)(p_{gj}(t)-x_{ij}(t)) \tag{3-26}$$

微粒没有认知能力，也就是只有社会的模型。

4. 收敛性分析

微粒在相互作用下，有能力到达新的搜索空间。虽然其首领速度比 PSO 算法更快，但对于复杂问题，容易陷入局部最优点。PSO 算法无法保证收敛，但这并不意味着 PSO 算法的实用性不好。

5. 种群拓扑结构

PSO 的社会学习行为建立在一定的种群拓扑结构的基础上，这种拓扑结构决定了每个粒子所从属的社会领域和可能的学习对象。几种常见的种群拓扑结构如图 3.15 所示。

（a）　　（b）　　（c）

图 3.15　几种常见的种群拓扑结构

（a）为全局（gbest）结构，种群中所有个体互相通信，信息传递速度较快，收敛速度也快，不过容易陷入局部极值点；（b）为局部（lbest）结构，种群中所有个体与相邻个体之间相连，所有粒子形成环状，信息传递速度较慢，收敛也慢，不易受局部极值影响。（c）为冯•诺依曼（von Neumann）结构，种群中每个个体与周围四个最邻近个体相连，从而形成一种网状结构。

拓扑结构限定了个体的学习对象范围，动态拓扑结构可能改变学习对象的范围，但并未规定个体的具体学习对象，传统的 PSO 向邻域中的最优个体学习。

Mendes 等（2004）提出一种全信息型 PSO，每个个体向邻域中的所有个体学习，并以加权方式协调。Liang 等（2006）提出一种全面学习型 PSO，每个个体在搜索空间的每一维上随机地选取两个个体中认知水平较高个体的对应维进行学习。两种算法的总体性能较传统的 PSO 有明显改进。

3.4　云计算与大数据

3.4.1　云计算

云计算作为一种独特的 IT（information technology，信息技术）服务模式，其本质是一种服务提供模型，通过这种模型可以随时、随地、按需地通过网络访问共享资源池的资源，这个资源池中的计算资源、网络资源、存储资源等可被动态地分配和调整，可在不同用户之间灵活地划分。云计算需要具备五个基本元素：通过网络分发服务、自助服务、可衡量的服务、资源的灵活调度，以及资源池化。

云计算按照服务的提供方式划分为三个大类：SaaS（software as a service，软件即服务）、PaaS（platform as a service，平台即服务）和 IaaS（infrastructure as a service，基础架构即服务）。PaaS 基于 IaaS 实现，SaaS 的服务层次又在 PaaS 之上，三者分别面对不同的需求。IaaS 提供的是用户直接访问底层计算资源、存储资源和网络资源的能力；PaaS 提供的是软件业务运行的环境；SaaS 是将软件以服务的形式通过网络传递到客户端，如图 3.16 所示。

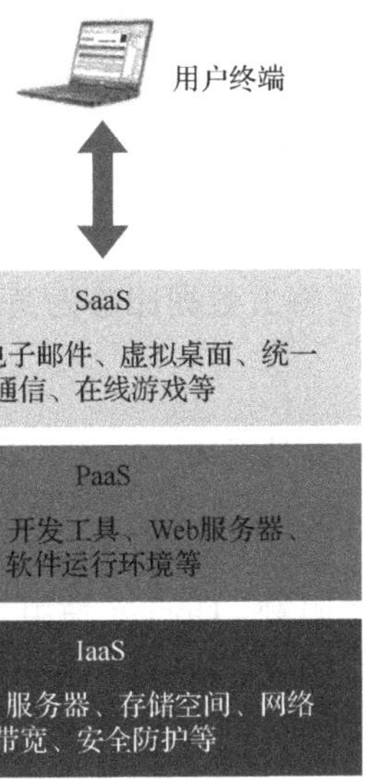

图 3.16　三种云计算模式的关系

3.4.2　大数据

1. 大数据的概念及特征

大数据是指无法在有限时间内用常规软件工具对其进行获取、存储、管理和处理的数据集合。一般来说，大数据具有数据体量（volume）巨大、数据速度（velocity）快、数据类型（variety）繁多和数据价值（value）密度低的特点，简称“4V”。

（1）大数据的数据体量巨大

数据集合的规模不断扩大，已经从 GB 级增加到 TB 级再增加到 PB 级，近年来，数据量甚至开始以 EB 和 ZB 来计数。例如，一个中型城市的视频监控信息一天就能达到几十 TB 的数据量。百度首页导航每天需要提供的数据超过 1～5PB，如果将这些数据打印出来，会超过 5000 亿张 A4 纸。

（2）数据产生、处理和分析的速度在持续加快

加速的原因是数据创建的实时性特点，以及将流数据结合到业务流程和决策过程中的需求。数据处理速度快，处理模式已经开始从批处理转向流处理。业界对大数据的处理能力有一个称谓——“1 秒定律”，也就是说，可以从各种类型的数据中快速获得高价值的信息。大数据的快速处理能力充分体现出它与传统的数据处理技术的本质区别。

（3）数据类型繁多

传统 IT 产业产生和处理的数据类型较为单一，大部分是结构化数据。随着传感器、智能设备、社交网络、物联网、移动计算、在线广告等新的渠道和技术不断涌现，产生的数据类型无以计数。现在的数据类型不再只是格式化数据，更多的是半结构化或者非结构化数据，如 XML、邮件、博客、即时消息、视频、照片、点击流、日志文件等。企业需要整合、存储和分析来自复杂的传统和非传统信息源的数据，包括企业内部和外部的数据。

（4）数据价值密度低

大数据由于体量不断加大，单位数据的价值密度在不断降低，然而数据的整体价值在提高。以监控视频为例，在一小时的视频中，有用的数据可能仅仅只有一两秒，但是却会非常重要。现在许多专家将大数据比喻为黄金和石油，这表明大数据当中蕴含了无限的商业价值。

2. Docker 实现虚拟计算/存储资源

Docker 使用 cGroups 对共享资源进行分配、限制、审计和管理，动态管理 Docker 容器分配 CPU、内存等资源的限额。Docker 使用 namespace 隔离宿主机和容器，利用用户命名空间对多租户进行安全隔离，利用程序命名空间来保证容器的程序无法访问程序主机的资源，利用网络命名空间为容器设置容器的网络环境。

如图 3.17 所示，Docker 遵循 C/S 架构，由镜像、容器和仓库组成。镜像是一个包含文件系统的只读模板，包含应用及应用所需的运行环境，是构建容器的基础。容器是根据镜像创建的应用实例，为应用提供运行环境，应用运行在容器中。仓库是镜像的集合。

传统虚拟机通过独立运行操作系统，虚拟 CPU、内存、输入/输出设备等，进行多租户安全隔离。Docker 和虚拟机实现原理不同，其主要利用宿主机的内核进行资源隔离，不需要 Guest OS。新建 Docker 容器时，相当于宿主机启动一个进程，平均只需要秒级时长。传统虚拟机则像启动一台真实计算机一样，以分钟级别的时长加载一个操作系统，造成时间成本和硬件资源成本的极大浪费。

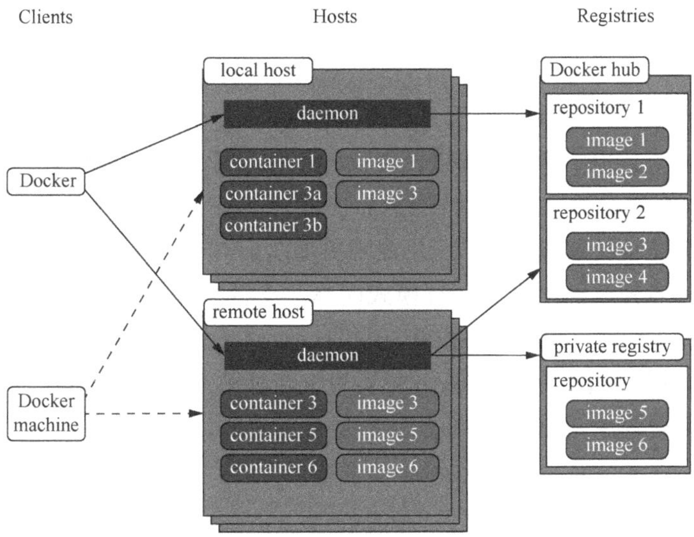

图 3.17　Docker 架构

3. MapReduce 实现离线数据处理

MapReduce 是用以处理海量数据的并行计算模型，能够充分发挥分布式硬件设备的计算、存储能力。MapReduce 可以让用户像使用单台计算机一样编写可以在分布式集群并行运行的算法程序，算法开发人员不需要关心分布式底层实现即可实现大规模数据处理，让数据处理中工程开发和算法开发有了明确的分工。图 3.18 展示了 MapReduce 工作流程。Map 的工作是将输入文件分割成 M 个片段，不同的机器并行处理 M 个片段。Reduce 过程将中间数据键值对通过分割函数分割成 R 个片段，分割函数及分割的数目由用户自行定义。

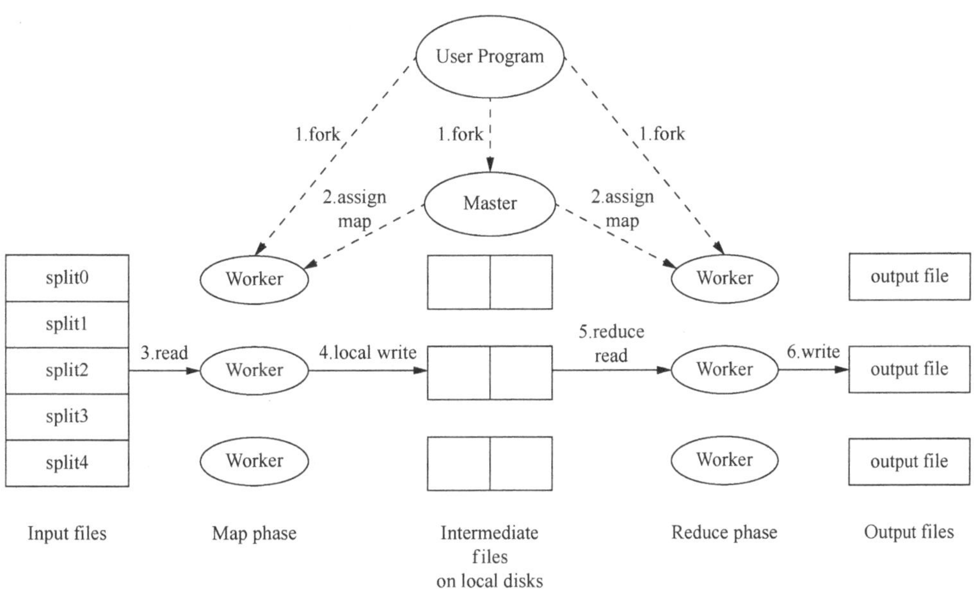

图 3.18　MapReduce 工作流程

4. Storm 实现在线数据处理

目前，主流的分布式实时计算工具主要有 Yahoo S4（simple scalable streaming system）、Spark 和 Storm 等。其中，Storm 数据传输较为可靠，可以动态增加或者减少节点，在实时处理大量生成的“小数据块”上性能更加优越。Storm 接收到数据可实时处理并分发，计算时延小，与物联网数据处理的应用需求更加匹配。

Storm 支持多种编程语言，编程模式简单，支持本地开发模式，适合应用于物联网数据在线处理系统中。Storm 在成熟互联网行业的流式数据处理领域应用非常广泛。Storm 总体架构如图 3.19 所示，Storm 集群里有两种节点：控制节点、工作节点。控制节点上运行着后台程序 Nimbus，负责接收并分发代码，给工作节点分派任务并监控其工作状态。工作节点上运行 Supervisor，其下有多个工作进程 Worker，一个 Worker 又可以执行多个任务。Supervisor 监听任务分配情况，并实时调整工作进程。Zookeeper 集群完成 Nimbus 和各个 Supervisor 之间的通信。

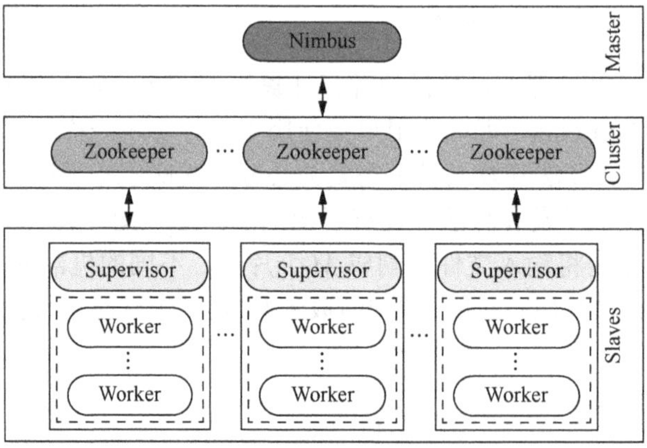

图 3.19　Storm 总体架构

Topology 是在 Storm 上运行的用户开发的算法任务。每个任务 Topology 主要由 Spout 和 Bolt 组成。其中 Spout 是消息生产者，它从 Kafka、Redis 等外部媒体实时接收数据，在物联网云服务平台主要是从 M2M 即时通信系统接收。Spout 接收到消息后，将其发送给后方节点，Bolt 中运行着相应流程阶段的数据处理算法。图 3.20 是一个简单的 Topology 结构，其中 Spout 或 Bolt 节点展示面积越大，表示其处理的数据量越多，算法开发者可以根据算法运行中的实际反馈动态调整不同逻辑 Spout 和 Bolt 的节点数和并行进程数，从而让整体计算资源协同发挥出最大数据处理效率。

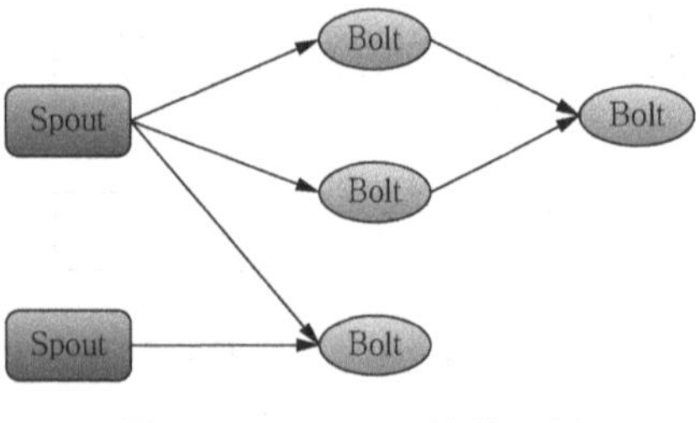

图 3.20　Topology 结构示例

参考文献

戴菲，2014．基于 Storm 的实时计算系统的研究与实现[D]．西安：西安电子科技大学．

海金，2011．神经网络与机器学习（原书第 3 版）[M]．申富饶，等译．北京：机械工业出版社．

洪洋，葛振华，王纪凯，等，2017．深度卷积对抗生成网络综述[C]//第 18 届中国系统仿真技术及其应用学术年会论文集，5：279-283．

贾加，2017．基于条件生成网络的图像转换算法研究[J]．电脑编程技巧与维护（20）：90-91，94．

李航，2012．统计学习方法[M]．北京：清华大学出版社．

李嘉璇，2017．TensorFlow 技术解析与实战[M]．北京：人民邮电出版社．

李明，王晓鹏，2014．Storm 源码分析[M]．北京：人民邮电出版社．

刘文仟，2011．粒子群算法拓扑结构的研究[D]．哈尔滨：哈尔滨理工大学．

王凯，吴泉源，杨树强，2010．一种多用户 MapReduce 集群的作业调度算法的设计与实现[J]．计算机与现代化（10）：23-28．

王润民，2012．基于云计算的物联网支撑系统关键技术研究[D]．重庆：重庆邮电大学．

ALSHEIKH M A, NIYATO D, LIN S W, et al., 2016. Mobile big data analytics using deep learning and apache spark[J]. IEEE Network, 30(3): 22-29.

ARBIB M A, 1987. Brains, machines, and mathematics[M]. 2nd ed. New York: Springer-Verlag.

ARMBRUST M, FOX A, GRIFFITH R, et al., 2013. A view of cloud computing[J]. International Journal of Computers & Technology, 53(4): 50-58.

CLERC M, KENNEDY J, 2002. The particle swarm-explosion stability and convergence in a multidimensional complex space[J]. IEEE Transaction on Evolutionary Computation, 6(1): 58-73.

DENNY B, 2015. Recurrent Neural Networks Tutorial [EB/OL]. http://www.wildml.com/2015/10/recurrent-neural-networks-tutorial-part-3-backpropagation-through-time-and-vanishing-gradients/.

DONG G Z, HAN J W, LAKSHMANAN L V S, et al., 2003. Online mining of changes from data streams: research problems and preliminary results[C]// Proceedings of the ACM Sigmod Workshop on Management and Processing of Data Streams: 1306-1314.

GOODFELLOW I J, POUGET-ABADIE J, MIRZA M, et al., 2014. Generative Adversarial Nets[C]//International Conference on Neural Information Processing Systems. Cambridge: MIT Press: 2672-2680.

GRAVES A, 2012. Long Short-Term Memory[M]//GRAVES A. Supervised sequence labelling with recurrent neural networks. Berlin Heidelberg: Springer: 37-45.

HAYKIN S O, 2011. Neural Networks and Learning Machines[M]. London: Pearson Higher Ed.

HEATON J, 2017. Ian Goodfellow, Yoshua Bengio, Aaron Courville: deep learning[J]. Genetic Programming and Evolvable Machines, 19: 305-307.

HECHT-NIELSEN R, 1987. Counterpropagation networks[J]. Applied Optics, 26(23): 4979-4983.

HINTON G E, 2002. Training products of experts by minimizing contrastive divergence[J]. Neural Computation, 14(8): 1771-1800.

IQBAL M H, SOOMRO T R, 2015. Big data analysis: apache storm perspective[J]. International Journal of Computer Trends & Technology, 19(1): 9-14.

KARAU H, KONWINSKI A, WENDELL P, et al., 2015. Learning spark: lightning-fast big data analytics[M]. California: O'Reilly Media, Inc.

LIANG J J, QIN A K, SUGANTHAN P N, et al., 2006. Comprehensive learning particle swarm optimizer for global optimization of multimodal functions[J]. IEEE Transactions on Evolutionary Computation, 10(3): 281-295.

MAO X, LI Q, XIE H, et al., 2017. Least squares generative adversarial networks[C]//Proceedings of the IEEE International Conference on Computer Vision: 2794-2802.

MENDES R, KENNEDY J, NEVES J, 2004. The fully informed particle swarm: simpler, maybe better[J]. IEEE Transactions on Evolutionary Computation, 8(3): 204-210.

MENG X R, BRADLEY J K, YAVUZ B, et al., 2015. MLlib: machine learning in apache spark[J]. Computer Science: 15-18.

PAL S K, BANDYOPADHYAY S, RAY S S, 2016. Evolutionary computation in bioinformatics: a review[J]. IEEE Transactions on Systems Man and Cybernetics Part C , 36(5): 601-615.

ROSENBLATT F, 1958. The perceptron: a probabilistic model for information storage and organization in the brain [J]. Psychological Review, 65(6): 386-408.

SHI Y H, EBERHART R C, 2002. Empirical study of particle swarm optimization[C]. Congress on Evolutionary Computation: 1945-1950.

TURING A M, 1995. Computing Machinery and Intelligence[J]. Mind, 59(36): 433-460.

WIDROW B, LEHR M A, 1990. 30 years of adaptive neural networks: perceptron, madaline, and backpropagation[J]. Proceedings of the IEEE, 78(9): 1415-1442.

YANG W J, LIU X G, ZHANG L, et al., 2013. Big data real-time processing based on storm[C]//IEEE International Conference on Trust, Security and Privacy in Computing and Communications. Melbourne: IEEE: 1784-1787.

ZADEH L A, 1976. A fuzzy-algorithmic approach to the definition of complex or imprecise concepts[J]. Systems Theory in the Social Sciences, 8(3): 249-291.

ZHANG X, WU Y J, ZHAO C, 2016. MrHeter: improving MapReduce performance in heterogeneous environments[J]. Cluster Computing, 19(4): 1691-1701.

第 4 章　单回路控制方法

4.1　传统 PID 控制方法

PID 控制是在单回路控制领域中广泛应用的控制方法，该控制方法是分别计算负反馈偏差信号的比例、积分和微分控制分量，并按实际需求将其进行组合叠加得到控制器的输出信号。实际上，“PID 控制”一词更多用于泛指基于比例控制，再考虑选择配置积分和（或）微分控制作用的一类算法，PID 控制算法是一种统称，在具体应用时可选择 P 控制、PI 控制、PD 控制或 PID 控制算法。

连续控制系统的 PID 控制原理框图如图 4.1 所示，图中 $G_{\text{plt}}(s)$ 为被控对象的传递函数，偏差信号 $e(t)=r(t)-y(t)$，控制器输出信号为 $u(t)=u_{\text{P}}(t)+u_{\text{I}}(t)+u_{\text{D}}(t)$，控制器的传递函数为

$$G_{\text{ctr}}(s)=K_{\text{p}}\left(1+\frac{1}{T_{\text{i}}s}+T_{\text{d}}s\right) \tag{4-1}$$

式中，K_{p} 为比例系数；T_{i} 为积分时间；T_{d} 为微分时间。

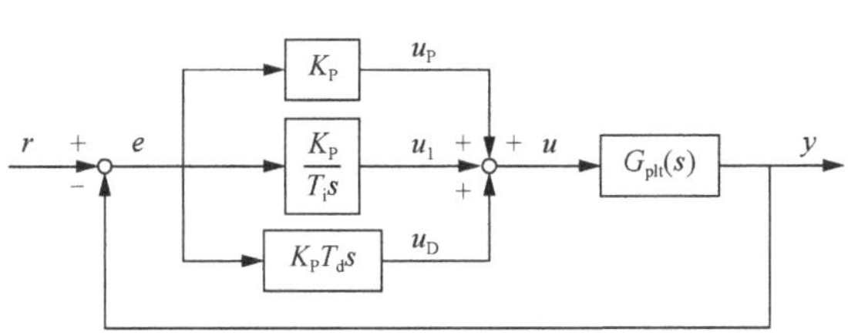

图 4.1　连续控制系统 PID 控制原理框图

在时域中，连续系统 PID 控制器的输入/输出关系为

$$u(t)=K_{\text{p}}\left[e(t)+\frac{1}{T_{\text{i}}}\int_0^t e(x)\mathrm{d}x+T_{\text{d}}\frac{\mathrm{d}e(t)}{\mathrm{d}t}\right] \tag{4-2}$$

在比例控制的基础上，增加积分控制作用可以消除稳态误差，增加微分控制作用可以改善动态品质。对于具有积分环节的恒值控制系统，不增加积分控制作用也可以保证稳态误差为零，故可单独采用 P 控制或 PD 控制。在考虑被控对象具有积分环节的恒值控制系统时，可以采取不加积分环节的控制方式。针对惯性时间常数较小的控制，也不建议使用微分控制作用。

根据控制系统是否为离散信号形式，可分为连续控制系统和离散控制系统。目前广泛应用的计算机控制系统属于离散控制系统。由于数字计算机计算能力强，控制算法可

通过软件程序实现，计算机控制技术已成为目前主流控制技术，因此，本章主要讨论基于信号采样的计算机控制系统。

4.1.1　位置式 PID 控制算法

PID 控制规律基于被控变量给定信号与实测信号的偏差信号 $e(t)$ 计算控制量 $u(t)$。在计算机控制系统中，用于计算偏差信号 $e(t)$ 的实测信号 $y(t)$ 只能在采样时刻获得。式（4-2）的连续 PID 控制算法不能直接使用，需要使用离散 PID 控制算法，确定采样周期 T_s 后，连续时间 t 被离散化为一系列的采样时刻点 kT_s，以式（4-3）分别给出的矩形法数值积分（零阶保持）和一阶后向差分：

$$\begin{cases} \int_0^t e(x)\mathrm{d}x \approx T_s \sum_{j=0}^{k} e(jT_s) = T_s \sum_{j=0}^{k} e(j) \\ \dfrac{\mathrm{d}e(t)}{\mathrm{d}t} \approx \dfrac{e(kT_s) - e\left[(k-1)T_s\right]}{T_s} = \dfrac{e(k) - e(k-1)}{T_s} \end{cases} \tag{4-3}$$

逼近式（4-2）中的积分项和微分项，可获得计算机控制系统的位置式 PID 控制算法，

$$\begin{aligned} u(k) &= K_p \left\{ e(k) + \frac{T_s}{T_i} \sum_{j=0}^{k} e(j) + \frac{T_s}{T_i}[e(k) - e(k-1)] \right\} \\ &= K_p e(k) + K_i \sum_{j=0}^{k} e(j) + K_d[e(k) - e(k-1)] \end{aligned} \tag{4-4}$$

式中，$K_i = K_p T_s / T_i$；$K_d = K_p T_d / T_s$。

位置式 PID 计算机控制系统如图 4.2 所示，图中的微型计算机通常由微控制器单元（microcontroller unit，MCU）实现，PID 控制器实际上是运行在 MCU 平台上的软件程序模块，被控变量实测信号经过 A/D 转换成数字量后传给数字滤波程序模块，经过滤波后的实测信号传给 PID 控制器程序模块，计算得到的控制量 $u(k)$ 经 D/A 转换成模拟量后传给执行机构实施控制作用。

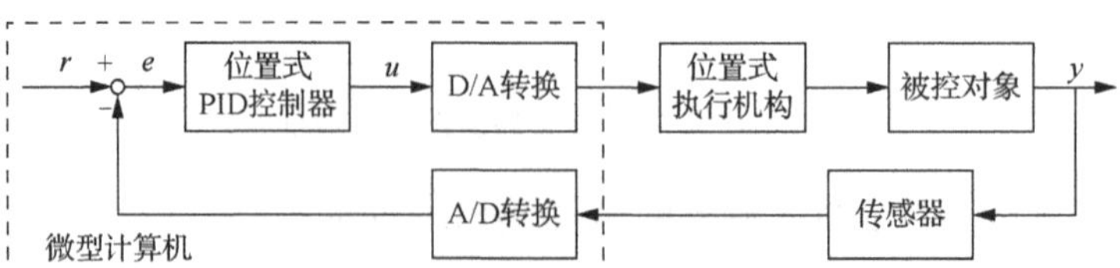

图 4.2　位置式 PID 计算机控制系统框图

4.1.2　增量式 PID 控制算法

在实际控制系统中，如步进电机控制系统等执行机构需要输入控制量的增量。对于增量式的执行机构，要用增量式 PID 控制算法。根据式（4-4）和递推原理，可按下式求得前一拍控制量：

$$u(k-1) = K_p e(k-1) + K_i \sum_{j=0}^{k-1} e(j) + K_d[e(k-1) - e(k-2)] \tag{4-5}$$

增量式 PID 控制算法的控制增量，可按式（4-6）或式（4-7）求得

$$\begin{aligned}\Delta u(k) &= u(k)-u(k-1)\\ &= K_{\mathrm{p}}[e(k)-e(k-1)]+K_{\mathrm{i}}e(k)+K_{\mathrm{d}}[e(k)-2e(k-1)+e(k-2)]\end{aligned} \tag{4-6}$$

增量式 PID 控制的另一种算法形式为

$$\Delta u(k)=(K_{\mathrm{p}}+K_{\mathrm{i}}+K_{\mathrm{d}})e(k)-(K_{\mathrm{p}}+2K_{\mathrm{d}})e(k-1)+K_{\mathrm{d}}e(k-2) \tag{4-7}$$

增量式 PID 计算机控制系统结构如图 4.3 所示。位置式 PID 控制和增量式 PID 控制的主要区别是两者输出不同，前者的输出为控制量 u，而后者的输出为控制增量 Δu。在实际工程应用中，位置式和增量式 PID 控制算法的选择由执行机构的类型来决定。通常，控制增量 Δu 的数值比较小，为了减小编码误差，要尽量精确地确定控制增量 Δu 的值域。由式（4-6）可知，控制增量 Δu 只与最近三拍的偏差信号有关，可以减小误动作的影响范围。在计算机控制系统中，由增量式 PID 控制算法可以获得递推形式的位置式 PID 控制算法 $u(k)=u(k-1)+\Delta u$。

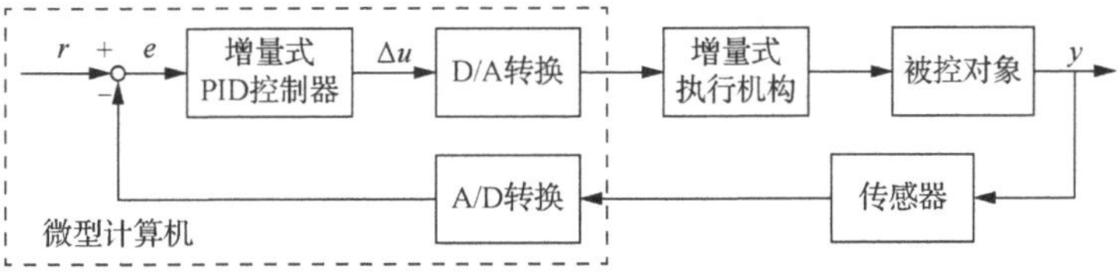

图 4.3　增量式 PID 计算机控制系统框图

在式（4-6）的基础上，可以给积分和微分控制分量分别增加一个系数，用以控制是否加入积分和微分两种控制分量，如

$$\Delta u(k)=K_{\mathrm{p}}[e(k)-e(k-1)]+\beta_{\mathrm{i}}K_{\mathrm{i}}e(k)+\beta_{\mathrm{d}}K_{\mathrm{d}}[e(k)-2e(k-1)+e(k-2)] \tag{4-8}$$

针对偏差绝对值 $|e(k)|$ 设置阈值 ε，当 $|e(k)|>\varepsilon$ 时，取 $\beta_{\mathrm{i}}=0$，即不加入积分控制分量，当 $|e(k)|\leqslant\varepsilon$ 时，取 $\beta_{\mathrm{i}}=1$，即增加积分控制分量，可得到具有积分分离改进的增量式 PID 控制算法。

4.1.3　不完全微分 PID 控制算法

增加微分控制作用可减少超调量和缩短调节时间，提高控制系统的动态品质。在实际控制系统中，检测被控变量时可能会受到高频噪声的干扰，造成微分控制分量突变，使被控变量曲线不平滑。因此，工程实践中通常使用不完全微分，即给常规 PID 控制微分部分增加一个一阶惯性环节（低通滤波器）。不完全微分 PID 控制算法的原理如图 4.4 所示，其传递函数为

$$G_{\mathrm{ctr}}(s)=K_{\mathrm{p}}\left(1+\frac{1}{T_{\mathrm{i}}s}+\frac{T_{\mathrm{d}}s}{T_{\mathrm{f}}s+1}\right) \tag{4-9}$$

对应式（4-9）连续系统传递函数的计算机控制算法为

$$u(k)=\frac{T_{\mathrm{f}}}{T_{\mathrm{s}}+T_{\mathrm{f}}}u(k-1)+K_{\mathrm{p}}'e(k)+K_{\mathrm{i}}'\sum_{j=0}^{k}e(j)+K_{\mathrm{d}}'[e(k)-e(k-1)] \tag{4-10}$$

式中，$K_{\mathrm{p}}'=K_{\mathrm{p}}[T_{\mathrm{s}}(T_{\mathrm{i}}+T_{\mathrm{f}})]/[T_{\mathrm{i}}(T_{\mathrm{s}}+T_{\mathrm{f}})]$；$K_{\mathrm{i}}'=K_{\mathrm{p}}T_{\mathrm{s}}^{2}/[T_{\mathrm{i}}(T_{\mathrm{s}}+T_{\mathrm{f}})]$；$K_{\mathrm{d}}'=K_{\mathrm{p}}(T_{\mathrm{d}}+T_{\mathrm{f}})/(T_{\mathrm{s}}+T_{\mathrm{f}})$。

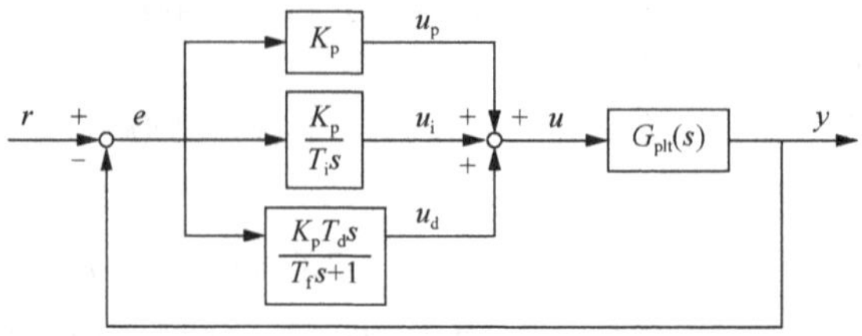

图 4.4　不完全微分 PID 控制算法原理框图

通常，积分时间常数 T_i 远大于采样周期 T_s 和滤波时间常数 T_f，微分时间常数 T_d 大于采样周期 T_s。与式(4-4)比较，三个系数 K_p'、K_i' 和 K_d' 均变小，但增加了 $T_f u(k-1)/(T_s+T_f)$ 项，即前一拍的控制输出。理想微分作用仅在当前拍起作用，不完全微分作用不仅作用于当前拍，并以负指数衰减的方式作用于后续几拍。当 T_f=0 时，不完全微分 PID 控制算法退化成常规 PID 控制算法。

不完全微分 PID 控制算法的另一种结构形式如图 4.5 所示，如令 $T_f=\gamma T_d$，比值 $T_d/T_f=1/\gamma$ 称为微分增益，其对应的传递函数为

$$G_{ctr}(s)=K_p\left(1+\frac{1}{T_i s}\right)\times\left(\frac{T_d s+1}{T_f s+1}\right) \tag{4-11}$$

对应式（4-11）的计算机控制算法形式同式（4-10），比例系数和微分系数略有不同，分别为 $K_p'=K_p[T_s(T_i+T_d)]/[T_i(T_s+T_f)]$，$K_d'=K_p T_d/(T_s+T_f)$。

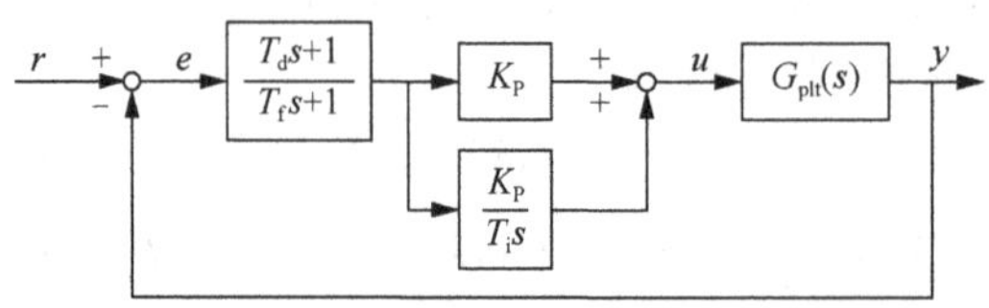

图 4.5　不完全微分 PID 控制算法另一种结构

4.1.4　带滤波器的 PID 控制算法

为了降低被控变量的高频噪声干扰信号的影响，可增加低通滤波器，滤除检测信号中的噪声信号。在计算机控制系统中，滤波器通过程序实现称为数字滤波。带滤波器的 PID 控制原理框图如图 4.6 所示，图中的 $G_{flt}(s)$ 模块是可对带噪输出信号 $y_n(t)$ 进行滤波的低通滤波器，其传递函数为

$$G_{flt}(s)=\frac{1}{T_f s+1} \tag{4-12}$$

式中，T_f 为滤波时间常数。

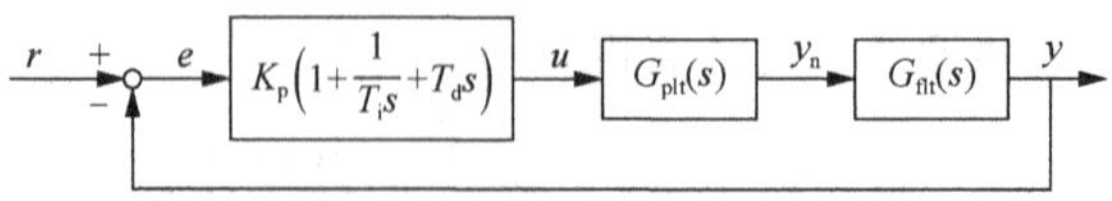

图 4.6　带滤波器的 PID 控制原理框图

滤波器的输入/输出关系为$T_f\dot{y}(t)+y(t)=y_n(t)$，若以差分$[y(k)-y(k-1)]T_s$近似微分$\dot{y}(t)$，式（4-12）给出的低通滤波器对应的数字滤波算法为

$$y(k)=ay(k-1)+(1-a)y_n(k) \tag{4-13}$$

式中，T_s为采样时间；$a=T_f/(T_s+T_f)$为滤波平滑系数。

若采用零阶保持器离散化，式（4-12）给出的低通滤波器所对应的数字滤波算法为

$$y(k)=ay(k-1)+(1-a)y_n(k-1) \tag{4-14}$$

式中，$a=e^{-T_s/T_f}$，为滤波平滑系数。

若采用双线性变换（Tusitin 变换）进行离散化（近似一阶保持器），式（4-12）给出的低通滤波器所对应的数字滤波算法为

$$y(k)=a_1y(k-1)+a_2[y_n(k)+y_n(k-1)] \tag{4-15}$$

式中，$a_1=(2T_f-T_s)/(2T_f+T_s)$；$a_2=T_s/(2T_f+T_s)$，$a_1+2a_2=1$。

过程控制领域被控对象的信号变化较慢，一般来说变化较快的流量信号频带上限也不超过 0.2Hz，式（4-13）～式（4-15）给出的数字滤波算法精度差别不大。对于运动控制领域信号变化快的被控对象，可用式（4-15）来提高滤波精度。带滤波器的 PID 控制算法与常规 PID 控制算法或不完全微分 PID 控制算法相比，其不同之处是在计算偏差时使用经过滤波处理的输出信号$y(k)$，而非带噪信号$y_n(k)$。如果高频噪声的幅值较大，在滤波平滑处理之前，还需要在多点采样剔除粗大误差后进行取平均值的信号处理。

4.1.5　抗积分饱和的 PID 控制算法

积分饱和是指若系统存在一个方向的偏差，PID 控制器的积分控制作用随着偏差不断累加而加大，导致不断增大的控制输出驱动执行机构一直达到其极限位置x_{max}（对应控制器输出的饱和值u_{max}）。执行机构的饱和特性如图 4.7 所示。若控制器输出达到饱和值后还继续增大，输出控制量将超过饱和值u_{max}而进入饱和区。一旦系统出现反向偏差，控制量$u(k)$将逐渐退出饱和区。系统进入饱和区越深，退出饱和区所需时间越长。在退出饱和区之前，执行机构仍停留在极限位置，如同失去控制不能再产生调节作用，从而导致系统控制性能恶化。由图 4.7 可知，在执行机构调节范围$[-x_{max},x_{max}]$固定时，增大饱和值u_{max}（即减小x_{max}/u_{max}）有利于防止积分饱和。对于恒值控制系统，由于控制启动时的偏差比首次达到给定值以后的偏差要大得多，采样时间T_s越小越容易导致积分饱和。因此，在满足香农采样定理（Shannon's sampling theorem）的前提下，采样时间T_s尽量取大点有利于防止积分饱和。

为了防止积分饱和，可采取一定的措施控制是否进行偏差信号的累加操作。常用的方法是在进行偏差累加操作之前，首先判断前一拍的控制量$u(k-1)$是否超出限制范围$[-u_{max},u_{max}]$。若$u(k-1)>u_{max}$，则只累加负偏差；若$u(k-1)<u_{max}$，则只累加正偏差。将抗积分饱和的操作与式（4-4）位置式 PID 控制算法或式（4-10）不完全微分 PID 控制算法结合，控制偏差和项$\sum_{j=0}^{k}e(j)$是否对当前偏差$e(k)$进行累加，即可构成抗积分饱和 PID 控制算法。

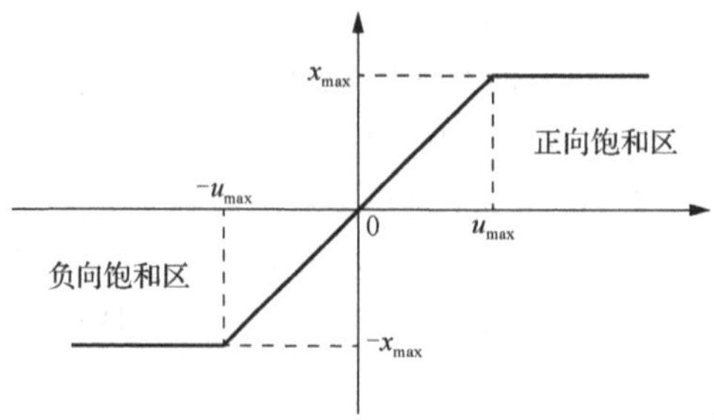

图 4.7　执行机构饱和特性

4.1.6　积分分离的 PID 控制算法

在 PID 控制器设计中引入积分环节的目的主要是消除稳态误差。在控制器启动或设定值大幅度跳变时，系统输出有很大偏差，比例控制分量很大。此时，若再加入积分控制作用，容易导致控制量超过饱和值而进入饱和区，使执行机构停留在极限位置。积分饱和会引起系统较大的超调，使调节时间增加，甚至引起系统较大振荡。当系统趋于稳定时，系统偏差很小，比例控制分量和微分控制分量均很小，需要加入积分控制作用消除稳态误差。为了兼顾两种状态对积分作用的矛盾需求，可采取积分分离措施。

积分分离的基本思想：当偏差绝对值比较大时，不加入积分作用，以免使系统动态品质变差；当偏差绝对值足够小时，加入部分积分作用，以补偿比例作用减小导致的控制量过快减小；当系统趋于稳定、偏差绝对值很小时，加入全部积分作用，以减小并消除稳态误差。积分分离 PID 控制的积分作用系数阶梯式变化如图 4.8 所示。积分作用系数 β 的值域是[0，1]，其值随偏差绝对值的减小呈阶梯式增大。积分分离的 PID 计算机控制算法为

$$u(k)=K_{\mathrm{p}}e(k)+\beta K_{\mathrm{i}}\sum_{j=0}^{k}e(j)+K_{\mathrm{d}}[e(k)-e(k-1)] \tag{4-16}$$

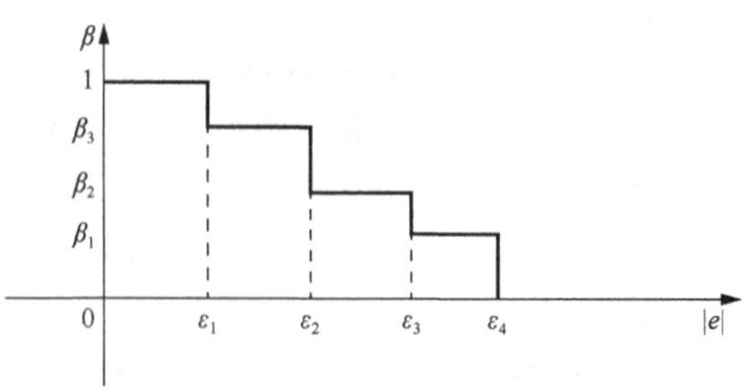

图 4.8　积分分离 PID 控制的积分作用系数阶梯式变化

4.1.7　变速积分 PID 控制算法

控制系统在控制启动状态和稳定状态对于积分作用大小的需求是矛盾的。常规 PID 控制算法无法兼顾两者，积分系数过大会产生超调，甚至出现积分饱和；积分系数过小又使稳态误差消除太慢。变速积分可以控制积分控制分量加入多少，防止积分饱和。积

分分离和变速积分均对积分控制分量进行调节，但两者存在区别：前者偏差累加方式与常规 PID 控制相同，通过改变偏差求和项系数来调节积分作用；后者在进行偏差累加计算时，给每一拍偏差乘以一个与偏差绝对值相关的系数，其变化规律如图 4.9 所示。由图中给出的曲线可得偏差累加系数与偏差绝对值的关系，如式（4-17）所示。算法对两个阈值参数 ε_1 和 ε_2 的精确性要求不高，参数较易整定。

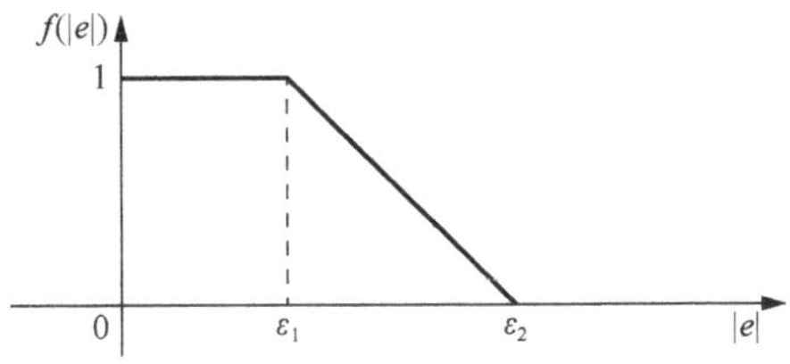

图 4.9　变速积分中偏差累加系数的变化

$$f(|e|)=\begin{cases}1, & |e|\leqslant\varepsilon_1\\ \dfrac{\varepsilon_2-|e|}{\varepsilon_2-\varepsilon_1}, & \varepsilon_1<|e|\leqslant\varepsilon_2\\ 0, & |e|>\varepsilon_2\end{cases} \tag{4-17}$$

基于常规 PID 控制的变速积分 PID 控制算法为

$$u(k)=K_{\mathrm{p}}e(k)+K_{\mathrm{i}}\sum_{j=0}^{k}\left[f(|e(j)|)e(j)\right]+K_{\mathrm{d}}\left[e(k)-e(k-1)\right] \tag{4-18}$$

4.2　PID 控制器的参数整定

控制器参数的优劣决定控制品质的好坏。因此，控制器设计完成后应寻找最优参数，使控制器具有最佳的控制品质，这一过程称为参数整定。常规 PID 控制器需要整定比例系数 K_{p}、积分时间 T_{i} 和微分时间 T_{d} 三个参数，使用不完全微分（实际微分）的 PID 算法还需要整定微分增益参数。PID 参数整定方法可分为两大类：理论计算法和工程整定法。理论计算法基于被控对象精确的数学模型，工程整定法无须知道被控对象的数学模型，但需要在被控对象上实施开环阶跃响应实验。

计算机控制只能处理离散系统，离散控制算法还需整定一个参数，即采样周期 T_{s}。确定采样周期要考虑的基本条件是满足香农采样定理：采样周期 $T_{\mathrm{s}}\leqslant 1/(2f_{\max})$，$f_{\max}$ 为系统信号频谱的最高频率（截止频率）。采样周期 T_{s} 对控制品质有较大影响，选择时须综合考虑如下因素。

1）被控对象的特性。根据对象信号变化的缓急情况而定，对信号慢变的过程控制对象，T_{s} 取较大值；对于信号快变的运动控制对象，T_{s} 取较小值。

2）干扰信号的变化频率。对于恒值控制系统，采样周期 T_{s} 要足够小，能及时检测到干扰引起的波动并实现调节作用。

3）给定信号的变化频率。对于随动控制系统，给定信号是时变信号，为了保证跟踪性能，要求采样周期T_s满足香农采样定理。

4）执行机构的类型。采样周期T_s过小，执行机构动作频繁，降低寿命；若执行机构的惯性较大，采样周期T_s要尽量大，避免执行机构来不及调节。

5）计算机 CPU 的计算负荷。由于采样周期T_s小会加重采样信号处理负荷，对于多回路控制，采样周期（控制周期）要足够长，确保每个回路的控制算法都有足够的时间完成。

对于过程控制系统，由于系统信号变化较慢，采样周期的选择不是控制器设计的难点，控制器设计的难点在于大惯性或纯滞后特性的处理。表 4.1 给出了常见过程控制系统的经验采样周期。对于运动控制系统，一般不具有大惯性或纯滞后特性，由于系统信号变化较快，采样周期是否满足香农采样定理成为主要问题。对于一般惯性对象，采样周期须满足条件$T_s \leqslant 0.2T$，T为被控对象时间常数；对于具有振荡特性的对象，采样周期须满足条件$T_s \leqslant 0.1T_m$，T_m为被控对象等幅振荡周期。

表 4.1　常见过程控制系统的经验采样周期

被控变量	采样周期/s	采样频率/Hz	频带范围/Hz
流量	1～2	0.500～1.000	0～0.160
压力	3～5	0.200～0.333	0～0.067
液位	6～8	0.125～0.167	0～0.042
温度	10～15	0.067～0.100	0～0.022
成分	15～20	0.050～0.067	0～0.017

4.2.1　理论计算法

1. Ziegler-Nichols 频域整定法

齐格勒-尼科尔斯（Ziegler-Nichols）频域整定法是基于频域稳定性分析的 PID 参数整定方法。对于给定的被控对象传递函数模型，可以绘制出其根轨迹图，穿越虚轴（$j\omega$轴）的点即为临界振荡点，其增益为临界振荡增益K_m，角频率为临界振荡角频率ω_m。对于离散控制系统（z平面），临界振荡点对应根轨迹穿越单位圆的点。Ziegler-Nichols 频域整定公式如表 4.2 所示。

表 4.2　Ziegler-Nichols 频域整定法 PID 参数整定公式

控制器类型	比例系数 K_p	积分时间 T_i	微分时间 T_d
P	$0.50K_m$	—	—
PI	$0.45K_m$	$1.67\pi/\omega_m$	—
PID	$0.60K_m$	π/ω_m	$\pi/(4\omega_m)$

2. 基于相位裕度的参数整定法

在直流电力拖动系统中，作为被控对象的直流电动机的传递函数模型可表示为一阶惯性加积分的形式：

$$G_{\mathrm{plt}}(s)=\frac{K_{\mathrm{g}}}{s(T_{\mathrm{g}}s+1)}=\frac{K_{\mathrm{g}}f_{\mathrm{g}}}{s(s+f_{\mathrm{g}})} \tag{4-19}$$

式中，$f_{\mathrm{g}}=1/T_{\mathrm{g}}$，令 $\omega_{\mathrm{g}}=2\pi f_{\mathrm{g}}$。由于时间常数 T_{g} 较小，通常可用 PI 控制器实现控制，PI 控制器可表示为

$$G_{\mathrm{ctr}}(s)=K_{\mathrm{p}}\left(1+\frac{1}{T_{\mathrm{i}}s}\right)=K_{\mathrm{p}}\left(1+\frac{f_{\mathrm{i}}}{s}\right) \tag{4-20}$$

式中，$f_{\mathrm{i}}=1/T_{\mathrm{i}}$，令 $\omega_{\mathrm{i}}=2\pi f_{\mathrm{i}}$。对于一阶惯性加积分形式的被控对象，当频率 ω_{i} 和 ω_{g} 关于截止频率 ω_{c} 对称时，即 $2\lg\omega_{\mathrm{c}}=\lg\omega_{\mathrm{i}}+\lg\omega_{\mathrm{g}}$ 或 $\omega_{\mathrm{c}}^2=\omega_{\mathrm{i}}\omega_{\mathrm{g}}$，闭环系统的相位裕度取得最大值。记幅值 $A(\omega)=|G_{\mathrm{ctr}}(\mathrm{j}\omega)G_{\mathrm{plt}}(\mathrm{j}\omega)|$，根据截止频率的定义有 $\lg A(\omega_{\mathrm{c}})=0$ 或 $A(\omega_{\mathrm{c}})=1$，由此条件可求得 PI 控制器的比例系数为

$$K_{\mathrm{p}}=\omega_{\mathrm{c}}/K_{\mathrm{g}} \tag{4-21}$$

令 $\alpha=\omega_{\mathrm{g}}/\omega_{\mathrm{i}}$，有 $\alpha=f_{\mathrm{g}}/f_{\mathrm{i}}$，根据参数 α 与最大相位裕度 ϕ_{m} 的关系可求得

$$\alpha=\left(\frac{1+\sin\phi_{\mathrm{m}}}{\cos\phi_{\mathrm{m}}}\right)^2 \tag{4-22}$$

根据控制系统设计要求的最大相位裕度 ϕ_{m} 通常取 30°～60°，由式(4-22)可求得 α 值。已知被控对象的参数，可求得控制器积分时间 $T_{\mathrm{i}}=\alpha T_{\mathrm{g}}$ 和截止频率 $\omega_{\mathrm{c}}=2\pi\sqrt{\alpha}/T_{\mathrm{i}}$，进而由式（4-21）求得控制器比例系数。

3. 基于极点配置的参数整定法

对于直流电动机模型，如式（4-19）的程序控制系统或随动控制系统，可采用 PD+前馈的控制方法实现控制。令 $a=f_{\mathrm{g}}$ 和 $b=K_{\mathrm{g}}f_{\mathrm{g}}$，则被控对象可表示为

$$\ddot{\theta}=-a\dot{\theta}+bu \tag{4-23}$$

式中，θ 为位置信号；u 为控制输入。设输入程序指令或随动信号为 θ_{r}，令跟踪误差为 $e=\theta_{\mathrm{r}}-\theta$，则 $\ddot{\theta}=\ddot{\theta}_{\mathrm{r}}-\ddot{e}$ 和 $\dot{\theta}=\dot{\theta}_{\mathrm{r}}-\dot{e}$，被控对象可改写为

$$\ddot{\theta}_{\mathrm{r}}-\ddot{e}=-a(\dot{\theta}_{\mathrm{r}}-\dot{e})+bu \tag{4-24}$$

可将 PD+前馈控制设计为 $u=(K_{\mathrm{p}}e+K_{\mathrm{d}}\dot{e}+a\dot{\theta}_{\mathrm{r}}+\ddot{\theta}_{\mathrm{r}})/b$，代入式（4-24），可得到闭环系统跟踪误差的微分方程

$$\ddot{e}+(a+K_{\mathrm{d}})\dot{e}+K_{\mathrm{p}}e=0 \tag{4-25}$$

为了保证闭环系统稳定，根据劳斯稳定判据，令特征方程 $s^2+(a+K_{\mathrm{d}})s+K_{\mathrm{p}}=0$ 的两个特征根均为负实部。将两个特征根都配置为 $-k(k>0)$，可得目标系统特征方程 $s^2+2ks+k^2=0$。对比两个特征多项式系数可得控制律中 PD 控制部分的参数 $K_{\mathrm{p}}=k^2$ 和 $K_{\mathrm{d}}=2k-a$。代入相关参数，获得 PD+前馈控制律为

$$u=[k^2T_{\mathrm{g}}e+(2kT_{\mathrm{g}}-1)\dot{e}+\dot{\theta}_{\mathrm{r}}+T_{\mathrm{g}}\ddot{\theta}_{\mathrm{r}}]/K_{\mathrm{g}} \tag{4-26}$$

4.2.2 工程整定法

在实际工程实践中，不少被控对象很难通过数学推导的方法获得其精确的数学模

型。基于 Ziegler-Nichols 参数整定公式，针对被控对象模型未知的情形，可使用工程整定法进行 PID 参数整定，包括开环响应曲线法、临界比例度法和衰减振荡法等。国内控制领域工程人员总结了如下 PID 参数整定口诀。

参数整定找最佳，从小到大顺序查；先是比例后积分，最后再把微分加；
曲线振荡很频繁，比例度盘要放大；曲线漂浮绕大弯，比例度盘往小扳；
曲线偏离恢复慢，积分时间往下降；曲线波动周期长，积分时间再加长；
曲线振荡频率快，先把微分降下来；动差大来波动慢，微分时间应加长；
理想曲线两个波，前高后低四比一；一看二调多分析，调节质量不会低。

1. 开环响应曲线法

对于被控对象模型未知的情形，Ziegler 和 Nichols 提出了 PID 参数整定开环响应曲线法。断开闭环反馈回路，给被控对象施加一个幅值为 Δu 的阶跃输入，通过检测输出获得被控对象的开环响应曲线。通常，开环系统对阶跃输入的响应曲线如图 4.10 所示，曲线存在一个拐点，经过该拐点作切线，切线与横轴 $y=0$ 和水平线 $y=\Delta y$ 各有一个交点，由原点和两个交点可获得等效滞后时间 τ 和时间常数 T 。定义输入/输出比值 $K=\Delta y/\Delta u$ ，开环响应曲线法 PID 参数整定公式如表 4.3 所示。如果被控对象带有纯滞后环节，需要先定义等效滞后时间 τ 和时间常数 T 的比值 $\varepsilon=\tau/T$ ，若时间比值 ε 落在 [0.2, 1.5]内，则 PID 参数整定公式如表 4.4 所示。

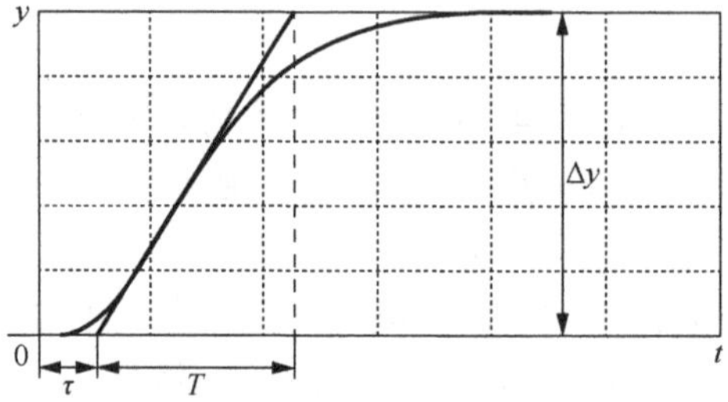

图 4.10　开环系统对阶跃输入的响应曲线

表 4.3　无纯滞后开环响应曲线法 PID 参数整定公式

控制器类型	比例系数 K_p	积分时间 T_i	微分时间 T_d
P	K_τ/T	—	—
PI	$1.10K_\tau/T$	3.30τ	—
PID	$0.85K_\tau/T$	2.00τ	0.50τ

表 4.4　有纯滞后开环响应曲线法 PID 参数整定公式

控制器类型	比例系数 K_p	积分时间 T_i	微分时间 T_d
P	$2.6K(\varepsilon-0.08)/(\varepsilon+0.70)$	—	—
PI	$2.6K(\varepsilon-0.08)/(\varepsilon+0.60)$	$0.80T$	—
PID	$2.6K(\varepsilon-0.15)/(\varepsilon+0.88)$	$0.81T+0.19\tau$	$0.25T_i$

2. 临界比例度法

使用 Ziegler-Nichols 参数整定公式的关键在于获得临界振荡增益 K_m 和临界振荡角频率 ω_m（或周期 T_m）。在实际应用中，如果不易由根轨迹分析计算法获得 K_m 和 ω_m 两个参数，可进行阶跃输入临界振荡实验，获得 K_m 和 T_m 两个参数。临界振荡实验只保留比例控制分量，去掉积分控制和微分控制分量，调节控制器的比例系数（或比例度）使系统产生等幅振荡，如图 4.11 所示。连续 PID 控制算法参数整定公式如表 4.5 所示。离散 PID 控制算法参数整定需要先计算离散化控制度，控制度定义为 $K_{\deg}=\left[\int_0^\infty e^2(t)\,\mathrm{d}t\right]_{离散}\Big/\left[\int_0^\infty e^2(t)\,\mathrm{d}t\right]_{连续}$。随着控制度不同，参数整定系数也有所不同，如表 4.6 所示。随着控制度增加，PID 控制器的比例控制作用减小、积分控制作用增加（积分系数与积分时间 T_i 成反比关系）、微分控制作用略有增加。

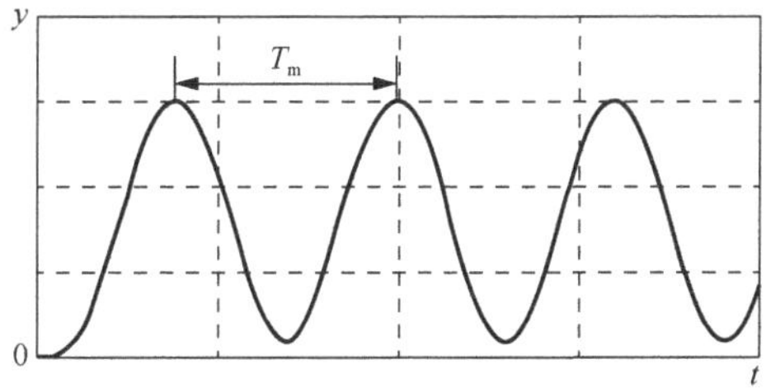

图 4.11　比例控制临界振荡响应曲线

表 4.5　临界比例度法连续 PID 参数整定公式

控制器类型	比例系数 K_p	积分时间 T_i	微分时间 T_d
P	0.50 K_m	—	—
PI	0.45 K_m	0.85 T_m	—
PID	0.60 K_m	0.50 T_m	0.13T_m

表 4.6　临界比例度法离散 PID 参数整定公式

控制度	控制器类型	比例系数 K_p	积分时间 T_i	微分时间 T_d
1.05	PI	0.55 K_m	0.88 T_m	—
	PID	0.63 K_m	0.49 T_m	0.14 T_m
1.2	PI	0.50 K_m	0.91 T_m	—
	PID	0.47 K_m	0.47 T_m	0.16 T_m
1.5	PI	0.42 K_m	0.99 T_m	—
	PID	0.34 K_m	0.43 T_m	0.20 T_m
2.0	PI	0.36 K_m	1.05 T_m	—
	PID	0.27 K_m	0.40 T_m	0.22 T_m

3. 衰减振荡法

在临界比例度法中，临界振荡实验使控制系统处于等幅振荡状态，即稳定与不稳定状态的边缘，干扰的存在很容易使系统进入发散振荡（失控状态）。

在很多实际系统中，为了保证生产安全或产品质量，不允许实施临界振荡实验，为此工程人员提出了衰减振荡法。在进行纯比例控制实验时，比例系数从某个小数值逐渐增大，直到系统产生具有一定衰减率的衰减振荡时停止，防止了系统出现临界振荡。通常，衰减振荡法的衰减率选为 4∶1 或 10∶1，分别称为 4∶1 衰减振荡法和 10∶1 衰减振荡法。4∶1 衰减振荡法的响应曲线如图 4.12 所示。该法的 PID 参数整定公式如表 4.7 所示，表中 K_{m4} 为使系统产生 4∶1 衰减振荡的比例控制增益，T_{m4} 为相应的振荡周期。

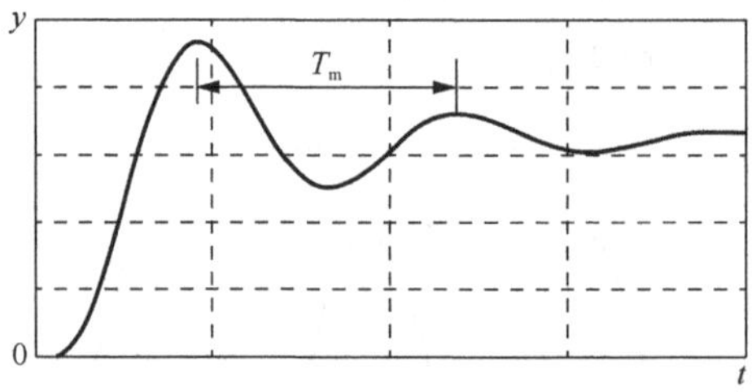

图 4.12　比例控制 4∶1 衰减振荡响应曲线

表 4.7　衰减振荡法 PID 参数整定公式

控制器类型	比例系数 K_p	积分时间 T_i	微分时间 T_d
P	K_{m4}	—	—
PI	$0.83\,K_{m4}$	$0.5\,T_{m4}$	—
PID	$1.25\,K_{m4}$	$0.3\,T_{m4}$	$0.1\,T_{m4}$

4.2.3　PID 控制器的自整定

PID 控制器的参数自整定方法有两种：基于继电反馈的参数自整定和基于系统辨识的参数自适应整定。本节着重介绍前一种方法，基于系统辨识的参数自适应整定方法可参见有关文献。

继电反馈 PID 参数自整定方法在控制系统中设置两种模态：参数整定模态和调节控制模态，两种模态通过一个手动开关进行切换。在参数整定模态下，进行极限环振荡（等幅振荡）实验，完成系统临界参数的检测并将其用于 PID 控制器参数整定。参数整定结束后即可切换至调节控制模态，在调节控制模态下，PID 控制器使用参数整定模态下获得的参数完成调节控制任务。继电反馈 PID 参数自整定的原理如图 4.13 所示，开关接触点 b 进入参数整定模态，开关接触点 a 进入调节控制模态。为了减小环境噪声的干扰，通常采用具有滞环的继电环节。某二阶振荡系统的极限环振荡实验曲线如图 4.14 所示，系统振荡幅值 a 的大小可通过调节继电环节的幅值 h 来控制。

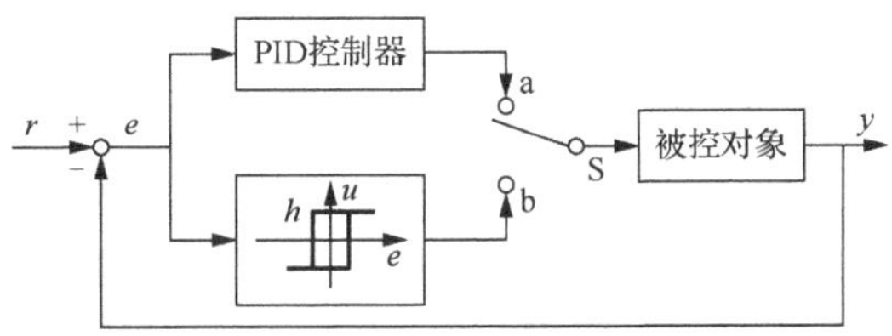

图 4.13　继电反馈 PID 参数自整定原理框图

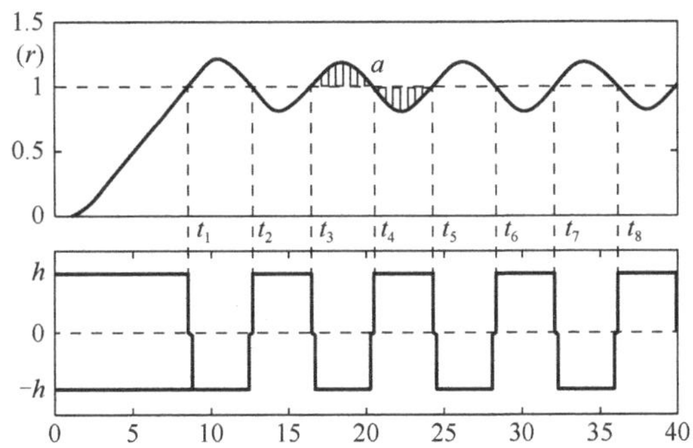

图 4.14　继电反馈 PID 参数自整定输入/输出曲线

在系统等幅振荡稳定后，可测得振荡周期T_{m}和振荡幅值a，通过式（4-27）计算可获得系统临界振荡角频率和比例增益。

$$\omega_{\mathrm{m}} = 2\pi / T_{\mathrm{m}}, K_{\mathrm{m}} = 4h / (\pi a) \tag{4-27}$$

获得系统临界振荡参数ω_{m}（T_{m}）和K_{m}后，可根据表 4.2 或表 4.5 给出的参数整定公式进行 PID 参数整定。继电反馈 PID 参数自整定方法的缺点是不具有被控对象参数在线辨识功能，因而不能自适应整定控制参数。

4.3　新型 PID 控制方法

20 世纪 60 年代，状态空间方法的产生标志着现代控制理论（第二代控制理论）的形成。20 世纪 80 年代，随着模糊逻辑、神经网络和遗传算法等人工智能方法在控制领域的推广应用，形成了智能控制理论（第三代控制理论）。现代控制理论和智能控制理论与传统 PID 方法结合形成了多种新型 PID 控制方法。在此着重介绍模糊 PID 控制、专家 PID 控制、单神经元 PID 控制和预测 PID 控制。

4.3.1　模糊 PID 控制

1974 年英国伦敦大学马丹尼（Mamdani）教授首次将模糊逻辑应用于解决控制问题，研制出第二台模糊控制器，开辟了模糊控制领域。此后，一些控制领域学者将模糊逻辑用于改进传统 PID 算法。模糊逻辑与传统 PID 算法的结合方法有两种，一种是将模糊控制器和传统 PID 控制器结合构成双模切换控制系统；另一种是将模糊逻辑用于在线整定 PID 控制器参数，以实现参数自适应 PID 控制。

1. 模糊+PID 组合控制算法

常规模糊控制器是二维输入控制器，包含偏差e和偏差变化率e'信息，不包含偏差累加和$\sum e$信息，其控制效果等同于 PD 控制器，不具有积分控制分量。因此，常规模糊控制器虽然能够获得好的动态性能指标，但不能消除静态误差。将模糊控制器和 PID 控制器组合起来实施复合控制可以获得好的动态和静态性能指标。模糊+PID 组合控制算法分别构建模糊控制器和 PID 控制器，然后，根据控制偏差绝对值$|e|$的大小切换控制器，其结构框图如图 4.15 所示，图中ε称为控制模式切换阈值。当$|e|\geqslant\varepsilon$时，切换至模糊控制器实施模糊控制；当$|e|<\varepsilon$时，切换至 PID 控制器实施 PID 控制。如果把模糊控制看作一种仿人工手动控制，模糊+PID 组合控制实现了手动控制和自动控制的自动切换，即由模糊+PID 组合控制器自动完成手动转自动或自动转手动的切换过程。在控制算法调试时，通过调整切换阈值ε可以控制切换时机，优化控制效果。需要注意的是：在切换至模糊控制器之前，PID 控制器必须保持对控制偏差e进行累加，以保证在切换至 PID 控制器时获得合适的积分控制分量。组合控制系统中常规二维输入模糊控制器的设计可参考智能控制相关文献。

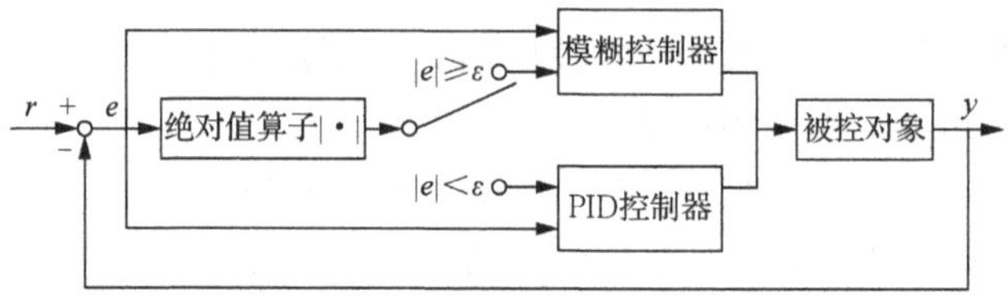

图 4.15　模糊+PID 组合控制框图

2. 模糊自适应整定 PID 组合控制算法

对于时变被控对象，如果控制器参数不随被控对象特性参数变化而变化，控制性能会变差。为了解决上述问题，出现了一系列改进型的 PID 算法，如参数自适应整定 PID 算法、模糊自适应整定 PID 控制算法等。其中，模糊自适应整定 PID 控制器的结构框图如图 4.16 所示，其设计包括 PID 控制器设计和模糊推理机设计两部分，模糊推理机以偏差e和偏差变化率$\dot{e}$作为输入，以比例系数偏移Δk_{p}、积分系数偏移Δk_{i}和微分系数偏移Δk_{d}作为输出，控制器按常规方法设计，须确定比例、积分和微分三个系数基准值$(k_{\mathrm{p0}},k_{\mathrm{i0}},k_{\mathrm{d0}})$。模糊推理规则的成功设计在于正确理解比例、积分和微分三部分控制分量在控制过程中所起的作用。

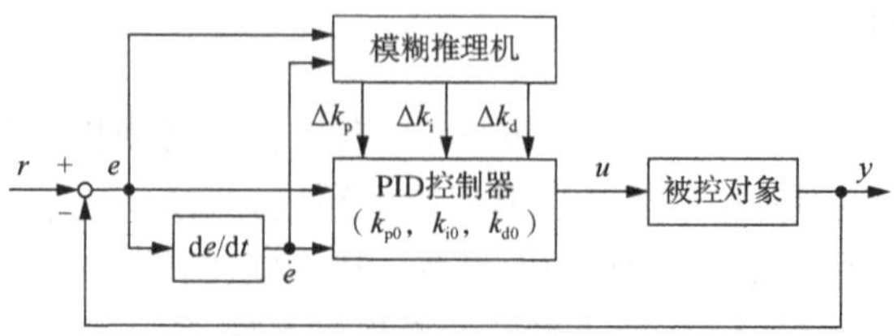

图 4.16　模糊自适应整定 PID 控制结构框图

在进行模糊推理时，需要将输入和输出的精确变量进行模糊化，获得相应的模糊变量集合。将模糊推理机输入变量$(e,\dot{e})$对应的模糊变量记为(E,EC)，输出变量$(\Delta k_{\mathrm{p}},\Delta k_{\mathrm{i}},\Delta k_{\mathrm{d}})$对应的模糊变量记为$(k_{\mathrm{p}},k_{\mathrm{i}},k_{\mathrm{d}})$。以某二阶被控对象为例，采用积分分离策略，输入变量和输出变量均模糊化为$\{N,Z,P\}$三个模糊子集，分别表示为负、零和正值。根据实际需要可进行更加细致的模糊化处理。设计偏差E与偏差变化率EC的归一化隶属度函数如图 4.17 所示，类似地可以设计三个系数偏移值输出的归一化隶属度函数。表 4.8～表 4.10 给出了比例、积分和微分三个系数偏移值的模糊推理规则。由模糊推理获得各个系数偏移值的模糊输出后，需要进行去模糊化处理以获得各个系数偏移值的精确数值。实际运行中，模糊推理机根据所处状态在线推理获得每一控制拍的比例、积分和微分系数偏移值，提供给 PID 控制器计算每一控制拍的控制参数，即三个系数。控制参数由基准值加上偏移值求得，基准值通常可设置为零。然后，由常规 PID 控制器计算输出控制量u。

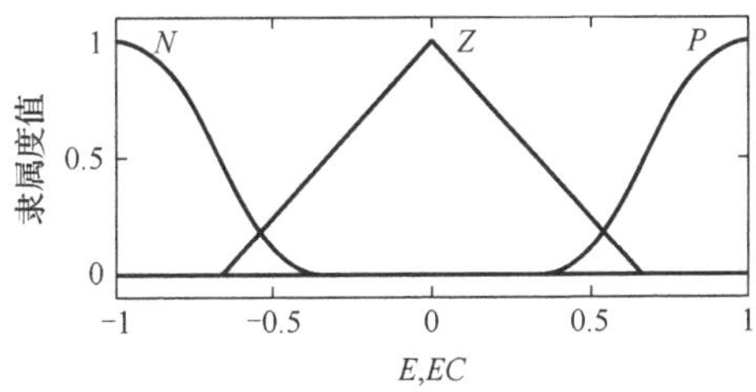

图 4.17　偏差与偏差变化率隶属度函数

表 4.8　k_{p} 整定的模糊推理规则表

E	EC		
	N	Z	P
N	N	N	N
Z	N	P	P
P	P	P	P

表 4.9　k_{i} 整定的模糊推理规则表

E	EC		
	N	Z	P
N	Z	Z	Z
Z	P	P	P
P	Z	Z	Z

表 4.10　k_{d} 整定的模糊推理规则表

E	EC		
	N	Z	P
N	P	N	N
Z	P	P	P
P	N	Z	P

4.3.2　专家 PID 控制

瑞典学者阿斯特罗姆（Astrom）于 1983 年将专家系统方法引入控制领域，提出了专家控制，成为智能控制的一个分支。专家 PID 控制是为传统 PID 控制器构造一个简易的实时专家系统，用于对 PID 控制参数进行在线整定。专家 PID 控制的结构框图如图 4.18 所示。专家 PID 控制器由传统 PID 控制器和一个实时专家系统构成。实时专家系统以偏差 e 和偏差变化率 $\dot{e}$ 为输入，以比例、积分和微分三个调节系数 $(\beta_p,\beta_i,\beta_d)$ 作为输出。专家系统模块根据控制过程所处状态 $(e,\dot{e})$ 进行在线决策，确定该状态下 PID 控制器所采用的调节系数值 $(\beta_p,\beta_i,\beta_d)$。若图中的传统 PID 控制器采用如式（4-4）的计算机控制算法，则专家 PID 控制算法为

$$u(k)=\beta_p k_p e(k)+\beta_i k_i\sum_{j=0}^{k}e(j)+\beta_d k_d[e(k)-e(k-1)] \tag{4-28}$$

式中，$k_i=k_p t_s/t_i$、$k_d=k_p t_d/t_s$；k_p 为比例系数；t_i 为积分时间；t_d 为微分时间；t_s 为控制采样周期。

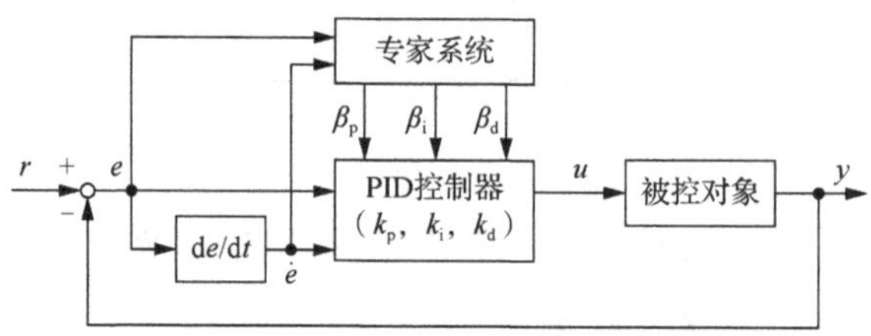

图 4.18　专家 PID 控制结构框图

由式（4-28）可知，专家 PID 控制算法给传统 PID 算法中的每个控制分量乘以一个调节系数，即比例调节系数 β_p、积分调节系数 β_i 和微分调节系数 β_d。实际应用中，PID 控制器的参数设置习惯是设置比例系数 k_p、积分时间 t_i 和微分时间 t_d，而积分系数 k_i 和微分系数 k_d 由计算获得。考虑到参数设置的习惯，专家系统不是直接对三个控制系数 (k_p,k_i,k_d) 进行调节，而是基于设置的控制参数基准值，通过增设一组调节系数 $(\beta_p,\beta_i,\beta_d)$ 进行调节。通常，调节系数 $(\beta_p,\beta_i,\beta_d)$ 取非负值，可对相应的控制系数 (k_p,k_i,k_d) 进行放大或缩小调节，在某些状态下甚至可以屏蔽某部分控制分量（即相应调节系数取零值）。类似模糊推理系统，专家系统也是完成推理决策功能，只是前者使用模糊数学来处理推理规则集合，而后者直接使用"if…then…"产生式规则进行编程。

4.3.3　单神经元 PID 控制

美国神经生理学家麦卡洛克（McCulloch）和数学家皮兹（Pitts）在 1943 年提出了神经元数学模型，但直到 20 世纪 80 年代中期人工神经网络理论才被用于解决控制问题。神经网络控制虽然是较晚形成的一个智能控制分支，但却是一个重要分支。神经网络在系统建模、控制和优化等控制领域均有应用，是实现自适应控制的重要方法。单神经元 PID 控制将单神经元的学习功能用于 PID 控制参数在线调节，实现自适应控制，其结构框图如图 4.19 所示。图中 Δ 和 Δ^2 分别是一阶差分和二阶差分算子，即 $x_1=\Delta e(k)=$

$e(k)-e(k-1)$，$x_3=\Delta^2 e(k)-2e(k)-2e(k-1)+e(k-2)$，$x_2=e(k)$，$z^{-1}$为滞后一拍算子。单神经元的输入向量为$(x_1,x_2,x_3)$，连接权值向量为$(w_1,w_2,w_3)$，输出为$u(k)$。单神经元PID 控制算法为

$$u(k)=u(k-1)+\Delta u(k)=u(k-1)+K\sum_{i=0}^{3}w_i(k)x_i(k) \tag{4-29}$$

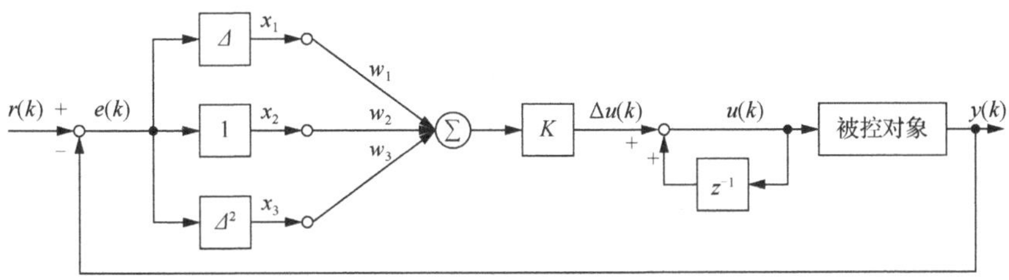

图 4.19　单神经元 PID 控制结构框图

由式（4-29）可知，单神经元 PID 控制算法有类似增量递推形式的 PID 算式结构，$Kw_1(k)x_1(k)$、$Kw_2(k)x_2(k)$和$Kw_3(k)x_3(k)$分别对应比例、积分和微分控制分量增量；而$Kw_1(k)$、$Kw_2(k)$和$Kw_3(k)$分别对应比例、积分和微分控制系数。连接权值（控制系数）可以通过学习算法进行在线调节，因此单神经元 PID 控制等效于参数自适应 PID 控制。单神经元连接权值采用有监督的 Hebb 学习规则进行在线调节，其学习算法为

$$\begin{cases}w_1(k)=w_1(k-1)+\eta z(k)u(k)x_1(k)\\ w_2(k)=w_2(k-1)+\eta z(k)u(k)x_2(k)\\ w_3(k)=w_3(k-1)+\eta z(k)u(k)x_3(k)\end{cases} \tag{4-30}$$

式中，η为学习速率；$z(k)=e(k)$为监督项。由于在计算连接权值$w_i(k)$时，$u(k)$未知，则用上一拍输出值$u(k-1)$代替。常数K的作用类似于传统 PID 控制的比例系数，其选择非常重要。K值越大，系统快速性越好，但超调量变大，甚至使系统不稳定（K值大于临界阈值时）。随着被控对象的时滞增大，K值必须相应减小，以保证系统的稳定性。

4.4　自抗扰控制器

从传统 PID 的原理出发，韩京清（2008）利用非线性机制开发了一些具有特殊功能的环节：跟踪微分器（tracking differentiator，TD）、扩张状态观测器（extended state observer，ESO）、非线 PID（NPID）等，并以此组合出高品质的新型控制器——自抗扰控制器（active disturbance rejection control，ADRC），从而形成了新的“自抗扰控制”技术。新型的自抗扰控制器具有算法简单、参数易于调节的特点。

4.4.1　非线性 PID 控制器

工业过程控制的 PID 控制原理是基于误差来生成消除误差的控制策略：用误差的过

去、现在和变化趋势的加权和控制策略。PID 在实际中被大量应用，但不易满足高性能要求，于是想靠对象模型来寻求更好的控制方法，但依靠模型恰恰把 PID 的最大优点丢掉了。经典 PID 控制器结构的缺陷主要有以下四个方面。

1）“基于误差反馈来消除误差”是 PID 的控制精髓，对象的被控输出 y 是动态环节的输出，其变化不可能跳变，但设定值是由外部给定的，可以跳变，直接取两者的差值，常常使初始控制力太大而使系统行为出现超调。

2）PID 控制中对于误差的微分信号的提取策略不够合理，不能充分发挥误差微分的反馈作用。

3）PID 是以误差的比例、积分、微分的加权和的形式来形成控制量的。这些量的线性组合不一定是最合适的组合形式，可以在非线性范围内寻求更合适、更有效率的组合形式。

4）PID 中的积分作用，常常使闭环系统的反应迟钝，容易产生振荡和控制量饱和等副作用。

自抗扰控制器的思路是保留 PID 的优点，克服其缺点，利用特殊非线性效应开发具有特殊功能的环节，并以此组合出高品质控制器，总的来说包括四个方面。

1）根据系统所承受的能力、被控量变化的合理性和系统提供控制力的能力，设计实现跟踪微分器或适当的函数发生器。根据设定值安排合适的过渡过程，并由此来给出微分信号。

2）误差的微分信号可以用噪声放大效应很低的跟踪微分器、状态观测器或扩张状态观测器来提取。

3）在非线性领域寻找更合适的组合形式来形成误差反馈。

4）采用扩张状态观测器实时估计系统的扰动总和并给予补偿，以此替代误差积分反馈作用，这种扰动补偿可以抑制消除常值和随动扰动的影响。

采用以上前三种办法来改进经典 PID 而得到非线性 PID 控制器结构（图 4.20），这类控制器由三部分结构组合而成：安排过渡过程的装置、提取输出量微分信号的装置、误差 PID 合理组合的装置。

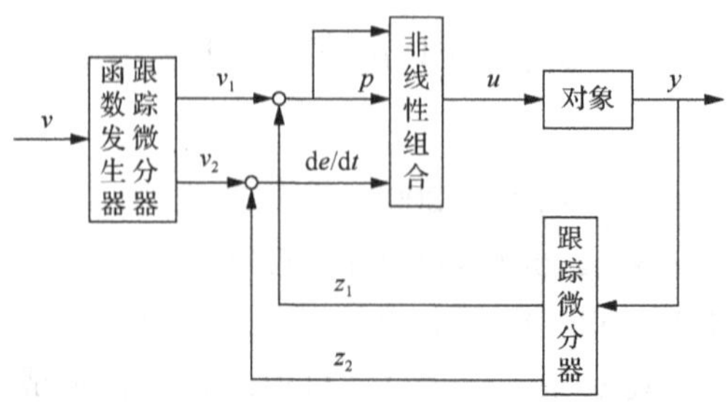

图 4.20　非线性 PID 控制器结构图

注：图中，v_1 为过渡过程；v_2 为过渡过程的微分信号；z_1 为系统输出的跟踪值；z_2 为系统输出的跟踪值的微分信号；e 为 v_1 与 z_1 之间的误差；$\mathrm{d}e/\mathrm{d}t$ 为 v_2 与 z_2 之间的误差信号；$\int_0^t e(\tau)\mathrm{d}\tau$ 是 v_1 与 z_1 之间误差的积分信号，控制量 u 为这三个量之间的适当组合。

提取输出微分信号可使用跟踪微分器，也可用状态观测器或扩张状态观测器。其中，用两个跟踪微分器来实现的非线性 PID 的具体步骤如下。

1）根据设定值 v 安排合适的过渡过程。

2）提取系统输出的微分信号，再把系统的输出 y 送入跟踪微分器。

3）产生误差信号 $e_1 = v_1 - z_1$，$e_2 = v_2 - z_2$，$e_0 = \int_0^t e_1(\tau)\mathrm{d}\tau$。

4）产生误差反馈控制律 $u = f(e_0, e_1, e_2)$。

本节中多次提到跟踪微分器、状态观测器或扩张状态观测器，下面将对这些自抗扰控制器中的特有装置作详细介绍。

4.4.2　跟踪微分器

跟踪微分器主要解决有关提取信号微分的问题，包括两个方面：跟踪信号及其微分信号的提取、输出信号微分信号的提取。

利用微分近似公式来实现微分功能，噪声放大效应很严重，但如果用两个惯性环节输出之差来实现微分功能，这样能够降低噪声放大效应，这相当于用二阶动态环节来实现微分功能，能够“尽可能快”地跟踪输入信号。“非线性跟踪微分器”则能更进一步地以“最快速度”跟踪输入信号并提炼其微分信号。

经典控制理论中，经典微分环节为

$$y = \omega(s)v = \frac{s}{Ts+1}v = \frac{1}{T}\left(1 - \frac{1}{Ts+1}\right)v \tag{4-31}$$

式中，T 为微分时间常数。

考虑实践中输入信号 $v(t)$ 常被随机噪声 $n(t)$ 污染，通过简单推导可知输出信号 $y(t)$ 是输入信号 $v(t)$ 的微分信号叠加上放大了 $1/T$ 倍的噪声信号，并且 T 越小，噪声放大越严重，这就是经典微分环节的噪声放大效应。

如果将微分环节近似为另一种形式：

$$\dot{v}(t) \approx \frac{v(t-\tau_1) - v(t-\tau_2)}{\tau_2 - \tau_1}, \quad 0 < \tau_1 < \tau_2 \tag{4-32}$$

且延迟信号 $v(t-\tau_1)$ 和 $v(t-\tau_2)$ 分别由惯性环节来获取，那么可降低噪声放大效应，其对应的传递函数为

$$y = \frac{1}{\tau_2 - \tau_1}\left(\frac{1}{\tau_1 s + 1} - \frac{1}{\tau_2 s + 1}\right)v = \frac{s}{\tau_1\tau_2 s^2 + (\tau_1 + \tau_2)s + 1}v \tag{4-33}$$

研究表明，式（4-33）有很好的噪声抑制能力。

这些微分功能的实现都是靠“尽可能快”地跟踪输入信号方式实现的，如果把“尽可能快”改变成“最快”跟踪输入信号的方法来提炼微分信号，这就产生了如下“非线性跟踪微分器”。

韩京清（2008）指出，二阶积分器串联型系统的最快反馈闭环系统为

$$\begin{cases} \dot{x}_1 = x_2 \\ \dot{x}_2 = -r\,\mathrm{sgn}\left(x_1 + \dfrac{x_2 |x_2|}{2r}\right) \end{cases} \tag{4-34}$$

对此系统按如下方式送入输入信号 $v_0(t)$，即把第二式中的 x_1 改成 $x_1 - v_0(t)$，得

$$\begin{cases}\dot{x}_1 = x_2 \\ \dot{x}_2 = -r\text{sgn}\left[x_1 - v_0(t) + \dfrac{x_2|x_2|}{2r}\right]\end{cases} \tag{4-35}$$

那么，变量 $x_1(t)$ 将在加速度 r 的限制下“最快地”跟踪输入信号 $v_0(t)$，$x_2(t)$ 是 $x_1(t)$ 的微分，可以当作 $v_0(t)$ 的微分。由于函数 $-r\text{sgn}\left[x_1 - v_0(t) + \dfrac{x_2|x_2|}{2r}\right]$ 的 Bang-Bang 特性，当系统进入稳态时有颤振现象，为了避免这种颤振现象，对离散系统，可描述为

$$\begin{cases}x_1(k+1) = x_1(k) + hx_2(k) \\ x_2(k+1) = x_2(k) + ru(k),\ |u(k)| \leqslant r\end{cases} \tag{4-36}$$

推导出最速控制综合函数 $fhan(x_1, x_2, r, h)$，其具体表达式为

$$\begin{cases}d = rh^2 \\ a_0 = hx_2 \\ y = x_1 + a_0 \\ a_1 = \sqrt{d^2 + 8d|y|} \\ a_2 = a_0 + \text{sgn}(y)(a_1 - d)/2 \\ s_y = [\text{sgn}(y+d) - \text{sgn}(y-d)]/2 \\ a = (a_0 + y - a_2)s_y + a_2 \\ s_a = [\text{sgn}(a+d) - \text{sgn}(a-d)]/2 \\ fhan = -r[a/d - \text{sgn}(a)]s_a - r\text{sgn}(a)\end{cases} \tag{4-37}$$

利用这个函数建立的离散最速反馈系统为

$$\begin{cases}fh = fhan[x_1(k) - v_k(t), x_2(k), r, h] \\ x_1(k+1) = x_1(k) + hx_2(k) \\ x_2(k+1) = x_2(k) + hfh\end{cases} \tag{4-38}$$

这就是输入信号的跟踪微分器。

4.4.3 扩张状态观测器

对于消除扰动的影响，在实践中常使用“前馈补偿”措施通过估计干扰对输出产生的影响以消除其影响。韩京清（2008）提出使用状态观测器的思想，把扰动变为新的状态变量，用特殊的反馈机制来建立能够观测的扩张状态观测器。这种扩张状态观测器，既不需要依赖生成扰动的模型，也不需要直接去测量其作用。

状态观测器是根据系统输入和系统输出的观测来确定系统内部状态变量的装置。对线性控制系统，可描述为

$$\begin{cases}\dot{X} = AX + BU \\ Y = CX\end{cases} \tag{4-39}$$

可构造出如下新系统：

$$\dot{Z} = AZ - L(CZ - Y) + BU = (A - LC)Z + LY + BU \tag{4-40}$$

可以证明，只要 L 使 $(A-LC)$ 稳定，Z 可以近似估计出 X，该新系统可以作为原系统的状态观测器。

对非线性系统，可描述为

$$\begin{cases} \dot{x}_1 = x_2 \\ \dot{x}_2 = f(x_1, x_2) + bu \\ y = x_1 \end{cases} \tag{4-41}$$

当 $f(x_1,x_2)$ 和 b 已知时，可建立状态观测器：

$$\begin{cases} e_1 = z_1 - x_1,\ e_2 = z_2 - x_2 \\ \dot{e}_1 = e_2 - l_1 e_1 \\ \dot{e}_2 = f(x_1 + e_1, x_2 + e_2) - f(x_1, x_2) - l_2 e_1 \end{cases} \tag{4-42}$$

当 b 已知而 $f(x_1,x_2)$ 未知时，由于存在未知参数，在状态观测器构造时可尝试不使用未知参数，可建立状态观测器：

$$\begin{cases} e = z_1 - y \\ \dot{z}_1 = z_2 - \beta_{01} g_1 \\ \dot{z}_2 = -\beta_{02} g_2(e) + bu \end{cases} \tag{4-43}$$

为了有效地消除未知函数的作用，可取如下非线性反馈 $-\beta_{01}g_1(e)$、$-\beta_{02}g_2(e)$ 使上述系统变为

$$\begin{cases} e = z_1 - y \\ \dot{z}_1 = z_2 - \beta_{01} g_1(e) \\ \dot{z}_2 = -\beta_{02} g_2(e) + bu \end{cases} \tag{4-44}$$

只要合理地选取参数 β_{01}、β_{02} 和非线性函数 $g_1(e)$、$g_2(e)$，状态观测器对于很大范围内的非线性系统都能很好地估计出其状态变量。如果把式（4-41）中作用于开环系统的加速度 $f[x_1(t),x_2(t)]$ 的实时作用量扩充成新的状态变量 x_3，记作 $x_3(t)=f[x_1(t),x_2(t)]$，并记 $\dot{x}_3(t)=\omega(t)$，那么系统将扩张为新的线性控制系统：

$$\begin{cases} \dot{x}_1 = x_2 \\ \dot{x}_2 = x_3 + bu \\ \dot{x}_3 = \omega(t) \\ y = x_1 \end{cases} \tag{4-45}$$

按下式计算：

$$\begin{cases} \dot{x}_1 = x_2 \\ \dot{x}_2 = x_3 \\ \vdots \\ \dot{x}_{n-1} = x_n \\ \dot{x}_n = f(x_1, x_2, \cdots, x_n) + bu \\ y = x_1 \end{cases} \tag{4-46}$$

对这个被扩张系统建立状态观测器为

$$\begin{cases} e_1 = z_1 - y \\ \dot{z}_1 = z_2 - \beta_{01} e_1 \\ \dot{z}_2 = z_3 - \beta_{02} |e_1|^{\frac{1}{2}} \operatorname{sgn}(e_1) + bu \\ \dot{z}_3 = -\beta_{03} |e_1|^{\frac{1}{4}} \operatorname{sgn}(e_1) \end{cases} \tag{4-47}$$

此即扩张状态观测器，而变量 $x_3(t)$ 称作被扩张的状态，其中被扩张的状态有如下三种类型系统：

$$\begin{cases} \dot{x}_1 = x_2 \\ \dot{x}_2 = f(t) + bu \\ y = x_1 \end{cases} \quad \begin{cases} \dot{x}_1 = x_2 \\ \dot{x}_2 = f(x_1, x_2) + bu \\ y = x_1 \end{cases} \quad \begin{cases} \dot{x}_1 = x_2 \\ \dot{x}_2 = f[x_1, x_2, t, \omega(t)] + bu \\ y = x_1 \end{cases}$$

这三种状态是几乎无区别的。在实际应用中，不需要强调函数 $f[x_1, x_2, t, \omega(t)]$ 是否连续和已知，只要 $a(t) = f[x_1(t), x_2(t), t, \omega(t)]$ 是有界的，并且 b 已知，总可以找到合适的参数 β_{01}、β_{02}、β_{03}，使扩张状态观测器可以很好地估计 $x_1(t)$、$x_2(t)$、$x_3(t)$。

4.4.4 自抗扰控制器及其应用

自抗扰控制器将通过扩张状态观测器对扰动进行实时估计及补偿，它由以下四部分组成：

1）安排合理的过渡过程，并提取其微分信号；

2）根据输出 y、输入 u 估计出对象的状态 x_1、x_2 及作用于对象的扰动 x_3；

3）系统纯积分器串联型对象的控制量 u_0 由系统状态误差的非线性组合决定；

4）最终控制量 u 由 u_0 和扰动估计值 z_3 来决定。$u = u_0 - z_3 / b_0$ 或 $u = (u_0 - z_3) / b_0$ 主要的状态反馈律的形式为：

① $u_0 = \beta_1 e_1 + \beta_2 e_2$

② $u_0 = \beta_1 fal(e_1, a_1, \delta) + \beta_2 fal(e_2, a_2, \delta)$，$0 < a_1 < 1 < a_2$

③ $u_0 = -fhan(e_1, e_2, r, h_1)$

④ $u_0 = -fhan(e_1, ce_2, r, h_1)$

由过渡过程安排、状态扩张观测器、状态误差的反馈形式、扰动估计的补偿组合而成的控制器即为自抗扰控制器。扰动的估计和补偿能力即为抗干扰能力，也就是自抗扰特性，这个功能是自抗扰控制器的本质功能，因此所有具有此功能的控制器都可成为自抗扰控制器。扩张状态观测器的扰动实时跟踪估计不用事先知道其模型，只需用扩张状态观测器来实时估计其作用，即可补偿消除其影响。

具有扰动跟踪补偿能力的自抗扰控制器的完整算法如下。

1）以设定值 v_0 为输入，安排过渡过程

$$\begin{cases} e = v_1 + v_2 \\ fh = fhan(e, v_2, r_0, h) \\ v_1 = v_2 + hv_2 \\ v_2 = v_2 + hfh \end{cases}$$

2）以系统输出 y 和输入 u 来跟踪估计系统状态和扰动

$$\begin{cases} e = z_1 - y,\ fe = fal(e, 0.5, \delta),\ fe_1 = fal(e, 0.25, \delta) \\ z_1 = z_1 + h(z_2 - \beta_{01} e) \\ z_2 = z_2 + h(z_3 - \beta_{02} fe + b_0 u) \\ z_3 = z_3 + h(-\beta_{03} fe_1) \end{cases}$$

3）状态误差反馈律

$$\begin{cases} e_1 = v_1 - z_1,\ \ e_2 = v_2 - z_2 \\ u_0 = k(e_1, e_2, p) \end{cases}$$

4）扰动补偿过程

$$u = u_0 - z_3 / b_0 \text{ 或 } u = (u_0 - z_3) / b_0$$

自抗扰控制器可以统一处理“调节问题”和“随动问题”，打破线性、非线性、确定性、不确定性的界限，统一处理这些对象的控制问题。自抗扰控制理论体系中提出时间尺度的概念，它是时间常数概念对一般系统的推广。在数字控制系统中，时间尺度决定着所用采样步长 h，确定了采样步长，自抗扰控制器的参数（除补偿因子 a 之外）都可以用采样步长 h 的函数形式表示出来。

目前，自抗扰控制器在国内外已得到大量实际应用，如美国 NASA 空间飞行器太阳能发电稳压控制、飞机喷气发动机控制、计算机硬盘控制等，国内的应用包括电力系统、电厂控制系统、化工系统、电机调速系统、飞行器姿态控制、精密机械加工、磁悬浮系统、运动控制、信号处理、天文机械、军工系统等方面。

参考文献

白志刚，2012．自动调节系统解析与 PID 整定[M]．北京：化学工业出版社．

韩京清，2008．自抗扰控制技术：估计补偿不确定因素的控制技术[M]．北京：国防工业出版社．

胡寿松，2019．自动控制原理[M]．7 版．北京：科学出版社．

罗青竹，安爱民，张浩琛，等，2019．基于前馈模糊逻辑 PID 策略的 MFC 电压控制和非线性性能分析[J]．中南大学学报（英文版），26（12）：3359-3371．

孙优贤，等，2015．控制工程手册：上册[M]．北京：化学工业出版社．

王健，何麟书，2010．飞行/推进综合控制的自抗扰控制器设计[J]．弹箭与制导学报，30（2）：7-9，14．

王伟，张晶涛，柴天佑，2000．PID 参数先进整定方法综述[J]．自动化学报，26（3）：347-355．

第 5 章　先进控制技术

单回路控制技术可解决大量简单控制系统的定值控制问题，是控制系统中最基本和使用最广的一种形式。但是随着生产技术的发展，控制系统结构越来越复杂，对控制性能的要求也越来越高，为了应对这些挑战，需要在简单控制系统的基础上，再增加计算环节、控制环节等，从而形成了复杂控制系统。

依照系统的结构形式及其功能来分类，常用复杂控制系统主要有串级、比值、均匀、分程、选择、双重、前馈等控制系统。

（1）串级控制系统

串级控制系统由两个或两个以上的控制器串联组成，一个控制器的输出作为另一个控制器的设定值。串级控制系统的主回路仍是一个定值控制系统，主被控变量的选择和主回路的设计，仍可用单回路控制系统的设计原则进行，一般主控制器可采用比例、积分两作用或比例、积分、微分三作用控制规律，副控制器采用单比例作用或比例、积分作用控制规律即可。

（2）比值控制系统

工业过程中经常要按一定的比例控制两种或两种以上的物料量，为此，控制工程师们设计了比值控制系统。该类控制系统中，需要保持比值关系的两种物料必有一种处于主导地位，称此物料为主动量，如燃烧比值系统中的燃料量；另一种物料称为从动量，如燃烧比值系统中的空气量（氧含量）。凡是用来实现两个或两个以上的物料按一定比例关系控制以达到某种控制目的的控制系统，称为比值控制系统。比值控制系统是以功能来命名的。比值控制系统主要有单闭环比值控制系统、双闭环比值控制系统和变比值控制系统。

（3）均匀控制系统

在连续生产过程中，前一设备的出料往往是后一设备的进料，前一设备要求料位稳定，而后一设备要求进料平稳。为解决此类控制问题，设计了均匀控制系统，既保证这一过程的两个变量都可在一定范围变化，又要满足其变化不应过于剧烈的特点。因此，均匀控制系统是就一种控制方案所起的作用而言的。

（4）选择性控制系统

在控制系统中含有选择单元的系统，通常称为选择性控制系统。常用的选择器是低选器和高选器，它们各有两个或更多个输入，低选器把低信号作为输出，高选器把高信号作为输出。选择性控制系统是将逻辑控制与常规控制结合起来，增强了系统的控制能力，可以完成非线性控制、安全控制和自动开停车等控制功能。选择性控制又称取代控制、超驰控制和保护控制等。

选择性控制系统是为使控制系统既能在正常工况下工作，又能在一些特定的工况下工作而设计的，因此，选择性控制系统应具备：生产操作上有一定的选择性规律；组成控制系统的各个环节中必须包含具有选择性功能的单元。

（5）双重控制系统

一个被控变量采用两个或两个以上的操纵变量进行控制的控制系统称为双重或多重控制系统。这类控制系统采用不止一个控制器，其中，一个控制器输出作为另一个控制器的测量信号。

系统操纵变量的选择需要从操作优化的要求综合考虑，既要考虑工艺的合理和经济，又要考虑控制性能的快速性，而两者又常常在一个生产过程中同时存在。双重控制系统是综合这些操纵变量的各自优点、克服各自弱点进行优化控制的。

（6）分程控制系统

一个控制器的输出同时送往两个或多个执行器，而各个执行器的工作范围不同，这样的系统称为分程控制系统。例如，间歇式搅拌槽反应器的温度控制，在开始时需要加热升温，而到反应开始并逐渐剧烈时，反应放热，又需要冷却降温。热水阀和冷却水阀由同一个温度控制器操纵，需要分程工作。

5.1　模型预测控制

5.1.1　预测控制的基本原理与特点

预测控制是针对过程工业的特点，采用如阶跃响应、脉冲响应等工业过程中容易获取的非参数模型，结合现代控制理论中的优化思想，用在线滚动优化取代了传统的最优控制，通过反馈校正不断修正或补偿预测模型，大大降低对模型的依赖程度，具有控制效果好、鲁棒性强等优点。

模型预测控制是基于模型预测、滚动优化和反馈校正技术的一种先进控制（advanced process control，APC）算法，其基本原理如图 5.1 所示。

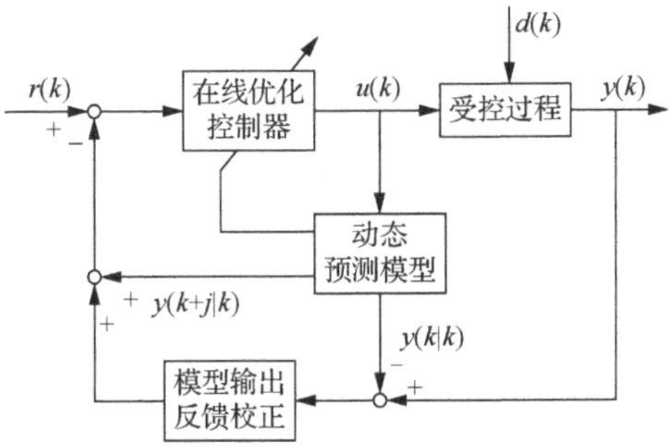

图 5.1　模型预测控制基本原理

（1）模型预测

预测控制是一种基于预测模型的控制算法。预测模型的功能是根据历史信息和未来输入预测系统的未来输出，只要具有预测功能的模型，无论其有什么样的表现形式，均可作为预测模型。

预测模型具有展示系统未来动态行为的功能，可为预测控制提供先验知识，以便调整系统的控制输入，使未来时刻被控对象的输出变化符合预期的目标。

在复杂的工业过程中，由于很难进行系统精确建模，使基于传递函数、状态空间方程的一些控制算法实施较为困难。预测控制无须复杂的参数模型，只要建立的模型提供足够的预测信息即可，如脉冲响应模型、阶跃响应模型等，这些模型在正常的生产中比较容易得到，因此，在实际工业生产中有很大吸引力。模型预测的原理如图 5.2 所示。

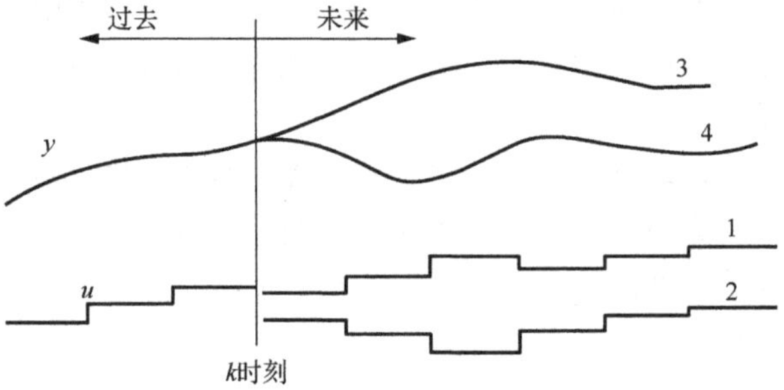

1—控制策略Ⅰ；2—控制策略Ⅱ；3—对应于控制策略Ⅰ的输出；4—对应于控制策略Ⅱ的输出。

图 5.2　模型预测原理示意图

（2）滚动优化

滚动优化是指在每个采样周期都基于系统的当前状态及预测模型，按照给定的有限时域目标函数优化过程性能，找出最优控制序列，并将该序列的第一个元素施加给被控对象。不过，预测控制中的优化与通常的离散最优控制算法有很大的差别。预测控制中的优化目标采用有限时段的滚动优化策略，不是一成不变的全局优化目标。在每一采样时刻，优化性能指标只涉及从下一采样时刻到未来有限的时间，这一优化时段不断向前推移。并且，每一时刻有一个相对于该时刻的优化性能指标，虽然不同时刻优化性能指标的相对形式是相同的，但所包含的时间区域则是不同的。

在预测控制中，优化不是一次离线进行，而是反复在线进行的，这就是滚动优化的含义，也是预测控制区别于传统最优控制的根本特点。滚动优化的实施能始终把新的优化建立在实际过程的基础上。

（3）反馈校正

预测模型通常只能粗略描述对象的动态特性，由于实际系统中存在的非线性、时变、模型失配、干扰等因素，基于模型的预测可能与实际情况存在偏离，因此，反馈策略是必不可少的。滚动优化只有通过反馈校正，才能体现出其优越性。为了防止模型失配或环境干扰引起控制对理想状态的偏离，预测控制并不是把这些控制作用逐一全部实施，而只是实现当前时刻的控制作用。到下一采样时刻，首先检测对象的实际输出，经过反馈校正，修正或补偿预测模型，然后再进行新的优化。反馈校正的原理如图 5.3 所示。

综上，预测控制综合利用历史信息和模型预测信息，对目标函数不断进行滚动优化，并根据实际测得的对象输出修正或补偿预测模型。这种控制策略更加适用复杂的工业过程，并已在复杂的工业过程中获得了广泛的应用。

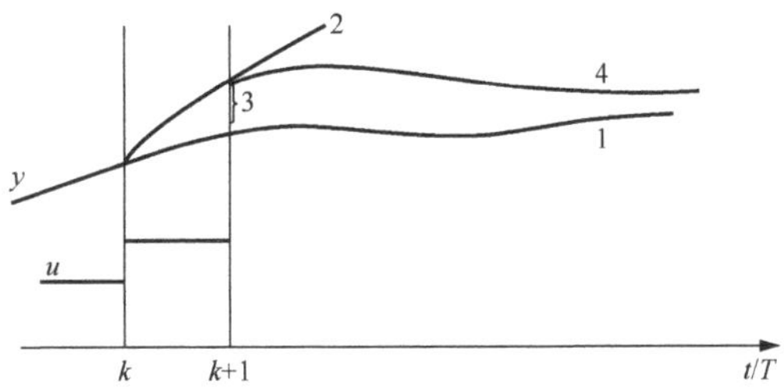

1—k 时刻的预测输出；2—k+1 时刻实际输出；3—k+1 时刻预测误差；4—k+1 时刻校正后的预测输出。

图 5.3　反馈校正原理示意图

（4）预测控制的特点

1）综合利用过去、现在和将来（模型预测）的信息，而 PID 只利用过去和现在的信息。

2）对模型精度要求低，而现代控制理论要求模型精度高。

3）用滚动优化取代全局一次性优化，每个控制周期不断进行优化计算。

4）稳态优化与动态优化相结合。

5）用多变量的控制思想取代 PID 的一对一控制。

6）处理硬约束与软约束。

（5）几种典型预测控制方法

1）动态矩阵控制（dynamic matrix control，DMC）。该方法是预测控制的一种重要典型代表算法，由库特（Culter）于 1980 年提出。它具有预测模型、在线滚动优化和误差反馈校正等基本特点，其独特性在于采用易于测取的对象阶跃响应做模型，算法简单、计算量较少、鲁棒性强，适用于有纯时延、开环渐进稳定的非最小相位系统。

2）模型算法控制（model algorithm control，MAC）。该方法是由理查勒特（Richalet）和梅拉（Mehra）等在 20 世纪 70 年代后期提出的一类预测控制算法，由内部模型、参考轨迹和控制算法三部分内容所组成。它在美国、法国等国的许多工业过程控制中取得了显著的成效，受到了过程控制界的广泛重视。

3）广义预测控制（generalized predictive control，GPC）。该方法最初由克拉克（Clarke）等于 1987 年提出，它采用传统的参数模型（如 CARIMA 模型），参数的数目较少，对于过程参数慢时变的系统，易于在线估计参数。由于引入了不相等的预测水平和控制水平，具有预测模型、滚动优化和反馈校正三个基本特征，呈现了优良的控制性能，被认为是具有代表性的预测控制算法之一，受到学术界和工程界的广泛关注。但是，基本的广义预测控制需要进行矩阵求逆运算，计算量很大，不适合要求快速响应的实时控制系统。

4）预测函数控制（predictive function control，PFC）。该方法是第三代模型预测控制算法，它是由 Richalet 等在 20 世纪 80 年代中后期提出，并成功地应用于工业机器人的快速高精度控制。预测函数控制在保持模型预测控制的优点的同时，使所产生的控制输入更具规律性，并且可有效减少算法计算量，从而能适应一类快速响应受控对象对控制算法的快速要求。PFC 把控制输入的结构视为关键问题，可以克服其他模型预测控制可能出现规律不明的控制输入问题，同时具有良好的跟踪能力及较强的鲁棒性。

5.1.2 预测控制的预测模型

1. 渐进稳定线性离散系统脉冲响应模型

渐进稳定线性离散系统的单位脉冲响应如图 5.4 所示。

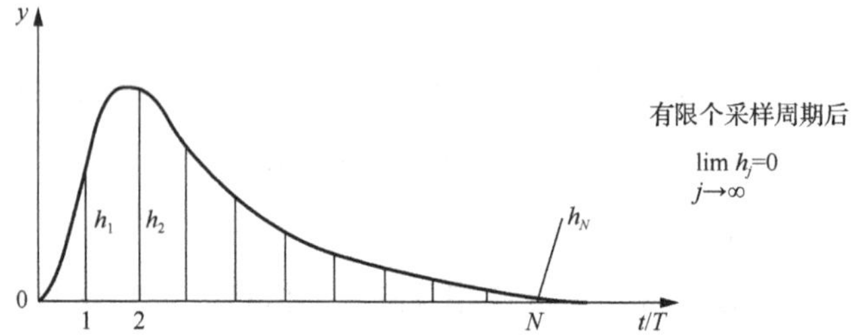

图 5.4　渐进稳定线性离散系统的单位脉冲响应

离散时间系统假设均匀采样，采样区间为 T，在每个采样区间上，输入信号保持常值，即

$$u(t)=u(k), \quad kT \leqslant t<(k+1)T \tag{5-1}$$

离散时域在任意输入 $u(k)$ 下的脉冲响应模型表示为离散任意输入 $u(k)$ 与离散过程模型输出 $y_m(k)$ 间的关系，即在离散单位脉冲响应 h_k 已知时，通过脉冲响应模型可计算得到对任意输入 $u(k)$ 的过程模型输出响应 $y_m(k)$。当系统为稳定系统时，有 $\lim\limits_{i\to\infty} h_i=0$，即当 $i>N$ 时，$h_i\approx 0$。这样类离散时域的脉冲响应模型可写为

$$y_m(k)=\sum_{i=1}^{N} h_i u(k-i) \tag{5-2}$$

当只有 $u(0)=1$，$u(1)=2$，而 $u(2)=0$ 时的脉冲响应模型输出如图 5.5 所示。

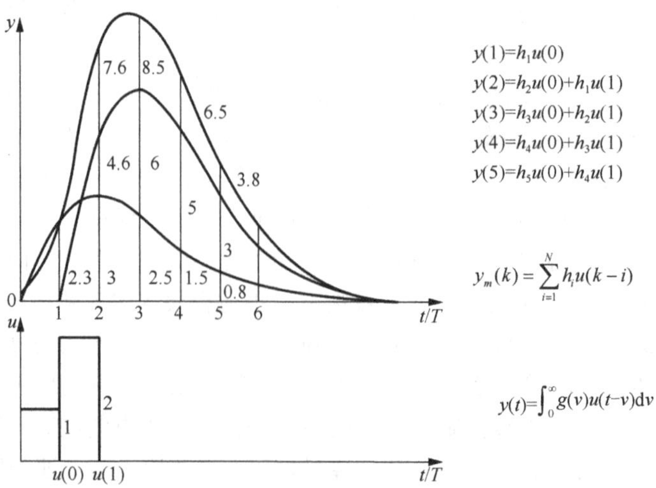

图 5.5　在任意输入 $u(k)$ 下的渐进稳定线性离散系统的脉冲响应

因此，考虑控制输入和扰动输入的离散时间系统的脉冲响应模型为

$$y_m(k)=\sum_{i=1}^{N}h_i u(k-i)+\sum_{i=1}^{N}h_{fi}f(k-i) \tag{5-3}$$

式中，y、u、f 为标量。

2. 渐进稳定线性离散系统阶跃响应模型

对于渐近稳定线性离散系统，其单位阶跃响应系数为 a_k，如图 5.6 所示。

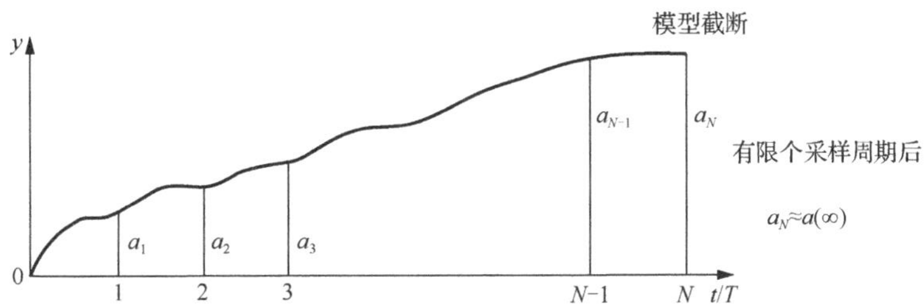

图 5.6　渐进稳定线性离散系统的单位阶跃响应系数 a_k

单位阶跃响应系数 a_k 与单位脉冲响应系数 h_k 的关系为

$$a_k=\sum_{i=1}^{k}h_i,\quad k=1,2,3,\cdots,N \tag{5-4}$$

及

$$h_k=a_k-a_{k-1}，其中\ a_0=0 \tag{5-5}$$

因此，稳定系统的离散阶跃响应模型为

$$y_m(k)=\sum_{i=1}^{N}(a_i-a_{i-1})u(k-i) \tag{5-6}$$

式中，$a_0=0$。

或可写成增量形式

$$y_m(k)=\sum_{i=1}^{N-1}a_i\Delta u(k-i)+a_N u(k-N) \tag{5-7}$$

在 M 个连续控制增量 $\Delta u(k)$，$\Delta u(k+1)$，…，$\Delta u(k+M-1)$ 的作用下，通过阶跃响应模型可计算 P 步预测过程模型输出响应。设 $M<P$，当 $i=M$，$M+1$，…，$P-1$ 时，$\Delta u(k+i)$，由式（5-6）可得

$$y_m(k+j)=\sum_{i=1}^{N-1}a_i\Delta u(k+j-i)+y_0(k+j), j=1,2,\cdots,P \tag{5-8}$$

$$y_0(k+j)=\sum_{i=j-1}^{N-1}a_i\Delta u(k+j-i)+a_N u(k+j-N), j=1,2,\cdots,P \tag{5-9}$$

式中，$y_0(k+j), j=1,2,\cdots,P$ 是初始值，是由现时刻 k 以前的控制输入产生的模型预估 P 维输出向量，是不依赖将来控制输入作用的自由响应，是已知值，如图 5.7 所示。

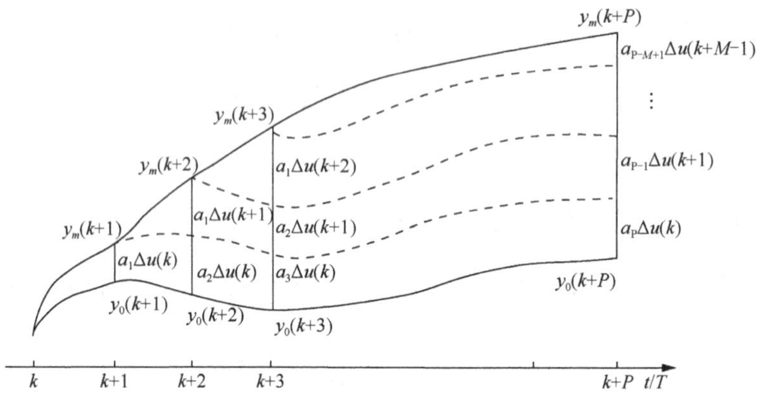

图 5.7　在任意输入 $u(k)$下的渐近稳定线性离散系统的阶跃响应

3. 可控自回归滑动平均模型（controlled auto-regression moving average model, CARMA）

设线性时间离散模型为

$$A(z^{-1})y_m(k)=B(z^{-1})u(k-1)+\omega(k) \tag{5-10}$$

式中，$y_m(k)$、$u(k-1)$和$\omega(k)$分别为输出变量、控制输入变量和扰动变量；z^{-1}为向后移位算子，

$$A(z^{-1})=1+a_1z^{-1}+a_2z^{-2}+\cdots+a_nz^{-n} \tag{5-11}$$

$$B(z^{-1})=b_0+b_1z^{-1}+b_2z^{-2}+\cdots+b_mz^{-m} \tag{5-12}$$

如果假设线性时间离散模型式（5-10）中的扰动$\omega(k)$为滑动平均形式，即

$$\omega(k)=C(z^{-1})\varepsilon(k) \tag{5-13}$$

式中，$\varepsilon(k)$为不相关的随机噪声序列，即白噪声，而由于

$$C(z^{-1})=1+c_1z^{-1}+c_2z^{-2}+\cdots+c_rz^{-r} \tag{5-14}$$

则式（5-10）就是可控自回归滑动平均模型，可写为

$$A(z^{-1})y_m(k)=B(z^{-1})u(k-1)+C(z^{-1})\varepsilon(k) \tag{5-15}$$

4. 可控自回归积分滑动平均模型（controlled auto-regression integral moving average model, CARIMA）

可控自回归滑动平均模型只能适用于扰动$\omega(k)$为滑动平均形式的过程，但在实际工业过程中往往存在随机阶跃扰动和布朗运动等非白噪声，扰动再假设为白噪声是不适宜的，应采用积分滑动平均形式，即假定扰动可用下式来描述。

$$\omega(k)=C(z^{-1})\frac{\varepsilon(k)}{\Delta}=C(z^{-1})\frac{\varepsilon(k)}{1-z^{-1}} \tag{5-16}$$

式中，$\Delta=1-z^{-1}$为微分算子，$\frac{1}{\Delta}$即为积分作用。这时式（5-10）可写为

$$A(z^{-1})y_m(k)=B(z^{-1})u(k-1)+C(z^{-1})\frac{\varepsilon(k)}{1-z^{-1}} \tag{5-17}$$

上式就称为可控自回归积分滑动平均模型。广义预测控制就是基于可控自回归积分滑动平均模型的。

5. 过程预测模型工程辨识

在已知离散脉冲响应系数 h_k，k=1, 2, …, N（离散阶跃响应系数 a_k，k=1, 2, …, N）时，可用脉冲（阶跃）响应模型来分析系统在任意输入函数 $u(t)$ 作用下输出的动态响应。因此，脉冲（阶跃）响应模型的工程辨识，就是通过实验来获得离散脉冲响应系数 h_k，k=1, 2, …, N（离散阶跃响应系数 a_k，k=1, 2, …, N）。在设计实验时，需要对系统输入一个所需的脉冲（阶跃）输入，然后记录输出数据得到脉冲（阶跃）响应系数，继而得到脉冲（阶跃）响应模型。

当用测试法获取系统响应时，阶跃响应系数 a_k，k=1, 2, …, N 比脉冲响应系数 h_k，k=1, 2, …, N，更容易得到。因此，可以先得到阶跃响应系数 a_k，再由式（5-15）得到脉冲响应系数 h_k，从而可得脉冲（阶跃）响应模型。由于脉冲响应与阶跃响应完全等价，因此，在对待具体问题时可根据需要任选一种作为模型。许多高级过程控制算法，如模型算法控制、动态矩阵控制、鲁棒多变量预估控制技术等，采用的就是这类简单的非参数模型。

5.1.3 动态矩阵控制

动态矩阵控制（dynamic matrix control，DMC）是由卡特勒（Cutler）和拉马克（Ramaker）等提出的一种无约束的多变量模型预测控制算法。

1. 预测模型

对于线性单输入单输出过程（single input single out，SISO）在 M 个连续控制增量 $\Delta u(k)$，$\Delta u(k+1)$，…，$\Delta u(k+M-1)$ 的作用下，通过阶跃响应模型计算 P 步预测过程模型输出响应，由式（5-7）写成向量形式

$$\boldsymbol{Y}_m(k)=\boldsymbol{A}\Delta\boldsymbol{U}(k)+\boldsymbol{Y}_0(k) \tag{5-18}$$

式中

$$\boldsymbol{Y}_m(k)=[y_m(k+1),y_m(k+2),\cdots,y_m(k+P)]_{1\times P}^{\mathrm{T}} \tag{5-19}$$

$$\Delta\boldsymbol{U}(k)=[\Delta u(k),\Delta u(k+1),\cdots,\Delta u(k+M-1)]_{1\times M}^{\mathrm{T}} \tag{5-20}$$

$$\boldsymbol{A}=\begin{bmatrix} a_1 & 0 & \cdots & 0 \\ a_2 & a_1 & \cdots & 0 \\ \vdots & \vdots & & \vdots \\ a_M & a_{M-1} & \cdots & a_1 \\ a_{M+1} & \vdots & & a_2 \\ \vdots & \vdots & & \vdots \\ a_P & a_{P-1} & \cdots & a_{P-M+1} \end{bmatrix}_{P\times M} \tag{5-21}$$

$\boldsymbol{A}$ 是阶跃响应系数矩阵，又称动态矩阵，是由 M 列过程阶跃响应系数依次向下移位组成的，是模型辨识得到的已知值。

式（5-18）的第二项$\boldsymbol{Y}_0(k)$为

$$\boldsymbol{Y}_0(k)=[y_0(k+1),y_0(k+2),\cdots,y_0(k+P)]_{1\times P}^{\mathrm{T}}$$

$$y_0(k+j)=\sum_{i=j+1}^{N}a_i\Delta u(k+j-i)+a_N u(k+j-N),\ j=1,2,\cdots,P \tag{5-22}$$

写成向量形式为

$$\boldsymbol{Y}_0(k)=\boldsymbol{A}_0\Delta\boldsymbol{U}_0(k)+a_N\boldsymbol{U}_0(k) \tag{5-23}$$

$$\Delta\boldsymbol{U}_0(k)=[\Delta u(k+2-N),\Delta u(k+3-N),\cdots,\Delta u(k-1)]_{1\times(N-2)}^{\mathrm{T}} \tag{5-24}$$

$$\boldsymbol{U}_0(k)=[u(k+1-N),u(k+2-N),\cdots,u(k+P-1)]_{1\times P}^{\mathrm{T}} \tag{5-25}$$

$$\boldsymbol{A}_0=\begin{bmatrix} a_{N-1} & \cdots & \cdots & a_2 \\ 0 & a_{N-1} & \cdots & a_3 \\ \vdots & \vdots & \vdots & \vdots \\ 0 & \cdots & a_{N-1} & a_{P+1} \end{bmatrix}_{P\times(N-2)},\quad 其中 N>P \tag{5-26}$$

由此可知，$\boldsymbol{A}$ 和 $\boldsymbol{A}_0$ 是阶跃响应系数矩阵，都是模型辨识得到的已知值。$(N-2)$维控制向量增量$\Delta\boldsymbol{U}_0(k)$和 P 维控制向量$\boldsymbol{U}_0(k)$都是现时刻 k 以前的控制输入值，也是已知的。因此，$\boldsymbol{Y}_0(k)$是由现时刻过去的控制输入产生的模型预估 P 维输出向量，是不依赖将来控制输入作用的自由响应，是已知值。$\Delta\boldsymbol{U}(k)$是要求的一组 M 维最优控制输入向量增量。

2. *反馈校正*

设当前时刻 k 的过程输出实时采样值为$y(k)$，那么可采用$y(k)$与离散阶跃响应模型计算得到的$y_m(k)$之差值$[y(k)-y_m(k)]$来修正式（5-18）预测模型输出的预估值，用以克服扰动和模型失配产生的影响。设修正后模型输出的预估值，记为$y_p(k+j)$，则其向量形式$\boldsymbol{Y}_P(k)$可写为

$$\boldsymbol{Y}_P(k)=\boldsymbol{A}\Delta\boldsymbol{U}(k)+\boldsymbol{Y}_{P0}(k) \tag{5-27}$$

式中各量分别为

$$\boldsymbol{Y}_P(k)=[y_P(k+1),y_P(k+2),\cdots,y_P(k+P)]_{1\times P}^{\mathrm{T}} \tag{5-28}$$

$$\boldsymbol{Y}_{P0}(k)=[y_{P_0}(k+1),y_{P_0}(k+2),\cdots,y_{P_0}(k+P)]_{1\times P}^{\mathrm{T}} \tag{5-29}$$

$$y_{P0}(k+j)=y_0(k+j)+\beta_j[y(k)-y_m(k)],\ j=1,2,\cdots,P \tag{5-30}$$

$$\Delta\boldsymbol{U}(k)=[\Delta u(k),\Delta u(k+1),\cdots,\Delta u(k+M-1)]_{1\times M}^{\mathrm{T}} \tag{5-31}$$

式（5-30）中$y_0(k+j)$由式（5-22）求得，$y_m(k)$由式（5-18）求得，$\beta_j,j=1,2,\cdots,P$为模型修正加权系数；$y(k)$为时刻 k 的过程输出实时测量值。

3. *滚动优化*

假定设定值的期望值为$w(k+j),j=1,2,\cdots,P$；P 为优化预测时域；M 为控制时域。DMC 就是在每一时刻 k，要确定从该时刻起的 M 个最优控制增量的向量$\Delta\boldsymbol{U}(k)$，使被控过程在其作用下，未来 P 个时刻的模型输出预测值$y_P(k+j)$尽可能接近给定的设定期

望值 $w(k+j)$，动态矩阵控制 DMC 的滚动优化示意图，如图 5.8 所示。

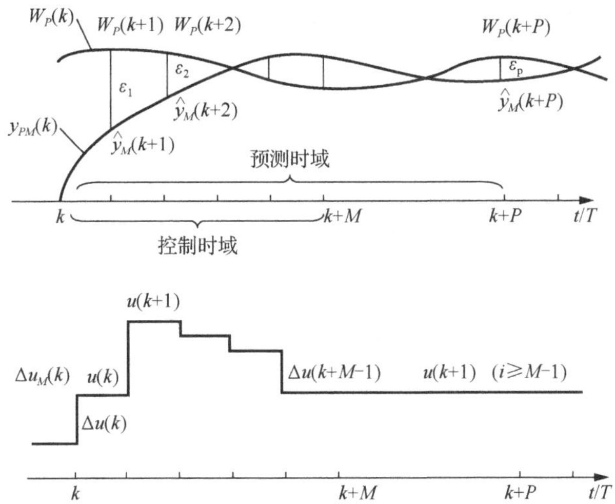

图 5.8　动态矩阵控制的滚动优化示意图

由图 5.8 可知，$\Delta\boldsymbol{U}(k)$ 和 $\boldsymbol{W}(k)$ 可写为

$$\Delta\boldsymbol{U}(k)=[\Delta u(k),\Delta u(k+1),\cdots,\Delta u(k+M-1)]_{1\times M}^{\mathrm{T}} \tag{5-32}$$

$$\boldsymbol{W}(k)=[w(k),w(k+1),\cdots,w(k+M-1)]_{1\times P}^{\mathrm{T}} \tag{5-33}$$

则其优化性能可取为

$$\min_{\Delta U} J=[\boldsymbol{W}(k)-\boldsymbol{A}\Delta\boldsymbol{U}(k)-\boldsymbol{Y}_{P0}(k)]^{\mathrm{T}}\boldsymbol{Q}[\boldsymbol{W}(k)-\boldsymbol{A}\Delta\boldsymbol{U}(k)-\boldsymbol{Y}_{P0}(k)]+[\Delta\boldsymbol{U}(k)]^{\mathrm{T}}\boldsymbol{R}\Delta\boldsymbol{U}(k) \tag{5-34}$$

当不考虑约束时，上述优化问题是以 $\Delta\boldsymbol{U}(k)$ 为优化控制变量，使优化性能指标设为最小，可得最优控制向量为

$$\Delta\boldsymbol{U}(k)=(\boldsymbol{A}^{\mathrm{T}}\boldsymbol{Q}\boldsymbol{A}+\boldsymbol{R})^{-1}\boldsymbol{A}^{\mathrm{T}}\boldsymbol{Q}[\boldsymbol{W}(k)-\boldsymbol{Y}_{P0}(k)] \tag{5-35}$$

式中，$\boldsymbol{Q}=\mathrm{diag}(q_1,q_2,\cdots,q_p)$，$\boldsymbol{R}=\mathrm{diag}(r_1,r_2,\cdots,r_M)$ 称为误差权矩阵和控制权矩阵，是预先离线选定的；$\boldsymbol{W}(k)$ 是预先设定的。

由式（5-35）计算得到 $\Delta\boldsymbol{U}(k)$，即给出 $\Delta u(k)$，$\Delta u(k+1)$，…，$\Delta u(k+M-1)$ 等一组最优控制输入。但在 DMC 算法中，一般只取其现时刻 k 的控制增量 $\Delta u(k)$ 作为 k 时刻实际最优控制作用，施加于被控过程，而 $\Delta u(k+1)$，…，$\Delta u(k+M-1)$ 就不施加于被控过程，只在优化计算式时用到。下一采样时刻，继续重复上述优化过程。根据式（5-35）最优控制输入增量 $\Delta\boldsymbol{U}(k)$ 可表示为

$$\Delta\boldsymbol{U}(k)=[1000]\Delta\boldsymbol{U}(k)=\boldsymbol{D}^{\mathrm{T}}[\boldsymbol{W}(k)-\boldsymbol{Y}_{P0}(k)] \tag{5-36}$$

最优控制输入增量 $u(k)$ 也可写为

$$u(k)=u(k-1)+\Delta u(k) \tag{5-37}$$

式中，$\boldsymbol{D}^{\mathrm{T}}$ 为 P 维行向量，即有

$$\boldsymbol{D}^{\mathrm{T}}=[10000]_{1\times M}(\boldsymbol{A}^{\mathrm{T}}\boldsymbol{Q}\boldsymbol{A}+\boldsymbol{R})^{-1}\boldsymbol{A}^{\mathrm{T}}\boldsymbol{Q}\cong[d_1,d_2,\cdots,d_P] \tag{5-38}$$

式中，动态矩阵 $\boldsymbol{A}$ 为已知值，在选定 $\boldsymbol{P}$, $\boldsymbol{M}$, $\boldsymbol{Q}$ 和 $\boldsymbol{R}$ 后，则控制系数向量 $\boldsymbol{D}^{\mathrm{T}}$ 可由上式一次离线算出。

当不考虑约束时，DMC 算法就归结为

1）选择预测优化时域 $\boldsymbol{P}$、控制时域 $\boldsymbol{M}$、误差权矩阵 $\boldsymbol{Q}$、控制权矩阵 $\boldsymbol{R}$ 和模型校正系数 $\boldsymbol{\beta}$；

2）现场测试工业工程的阶跃响应，获得阶跃响应系数 $a_1,a_2,\cdots,a_N$，并按式（5-19）计算得到动态矩阵 $\boldsymbol{A}$；

3）按式（5-38），离线计算控制系数 $\boldsymbol{D}^T=[d_1,d_2,\cdots,d_P]$；

4）当给定设定值 $\boldsymbol{W}(k)$，并在线测得现在时刻 k 的过程输出的测量值 $y(k)$ 后，可按式（5-36）计算现在时刻 k 的最优控制增量 $\Delta u(k)$，它只涉及向量差的点积运算，计算较为方便。再由式（5-32）可计算现时刻 k 的最优控制作用 $u(k)$。

5.1.4　模型算法控制

模型算法控制（model algorithmic control，MAC）是在 1978 年由 Richalet 等提出的一种基于工业过程的脉冲响应模型的预测控制，早期又称模型预测启发式控制（model predictive heuristic control，MPHC），并成功应用于许多工业生产过程中。模型算法控制的原理如图 5.9 所示。

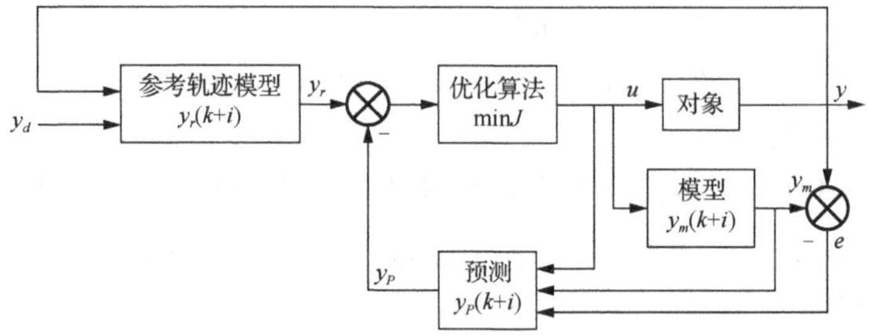

图 5.9　模型算法控制原理图

模型算法控制的特点有：采用的脉冲响应模型；输入变量或内部变量是线性的；目标函数为有限时域上的二次型性能指标；输出变量按给定的参考轨迹缓慢地跟踪到达设定值；最优输入［即控制器输出 $u(k)$］由启发式迭代算法求出，与辨识为对偶问题。

1. 预测模型

MAC 的预测模型采用脉冲响应模型。若取控制时域 M 小于预测优化时域 P，即 $M<P$ 时，意味着在 $u(k+i)$，$i=M-1$ 后保持不变，即

$$u(k+i)=u(k+M-1),i=M,M+1,\cdots,P-1 \tag{5-39}$$

由脉冲响应模型［式（5-2）］可得到过程模型未来输出值的 P 步预估值，

$$y_m(k+j)=\sum_{i=1}^{N}h_i u(k+j-i),j=1,2,\cdots,M-1 \tag{5-40}$$

$$y_m(k+j)=\sum_{i=1}^{j-M+1}h_i u(k+M-i)+\sum_{j-m+2}^{N}h_i u(k+j-i),\ j=M,M+1,\cdots,P \tag{5-41}$$

由上可知，控制作用可分为两部分，即

$$\boldsymbol{U}_0(k)=[u(k-N+1),u(k-N+2),\cdots,u(k-1)]^{\mathrm{T}}_{1\times(n-1)} \tag{5-42}$$

式中，$\boldsymbol{U}(k)$ 是由现时刻 k 和未来的控制作用组成的未知的 M 维控制向量；$\boldsymbol{U}_0(k)$ 是由现时刻 k 以前的控制作用组成的，是已知的（N-1）维控制向量。

对于 P 步预测的过程模型输出向量可写成

$$\boldsymbol{Y}_m(k)=\boldsymbol{HU}(k)+\boldsymbol{H}_0\boldsymbol{U}_0(k) \tag{5-43}$$

式中各变量分别为

$$\boldsymbol{Y}_m(k)=[y_m(k+1),y_m(k+2),\cdots,y_m(k+M),y_m(k+M+1),\cdots,y_m(k+P)]^{\mathrm{T}}_{1\times P} \tag{5-44}$$

$$\boldsymbol{H}_0=\begin{bmatrix} h_N & h_{N-1} & \cdots & & & h_2 \\ 0 & h_N & \cdots & & & h_3 \\ \vdots & \vdots & & & & \vdots \\ 0 & 0 & \cdots & h_N & \cdots & h_{P+1} \end{bmatrix}_{P\times(N-1)} \tag{5-45}$$

$$\boldsymbol{H}=\begin{bmatrix} h_1 & 0 & \cdots & 0 \\ h_2 & h_1 & \cdots & 0 \\ \vdots & \vdots & & \vdots \\ h_M & h_{M-1} & \cdots & h_1 \\ h_{M+1} & h_M & \cdots & (h_1+h_2) \\ \vdots & \vdots & & \vdots \\ h_P & h_{P-1} & \cdots & \sum\limits_{i=1}^{P-M+1} h_i \end{bmatrix}_{P\times M} \tag{5-46}$$

由以上两式可知，预测模型中的系数矩阵 $\boldsymbol{H}$ 和 $\boldsymbol{H}_0$ 是由脉冲响应模型中的系数脉冲响应系数 h_i，$i=1,2,\cdots,N$ 构成的，都是已知的矩阵，并可离线一次算出后存入计算机中。$\boldsymbol{U}_0(k)$ 是由现时刻 k 以前的控制作用组成的，是已知的（N-1）维控制向量，但应在每一次采样时刻递推计算一次。$\boldsymbol{U}(k)$ 则是未知的 M 维控制向量，由现在时刻 k 和未来的控制作用组成，它就是要求解的一组最优控制向量。

2. 反馈校正

为了克服扰动和模型失配等因素对模型预测值的影响，采用当前过程输出的实时测量值 $y(k)$ 与预测模型的计算值 $y_m(k)$ 进行比较，用其差值 $e(k)=[y(k)-y_m(k)]$ 来修正模型输出的预估值。设修正后的模型输出的预估值记为 $y_P(k+j)$，对于 P 步预测，$j=1,2,\cdots,P$，则有

$$y_P(k+j)=y_m(k+j)+\beta_j[y(k)-y_m(k)] \tag{5-47}$$

式中，$y_m(k+j)$ 由式（5-34）和式（5-35）计算得到，$y_m(k)$ 由式（5-2）计算得到，$y(k)$ 由当前过程输出的实时测量得到。写成向量形式为

$$\boldsymbol{Y}_P(k)=\boldsymbol{Y}_m(k)+\boldsymbol{\beta}e(k) \tag{5-48}$$

式中，$\boldsymbol{\beta}=[\beta_1,\beta_2,\cdots,\beta_P]^{\mathrm{T}}$ 为模型修正系数加权向量

$$e(k)=[y(k)-y_m(k)] \tag{5-49}$$

$$\boldsymbol{Y}_P(k)=[y_P(k+1),y_P(k+2),\cdots,y_P(k+P)]_{1\times P}^{\mathrm{T}} \tag{5-50}$$

1）设定值与参考轨迹。假定设定值为 $y_d=C$，在模型算法控制中，有时并不要求过程输出迅速到达设定值，而是使输出变量按一定的参考轨迹 $y_r(k+j)$ 缓慢地跟踪设定值，这样以使控制作用跳动较小，如图 5.10 所示。

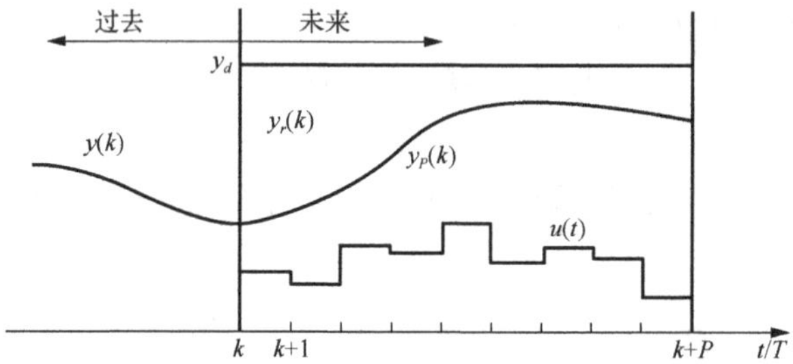

图 5.10　模型算法控制的设定值与参考轨迹 $y_r(k+j)$

通常参考轨迹取一阶指数变化形式，可写为

$$y_r(k+j)=\alpha^j y(k)+(1-\alpha)^j C, j=1,2,\cdots,P \tag{5-51}$$

写成向量形式为

$$\boldsymbol{Y}_r(k)=[y_r(k+1),y_r(k+2),\cdots,y_r(k+P)]_{1\times p}^{\mathrm{T}} \tag{5-52}$$

2）最优控制作用的求解。设优化控制的性能指标为二次型目标函数

$$\min J=[\boldsymbol{Y}_P(k)-\boldsymbol{Y}_r(k)]^{\mathrm{T}}\boldsymbol{Q}[\boldsymbol{Y}_P(k)-\boldsymbol{Y}_r(k)]+\boldsymbol{U}(k)]^{\mathrm{T}}\boldsymbol{R}\boldsymbol{U}(k) \tag{5-53}$$

将预测模型代入上式，由 $\dfrac{\partial J}{\partial \boldsymbol{U}(k)}=0$ 可得最优控制规律为

$$\boldsymbol{U}(k)=(\boldsymbol{H}^{\mathrm{T}}\boldsymbol{Q}\boldsymbol{H}+\boldsymbol{R})^{-1}\boldsymbol{H}^{\mathrm{T}}\boldsymbol{Q}[\boldsymbol{Y}_r(k)-\boldsymbol{H}_0\boldsymbol{U}_0(k)-\boldsymbol{\beta}e(k)] \tag{5-54}$$

式中，$\boldsymbol{Q}$ 和 $\boldsymbol{R}$ 同前，都是预先离线选定的；$Y_r(k)$ 为预先设定的；$\boldsymbol{H}_0$ 和 $\boldsymbol{H}$ 是由式（5-40）和式（5-41）确定的，它是由过程脉冲响应系数组成的已知系数矩阵；$e(k)$ 是由式（5-44）确定的；$\boldsymbol{U}_0$ 是由式（5-37）等计算得到。

由式（5-49）可计算得到 $\boldsymbol{U}(k)$，即给出 $u(k),u(k+1),\cdots,u(k+M-1)$ 等一组最优控制输入，但在模型算法控制中，一般只取其现在时刻 k 的控制作用 $u(k)$ 作为 k 时刻实际最优控制作用，施加于被控过程，而 $u(k+1),\cdots,u(k+M-1)$ 不施加于被控过程，只是在优化计算时用到。等到下一采样时刻，再重复上述优化过程。根据式（5-54）可求得最优控制输入增量 $u(k)$ 为

$$u(k)=[10000]\boldsymbol{U}(k)=\boldsymbol{D}^{\mathrm{T}}[\boldsymbol{Y}_r(k)-\boldsymbol{H}_0\boldsymbol{U}_0(k)-\boldsymbol{\beta}e(k)] \tag{5-55}$$

式中，$\boldsymbol{D}^{\mathrm{T}}$ 为 P 维行向量，即有

$$\boldsymbol{D}^{\mathrm{T}}=[10000]_{1\times M}(\boldsymbol{H}^{\mathrm{T}}\boldsymbol{Q}\boldsymbol{H}+\boldsymbol{R})^{-1}\boldsymbol{H}^{\mathrm{T}}\boldsymbol{Q}\cong[d_1,d_2,\cdots,d_P] \tag{5-56}$$

式中，$\boldsymbol{H}$ 为过程模型脉冲响应系数矩阵，是已知值，当预估长度 $\boldsymbol{P}$、控制长度 $\boldsymbol{M}$ 和权系数矩阵 $\boldsymbol{Q}$ 及 $\boldsymbol{R}$ 选定后，则控制系数向量 $\boldsymbol{D}^{\mathrm{T}}$ 也是已知的 P 维常数向量，可由上式一次离线算出，并存入计算机中。因此，模型算法控制的最优控制作用 $u(k)$ 的在线计算就十分简单，当在线实时测得 $y(k)$ 后，就按式（5-55）计算得到 $u(k)$，其计算量仅为一个向量与向量相乘。

5.1.5　广义预测控制

DMC 和 MAC 算法基于阶跃响应模型和脉冲响应模型等非参数模型，不能描述不稳定过程，而且难以在线辨识。因此，1987 年 Clarke 等提出基于可控自回归滑动平均模型和可控自回归积分滑动平均模型的广义预测控制（generalized predictive control，GPC）。它可用于开环稳定的最小相位系统，也可用于非最小相位系统、开环不稳定系统和时变系统。

1．预测模型

在广义预测控制中是采用式（5-17）可控自回归积分滑动平均模型作为预测模型来描述具有随机扰动的被控过程，为简单起见，令 $C(z^{-1})=1$，有

$$y_m(k)=\frac{B(z^{-1})}{A(z^{-1})}u(k-1)+\frac{1}{A(z^{-1})(1-z^{-1})}\varepsilon(k) \tag{5-57}$$

用上述模型进行 j 步预测，可得

$$y_m(k+j)=\frac{B(z^{-1})}{A(z^{-1})}u(k+j-1)+\frac{1}{A(z^{-1})\Delta}\varepsilon(k+j), j=1,2,\cdots,P \tag{5-58}$$

用丢番图方程（Diophantine equation）可写为

$$1=E_j(z^{-1})A(z^{-1})\Delta+z^{-1}F_j(z^{-1}), j=1,2,\cdots,P \tag{5-59}$$

式中

$$E_j(z^{-1})=e_{j0}+e_{j1}z^{-1}+e_{j2}z^{-2}+\cdots+e_{j(j-i)}z^{-(j-i)} \tag{5-60}$$

$$F_j(z^{-1})=f_{j0}+f_{j1}z^{-1}+f_{j2}z^{-2}+\cdots+f_{jn}z^{-n} \tag{5-61}$$

利用丢番图方程，式（5-58）可得

$$y_m(k+j)=\frac{B(z^{-1})}{A(z^{-1})}u(k+j-1)+\frac{F_j(z^{-1})}{A(z^{-1})\Delta}\varepsilon(k)+E_j(z^{-1})\varepsilon(k-j), j=1,2,\cdots,P \tag{5-62}$$

写成向量形式为

$$\boldsymbol{Y}_P(k)=\boldsymbol{G}\Delta\boldsymbol{U}(k)+\boldsymbol{Y}_0(k) \tag{5-63}$$

式中各变量分别为

$$\boldsymbol{Y}_P(k)=[y_p(k+1),y_p(k+2),\cdots,y_p(k+P)]_{1\times P}^{\mathrm{T}} \tag{5-64}$$

$$\Delta\boldsymbol{U}(k)=[\Delta u(k),\Delta u(k+1),\cdots,\Delta u(k+M-1)]_{1\times M}^{\mathrm{T}} \tag{5-65}$$

$$\boldsymbol{Y}_0(k)=[y_0(k+1),y_0(k+2),\cdots,y_0(k+P)]_{1\times P}^{\mathrm{T}} \tag{5-66}$$

$$\boldsymbol{G}=\begin{bmatrix} g_{1,0} & 0 & 0 & \cdots & 0 \\ g_{2,1} & g_{2,0} & 0 & \cdots & 0 \\ \vdots & \vdots & & & \vdots \\ g_{M,M-1} & g_{M,M-2} & & \cdots & g_{M,0} \\ g_{M+1,M} & g_{M+1,M-1} & & \cdots & g_{M+1,1} \\ \cdots & & & & \\ g_{P,P-1} & g_{P,P-2} & & \cdots & g_{P,P-M} \end{bmatrix}_{P\times M} \tag{5-67}$$

$$
\boldsymbol{Y}_0(k)=\begin{bmatrix}\sum_{i=1}^{n}g_{1i}\Delta u(k-i)+F_1(z^{-1})y_m(k)\\ \sum_{i=2}^{n}g_{2i}\Delta u(k-i)+F_2(z^{-1})y_m(k)\\ \cdots\\ \sum_{i=j}^{n}g_{ji}\Delta u(k-i)+F_j(z^{-1})y_m(k)\\ \cdots\\ \sum_{i=P}^{n}g_{Pi}\Delta u(k-i)+F_P(z^{-1})y_m(k)\end{bmatrix} \tag{5-68}
$$

其中，$A(z^{-1})$ 和 $B(z^{-1})$ 是由式（5-11）、式（5-12）描述的模型方程的系数，是已知值，并每时刻由在线辨识得到更新；$y_m(k)$ 可由式（5-57）求得；$E_j(z^{-1})$ 和 $F_j(z^{-1})$ 可由丢番图方程递推求得。递推计算可归纳为

$$f_{j+1}=\boldsymbol{A}f_j,\ j=1,2,\cdots,n \tag{5-69}$$

$$\boldsymbol{f}_{j+1}=[f_{j+1,0}f_{j+1,1},\cdots,f_{j+1,n}]^{\mathrm{T}}_{1\times(n+1)},\ j=1,2,\cdots,n \tag{5-70}$$

$$\boldsymbol{f}_j=[f_{j,0}f_{j,1},\cdots,f_{j,n}]^{\mathrm{T}}_{1\times(n+1)},\ j=1,2,\cdots,n \tag{5-71}$$

$$
\boldsymbol{A}=\begin{bmatrix}1-a_1 & \cdots & 1 & 0 & \cdots & 0\\ a_1-a_2 & \cdots & 0 & 1 & \cdots & 0\\ \vdots & & \vdots & \vdots & & \vdots\\ a_{n-1}-a_n & \cdots & 0 & & \cdots & 1\\ -a_n & \cdots & 0 & & \cdots & 0\end{bmatrix}(n+1)\times(n+1) \tag{5-72}
$$

初值为

$$\boldsymbol{f}_0=[f_{00}f_{01}\cdots f_0n]^{\mathrm{T}}=[100\cdots0]^{\mathrm{T}} \tag{5-73}$$

$$E_{j+1}(z^{-1})=E_j(z^{-1})+z^{-1}f_{j0},\ j=0,1,2,\cdots \tag{5-74}$$

$$E_0(z^{-1})=0 \tag{5-75}$$

式（5-67）中矩阵 $\boldsymbol{G}$ 中的元素，可归结为由下式递推求得

$$G_{j+1}(z^{-1})=B(z^{-1})E_{j+1}(z^{-1})=B(z^{-1})[E_j(z^{-1})+z^{-j}f_{j0}]=G_j(z^{-1})+z^{-j}f_{j0}B(z^{-1}) \tag{5-76}$$

由于 $E_1(z^{-1})=1$ 可得 $G_1(z^{-1})=B(z^{-1})$，故有其初值为

$$g_{10}=b_0,g_{11}=b_1,\cdots,g_{1m}=b_m \tag{5-77}$$

而且可以证明 $G_j(z^{-1})$ 的前 j 项与 $F_j(z^{-1})$ 无关，故有

$$g_{j,i}=gi=b_i,i<j;i=0,1,2,\cdots,j;j=0,1,2,\cdots,P \tag{5-78}$$

2. 滚动优化

在 GPC 中，k 时刻的优化性能指标取为

$$\min J=[\boldsymbol{Y}_P(k)-\boldsymbol{W}(k)]^{\mathrm{T}}\boldsymbol{Q}[\boldsymbol{Y}_P(k)-\boldsymbol{W}(k)]+[\Delta\boldsymbol{U}(k)]^{\mathrm{T}}\boldsymbol{R}\Delta\boldsymbol{U}(k) \tag{5-79}$$

式中，$\boldsymbol{W}(k)=[w(k+1),w(k+2),\cdots,w(k+p)]^{\mathrm{T}}$ 为设定值的预期值。将式（5-63）代入上

式，并由 $\dfrac{\partial J}{\partial \Delta \boldsymbol{U}(k)}=0$ 可得最优控制规律为

$$\Delta u(k)=[10000]_{1\times M}\Delta \boldsymbol{U}(k)=\boldsymbol{D}^{\mathrm{T}}[\boldsymbol{W}(k)-\boldsymbol{Y}_0] \tag{5-80}$$

$$u(k)=u(k-1)+\Delta u(k)=u(k-1)+\boldsymbol{D}^{\mathrm{T}}[\boldsymbol{W}(k)-\boldsymbol{Y}_0] \tag{5-81}$$

式中，$\boldsymbol{D}^{\mathrm{T}}$ 为 P 维行向量，即有

$$\boldsymbol{D}^{\mathrm{T}}=[10000]_{1\times M}(\boldsymbol{G}^{\mathrm{T}}\boldsymbol{Q}\boldsymbol{G}+\boldsymbol{R})^{-1}\boldsymbol{G}^{\mathrm{T}}\boldsymbol{Q}\cong[d_1,d_2,\cdots,d_P] \tag{5-82}$$

式中，$\boldsymbol{Q}=\mathrm{diag}(q_1,q_2,\cdots,q_P);\boldsymbol{R}=\mathrm{diag}(r_1,r_2,\cdots,r_M)$ 称为误差权矩阵和控制权矩阵；$\boldsymbol{W}(k)$ 是设定值的预期值等，都是预先离线选定的。$\boldsymbol{G}$ 和 $\boldsymbol{Y}_0$ 是由式（5-67）和式（5-68）确定的，它是由模型系数通过递推求得已知系数矩阵。当预估长度 $\boldsymbol{P}$、控制长度 $\boldsymbol{M}$ 和权系数矩阵 $\boldsymbol{Q}$ 及 $\boldsymbol{R}$ 选定后，则控制系数向量 $\boldsymbol{D}^{\mathrm{T}}$ 也是已知的 P 维常数向量，可由上式一次离线算出，并存入计算机中。

由式（5-80）可计算得到 $\Delta\boldsymbol{U}(k)$，即给出 $\Delta u(k),\Delta u(k+1),\cdots,\Delta u(k+M-1)$ 等一组最优控制输入增量，但在 GPC 中，也只取其现时刻 k 的控制作用 $u(k)$作为 k 时刻实际最优控制作用，施加于被控过程的，而 $u(k+1)$, ⋯ , $u(k+M-1)$不施加于被控过程，只是在优化计算式用到。等到下一采样时刻，再重复上述优化过程。根据式（5-81）可求得最优控制输入 $u(k)$，其计算量仅为一个向量与向量相乘。

3. 模型系数的在线辨识

在 DMC 和 MAC 中，是假定预测模型的参数不变，用时刻实际输出的测量值和模型输出的估计值的误差来校正输出的预估值，而在 GPC 中是假定预测模型结构不变，采用不断进行在线辨识模型的参数来修正输出的预估值，从而克服模型失配、模型时变和扰动等影响，这是一种广义的反馈校正。

将式（5-57）的预测模型改写为

$$A(z^{-1})\Delta y(k)=B(z^{-1})\Delta u(k-1)+\varepsilon(k) \tag{5-83}$$

则有

$$\Delta y(k)=-A(z^{-1})\Delta y(k)+B(z^{-1})\Delta u(k-1)+\varepsilon(k) \tag{5-84}$$

其中变量为

$$A_1(z^{-1})=A(z^{-1})-1 \tag{5-85}$$

令要在线表示的模型参数向量为

$$\boldsymbol{\theta}=[a_1a_2,\cdots,a_nb_0b_1,\cdots,b_m]^{\mathrm{T}}_{1\times(n+m+1)} \tag{5-86}$$

数据向量记为

$$\boldsymbol{\varphi}=[-\Delta y(k-1),\cdots,-\Delta y(k-n),\Delta u(k-m-1)]^{\mathrm{T}}_{1\times(n+m+1)} \tag{5-87}$$

它是由已知的过去输入/输出数据构成的数据向量，则式（5-79）可写成向量形式为

$$\Delta y(k)=\boldsymbol{\varphi}^{\mathrm{T}}(k)\boldsymbol{\theta}+\varepsilon(k) \tag{5-88}$$

因此，可用渐消记忆递推最小二乘法来估计模型参数 $\boldsymbol{\theta}$，其中 $\boldsymbol{\varphi}^{\mathrm{T}}(k)$ 是过去已知数据，$\Delta y(k)$ 为现时刻 k 实际测得的过程输出增量。递推计算公式为

$$\hat{\boldsymbol{\theta}}(k)=\hat{\boldsymbol{\theta}}(k-1)+\boldsymbol{K}(k)[\Delta y(k)-\boldsymbol{\varphi}^{\mathrm{T}}(k)\hat{\boldsymbol{\theta}}(k-1)],\hat{\boldsymbol{\theta}}(0)=0 \tag{5-89}$$

$$\boldsymbol{K}(k)=\boldsymbol{P}(k-1)\boldsymbol{\varphi}(k)[\boldsymbol{\varphi}^{\mathrm{T}}(k)\boldsymbol{P}(k-1)\boldsymbol{\varphi}(\mathrm{k})+\ell]^{-1} \tag{5-90}$$

$$\boldsymbol{P}(k)=\frac{1}{\rho}[\boldsymbol{I}-\boldsymbol{K}(k)\boldsymbol{\varphi}^{\mathrm{T}}(k)]\boldsymbol{P}(k-1),\boldsymbol{P}(0)=\alpha^{2}\boldsymbol{I} \tag{5-91}$$

式中，ρ 为遗忘因子，通常选用 $0.95<\rho<1.0$；α 为足够大的正数；$\boldsymbol{K}(k)$修正权因子；$\boldsymbol{P}(k)$为正定的协方差矩阵。

因此，在每一采样时刻，首先测得 $\Delta y(k)$，组成新的数据向量 $\boldsymbol{\varphi}(k)$，然后依次按式（5-89）、式（5-90）和式（5-91）求出 $\boldsymbol{K}(k)$、$\hat{\boldsymbol{\theta}}(k)$ 和 $\boldsymbol{P}(k)$。在线求得 $\hat{\boldsymbol{\theta}}(k)$ 后就可构成多项式 $A(z^{-1})$ 和 $B(z^{-1})$，然后按式（5-69）和式（5-82）重新计算 $\boldsymbol{D}^{\mathrm{T}}$ 和 $\boldsymbol{f}$，从而求得最优控制作用 $u(k)$。

4. GPC 的计算步骤

1）根据现时刻 k 测得 $\Delta y(k)$ 及以前的输入/输出数据，组成新的输入/输出数据向量 $\boldsymbol{\varphi}(k)$，由动态在线估计式（5-89）～式（5-91）在线估计模型参数 $\hat{\theta}(k)$，从而得到多项式 $A(z^{-1})$ 和 $B(z^{-1})$；

2）根据 $A(z^{-1})$，由式（5-69）～式（5-75）递推计算 $E_j(z^{-1})$ 和 $F_j(z^{-1})$；

3）根据 $B(z^{-1})$、$E_j(z^{-1})$ 和 $F_j(z^{-1})$，由式（5-76）～式（5-78）计算出 $\boldsymbol{G}$ 矩阵的元素，并由式（5-67）、式（5-68）和式（5-82）计算出 $\boldsymbol{G}$、$\boldsymbol{Y}_0(k)$ 和 $\boldsymbol{D}^{\mathrm{T}}$；

4）由式（5-81）计算出现时刻 k 的最优控制作用 $u(k)$，并将其施加于被控过程；

5）返回步骤 1）重复进行计算。

5.1.6 预测函数控制

20 世纪 90 年代，Richalet 等提出第三代模型预测控制算法——预测函数控制（predictive functional control，PFC）。它在保持模型预测控制优点的同时，通过引入基函数的概念增强了输入控制量的规律性，提高了响应的快速性和准确性，可有效地减少算法的计算量。它以计算工作量小、鲁棒性强和控制快速等特点已经在工业机器人控制、化工过程控制、雷达跟踪控制等众多领域得到广泛应用。

PFC 把每一个 k 时刻加入的最优控制输入 $u(k)$，看成是若干事先选定的基函数的线性组合，并且基函数的响应可事先离线计算，使在线计算主要集中在少量线性加权系数的参数优化，可大大减小 PFC 在线计算量，适用于快速跟踪控制问题和快速过程的控制。

每时刻 k，通过在线求解一个二次型目标函数作为优化函数的优化问题，计算得到一组最优基函数系数 $\mu_i(k),i=1,2,\cdots,N$，从而得到最优控制输入 $u(k)$，进行在线滚动优化。

PFC 的控制信号是采用若干个已知基函数 $f_i(i=1,\cdots,N)$ 的线性的组合

$$u(k+j)=\sum_{i=1}^{N}\mu_i(k)f_i(j)(j=0,1,\cdots,P-1) \tag{5-92}$$

式中，$f_i(j)$ 为基函数在第 j 个采样时刻的值；P 为预测的时域长度；$\mu_i(k)$ 为线性组合系数。

所谓基函数实质上是阶跃、斜坡、加速度、高斯函数、指数等一系列基本信号的统称。基函数的选择取决于被控过程的特性和期望参考轨迹，一旦选定这些基函数，就可离线计算出在其作用下对象的输出响应。

1. 预测模型

被控过程的预测模型，可根据历史信息和未来输入来预测过程的未来输出。预测模型只要能实现预测对象未来输出的功能，对其结构形式没有严格要求，因此，PFC 预测模型可以是状态方程、传递函数等传统数学模型，对于稳定对象也可采用阶跃响应或脉冲响应等非参数模型。

PFC 预测模型的输入是用式（5-92）描述的，由基函数线性组合而成的控制信号。预测模型的输出 y_m 由两部分组成：

$$y_m(k+j)=y_1(k+j)+y_2(k+j) \tag{5-93}$$

1）预测模型自由响应项。预测模型自由响应包括当前时刻以前的控制量和输出量，但未考虑当前时刻新加入的控制作用时得到预测模型的过程输出，它可表示为

$$y_1(k+j)=F[X(k)] \tag{5-94}$$

式中，$X(k)$为 k 时刻的已知信息；F 为对象预测模型的数学表达式。当过程预测模型为状态空间模型时，有

$$\boldsymbol{x}(k)=\boldsymbol{A}\boldsymbol{x}(k-1)+\boldsymbol{B}u(k-1) \tag{5-95}$$

$$y(k)=\boldsymbol{C}\boldsymbol{x}(k) \tag{5-96}$$

2）预测模型的受迫输出项。它是指在 k 时刻起加入控制作用 $u(k+\mathrm{i})$ 后模型的输出响应。新加入的控制信号不是时间上各自独立的量，而是基函数的线性组合。因此，其引起的输出变化表现为不同基函数响应 $g_i(j)$ 的叠加。模型的受迫输出可表示为

$$y_2(k+j)=\sum_{i=1}^{N}\mu_i(k)g_i(j)(j=1,2,\cdots,P) \tag{5-97}$$

2. 参考轨迹

在 PFC 算法控制中，控制的目标是使当前过程的实际输出 $y(k)$按事先给定的输入参考轨迹 $w(k)$逐渐达到设定值 $c(k)$。通常，输入参考轨迹的形式为

$$w(k+j)=c(k+j)-\alpha^j[c(k)-y(k)] \tag{5-98}$$

式中，$c(k)$为跟踪设定值；$\alpha=\exp\left[-T_{\mathrm{s}}/(T_{\mathrm{r}}/3)\right]$，$T_{\mathrm{s}}$ 为采样周期，T_{r} 为参考轨迹的时间常数。

采用上述参考轨迹，可以减少过量的控制作用，使系统的输出能平滑地到达设定值。

3. 反馈校正

PFC 是通过输出测量值与模型预测值比较得出模型的预测误差，校正模型输出的预测值，从而克服模型失配和扰动造成的影响，使输出的预测值更为准确。

考虑到在 k 时刻获取当前的误差比较方便，通常在 PFC 中，取未来的误差 $e(k+j)$为

$$e(k+j)=y(k)-y_m(k) \tag{5-99}$$

式中，$y_m(k)$为当前时刻过程模型输出；$y(k)$为当前时刻k被控过程输出的实际测量值。

4. 滚动优化

PFC 滚动优化的目标是寻找一组系数μ_1，μ_2，…，μ_N，使整个优化时域的预测输出尽可能接近参考轨迹。

取极小化标准式为

$$\min J=\sum_{j=0}^{P=1}[w(k+j)-y_1(k+j)-\sum_{j=1}^{N}\mu_i(k)g_i(j)-e(k+j)]^2 \tag{5-100}$$

通过寻优即可获得$\mu_i(k),i=1,2,\cdots,N$，从而按式（5-100）可计算得到所要的最优控制量$u(k+j),j=1,2,\cdots,P$，但是每一采样时刻只将$u(k)$施加于被控过程，等待下一时刻再重复进行计算，因此 PFC 也是一种有限时间内的滚动优化。

5. PFC 各参数对控制性能的影响

在 PFC 算法中，其调节手段有基函数、参考轨迹和优化时域。其中，控制精度取决于基函数的选择，动态响应主要受参考轨迹和优化时域长度的影响，系统稳定性和鲁棒性主要由优化时域起作用，但也受参考轨迹的影响。因此在控制系统设计时，按照闭环控制性能要求，很快整定得到 PFC 控制器的有关参数，这是 PFC 的一个优点。

5.2 自适应控制系统

自适应控制是针对系统中存在的不确定性而提出的，其主要特点：在控制系统的运行过程中，通过不断地测量系统的输入、状态、输出或性能指标，按照一定的性能指标和设计方法，实时更新控制器的结构、参数或控制作用，以使控制效果达到最优或次最优的目标。按此设计思想建立的控制系统便是自适应控制系统。

自适应控制系统能够识别出被控对象发生的变化，并采取相应的策略以适应其变化，因而具备随系统内部和外部变化而变化的适应能力，可处理对象参数发生较大变化和较大系统扰动的情况。

1. 自适应控制问题的数学描述

1）随机最优控制问题。被控系统的状态方程和输出方程分别为

$$x(k+1)=\boldsymbol{A}x(k)+\boldsymbol{B}x(k)+w(k) \tag{5-101}$$

$$y(k)=\boldsymbol{C}x(k)+v(k) \tag{5-102}$$

式中，$x(k)$、$y(k)$分别为系统的状态、输出；$\boldsymbol{A}$、$\boldsymbol{B}$、$\boldsymbol{C}$为系统的转移、控制和输出矩阵，其元素均为已知常数；$w(k)$、$v(k)$分别为系统的扰动和测量噪声，为一随机序列，但其统计特性（如其数学期望、方差等）已知；$\boldsymbol{x}(0)$亦为随机向量，统计特性已知。

随机最优控制问题的提法：在已知被控对象模型和环境模型的统计特性的情况下，要求综合控制序列$u(0),u(1),\cdots,u(N-1)$，使下列性能指标达到最小。

$$J = E\left\{\sum_{k=0}^{N} f\left[x(k), u(k), k\right]\right\} \tag{5-103}$$

式中，N 为过渡过程的时间；E 表示数学期望的运算。

2）自适应控制问题

$$x(k+1) = \boldsymbol{A}(\boldsymbol{\theta}, k)x(k) + \boldsymbol{B}(\boldsymbol{\theta}, k)x(k) + w(k) \tag{5-104}$$

$$y(k) = \boldsymbol{C}(\boldsymbol{\theta}, k)x(k) + v(k) \tag{5-105}$$

式中，矩阵 $\boldsymbol{A}(\boldsymbol{\theta}, k)$、$\boldsymbol{B}(\boldsymbol{\theta}, k)$、$\boldsymbol{C}(\boldsymbol{\theta}, k)$ 中的参数向量 $\boldsymbol{\theta}$（即数学模型的参数）未知或是时间 k 的函数；$w(k)$、$v(k)$是随机序列；$\boldsymbol{x}(0)$为随机向量，其统计特性未知。

自适应控制问题的提法：在被控对象参数及环境模型不完全确定的情况下，设计控制序列 $u(0), u(1), \cdots, u(N-1)$，使性能指标的数学期望达到最小。

$$J = E\left\{\sum_{k=0}^{N} \boldsymbol{C}\left[x(k), u(k), k\right]\right\} \tag{5-106}$$

上述描述表明，自适应控制系统是针对被控对象模型未知或参数时变，并需要考虑随机扰动的影响而设计的。

2. 自适应控制系统的分类

经过多年的发展，先后出现过许多不同形式的自适应控制系统，主要有自校正控制、模型参考自适应控制、变结构自适应、非线性自适应、无模型自适应、自适应逆控制等。目前的发展趋势是自适应控制技术和其他控制方法融合，形成多种混合自适应控制器，如模糊自适应、自适应预测控制等。

5.2.1 自校正控制系统

自校正控制（self-tuning regulator，STR）经常用在被控对象特性参数未考虑随机干扰存在的定值控制系统或缓慢变化系统中。自校正控制系统的结构框图如图 5.11 所示。

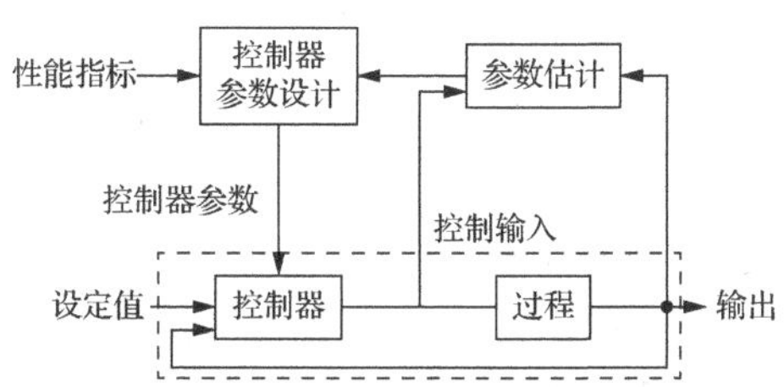

图 5.11　自校正控制系统结构框图

自校正控制系统由两个回路组成，内环类似于普通的反馈控制回路，包括控制器和被控对象，外环由辨识器和控制器设计两部分组成。辨识器根据一定的辨识方法，在线估计被控对象的参数 $\hat{\theta}(k)$ 和状态 $\hat{X}(k)$，控制器则根据事先规定的性能指标或一定算法，利用上述的在线估计值，综合出控制器参数，修改内环的控制器。在每个采样周期内，经过实时的辨识和参数计算及在线修正，如果满足一定的条件，参数估计值逐步收敛于真实值，由此综合出的控制作用 $U(k)$ 将收敛于最优控制 $U(k)^{*}$。

不同的参数辨识方法与不同的调节器设计方法相结合，就构成了不同的自校正控制器。常见的有以递推最小二乘辨识算法和最小方差性能指标结合构成的最小方差自校正调节器和以递推最小二乘辨识算法和广义最小方差性能指标结合构成的最小方差自校正控制器等。

1. 最小方差调节器（minimum variance regulator）

考虑 SISO 线性离散系统，可用线性差分方程表示：

$$y(k)+a_1y(k-1)+\cdots+a_ny(k-n)=b_0u(k-m)+b_1u(k-m-1)+\cdots+b_nu(k-m-n)+e(k)+c_1e(k-1)+\cdots+c_ne(k-n) \tag{5-107}$$

式中，$y(k)$、$u(k)$为系统的输入/输出序列；m 为系统的纯滞后时间，是采样时间 k 的整倍数；n 为对象阶次；e 为随机干扰，属于零均值的白噪声序列，具有如下性质：

$$E[e(k)]=0 \tag{5-108}$$

$$E[e(i)e(j)]=\{^{\sigma^2 i=j}_{0 i\neq j} \tag{5-109}$$

记为 $e\sim N(0,\sigma^2)$。

引入向后滞后算子 q^{-1}，即 $y(k-1)=q^{-1}y(k)$，上式可简化为

$$A(q^{-1})y(k)-B(q^{-1})u(k-m)+C(q^{-1})e(k)-q^{-m}B(q^{-1})u(k)+C(q^{-1})e(k) \tag{5-110}$$

$$A(q^{-1})=1+a_1q^{-1}+\cdots+a_nq^{-n}$$

$$B(q^{-1})=b_0+b_1q^{-1}+\cdots+b_nq^{-n}$$

$$C(q^{-1})=1+c_1q^{-1}+\cdots+c_nq^{-n}$$

由于系统存在滞后 m，最小方差问题的提法是：求解最优控制 $u(k)$，使下列指标达到最小（y_r 是期望值）。

$$J=E\{[y(k+m)-y_r(k+m)]^2\} \tag{5-111}$$

当对象参数已知时，上述指标求解出最小方差调节器。

最小方差调节器的解为

$$u^*(k)=-\frac{E(q^{-1})}{B(q^{-1})D(q^{-1})}y(k)+\frac{C(q^{-1})}{B(q^{-1})D(q^{-1})}y_r(k+m) \tag{5-112}$$

其中，多项式 $E(q^{-1})$、$D(q^{-1})$ 从以下恒等式求出

$$\frac{C(q^{-1})}{A(q^{-1})}=D(q^{-1})+q^{-m}\frac{E(q^{-1})}{A(q^{-1})} \tag{5-113}$$

式中，$D(q^{-1})$ 是商的前 m 项，$q^{-m}E(q^{-1})$ 是余项。

$$D(q^{-1})=1+d_1(q^{-1})+\cdots+d_{n-1}q^{-(m-1)} \tag{5-114}$$

$$E(q^{-1})=e_0+e_1(q^{-1})+\cdots+e_{n-1}q^{-(n-1)} \tag{5-115}$$

此时，控制结果的最小方差为

$$\overline{J}_{\min}=E\{[D(q^{-1})e(k+m)]^2\}=(1+d_1^2+\cdots+d_{m-1}^2),e(k)\in N(0,\sigma^2) \tag{5-116}$$

控制误差等于预报误差：

$$\overline{y}(k+m)=y(k+m)-y_r(k+m)=D(q^{-1})e(k+m)$$

2. 最小方差自校正调节器（minimum variance self-tuning regulator）

对象参数未知时，式（5-111）求解出最小方差自校正调节器。对象参数未知情况下，系统必须满足闭环条件下系统参数的可辨识性条件。

被控过程参数 $a_1,a_2,\cdots,a_n,b_1,b_2,\cdots,b_n$ 闭环可辨识性条件：调节器方程的阶次必须等于或大于被控过程的阶次。

（1）显式自校正调节器的设计方法

1）在控制系统中，增加一个在线辨识器。

2）在每个采样周期里，辨识对象参数：

$$\hat{\theta}^{\mathrm{T}}(k)=[\hat{a}_1(k)\cdots\hat{a}_n(k),\hat{b}_1(k)\cdots\hat{b}_n(k),\hat{c}_1\cdots\hat{c}_n(k)] \tag{5-117}$$

3）将 $\theta^{\mathrm{T}}(k)$ 代入恒等式（5-113）求解 $D(q^{-1})$、$E(q^{-1})$ 多项式参数，代入 $u(k)$的算式（5-112）。

4）输出 $u(k)$实现控制，返回 b 项。

当 $\hat{\theta}(k)$ 能够收敛于 $\theta(k)$ 时，必有 $u(k)$收敛于最小方差控制 $u^*(k)$。

（2）隐式自校正调节器的设计方法

1）被控对象的动态过程可用式（5-107）描述。

2）对象的预报模型：

$$\begin{aligned}y(k+m)=&-a_1y(k)-a_2y(k-1)-\cdots-a_py(k-p+1)+\beta_0u(k)\\&+\beta_1u(k-1)+\cdots+\beta_lu(k-l)+\varepsilon(k-m)-\overline{y}(k+m\,|\,k)+\varepsilon(k-m)\end{aligned} \tag{5-118}$$

$$\hat{y}(k+m\,|\,k)=x^{\mathrm{T}}(k)\overline{\theta}(k)+\beta_0u(k)$$

其中，测量矩阵和参数矩阵的定义如下：

$$x^{\mathrm{T}}(k)=[-y(k),-y(k-1),\cdots,-y(k-p+1),u(k-1),\cdots,u(k-l)] \tag{5-119}$$

$$\hat{\theta}^{\mathrm{T}}(k)=[\alpha_1\cdots\alpha_p\beta_1,\beta_l] \tag{5-120}$$

式中，$\varepsilon(k+m)$为预报误差，称为白噪声残差。

需要注意：p、l 为预报器的阶次，也是调节器的阶次，根据参数估计原则，可考虑闭环系统参数可辨识性条件选取。为了避免辨识模型的随意性，β_0 不参加辨识，而是根据实验和工艺分析事先确定。

3）控制算法：

$$\begin{aligned}u(k)&=\frac{1}{\beta_0}[y_r-\alpha_1y(k)+\cdots+\alpha_py(k-p+1)-\beta_1u(k)-\cdots-\beta_lu(k-l)]\\&=\frac{1}{\beta_0}[y_r-x^{\mathrm{T}}(k)\hat{\theta}(k)]\end{aligned} \tag{5-121}$$

4）参数估计：

$$\begin{cases}K(k)=p(k-1)x(k-m)[\lambda+x^{\mathrm{T}}(k-m)p(k-1)x(k-m)]-1\\\hat{\theta}(k)=\hat{\theta}(k-1)+K(k)[y(k)-\beta_0u(k-m)-x^{\mathrm{T}}(k-m)\hat{\theta}(k-1)]\\p(k)=\dfrac{1}{\lambda}[p(k-1)-K(k)x^{\mathrm{T}}(k-m)p(k-1)]\end{cases} \tag{5-122}$$

式中，λ为遗忘因子，常应用于慢变化的时变过程，一般取 $0.95\leqslant\lambda\leqslant1$，工程上，取 $0.99\leqslant\lambda\leqslant1$。

（3）几种常用自校正调节器性能比较（表 5.1）

表 5.1　自校正调节器性能比较

调节器类型	克服扰动性能	跟踪参考输入	计算量	非最小相位系统
最小方差	最好，方差最小	动态响应差，超调量较大	不大	不适用
广义最小方差	最好，方差最小	动态响应差，超调量较大	不大	适用
PID 自校正	不强	良好的随动特性	较大	适用
极点配置	良好	良好	较大	适用

5.2.2　模型参考自适应控制系统

模型参考自适应控制系统（model reference adaptive control system，MRAC）的主要特点是容易实现，自适应速度快，主要应用于对象参数未知或时变、扰动较小的随动和伺服跟踪控制系统中。MRAC 的结构框图如图 5.12 所示。

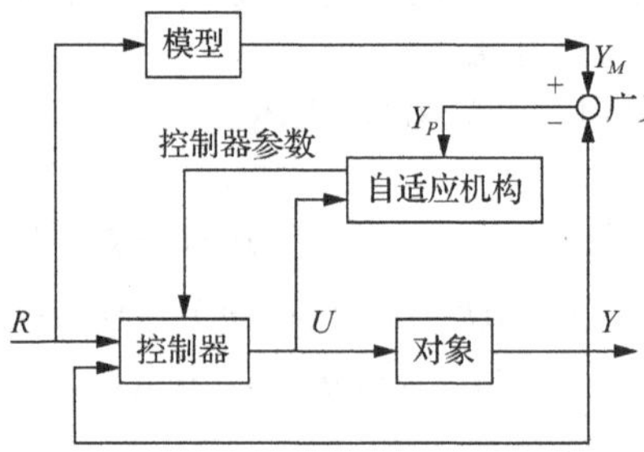

图 5.12　MRAC 结构框图

MRAC 的典型结构由内、外环两个回路组成。在原来反馈控制回路（内环）的基础上，增加了参考模型和自适应机构两个模块（外环）。其中，参考模型的输出代表系统希望的动态响应，是直接表示系统性能指标的一种方法。例如，若希望系统输出响应呈二阶的衰减振荡状态，可选衰减因子ζ=0.707，参考模型可选

$$\frac{Y_{\mathrm{M}}(s)}{R(s)}=\frac{k}{s^2+2\xi\omega_0 s+\omega_0^2} \tag{5-123}$$

在 MRAC 系统中，希望被控对象的输出$Y(k)$能够跟踪参考模型的输出$Y_m(k)$，以使系统输出达到希望的性能指标。两者之差通过广义误差信号得知，$E(k)$被送至适应机构，适应机构设计自适应控制律，调整控制器参数或输出辅助控制信号，用以改变调节器的输出，以驱动被控对象的输出接近参考模型的输出$Y_m(k)$。最终广义误差信号可以实现渐进收敛，趋近于零，被控系统的输出完全跟踪参考模型的输出，实现控制目标。

控制系统设计的关键是设计自适应控制律。目前常用方法有三种方法。

1）参数最优化方法

2）利用李雅普诺夫（Lyapunov）稳定性理论的设计方法；

3）利用波波夫超稳定性理论的设计方法。

方法 1）需要对参数不断地进行寻优，所以自适应调整时间比较长，同时它不是基于稳定性理论设计的，当参数输入太大或自适应增益过大时可能导致系统不稳定。

考虑到 MRAC 是一个时变的非线性系统，因此系统固有的稳定性问题成了首先必须解决的问题。虽然方法 2）的李雅普诺夫函数能够设计出稳定的模型自适应系统，但是李雅普诺夫函数的构造没有统一的办法，并且李雅普诺夫函数具有非唯一性，所以通过李雅普诺夫函数得到自适应律并不容易。

采用基于正实性原理和超稳定性理论的设计方法，可避免李雅普诺夫函数不宜选择的困难。基于真实性原理和超稳定性理论设计 MRAC 规律的基本思想是：首先，对实际的闭环控制系统，采用非线性孤立的方法，使其规范化为线性环节位于正向通路，非线性环节位于反馈通路的形式。然后再设计自适应规律，使等价系统的正向环节的传递函数矩阵为正实，使等价系统的反馈环节满足波波夫积分不等式，这样设计的自适应规律可使系统满足稳定性要求。

根据上述思想，设计 MRAC 规律主要有以下步骤。

1）将系统变换为由两个部分组成的等价反馈系统，线性环节位于正向通路，非线性环节位于反馈通路。

2）求出反馈通路的自适应规律的部分解，使非线性反馈环节满足波波夫积分不等式。

3）求出正向通路的自适应规律的部分解，使正向环节的传递函数正实。

4）若满意设计结果，将等价反馈系统返回原系统，从而组成实用且完整的模型参考自适应控制系统。否则，返回步骤 1），直到设计出满意的系统为止。

5.2.3　无模型自适应控制

无模型控制器又称数据驱动控制器，是指控制器设计不包含受控过程数学模型信息，仅利用受控系统的在线和离线数据及经过数据处理而得到的知识来设计控制器。简而言之，就是直接从数据到控制器设计的控制理论和控制方法。

无模型控制器的设计仅利用受控系统的输入/输出数据，控制器中不包含受控过程数学模型的任何信息的控制理论与方法。工业过程控制的 PID 控制原理是基于误差来生成消除误差的控制策略，用误差的过去、现在和变化趋势的加权和控制策略。从这个角度来说，PID 控制技术及相关的方法也可以是无模型控制方法。

5.2.4　其他自适应控制系统

1. 简单自适应

这类控制系统没有固定的设计模式和理论，因对象不同而异。在原有控制系统基础上，有针对性地引入一些具有适应性的补充环节，使控制品质得到改善。

2. 变结构自适应控制

当系统状态穿越状态空间不同区域时，反馈控制器的结构按照一定规律发生变化，使控制器对被控对象内部参数变化和外部扰动具有良好的适应性。

3. 智能自适应控制

将一些智能控制方法引入自适应控制中，形成多种自适应控制，如专家自适应、模糊自适应、神经网络自适应等。还有其他形式的自适应，如非线性自适应、鲁棒自适应、自适应逆控制等。

5.3　最优控制

最优控制是指对一个受控动态系统或运动过程，从一类容许的控制方案中找出一个控制方案，使得：①给定的性能指标为最优；②系统的运动由某个初始状态转移到指定的目标状态。这类问题广泛存在于工程技术领域或社会科学问题中。特别地，它与航空航天的制导、导航和控制技术密不可分。

为解决最优控制问题，首先需要建立描述受控动态系统的暂态方程，即所谓的数学模型；其次给出控制变量的容许取值范围，并设定受控动态系统的初始状态和目标状态；同时还需要规定一个评价动态过程品质的性能指标。

通常，性能指标的优劣取决于所选择的控制函数和相应的运动状态。系统的运动状态受到运动方程的约束，而控制函数只能在容许的范围内选取。因此，从数学上看，最优控制的目标是：在运动方程和容许控制的约束下，对以控制函数和运动状态为变量的性能指标函数求取极值（极大值或极小值）。

1. 最优控制的数学描述

给出受控系统的数学模型对于连续系统

$$\dot{x}(t) = f[x(t),u(t),t] \tag{5-124}$$

式中，时间 $t \in [t_0, t_f]$；状态向量 $x(t) \in \mathbf{R}^n$；控制向量 $u(t) \in \mathbf{R}^m$，且控制向量在 $[t_0, t_f]$ 上分段连续；$f(\cdot)$ 为 n 维连续向量，且对 $x(t)$和 t 连续可微。对应的离散系统为

$$x(k+1) = f[x(k),u(k),k] \tag{5-125}$$

2. 划定容许控制域

1）无约束控制。控制向量 $u(t)$ 的各个分量可以在实数范围内任意取值，不受任何限制。

2）有约束控制。$u(t)$ 的取值范围是实数域中的某一个集合。该取值范围简称为控制域，通常用 Ω 表示。凡属于集合 Ω 且分段连续的控制向量，均被称为容许控制，用 $u(t) \in \Omega$ 表示。

3. 明确边界条件

$$\text{边界条件}\begin{cases}\text{始端条件}\begin{cases}\text{初始时刻}t_0\\ \text{初始状态}x(t_0)=x_0\end{cases}\\ \text{终端条件}\begin{cases}\text{终端时刻}t_f\\ \text{终端状态}x(t_\mathrm{f})=x_\mathrm{f}\end{cases}\end{cases}$$

4. 规定性能指标

在状态空间中，系统在输入控制 $u(t)$ 的作用下由初始状态 $x(t_0)$ 运动到终端状态 $x(t)$。所谓性能指标，就是用来评价在一定的 $u(t)$ 作用下，系统工作性能优良程度，其内容及形式主要取决于最优控制问题所要完成的目标。一般形式为

$$J=\varphi[x(t_f),t_f]+\int_{t_0}^{t_f}L[x(t),u(t),t]\mathrm{d}t \tag{5-126}$$

式中，$\varphi(\cdot)$ 和 $L(\cdot)$ 为连续可微的标量函数。因此，性能指标 J 是关于状态向量 x、控制 u 和时间 t 的标量函数。它是以泛函形式给出的，因此性能指标通常又称指标泛函。

5. 最优控制问题的一般提法

在给定系统状态方程的条件下，在对应的容许控制域 Ω 中，确定一个最优控制规律 $u^*(t)$ 使系统从初态 $x(t_0)$ 转移到终态 $x(t)$ 并使性能指标达到极值。

通常，最优控制问题可用泛函形式表示为

$$\begin{aligned}&J=\varphi[x(t_f),t_f]+\int_{t_0}^{t_f}L[x(t),u(t),t]\mathrm{d}t\\&\text{s.t.}①x(t)=f[x(t),u(t),t],x(t_0)=x_0\\&\quad ②\psi(x(t_f),t_f)=0\end{aligned} \tag{5-127}$$

6. 最优控制的研究方法

最优控制的研究方法很多，主要有以下几类。

- 最优控制研究方法
  - 解析法
    - 当控制无约束时
      - 经典微分法
      - 经典变分法
    - 当控制有约束时
      - 极小值原理
      - 动态规划
  - 数值及算法
    - 一维搜索法——单变量极值问题
    - 多维搜索法——多变量极值问题
  - 梯度法
    - 有约束梯度法
    - 无约束梯度法

7. 最优控制的应用类型

最优控制的应用类型有最小时间控制、最小燃耗控制、最小能量控制、状态调节器、输出跟踪系统。

5.4 解 耦 控 制

解耦是指消除系统之间的相互耦合，使各系统成为独立的互不相关的控制回路。其

中，耦合是指控制变量与被控变量之间是相互影响的，一个控制变量的改变同时引起几个被控变量变换的现象。把具有相互关联的多参数控制过程转化为几个彼此独立的单输入/单输出控制过程来处理，实现一个调节器只对其对应的被控过程独立进行调节，这样的系统称为解耦控制系统（或自治控制系统）。

1. 关联（耦合）控制系统

如图 5.13 所示为压力、流量控制系统。调节阀 1 和 2 对系统压力的影响程度同样强烈，对流量的影响程度也相同。因此，当压力偏低而开大调节阀 1 时，流量也将增加；如果通过流量调节器作用而关小调节阀 2，结果又使管路的压力上升。调节阀 1 和 2 之间就是这样相互影响的。

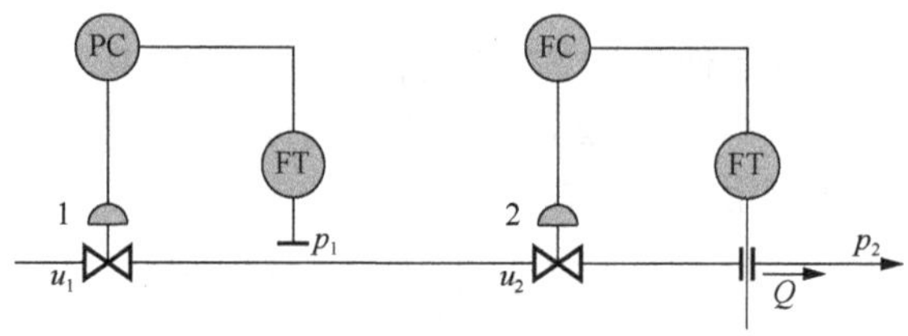

图 5.13　压力、流量控制系统（双输入、双输出系统）

2. 解耦控制的分类与发展

三种解耦理论分别是基于摩根（Morgan）问题的解耦控制、基于特征结构配置的解耦控制和基于 H_∞ 的解耦控制理论。

在过去的几十年中，有两大系列的解耦方法占据了主导地位。其一是围绕 Morgan 问题的一系列状态空间方法，这种方法属于全解耦方法。这种基于精确对消的解耦方法，遇到被控对象的任何一点振动，都会导致解耦性的破坏，这是上述方法的主要缺陷。其二是以罗森布罗克（Rosenbrock）为代表的现代频域法，其设计目标是被控对象的对角优势化而非对角化，从而可以在很大程度上避免全解耦方法的缺陷，这是一种近似解耦方法。

在一个装置或设备上，如果设置多个控制系统，关联现象可能出现。然而，有些系统间的关联并不显著。系统间的关联程度是不一样的。那么如何来表征系统的关联程度呢？可以采用“相对增益”的方法来分析。

5.4.1　相对增益与控制回路选择

相对增益是分析回路间关联程度的常用方法，利用它可选出使回路间关联程度最弱的被控变量和操纵变量的搭配。

将某一通道 $u_j \to y_i$ 在其他系统均为开环时的放大系数与该一通道在其他系统均为闭环时的方法系数之比 λ_{ij} 称为相对增益，即

$$\lambda_{ij} = \frac{(\partial y_i / \partial u_j)_u}{(\partial y_i / \partial u_j)_y} \tag{5-128}$$

式中，$(\partial y_i / \partial u_j)u$ 为其他回路都为开环时（即除 u_j 外其他 u 都保持不变），$u_j \to y_i$ 通道

的增益；$(\partial y_i / \partial u_j)_y$ 为其他回路都闭环时（即除 u 外其他 y 都保持不变），$u_j \to y_i$ 通道的增益。

现以图 5.14 所示双输入、双输出系统为例，求取相对增益。

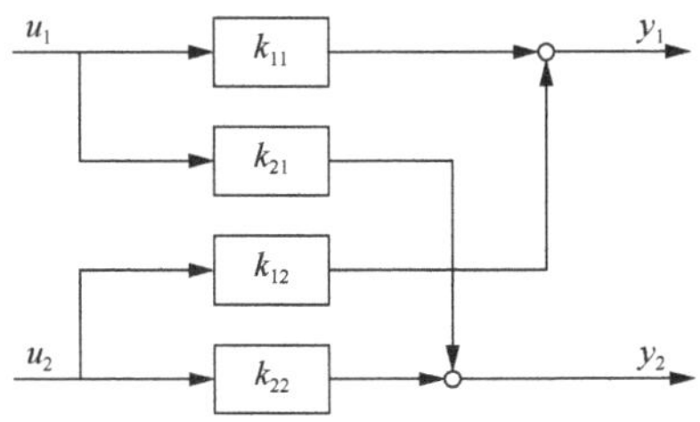

图 5.14　双输入、双输出对象静态特征框图

由图 5.14 得到该系统静态方程为

$$\begin{aligned} y_1 &= k_{11}u_1 + k_{12}u_2 \\ y_2 &= k_{21}u_1 + k_{22}u_2 \end{aligned} \tag{5-129}$$

式中，k_{ij} 为第 j 个输入变量作用于第 i 个输出变量的放大系数。

求 λ_{11}，首先求取 λ_{11} 的分子项 $(\partial y_i / \partial u_j)_u$，即除 u_1，其他 u 不变，则有

$$k_{11} = \frac{(\partial y_1)}{(\partial u_1)} \tag{5-130}$$

再求 λ_{11} 得分母项 $(\partial y_i / \partial u_j)_y$。因为其他回路闭环，且满足无交叉要求，即除 y_1 外，其他 y 不变，由式（5-129）可得

$$\begin{aligned} y_1 &= k_{11}u_1 + k_{12}u_2 \\ 0 &= k_{21}u_1 + k_{22}u_2 \end{aligned} \tag{5-131}$$

由上两式可得

$$\left(\frac{\partial y_1}{\partial u_1}\right)_u = k_{11} - k_{12}\frac{k_{21}}{k_{22}}u_1 = \frac{k_{11}k_{12} - k_{12}k_{21}}{k_{22}} \tag{5-132}$$

在求得 λ_{11} 的分子项与分母项后，可得

$$\lambda_{11} = \frac{(\partial y_i / \partial u_j)_u}{(\partial y_i / \partial u_j)_y} = \frac{k_{11}k_{22}}{k_{11}k_{22} - k_{12}k_{21}} \tag{5-133}$$

同样可以推导出

$$\lambda_{22} = \lambda_{11} = \frac{k_{11}k_{22}}{k_{11}k_{22} - k_{12}k_{21}} \tag{5-134}$$

$$\lambda_{12} = \lambda_{21} = \frac{-k_{12}k_{21}}{k_{11}k_{22} - k_{12}k_{21}} \tag{5-135}$$

如果排成数阵形式则得

$$\begin{array}{c|cc} & u_1 & u_2 \\ \hline y_1 & \lambda_{11} & \lambda_{12} \\ y_2 & \lambda_{21} & \lambda_{22} \end{array} \tag{5-136}$$

上式称为布里斯托尔（Bristol）阵列，或称相对增益阵列。

相对增益阵列具有下列性质。

1）相对增益阵列中，每行或每列的元素之和为 1，这个基本性质在 2×2 变量系统中尤其有用。只要知道了阵列中任何一个元素，其他元素可立即求出。例如，当 $\lambda_{11}=0.5$ 时，$\lambda=\begin{bmatrix}0.5 & 0.5\\0.5 & 0.5\end{bmatrix}$。当 λ_{11}=1.2 时，$\lambda=\begin{bmatrix}1.2 & -0.2\\-0.2 & 1.2\end{bmatrix}$。

2）在相对增益阵中所有原值为正时，称为正耦合。当 k_{11} 与 k_{22} 同号（都为正或都为负），k_{12} 与 k_{21} 中一正一负时，λ 都为正值，且 $\lambda_{ij}\leqslant 1$，属于正耦合系统。

3）在相对增益阵中只要有一元素为负，称为负耦合。

4）当一对 λ_{ij} 为 1，另一对 λ_{ij} 为 0，此时系统不存在稳态关联。

5）当采用两个单一的控制器时，操纵标量 u_j 与被控变量 y_i 间的匹配应使两者间的入尽量接近 1。

6）如果匹配的结果是 λ_{ij} 仍小于 1，则由于控制间关联，该通道在其他系统闭环后的放大系数将大于其他系统开环时的数值，系统的稳定性往往有所下降。

7）千万不要采用 λ_{ij} 为负值的 u_j 与 y_i 的匹配方式，这时候当其他系统改变其开环或闭环状态时，本系统将丧失稳定性。

把 Bristol 阵列作为关联程度的衡量，已为人们所熟悉。但可以明显看出，它没有考虑动态项的影响，因此依据它得出的结论存在一定的局限性。

5.4.2 减少和消除耦合的途径

1. 被控变量与操纵变量间正确匹配

对有些系统来说，减少与接触耦合的途径可通过被控变量与操纵变量间的正确匹配来解决，这是最简单的有效手段。

如以下实际案例中，A、B 两种物料进入混合器，以一定比例进行混合，工艺要求出料的流量和浓度必须恒定，要求浓度要控制在 75%。为此可以设计如图 5.15 所示的混合器控制系统，出料流量 Q_O 和浓度 C 分布由物料 Q_A 和 Q_B 的流量进行控制。

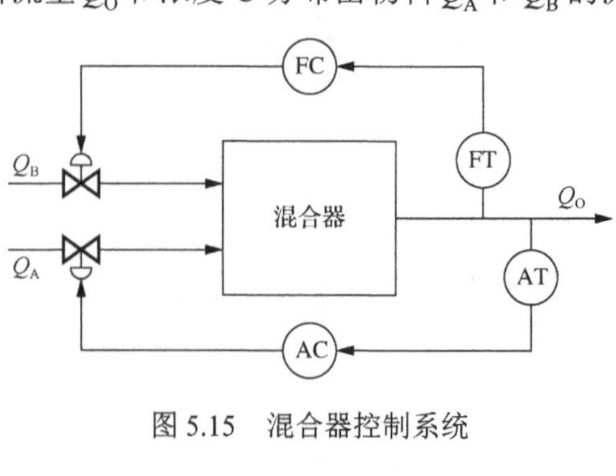

图 5.15　混合器控制系统

对于这个系统出口浓度 C 由物料 Q_B 控制，出料流量 Q_O 由 Q_A 来控制。

$$Q_O=Q_A+Q_B \tag{5-137}$$

$$C = \frac{Q_A}{Q_A + Q_B} = \frac{Q_A}{Q_O} \tag{5-138}$$

根据式（5-137）、式（5-138），首先求取相对增益 λ_{11}（浓度 C 与 Q_A 配对），

$$\lambda_{11} = \frac{\dfrac{\partial C}{\partial Q_A}|Q_B}{\dfrac{\partial C}{\partial Q_A}|Q_O} = \frac{\dfrac{1-C}{Q_O}}{\dfrac{1}{Q_O}} = 1 - C = 0.25 \tag{5-139}$$

所以系统的相对增益阵列如下

	Q_A	Q_B
C	0.25	0.75
Q_O	0.75	0.25

2．控制器的参数整定

在上述方法无能为力或尚显不够时，另一种方法是在动态上设法通过控制器的参数整定，使两个控制回路的工作频率错开，两个控制器作用强弱不同。在图 5.14 所示的压力和流量控制系统中，如果把流量作为主要被控变量，那么流量控制回路像通常一样整定，要求响应灵敏；把压力作为从属的被控变量，压力控制回路整定得“松”些，即比例度大一些，积分时间长一些。这样，对流量控制来说，控制器输出对被控流量变量的作用是显著的，而该输出引起的压力变化，经压力控制器输出后对流量的效应将是相当微弱的。这样就减少了关联作用。当然，在采用这种方法时，次要的被控变量的控制品质往往较差，这在有些情况下是个严重的缺点。

3．减少控制回路

把上一方法推到极限，这次要控制回路的控制器取无穷大的比例度，此时这个控制回路不再存在，它对主要控制回路的关联作用也就消失。例如，在精馏塔的控制系统设计中，工艺对塔顶塔底的组分均有一定要求时，若塔顶与塔底的组分均设有控制系统，这两个控制系统是相关的，在扰动较大时无法运行。为此，目前一般采用减少控制回路的方法来解决。如塔顶重要，则塔顶设置控制回路，塔底不设置质量控制回路，往往设置加热蒸汽流量控制回路。

4．串联解耦控制

在控制器输出端与执行器输入端之间，可以串联解耦装置 $\boldsymbol{D}(s)$，双输入、双输出串联解耦系统框图如图 5.16 所示。

由图 5.16 得

$$\begin{aligned} \boldsymbol{Y}(s) &= \boldsymbol{G}(s)\boldsymbol{U}(s) \\ \boldsymbol{U}(s) &= \boldsymbol{D}(s)\boldsymbol{P}(s) \end{aligned} \tag{5-140}$$

则

$$\boldsymbol{Y}(s) = \boldsymbol{G}(s)\boldsymbol{D}(s)\boldsymbol{P}(s) \tag{5-141}$$

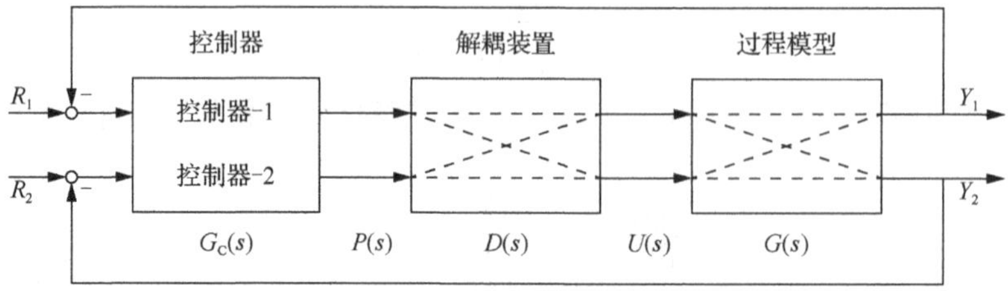

图 5.16　双输入、双输出串联解耦系统框图

由式（5-141）可知，只要能使 $\boldsymbol{G}(s)\boldsymbol{D}(s)$ 相乘后成为对角阵，就可以解除系统之间的耦合，使两个控制回路不再关联。

前面已经说明，串联解耦装置 $\boldsymbol{D}(s)$ 的作用是使 $\boldsymbol{G}(s)\boldsymbol{D}(s)$ 的积成为对角阵，这样关联就消除了。要求 $\boldsymbol{G}(s)\boldsymbol{D}(s)$ 之积为对角阵，对其非零元素又有三类方法。

（1）对角线矩阵法

此法要求 $\boldsymbol{G}(s)\boldsymbol{D}(s)=\mathrm{diag}[G_{ij}(s)]$，即

$$\boldsymbol{G}(s)\boldsymbol{D}(s)=\begin{bmatrix} G_{11}(s) & 0 \\ 0 & G_{22}(s) \end{bmatrix} \tag{5-142}$$

即通过解耦使各个系统的特性完全像原来的单回路控制系统一样。

因此，解耦装置

$$\boldsymbol{D}(s)=\begin{bmatrix} D_{11}(s) & D_{12}(s) \\ D_{21}(s) & D_{22}(s) \end{bmatrix}=\begin{bmatrix} G_{11}(s) & G_{12}(s) \\ G_{21}(s) & G_{22}(s) \end{bmatrix}^{-1}\begin{bmatrix} G_{11}(s) & 0 \\ 0 & G_{22}(s) \end{bmatrix} \tag{5-143}$$

这样求出的解耦装置传递函数可能相当复杂，实现较困难。

（2）单位矩阵法

单位矩阵法与式（5-142）相似，有 $\boldsymbol{G}(s)\boldsymbol{D}(s)=\boldsymbol{I}=\mathrm{diag}[1,1,\cdots,1]$，如

$$\boldsymbol{G}(s)\boldsymbol{D}(s)=\begin{bmatrix} 1 & 0 \\ 0 & 1 \end{bmatrix} \tag{5-144}$$

即通过解耦，使各个系统的对象特征形成 1∶1 的比例环节，此时的解耦装置

$$\begin{aligned}\boldsymbol{D}(s)&=\begin{bmatrix} D_{11}(s) & D_{12}(s) \\ D_{21}(s) & D_{22}(s) \end{bmatrix}=\begin{bmatrix} G_{11}(s) & G_{12}(s) \\ G_{21}(s) & G_{22}(s) \end{bmatrix}^{-1} \\ &=\begin{bmatrix} G_{22}(s) & -G_{12}(s) \\ -G_{21}(s) & G_{11}(s) \end{bmatrix}/[G_{11}(s)G_{22}(s)-G_{21}(s)G_{12}(s)]\end{aligned} \tag{5-145}$$

由式（5-144）可知，单位矩阵法得到的解耦装置 $\boldsymbol{D}(s)$ 为对象传递函数的逆。

由式（5-141）可知，只要能使 $\boldsymbol{G}(s)\boldsymbol{D}(s)$ 相乘成为对角阵，就解除了系统之间的耦合，使两个控制回路不再关联。

（3）前馈补偿法

前馈补偿法只规定对角线以外的元素为零，这样也完全解除了耦合。但是，各通道的传递函数并不是原来的 $G_{ij}(s)$，此时可取某些 $D_{ij}=1$，这样显得比较简单，所以有人称之为简易解耦。在通道数目不多时，用常规仪表也很容易实现。

对于双输入双输出情况，图 5.17 所示为前馈解耦控制系统的框图。

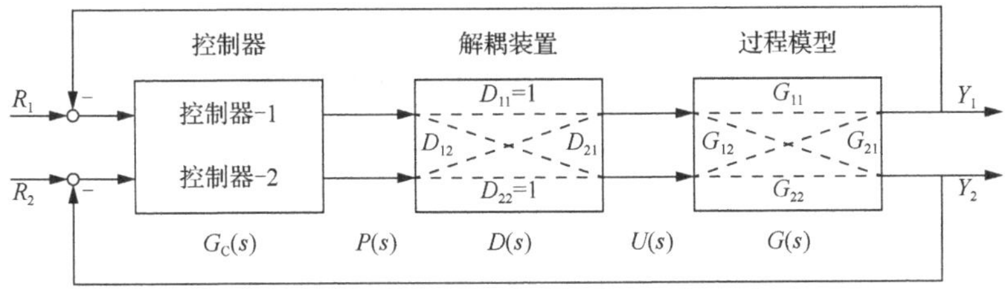

图 5.17　前馈解耦控制系统框图

此时，取 $D_{11}(s)=D_{22}(s)=1$，解耦补偿装置 $D_{12}(s)$ 和 $D_{12}(s)$ 可根据前馈补偿原理求得 $D_{21}(s)+D_{21}(s)G_{22}(s)=0$，则

$$D_{21}(s)=\frac{G_{21}(s)}{G_{22}(s)} \tag{5-146}$$

又有 $G_{12}(s)+D_{12}(s)G_{11}(s)=0$，所以

$$D_{12}(s)=\frac{G_{12}(s)}{G_{11}(s)} \tag{5-147}$$

在需要时，也可令 $D_{11}(s)=D_{22}(s)=1$ 或 $D_{21}(s)=D_{22}(s)=1$ 或 $D_{12}(s)=D_{11}(s)=1$，按同样原理可以求得解耦装置的传递函数。

（4）设计中的有关问题

1）实践表明，在很多情况下采用静态解耦已经能获得相当好的效果。例如，某乙烯厂裂解炉出口温度的解耦控制，这个系统应用了静态解耦方法，获得了较好效果。

对于采用前馈补偿法时，若式（5-146）中 $G_{21}(s)$ 和 $G_{22}(s)$ 的动态项相近，式（5-147）中 $G_{12}(s)$ 和 $G_{11}(s)$ 的动态项相近时，采用静态解耦十分简单和方便，用常规仪表也可以实施。

2）一般地，需要采用动态解耦时，D_{ij} 宜采用超前滞后环节，即 $K\dfrac{T_{1s}+1}{T_{2s}+1}$ 的形式。

3）当 $\boldsymbol{G}(s)$ 为奇异矩阵时，即 $\boldsymbol{G}(s)$ 的行列式为零时，如采用对角线矩阵法和单位矩阵法，$D_{ij}(s)$ 的分母项为零，如采用前馈补偿法，$\boldsymbol{G}(s)\boldsymbol{D}(s)$ 的乘积为零。总之无法采用串联耦合控制方案。在双输入双输出的情况下，$D_{11}(s)\ G_{22}(s)$ 和 $D_{12}(s)\ G_{21}(s)$ 很接近时，耦合也比较困难。

参 考 文 献

布莱文思，沃伊什尼斯，尼克松，2021．先进控制基础：工具、技术和应用[M]．陈德基，王泉，译．北京：清华大学出版社．

陈夕松，汪木兰，杨俊，等，2022．过程控制系统[M]．4 版．北京：科学出版社．

胡寿松，2019．自动控制原理[M]．7 版．北京：科学出版社．

黄德先，王京春，金以慧，2011．过程控制系统[M]．北京：清华大学出版社．

鲁照权，方敏，2014．过程控制系统[M]．北京：机械工业出版社．

陆军，王晓陵，2019．线性系统理论[M]．北京：科学出版社．

孙优贤，等，2015．控制工程手册：上册[M]．北京：化学工业出版社．

第 6 章　控制工程技术

长期以来，传统的 PID 控制策略在控制工程领域得到了充分应用，许多复杂的先进控制算法，如自适应控制、鲁棒控制和智能控制等也得到了快速发展。同时，以过程优化、预测控制为代表的控制工程技术也在工业过程控制中获得广泛应用，成为企业在 PID 控制、先进控制基础上进一步提升竞争力，实现高效、优质、安全生产和获得更大经济效益的重要手段。

6.1　过程优化技术

优化技术是以数学为基础，用于求解各种工程问题最优解的一门应用技术。所谓优化，就是在给定条件下获得最好的结果。从数学意义上说，优化技术是一种求极值的方法，即在一组等式或不等式约束条件下，使系统的目标函数达到极值，即最大值或最小值。

常规的优化技术是将实际问题归结为数学上求函数极值问题，通过采用适合该优化模型的数学方法求解极值，得到实际问题的最优方案、最优决策。优化问题包含三个基本要素，分别是目标函数、优化变量、约束条件。最优化问题通用数学表达式如下。

求目标函数的最小值或最大值：

$$\min f(x) \text{或} \max f(x)，\quad f(x)=f(x_1,x_2,\cdots,x_n) \tag{6-1}$$

满足不等式约束条件：

$$g_i(x_1,x_2,\cdots,x_n)\geqslant 0,\ i=1,2,\cdots,m \tag{6-2}$$

等式约束条件：

$$h_j(x_1,x_2,\cdots,x_n)\geqslant 0,\ j=1,2,\cdots,l \tag{6-3}$$

1. 目标函数

目标函数（又称性能函数、评价函数）是最优化问题所要达到的目标。由于 $\max f(x)=-\min[-f(x)]$，故可只讨论最小值问题。当所要希望达到的目标需要同时满足多个目标函数时，即所谓的多目标优化问题，表示为 $\min f(x)=\min\{f_1,f_2,\cdots,f_k\}$，其中 k 为待优化目标的数量。

2. 优化变量

优化变量（又称决策变量）一般指与优化问题有关的待定变量，可记为 $x_1,x_2,\cdots,x_n$，对于过程系统参数优化问题，优化变量就是过程变量，如某些温度、流量、电压等。

3. 约束条件

约束条件是指实际问题中对变量所作的限制，约束条件通常包含等式约束和不等式约束。满足约束条件的方案集合构成了最优化问题的可行域，过程系统最优化问题就是在可行域中寻找使目标函数取最小值的点。

4. 优化问题的解

自由度 d 等于决策变量数 n 减去等式设计约束方程数 l，即 $d = n - l$。当自由度等于 0 时，此时最优问题的解是唯一的，只需求解一组方程，不需要通过优化就能得到一个解，且此唯一的可行解即是最优解。当自由度大于 0 时，即未知变量数大于独立等式约束方程数，该问题有无数个可行解，可以通过最优化方法求解最优解。

当自由度小于 0 时，即未知变量数小于独立等式约束方程数，称该过程模型为超定的，此时不存在能满足所有约束的解，为了解决这一问题，有时需要放宽一部分或全部约束。

6.1.1　最优化问题的模型

最优化问题是基于模型基础上的优化问题。要进行优化，需要先对过程进行建模，然后再依据模型的特征选择合适的优化方法。模型是对实际过程的抽象，建立过程系统优化问题的模型方程时，要根据问题的实际情况，采用不同的建模方法。

1）对于过程机理清楚的问题，采用机理模型。

2）对于过程机理不清楚的问题采用统计模型（如多元回归分析、正交实验设计）、智能模型（如神经网络）。

3）混合建模方法是将机理模型与统计模型或智能模型相结合的建模方法。此外，还可以根据模型特性进行分类。

根据不同的分类方法，模型可以进行如下分类。

1）线性模型与非线性模型。线性模型具有叠加特性，而非线性模型则不具有叠加特性，如果相关变量或其导数只表现出一次方关系，则方程（或模型）是线性的，否则是非线性的。

2）定常态模型与非稳态模型。定常态还可以表达为不随时间变化、静止或固定的。这些因素对应于相关变量的值随时间保持为常数的过程。非稳态过程也称为非定常态的、瞬变的、动态的过程，它代表着过程相关变量随时间发生改变的情况，典型的非稳态过程有间歇过程、开停车过程等。

3）集中参数模型与分布参数模型。集中参数代表着忽略了空间上的变化，在整个体积范围内可以把系统的状态和不同属性看作是均相的，而分布参数考虑了在系统内点与点之间行为细节的变化。例如，不存在浓度和温度梯度的完全混合的搅拌反应器适于采用集中参数模型，而沿轴方向存在浓度和温度变化的管式反应器则适于采用分布参数模型。

4）连续变量模型、离散变量模型和混合模型。连续变量可以假设为在一个区间内的任意值，离散变量则只能取离散的值。最优化问题可以是连续变量模型、离散变量模型，还可能是同时存在离散变量和连续变量的混合模型，例如，蒸汽管网优化是一个包含大量连续变量（温度、压力、流量等）和离散变量（电泵的开、关等）的复杂混合整数非线性规划问题。

6.1.2　优化技术的分类

求解最优化的技术很多，大致有如下几种分类。

（1）无约束最优化与有约束最优化

在寻找目标函数的最优解时，如果对优化变量无任何条件约束，则称为无约束优化问题；否则称为约束优化问题。当求解有约束优化问题时，通常把有约束优化问题转化为无约束优化问题，然后再进行求解。

（2）线性规划、二次规划与非线性规划

根据目标函数及约束条件线性与非线性性质，可将求解方法分为线性规划和非线性规划两大类。当目标函数及约束条件均为线性函数时，称为线性优化或线性规划；当目标函数或约束条件中至少有一个为非线性函数时，则称为非线性优化或非线性规划；如果目标函数为二次型，而约束条件为线性函数，则称为二次规划。二次规划是从线性规划到非线性规划的过渡，是最简单的一种非线性规划。

（3）单维优化与多维优化

根据优化变量的数目，可将问题分为单维优化和多维优化。只有一个可以调节的优化变量的单维优化问题是最简单的典型问题，多维优化问题可以通过多次应用单维优化方法来求解。

（4）静态优化与动态优化

如果数学模型中的变量不随时间而改变，则称为静态优化（参数优化）问题。如果变量是时间的函数，则称为动态优化问题（最优控制问题）。

（5）解析法与数值法

根据优化问题的求解方法，可分为解析法和数值法。解析法又称间接优化方法，这种方法只适用于目标函数（或泛函）及约束条件有显函数表达的情况，通过采用导数法或变分法得到最优化的必要条件，再通过对必要条件求解得到优化问题的最优解。古典的微分法、变分法、拉格朗日乘子法和庞特里亚金最大值原理等都属于解析法。

数值法又称直接最优化方法或优选法。这种方法不要求目标函数为各种变量的显函数表达式，而是利用函数在某一局部区域的特性或一些已知点的数值，逐步搜索、逼近、最后达到最优值。

（6）可行路径法与不可行路径法

对于有约束优化问题，视其如何处理约束条件，又可分为可行路径法和不可行路径法。

可行路径法的整个搜索过程是在可行域内进行的，也就是说，对于变量的每次取值，约束条件均必须满足。因此，对于每一次优化迭代计算（统计模型除外），均必须解算一次过程系统方程和约束方程。这类方法简单可靠，但计算量大。

不可行路径法的整个搜索过程并不要求必须在可行域内进行，可以从不可行域向最优解逐步逼近，但在最优解处必须满足条件。这类方法的求解过程有可能不稳定，但计算量比可行路径法显著减少。

6.1.3　优化问题的类型

过程优化问题可分为过程系统参数的优化、过程系统结构的优化及过程系统管理的优化。

1. 过程系统参数的优化

过程系统参数的优化包括设计参数优化和操作参数优化。设计参数优化就是把优化技术应用于过程系统模型，寻求一组使目标函数达到最优，同时又满足各项设计规定要求的决策变量（即设计变量）。根据最优设计方案可计算单元设备的尺寸。

由于原料成分的变化、生产负荷与设计负荷的偏离、环境温度的变化等，造成实际生产操作条件不可能完全符合优化设计的结果。操作参数优化则是根据环境和条件的变化来调节决策变量（即操作变量），从而使整个过程系统处于最佳状态，也就是使目标函数达到最优。

2. 过程系统结构的优化

过程系统结构的优化主要考虑的是流程方案的优化，在多种可行方案中找出费用最小的流程结构，还要保证方案满足安全、环保、易操作等方面的要求，它属于过程系统合成问题，如换热网络合成问题。

3. 过程系统管理的优化

过程系统管理的优化主要考虑计划和进度安排。计划和进度安排通常是在相对较长的时间段内发生的，主要包括资源的合理分配，如工程蒸汽和冷却水等公用工程的分配；操作时序的合理安排，如多组反应器中的催化剂再生、间歇操作的流程中每个设备的运行周期、设备的维护和检修、多产品车间的生产运行；多产品生产过程的排产计划，如对一个给定生产厂的多个产品的生产计划安排及对一个生产装置网络的生产计划协调等。

6.1.4　智能化全局优化算法

智能优化算法是基于生物进化机理或在一些物理现象中受到启发而提出的一类解决复杂优化问题的新方法。

1. 遗传算法

遗传算法是一种基于自然选择和群体遗传机理的搜索算法，它模拟了自然选择和自然遗传过程中的繁殖、杂交和突变现象。在利用遗传算法求解问题时，每个可能的解都被编码成一个“染色体”，即个体，若干个个体构成了群体（所有可能解）。在遗传算法开始时，总是随机产生一些个体（即初始解）。根据预定的目标函数对个体进行评估，给出了一个适应度值，基于此适应度值，进行选择复制下一代，然后经过交叉和变异再组合生成新一代，一代一代逐步朝着更优解的方向进化。

基本遗传算法的一般流程如下。

1）随机产生初始种群，个体数目一定，每个个体表示为染色体的基因编码，编码方式可以分为二进制编码和实数编码。

2）计算个体的适应度，并判断是否符合优化准则，若符合，则输出最佳个体及其代表的最优解，并结束计算；否则转向步骤 3）。

3）依据适应度选择再生个体，适应度高的个体被选中的概率高，适应度低的个体可能被淘汰。

4）按照一定的交叉概率和交叉方法，生成新的个体。

5）按照一定的变异概率和变异方法，生成新的个体。

6）由交叉和变异产生新一代的种群，返回步骤 2）。

一般情况下，应依据具体问题选取相应的优化准则，常用优化准则有：种群中个体的最大适应度超过预先设定值；种群中个体的平均适应度超过预先设定值；迭代次数超过预先设定值。

2. 模拟退火算法

模拟退火算法是基于蒙特卡罗（Monte Carlo）迭代求解策略的一种随机寻优算法。根据物理退火过程，模拟退火算法由某一较高温度开始，利用具有概率突跳特性的梅特罗波利斯（Metropolis）抽样策略在解空间中进行随机搜索，伴随温度的不断下降重复抽样过程，最终得到问题的全局最优解。

标准模拟退火算法的一般流程如下。

1）给定初温 $t = t_0$，随机产生初始状态 $s = s_0$，令 $k = 0$；

2）产生新状态 $s_j = \text{genete}(s)$；

3）If $\min\{1, \exp[-(C(s_j) - C(s)/t_k)]\} \geqslant \text{random}[0,1]$，$s = s_j$；

4）判断抽样稳定准则是否满足，如满足则退温，$t_{k+1} = \text{update}(t_k)$，并令 $k = k+1$；否则返回步骤 2）；

5）判断算法终止准则是否满足，如满足则退出，输出算法搜索结果；否则返回步骤 2）。

从算法结构可知，新状态产生函数、新状态接受函数、退温函数、抽样稳定准则和退火结束准则及初始温度是直接影响算法优化结果的主要因素。

新状态产生函数包括候选解产生的方式和候选解产生的概率分布。前者决定由当前解产生候选解的方式，后者决定其产生候选解中选择不同状态的概率。候选解产生方式由问题性质决定，通常在当前状态邻域结构内以一定概率方式产生，而邻域函数和概率方式可采取多种形式，其中概率分布可以是均匀分布、正态分布、指数分布及柯西分布等。

状态接受函数设计遵循的原则：在固定温度下，使目标函数值下降的候选解概率要大于目标函数值上升的候选解概率；随着温度下降，目标函数值上升的解的概率要逐渐减小；当温度趋于零时，只接受目标函数值下降的解。模拟退火算法通常采用 $\min[1,\exp(-\Delta C/t)]$ 为状态接受函数。

通常可采用如下初温确定方法：均匀抽样一组状态，以各状态目标值的方差为初温；随机产生一组状态，确定两个状态间的最大目标值差，然后依据差值，利用一定的函数确定初温。

一般情况下，可采用如下温度更新函数方法：温度与退温时间的对数函数成反比，即 $t_k=\alpha/\ln(k+k_0)$；温度与退温时间的成反比，即 $t_k=\beta/(1+k)$；指数退温 $t_{k+1}=\lambda t_k$，$0<\lambda<1$。

内循环终止准则，或称为 Metropolis 抽样稳定准则，用于决定在某个温度下产生候选解的数目。常用的抽样稳定准则：检验目标函数的均值是否稳定；连续若干步的目标值变化较小；按一定的步数抽样。

外循环终止准则（即算法终止准则，用于决定算法何时结束）：设置终止温度的阈值；设置外循环迭代次数；算法搜索到的最优值连续若干步保持不变。

3. 粒子群算法

粒子群算法是一种典型的群体智能优化算法，其思想源于对鸟群简化社会模型的研究及行为模拟。

假设粒子群算法中的每个粒子在 n 维搜索空间中以一定的速度飞行，$X_i=(x_{i1},x_{i2},\cdots,x_{in})$ 为粒子的当前位置，$V_i=(v_{i1},v_{i2},\cdots,v_{in})$ 为粒子 i 的当前飞行速度。$\text{pbest}_i=(\text{pbest}_{i1},\text{pbest}_{i2},\cdots,\text{pbest}_{in})$ 为粒子所经历的最优位置，称作个体最优位置。

设 $f(x)$ 为最小化的目标函数，则粒子的当前最优位置由下式确定

$$\text{pbest}_i(t+1)=\begin{cases}\text{pbest}_i(t), & 若 f[X_i(t+1]\geqslant f[\text{pbest}_i(t)]\\ X_i(t+1), & 若 f[X_i(t+1]<f[\text{pbest}_i(t)]\end{cases}\tag{6-4}$$

设群体中的粒子数为 N，群体中所有粒子所经历过的最好位置为 $\text{gbest}(t)$ 为全局最优位置，则

$$\text{gbest}(t)=\min\{f[\text{pbest}_1(t)],f[\text{pbest}_2(t)],\cdots,f[\text{pbest}_N(t)]\}\tag{6-5}$$

粒子的飞行速度和位置可以根据个体的飞行经验和群体的飞行经验进行动态调整，其速度与位置的更新方程为

$$v_{ij}(t+1)=v_{ij}(t)+c_1r_1[\text{pbest}_{ij}(t)-x_{ij}(t)]+c_2r_2[\text{pbest}_j(t)-x_{ij}(t)]\tag{6-6}$$

$$x_{ij}(t+1)=x_{ij}(t)+v_{ij}(t+1)\tag{6-7}$$

式中，i 表示第 i 个粒子，j 表示粒子的第 j 维；$v_{ij}(t)$ 表示粒子 i 在进化到 t 代时的第 j 维飞行速度分量；$x_{ij}(t)$ 表示粒子 i 在进化到 t 代时的第 j 维位置分量；$\text{pbest}_{ij}(t)$ 表示粒子 i 在进化到 t 代时的第 j 维个体最优位置 $\text{pbest}_i(t)$ 分量；$\text{gbest}_j(t)$ 表示粒子 i 在进化到 t 代时的第 j 维个体最优位置 $\text{gbest}(t)$ 分量；c_1、c_2 为加速因子或称学习因子；r_1、r_2 为 $[0,1]$ 之间的随机数。

基本粒子群算法的计算流程如下。

1）随机初始化所有粒子的速度和位置，每个粒子的最优位置 pbest(t) 设为其初始位置，种群的最优位置 gbest(t) 设置为初始粒子的全局最优位置。

2）根据式（6-6）与式（6-7）调整当前粒子的位置和速度。

3）将每个粒子的当前位置与其历史最优位置进行比较，若优于历史最优位置，则将当前位置作为个体的最优位置，否则，沿用历史最优位置。

4）将每个粒子的个体最优位置与群体最优位置进行比较，若优于群体最优位置则替代之，否则群体最优位置保持不变。

5）检查算法终止条件，若条件满足，则终止迭代，否则返回步骤 2）。

4. *蚁群算法*

蚁群算法是一种新的仿生类随机优化方法，它模拟蚂蚁的行为特性，通过其内在的搜索机制，在一系列困难的组合优化问题求解中取得了成效。蚂蚁在寻找食物源时，能在其走过的路径上释放一种特有的分泌物——信息素，使一定范围内的其他蚂蚁能够感知到并影响后续行为。在一些路径上通过的蚂蚁越来越多时，其留下的信息素轨迹也越来越多，信息素浓度增大，因此后续的蚂蚁选择该路径的概率也得以加大。

以求解 TSP 问题为例，给出蚁群算法的实现步骤如下：

1）初始化。将 m 只蚂蚁随机放到 n 个城市中，将每只蚂蚁的禁忌表 $tabu_k$ 的第一个元素设置为它当前所在的城市。此时，各边上的信息素浓度是相等的，并设 $\tau_{ij}(t)=c$，$\Delta\tau_{ij}(t)=0$。

2）每只蚂蚁根据路径上残留的信息素量和启发式信息（两城市间的距离）独立地选择下一个城市。在时刻 t，蚂蚁 k 从城市 i 转移到城市 j 的概率为

$$p_{ij}^k(t)=\begin{cases}\dfrac{[\tau_{ij}(t)]^\alpha[\eta_{ij}(t)]^\beta}{\sum[\tau_{is}(t)]^\alpha[\eta_{is}(t)]^\beta}, & j\in J_k(i),s\in J_k(i)\\ 0 & j\notin J_k(i)\end{cases} \tag{6-8}$$

将城市加入禁忌表中。此过程进行直到禁忌表满为止，表明蚂蚁完成一次周游，即找到了一组解。

3）计算蚂蚁 k 走过的周游长度 $L_k,k=1,2,\cdots,m$。

4）更新各条路径上的信息素浓度：

$$\tau_{ij}(t+n)=(1-\rho)\tau_{ij}(t)+\Delta\tau_{ij},\Delta\tau_{ij}=\sum_{k=1}^{m}\Delta\tau_{ij}^k \tag{6-9}$$

$$\Delta\tau_{ij}^k=\begin{cases}\dfrac{Q}{L_k},L(i,j)\in tabu_k\\ 0,L(i,j)\notin tabu_k\end{cases} \tag{6-10}$$

5）更新当前的最优路径。

6）判断算法是否停止；如果算法继续，则蚂蚁 k 的禁忌表清空，并将当前点保存到 $tabu_k$，并返回到步骤 2）；如果算法停止，则输出最优路径。

5. 禁忌搜索算法

禁忌搜索算法最早由美国科罗拉多大学格洛弗（Glover）教授于 1986 年提出，它是对局部邻域搜索的一种扩展，是一种全局逐步寻优算法。禁忌搜索算法中的禁忌策略尽量避免迂回搜索，是一种确定性的局部极小突跳策略。具体来说，禁忌搜索算法通过引入一个灵活的存储结构和相应的禁忌准则来避免迂回搜索，并通过藐视准则来赦免一些被禁忌的优良状态，进而保证多样化的有效搜索，以最终实现全局优化。

禁忌搜索算法的步骤如下。

1）给定算法参数，随机产生初始解 x，置禁忌表为空。

2）判断算法终止条件是否满足，若满足，则结束算法并输出优化结果；否则，继续步骤 3）。

3）利用当前解 x 的领域函数产生其所有（或若干）邻域解，并从中确定若干候选解。

4）对候选解判断藐视准则是否满足，若最佳候选解对应的目标值优于“bestsofar”状态，则忽视其禁忌特性，用其替代当前解和“bestsofar”状态，并将相应的对象加入禁忌表；若不存在上述候选解，则在候选解中选择非禁忌的最佳状态为新的当前解，而无视它与当前解的优劣，同时将相应的对象加入禁忌表。

5）修改禁忌表中各对象的任期，转步骤 2）。

6. 免疫算法

免疫算法结合了确定性和随机性选择的特点，是具有勘测与开采能力的启发式随机搜索算法。这种应答过程通过抗体学习抗原来完成，即抗体学习抗原并最终清除抗原的过程。此进化过程中抗体对应优化问题的候选解，抗原被当作问题本身，进而获得寻求最优解的免疫算法。

免疫算法中克隆选择使亲和力较高的抗体被确定性地选择参与进化；细胞克隆使亲和力较高的抗体依据其亲和力繁殖克隆，其中部分克隆作为记忆细胞更新记忆池，即记忆细胞演化，其余克隆参与进化；亲和突变使克隆依据其母体的亲和力按可变概率进行变异；克隆抑制消除相同、相似且亲和力低的克隆；免疫选择使母体群参与克隆群竞争，并按概率选择存活的母体或克隆；募集新成员则随机产生自我抗体，插入抗体群，维持群体自身平衡。这种由进化链：抗体群—克隆选择—细胞克隆及记忆细胞演化—亲和突变—免疫选择—募集新成员—新抗体群，构成的随机搜索链为进化过程，反映在数学上则为免疫算法。免疫算法的实现步骤如下。

1）初始化，确定抗体数量、记忆池规模等参数。

2）若抗原为新抗原（即未处理过的优化问题），则随机产生 N 个抗体构成初始抗体群 A_0，记忆池 M_{set} 为空集。若抗原为已出现过的抗原，则从记忆池 M_{set} 中随机选择部分记忆细胞，以及随机产生部分抗体构成规模为 N 的初始抗体群 A_0，计算 A_0 中抗体的亲和力。

3）利用克隆选择算子在 A_n 中选择 N_1 个抗体构成群体 B_n。

4）细胞克隆算子作用于 B_n，繁殖 M 个克隆，B_n 中的抗体进入记忆池 M_{set}，并更新 M_{set} 中亲和力低的抗体。

5）依据亲和突变算子对各个克隆细胞进行突变，获得突变的克隆集 C_n。

6）计算 C_n 中与母体不相同的克隆的亲和力，克隆抑制算子作用于 C_n，获得克隆集 C_n^*。

7）计算 $<A_n \oplus C_n^*>$ 中抗体的激励度，依据激励度选择 N_2 个抗体构成种群 D_n，其中 $<A_n \oplus C_n^*>$ 为 A_n 和 C_n^* 中亲和力较高的 N 个抗体的集合。

8）由募集新成员算子任选 N_3 个自我抗体插入 D_n，并计算此 N_3 个抗体中与 D_n 的抗体中不相同的自我抗体的亲和力，获得 A_{n+1}。

9）若满足终止条件，输出结果；否则，返回步骤 3)。

6.2 故障诊断与故障预测技术

随着科学技术的发展，工程系统的规模越来越大，复杂性也越来越高，系统一旦发生事故，就有可能带来巨大的经济损失或人员伤亡。提高系统运行可靠性与安全性已成为经济社会稳定、健康发展的一个关键因素，故障诊断技术是提高系统可靠性和降低事故风险的重要技术之一。

故障诊断技术是涉及控制理论、信号处理、模式识别等多门学科的一门综合性技术。本章所说的故障诊断技术以解析冗余为主，主要研究如何对系统中出现的故障进行检测、分离和辨识，即判断故障是否发生、确定故障发生部位和种类，以及其故障大小和发生时间等。

故障诊断技术基本名词如下。

故障：系统至少有一个特性或参数出现较大偏差，超出了可接受的范围，此时系统的性能明显低于其正常水平，因此难以完成其预期的功能。

加性故障：故障加性地作用在系统的输入/输出上，因此对残差信号的影响也是加性的。

严重故障：在特定的操作条件下，由于故障使系统持续丧失了完成给定任务的能力。

失灵：在系统完成特定的任务时，出现了间断性的不规则现象。

残差：故障指示器，由测量值与模型计算值的差得到。

症状：由故障引起的系统可观测的特性与其正常的特性相比所出现的异常变化。

检测：确定系统是否发生了故障。

分离：在检测之后，确定故障的种类、故障发生的部位。

辨识：在分离之后，确定故障的大小、故障发生的时间。

诊断：有广义和狭义之分。广义上，它通常作为故障检测、分离和辨识的统称；狭义上，它特指故障分离和故障辨识。

误报：系统没有发生故障而报警。误报率是衡量故障诊断系统性能的基本指标之一。

漏报：系统发生了故障而没有报警。漏报率是衡量故障诊断系统性能的又一个基本指标。

解析冗余：通过解析方式表示的系统数学模型来产生冗余的信号。

6.2.1　控制系统故障分类

按照控制系统故障发生的部位进行分类，可将故障分为执行器故障、传感器故障和元部件故障等。

1. 执行器故障

常见的执行机构故障有执行机构卡死、执行机构恒增益、执行机构恒偏差、执行机构非线性特性恶化及黏滞效应等。

2. 传感器故障

按传感器故障程度可分为硬故障（结构损坏导致的故障，一般幅值较大、变化突然）和软故障（特性的变异，一般幅值较小、变化缓慢）；按传感器故障表现形式可分为间歇性故障（时好时坏）和永久性故障（失效后，不能再恢复正常）；根据传感器故障发生、发展的进程可分为突变故障（信号变化速率大）和缓变故障（信号变化速率小）。

从传感器故障建模的角度出发，可分为乘性故障和加性故障；按故障原因可分为偏差故障、冲击故障、开路故障、漂移故障、短路故障、周期性干扰、非线性死区故障。

3. 元部件故障

元部件故障又称系统故障，它通常会引起系统参数的变化。在线性系统中，元部件故障还可引起系统传递函数的变化，因此元部件故障通常表示为乘性故障。常见的元部件故障有元部件参数出现阶跃型跳变或元部件参数有缓慢漂移等。

6.2.2　故障诊断技术常用方法

1. 故障树法

故障树是一种虚拟的、通用的描述安全性要求的标准化逻辑图。利用故障树诊断方法，能够从系统的故障状态出发，逐级进行推理分析，最终确定故障发生的基本原因、影响程度和发生概率。

一般情况下，故障树作为系统要求规范的一部分，在系统设计和运行过程中，要不断检验是否满足这些规范，故障树能够描述系统的部分要求规范，剩余的规范要求将以其他的形式描述。

2. 有向图法

有向图是一种描述系统因果关系的图形化模型，其中节点表示事件、变量或故障源，从原因节点指向结果节点的边表示变量之间的因果关系。增益代表起始节点到最终节点的影响方式。当增益为+1 时，代表两个节点偏离同样的方向；当增益为−1 时，表示偏离不同的方向。

在系统正常时，有向图中的节点都处于正常状态，发生故障的节点状态将会偏离正常值并发生警报，根据节点变化的因果关系，可以分析出故障所有可能的传播路径，判明故障发生的原因，并分析故障在过程内部的发展演变过程。

3. 定性仿真

基于定性仿真理论的故障诊断技术，能够把系统行为描述为状态转换图，其中系统可能的行为是该图中的一条路径，定性模型由表示系统物理参数的定性变量和表示各参数间相互关系的定性方程构成。定性仿真能够描述并模仿系统的结构，以确定从给定的初始状态出发得到当前系统状态。利用模型、原理和定性变量的取值，在一定的算法下，求取下一状态，从而得到状态转换图。这一过程称为假设—建模—仿真—匹配循环，如图 6.1 所示。定性仿真的主要特点是能够对系统的动态行为进行推理。

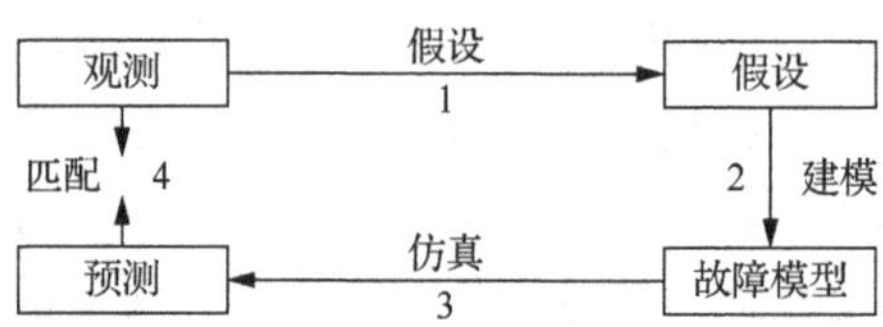

图 6.1　基于定性仿真的故障诊断方法流程

基于定性微分方程约束的定性仿真方法是较成熟的定性仿真方法之一。首先将系统描述为一个代表物理参数的符号集合及反映这些物理参数之间相互关系的约束方程集合，然后从系统的初始状态出发，生成各种可能的后继状态，并用约束方程过滤掉那些不合理的状态，重复此过程，直到没有新的状态出现为止。

4. 主成分分析

主成分分析能够适用于描述单个数据矩阵中的数据的变动情况。首先，计算出一个向量，称作第 1 主元（PCA1），用于描述数据最大的变动方向。第 2 主元（PC2）与第 1 主元正交，描述了剩余变动中的最大方向。一般都可以用少数的主元描述高维的数据矩阵。

假设 $x\in\mathbf{R}^m$ 代表一个包含 m 个传感器的测量样本，每个传感器各有 n 个独立样本。构造测量数据矩阵 $\boldsymbol{X}=(x_1,x_2,\cdots,x_n)^{\mathrm{T}}\in\mathbf{R}^{n\times m}$，其中每一列代表一个测量变量，每一行代表一个样本。

基于协方差的 PCA 方法，将 $\boldsymbol{X}$ 的每一列减去相应的变量均值；基于相关性的 PCA 方法，将 $\boldsymbol{X}$ 的每一列减去相应的变量均值且除以相应的变量标准差。下面均采用后者对数据进行预处理，即 $\boldsymbol{X}$ 的各列处理成单位方差且零均值的变量。定义标准化后的样本 x 协方差矩阵 $\boldsymbol{S}=\mathrm{cov}(x)\approx\dfrac{1}{n-1}\boldsymbol{X}^{\mathrm{T}}$，进行特征值分解，并且按照特征值的分大小降序排列。

对 $\boldsymbol{X}$ 按下式分解：

$$\begin{cases}\boldsymbol{X}=\hat{\boldsymbol{X}}+\boldsymbol{E}=\boldsymbol{T}\boldsymbol{P}^{\mathrm{T}}+\boldsymbol{E}\\ \boldsymbol{T}=\boldsymbol{X}\boldsymbol{P}\end{cases}\tag{6-11}$$

式中，E 为误差，$\boldsymbol{P}\in\mathbf{R}^{m\times A}$ 为负载矩阵，由 $\boldsymbol{S}$ 的前 A 个特征向量构成；$\boldsymbol{T}\in\mathbf{R}^{m\times A}$ 为得分矩阵，各列被称为主成分变量；A 表示主元个数，也是得分矩阵列数，主元的协方差矩阵由 $\boldsymbol{\Lambda}=\dfrac{1}{n-1}\boldsymbol{T}^{\mathrm{T}}\boldsymbol{T}-\begin{bmatrix}\lambda_1 & & \\ & \ddots & \\ & & \lambda_A\end{bmatrix}$ 计算，其中 $\lambda_1\geqslant\lambda_2\geqslant\cdots\geqslant\lambda_A$ 表示 $\boldsymbol{S}$ 的前 A 个较大的特征值。一般地，可以利用累积方差准则、平均特征值准则等选取 A 的主元。

PCA 模型能够将变量空间分解为两个正交的互补子空间，其中由 P 的所有列张成的子空间为主成分子空间（PCS），其正交补成为残差子空间（RS）。任意一个样本向量，均可以被分解为在主成分子空间和残差子空间上的投影：

$$\begin{cases}x=\hat{x}+\tilde{x}\\ \hat{x}=\boldsymbol{P}\boldsymbol{P}^{\mathrm{T}}x\in\mathbf{R}_P\equiv\operatorname{span}\{\boldsymbol{P}\}\\ \tilde{x}=(\boldsymbol{I}-\boldsymbol{P}\boldsymbol{P}^{\mathrm{T}})x\in\mathbf{R}_r\equiv\operatorname{span}\{\boldsymbol{P}\}^{\perp}\end{cases}\tag{6-12}$$

式中，$\hat{x}$ 为样本在主元空间中的投影，表示被建模部分；$\tilde{x}$ 为样本在残差空间中的投影，表示未被建模部分。通常可用平方预测误差（squared prediction error，SPE）（也称 Q 统计量）和 T^2 检测过程是否发生异常。下面介绍 SPE 和 T^2 两个常用的指标。SPE 指标能够衡量样本向量在残差空间投影的变化

$$\text{SPE}=\|(\boldsymbol{I}-\boldsymbol{P}\boldsymbol{P}^{\mathrm{T}})x\|^2\leqslant\delta_\alpha^2\tag{6-13}$$

式中，δ_α^2 为置信水平为 α 时的控制限。当 SPE 位于控制限内时，认为过程是正常的，SPE 指标主要衡量正常过程变量之间的相关性被改变的程度，显示异常的过程状况。

T^2 统计量衡量变量在主成分空间中的变化

$$T^2=x^{\mathrm{T}}\boldsymbol{P}\boldsymbol{\Lambda}\boldsymbol{P}^{\mathrm{T}}x\leqslant T_\alpha^2\tag{6-14}$$

式中，$\boldsymbol{\Lambda}=\operatorname{diag}\{\lambda_1,\lambda_2,\cdots,\lambda_{\mathrm{A}}\}$；$T_\alpha^2$ 表示置信度为 α 的 T^2 控制限；T^2 指标则度量现有样本距离主元子空间原点的距离。

由于主元子空间包含过程正常时信号的大部分变化，而残差子空间主要代表噪声，因此由 T^2 定义的控制限通常比 SPE 定义的要大得多。如果一个样本的 T^2 指标超过控制限，它的 SPE 指标却未必越限，即并没有破坏变量之间的关系。这种情况可能是一个故障，也可能是过程范围发生了变化。

5. 偏最小二乘法（PLS）

如果要对过程变量反映的所有变化进行监控，那么可以对 X 进行 PCA 分解。然而，过程监控的最终目标是保证产品的质量。这些质量通常会受到过程条件的影响，而这些条件会通过测量变量反映出来，质量变量一般都难以测量且有较大的测量延迟，如果要监测对质量变量影响较大的那些过程变化，则应该对 X 空间进行 PLS 分解。

PLS 模型如下。

设输入矩阵 $\boldsymbol{X}\in\mathbf{R}^{n\times m}$ 由 n 个样本组成，每个样本有 m 个传感器；输出矩阵 $\boldsymbol{Y}\in\mathbf{R}^{n\times p}$ 同样由 n 个样本构成，每个样本由 p 个质量数据构成。PLS 算法能够将数据矩阵 $(\boldsymbol{X},\boldsymbol{Y})$ 投影到一个由少量潜变量（$t_1,\cdots,t_A$，A 为 PLS 主元个数）构成的低维空间中

$$\begin{cases} \boldsymbol{X} = \boldsymbol{T}\boldsymbol{P}^{\mathrm{T}} + \boldsymbol{E} \\ \boldsymbol{Y} = \boldsymbol{T}\boldsymbol{Q}^{\mathrm{T}} + \boldsymbol{F} \end{cases} \tag{6-15}$$

式中，$\boldsymbol{T}=[t_1,\cdots,t_A]$是得分矩阵；$\boldsymbol{P}=[p_1,\cdots,p_A]$是针对$\boldsymbol{X}$的载荷矩阵；$\boldsymbol{Q}=[q_1,\cdots,q_A]$是针对$\boldsymbol{Y}$的载荷矩阵；$\boldsymbol{E}$和$\boldsymbol{F}$分别是$\boldsymbol{X}$和$\boldsymbol{Y}$的建模误差。数据矩阵$\boldsymbol{X}$和$\boldsymbol{Y}$通常是经预处理的，即两矩阵的均值为零，方差为 1。

表 6.1 列出了用于建立 PLS 模型的非线性迭代最小二乘法（non-linear iterative partial least squares，NIPALS）。

表 6.1　PLS 模型的非线性迭代最小二乘算法

将 X, Y 数据的各列进行零均值和单位方差处理。令 i=1，$X_1 = X$
1. 令 $\boldsymbol{u}_i Y$ 的任一列
2. $\boldsymbol{w}_i = \boldsymbol{X}_i^{\mathrm{T}} / \lVert \boldsymbol{X}_i^{\mathrm{T}} \boldsymbol{u}_i \rVert$
3. $\boldsymbol{l}_i = \boldsymbol{X}_i \boldsymbol{w}_i$
4. $\boldsymbol{q}_i = \boldsymbol{Y}^{\mathrm{T}} \boldsymbol{t}_i / \boldsymbol{t}_i^{\mathrm{T}} \boldsymbol{t}_i$
5. $\boldsymbol{u}_i = \boldsymbol{Y}\boldsymbol{q}$，如果 t 收敛了，那么跳到第 6 步，不然返回第 2 步
6. $\boldsymbol{p}_i = \boldsymbol{X}_i^{\mathrm{T}} \boldsymbol{t}_i / \boldsymbol{t}_i^{\mathrm{T}} \boldsymbol{t}_i$
7. $\boldsymbol{X}_{i+1} = \boldsymbol{X}_i - \boldsymbol{t}_i \boldsymbol{p}_i^{\mathrm{T}}$ 令 i=i+1，返回第 1 步，当 $i > A$ 时算法停止（A 是 PLS 的主成分个数）

这个 PLS 算法的目标是要得到优化问题的解：

$$\begin{aligned} &\max \ \boldsymbol{w}_i^{\mathrm{T}} \boldsymbol{X}_i^{\mathrm{T}} Y_i q_i \\ &\text{s.t.} \ \lVert w_{\mathrm{i}} \rVert = \lVert q_i \rVert = 1 \end{aligned} \tag{6-16}$$

式中，$\boldsymbol{w}_i$和$\boldsymbol{q}_i$分别是权重向量，用以计算潜变量，$\boldsymbol{t}_i = \boldsymbol{X}_i \boldsymbol{w}_i$和$\boldsymbol{u}_i = \boldsymbol{Y}_i \boldsymbol{q}_i$。记$\boldsymbol{W}=[W_1,\cdots,W_A]$，由于$\boldsymbol{T}$无法由$\boldsymbol{W}$直接从$\boldsymbol{X}$中计算得到，令

$$r = \prod_{j=1}^{i-1} (\boldsymbol{I}_m - \boldsymbol{w}_j \boldsymbol{p}_j^{\mathrm{T}}) \boldsymbol{w}_i \tag{6-17}$$

且$\boldsymbol{R}=[r_1,\cdots,r_A]$，那么得分矩阵$\boldsymbol{T}$可以由原始测量数据$\boldsymbol{X}$计算得到

$$\boldsymbol{T} = \boldsymbol{X}\boldsymbol{R} \tag{6-18}$$

利用 PLS 进行过程监控的策略如下：当一个故障发生时，一个或多个测量变量将会被影响，从而影响这些变量间的关系。PLS 模型将测量变量$\boldsymbol{X}$分解为$\mathrm{S_p}$与$\mathrm{S_r}$两个子空间，而故障检测就是对这两个子空间进行监测。人们认为在 PLS 结构下，如果发生影响质量变量Y的异常情况，那么故障发生在子空间$\mathrm{S_p}$。另外，如果故障不会影响质量变量，那么它会发生在$\mathrm{S_r}$里。在统计过程检测领域，T^2被用来检测发生在$\mathrm{S_p}$的故障，而Q统计量被用来检测发生在$\mathrm{S_r}$的故障。因此，基于 PLS 的故障检测技术可以判断一个故障是否与质量变量相关。

当获得一个新样本时，PLS 得分和残差可以计算出来，然后就可以按照下式计算统计量T^2和Q。

$$\begin{cases} T^2 = \boldsymbol{t}_{\text{new}}^{T} \boldsymbol{\Lambda}^{-1} \boldsymbol{t}_{\text{new}} \\ Q = \lVert \tilde{\boldsymbol{x}}_{\text{new}} \rVert^2 \end{cases} \tag{6-19}$$

式中，$\boldsymbol{\Lambda} = \dfrac{1}{n-1} \boldsymbol{T}^{\mathrm{T}} \boldsymbol{T}$是得分$t$的样本协方差；$n$是训练样本的个数。如果$T^2$和$Q$均在相

应的正常范围内，那么过程是正常的。如果只有 T^2 超过了控制限，那么过程中发生了和 $\boldsymbol{Y}$ 相关的故障。如果只有 Q 超过了控制限，那么就可以认为过程发生了和 $\boldsymbol{Y}$ 无关的故障。

6. 全潜结构投影方法（T-PLS）

PLS 需要选择较多的主元才能得到较好的预测性能，但是这使 PLS 模型的及时性较差，而且这些 PLS 主成分依然会有一些和 $\boldsymbol{Y}$ 正交的变化，这些变化对预测 $\boldsymbol{Y}$ 没有帮助。另一方面，因为 PLS 并没有按照方差大小的顺序 $\boldsymbol{X}$ 来抽取主元，所以 k 的残差不一定很小，这使用 Q 统计量监控残差并不合适。一种称为全潜结构投影的算法，可以有效解决上述问题。

单变量输出的 T-PLS1 算法由如表 6.2 所示。

表 6.2　针对单变量输出的 T-PLS1 算法

将 $\boldsymbol{X}, \boldsymbol{Y}$ 数据的各列进行零均值和单位方差处理。令 $i=1$， $\boldsymbol{X}_1=\boldsymbol{X}$
1. 对（$\boldsymbol{X},\boldsymbol{Y}$）运行 PLS1 算法，得到相应的矩阵 $\boldsymbol{T}$、$\boldsymbol{P}$、$\boldsymbol{q}$、$\boldsymbol{A}$
2. $\boldsymbol{t}_y=\boldsymbol{T}\boldsymbol{q}^{\mathrm{T}}$
3. $\hat{\boldsymbol{X}}=\boldsymbol{T}\boldsymbol{P}^{\mathrm{T}}, \boldsymbol{p}_y=\hat{\boldsymbol{X}}\boldsymbol{t}_y/\boldsymbol{t}_y^{\mathrm{T}}\boldsymbol{t}_y$
4. 对 $\hat{\boldsymbol{X}}_C$ 进行 PCA 分解，$\hat{\boldsymbol{X}}_0=\hat{\boldsymbol{X}}-\boldsymbol{t}_y\boldsymbol{p}_y^{\mathrm{T}}=\boldsymbol{T}_0\boldsymbol{p}_0^{\mathrm{T}}$，主成分个数为 $A-1$
5. $\boldsymbol{u}_i=\boldsymbol{Y}\boldsymbol{q}$ 对残差 E 进行 PCA 分解，$\boldsymbol{E}=\boldsymbol{T}_{\mathrm{r}}\boldsymbol{P}_{\mathrm{r}}^{\mathrm{T}}\mid\boldsymbol{E}_{\mathrm{r}}$，其主成分个数由相关文献给出

当使用 T-PLS 对数据进行建模时，数据可以被分解为如下几块：

$$\begin{cases}\boldsymbol{X}=\boldsymbol{t}_y\boldsymbol{p}_y^{\mathrm{T}}\boldsymbol{T}_0\boldsymbol{P}_0^{\mathrm{T}}+\boldsymbol{T}_{\mathrm{r}}\boldsymbol{P}_{\mathrm{r}}^{\mathrm{T}}+\boldsymbol{E}_{\mathrm{r}}\\ \boldsymbol{Y}=\boldsymbol{t}_y+\boldsymbol{F}\end{cases} \tag{6-20}$$

其中

$$\boldsymbol{E}_r=\boldsymbol{E}(\boldsymbol{I}-\boldsymbol{P}_{\mathrm{r}}\boldsymbol{P}_{\mathrm{r}}^{\mathrm{T}}) \tag{6-21}$$

和 PLS 模型相比，T-PLS 模型在描述 $\boldsymbol{X}$ 数据中各部分与 $\boldsymbol{Y}$ 的相关性更加合适。

多变量输出的 T-PLS 模型由表 6.3 给出。

表 6.3　多变量输出的 T-PLS 模型

将 $\boldsymbol{X}, \boldsymbol{Y}$ 数据的各列进行零均值和单位方差处理。令 i=1， $\boldsymbol{X}_1=\boldsymbol{X}$
1. 对（$\boldsymbol{X},\boldsymbol{Y}$）运行 PLS 算法，得到相应的矩阵 $\boldsymbol{T}$ 和相应的 PLS 结构矩阵，$\boldsymbol{Q}$、$\boldsymbol{P}$、$\boldsymbol{R}$ 都是由 PLS2 算法求得，而 $\boldsymbol{A}$ 是由交叉验证得到的
2. 对 $\hat{\boldsymbol{Y}}$ 进行 PCA 分解，$\hat{\boldsymbol{Y}}=\boldsymbol{T}\boldsymbol{Q}^{\mathrm{T}}=\boldsymbol{T}_y\boldsymbol{Q}_y^{\mathrm{T}}$，主成分个数 $A_{\mathrm{y}}=\operatorname{rank}(Q)$
3. $\hat{\boldsymbol{X}}=\boldsymbol{T}\boldsymbol{P}^{\mathrm{T}}$，$\boldsymbol{p}_y^{\mathrm{T}}=(\boldsymbol{T}_y^{\mathrm{T}}\boldsymbol{T}_y)^{-1}\boldsymbol{T}_y^{\mathrm{T}}\hat{\boldsymbol{X}}$
4. 对 $\hat{\boldsymbol{X}}_0$ 进行 PCA 分解，$\hat{\boldsymbol{X}}_0=\hat{\boldsymbol{X}}-\boldsymbol{T}_y\boldsymbol{p}_y^{\mathrm{T}}=\boldsymbol{T}_0\boldsymbol{P}_0^{\mathrm{T}}$，主成分个数为 $A-A_{\mathrm{y}}$
5. 对残差 E 进行 PCA 分解，$\boldsymbol{E}=\boldsymbol{T}_{\mathrm{r}}\boldsymbol{P}_{\mathrm{r}}^{\mathrm{T}}+\boldsymbol{E}_{\mathrm{r}}$，其主成分个数由相关文献给出

当使用该算法进行建模时，此时，$\boldsymbol{X}$ 和 $\boldsymbol{Y}$ 可以分解成如下的结构：

$$\begin{cases}\boldsymbol{X}=\boldsymbol{T}_y\boldsymbol{p}_y^{\mathrm{T}}+\boldsymbol{T}_0\boldsymbol{P}_0^{\mathrm{T}}+\boldsymbol{T}_{\mathrm{r}}\boldsymbol{P}_{\mathrm{r}}^{\mathrm{T}}+\boldsymbol{E}_{\mathrm{r}}\\ \boldsymbol{Y}=\boldsymbol{T}_y\boldsymbol{Q}_{\mathrm{y}}^{\mathrm{T}}+\boldsymbol{F}\end{cases} \tag{6-22}$$

应用 T-PLS 模型进行故障检测。首先要根据正常情况下的历史数据来建立一个 T-PLS 模型，然后给定一个新的样本数据，计算相应的得分和残差数据，最后可以得到几个控制图，以及相应的控制限用于监控。

$$\begin{cases} \boldsymbol{t}_{y,\text{new}} = \boldsymbol{q}\boldsymbol{R}^{\text{T}}\boldsymbol{x}_{\text{new}} \in \boldsymbol{R}^{1} \\ \boldsymbol{t}_{0,\text{new}} = \boldsymbol{P}_0^{\text{T}}(\boldsymbol{P} - \boldsymbol{p}_y\boldsymbol{q})\boldsymbol{R}^{\text{T}}\boldsymbol{x}_{\text{new}} \in \boldsymbol{R}^{A\text{r}} \\ \boldsymbol{t}_{\text{r},\text{new}} = \boldsymbol{P}_{\text{r}}^{\text{T}}(\boldsymbol{I} - \boldsymbol{P}\boldsymbol{R}^{\text{T}})\boldsymbol{x}_{\text{new}} \in \boldsymbol{R}^{A\text{r}} \\ \tilde{\boldsymbol{x}}_{\text{r},\text{new}} = (\boldsymbol{I} - \boldsymbol{P}_{\text{r}}\boldsymbol{P}_{\text{r}}^{\text{T}})(\boldsymbol{I} - \boldsymbol{P}\boldsymbol{R}^{\text{T}}) \in \boldsymbol{R}^{m} \end{cases} \tag{6-23}$$

检测统计量和相应的控制限如表 6.4 所示。

表 6.4　检测统计量和相应的控制限

统计量	计算	控制限
T_{y}^2	$\boldsymbol{t}_{y,\text{new}}^{\text{T}}\boldsymbol{\Lambda}_y^{1}\boldsymbol{t}_{y,\text{new}}$	$\dfrac{n+1}{n}F_{1,n-1,\alpha}$
T_0^2	$\boldsymbol{t}_{0,\text{new}}^{\text{T}}\boldsymbol{\Lambda}_y^{-1}\boldsymbol{t}_{0,\text{new}}$	$\dfrac{(A+1)(n^2-1)}{n(n-A+1)}F_{A-1,n-A-1,\alpha}$
T_{r}^2	$\boldsymbol{t}_{\text{r},\text{new}}^{\text{T}}\boldsymbol{\Lambda}_z^{-1}\boldsymbol{t}_{\text{r},\text{new}}$	$\dfrac{A_r(n^2-1)}{n(n-A_r)}F_{A_r,n-A_r,\alpha}$
Q_{r}	$\Vert\tilde{\boldsymbol{x}}_{\text{r},\text{new}}\Vert^2$	$g\chi_{h,\alpha}^2$

对于 D 统计量，$\boldsymbol{\Lambda}_y = \dfrac{1}{n-1}\boldsymbol{t}_y^{\text{T}}\boldsymbol{t}_y$ 表示通过训练数据估计 t_y 的协方差。Λ_0、Λ_r 是 $\boldsymbol{t}_0$、$\boldsymbol{t}_{\text{r}}$ 的协方差。$F_{1,n-1,\alpha}$ 表示带有 1 和 $n-1$ 个自由度的 F 分布，其中置信度为α。对于 Q 统计量，$g = s/2\mu, h = 2\mu^2/s$ 是根据 $g\chi_{h,\alpha}^2$ 与 Q_r 参考分布之间的实际匹配来估计的，其中μ是 Q_r 的样本均值，S 是 Q_r 的样本方差。$g\chi_{h,\alpha}^2$ 是一个带有尺度因子 g 和自由度 h 的 χ^2 变量的临界值，其置信度为α。当一个新的样本的相应统计量位于控制限内，则认为过程是正常的。

6.2.3　故障预测技术

故障预测有助于及时规避严重生产设备事故，并为系统维护提供技术支持，在现代工业安全生产中发挥着重要作用。设备故障预测是根据设备过去和现在的运行状态，预测设备故障发生的时间或判断设备在将来的某段时间内发生故障的可能性。设备（系统）故障预测研究的主要问题包括以下几个方面。

1）故障预测的实时性和准确性。在故障预测中，实时性和准确性之间存在一定的矛盾。如何快速准确进行故障预测，提高故障预测的实时性，保证系统性能，是故障预测研究中要解决的首要问题。

2）故障预测鲁棒性和故障漏报率。故障预测系统必须适应系统的变化，要求故障预测系统对扰动和系统不确定性是鲁棒的。但是如何保证系统对扰动信号鲁棒，而对微小故障敏感，也是当前研究中必须要考虑的问题。

3）复合故障的预测问题。在复合故障的情况下，能够准确预测故障是故障预测系统的重点和难点，因为各个故障对系统存在交互作用，其交互作用可能导致无法利用单个故障的模式特征对复合故障进行故障建模与理论分析。

4）故障预测的误报率和漏报率是评价故障预测系统性能的重要指标，加强这方面的系统研究十分重要。

5）非线性系统的故障预测、混杂系统的故障预测、有色噪声系统的故障预测等都是当前研究中所面临的主要问题。

故障预测技术应能在适当的时候采取措施，阻止故障的进一步发展，从而避免事故的发生。以故障预测技术为基础的状态维修，能够克服计划维修过剩或不足的缺点，提高设备利用率，减少设备维修费用，从而降低生产成本，提高企业的综合竞争力。

故障预测技术是指综合利用各种数据信息，如监测的参数、使用状况、当前的环境和工作条件、早先的试验数据、历史经验等，借助各种推理技术（如数学物理模型、人工智能等）评估部件或系统故障可能性，预计其未来的健康状态。常用的故障预测算法主要有基于物理模型、基于经验模型、基于可靠性模型和基于数据驱动的方法等。

1）基于物理模型的方法。基于物理模型的故障预测技术是提供技术手段来控制预测性组件或系统的故障模式过程。这类方法在能建立准确的物理或数学模型的情况下，可以突破对象系统的本质，实现实时故障预测，但对于整机来说，实现准确诊断或预测仍然具有一定难度。

2）基于经验模型的方法。基于经验模型的方法主要是专家系统和故障树分析法。基于经验模型的方法在很大程度上取决于专家的经验。在确定优先级或有偏见时，专家经验会对故障排除产生难以估计的后果。因此，基于经验模型的方法的科学性仍需进一步讨论。

3）基于可靠性模型的方法。基于可靠性模型方法是以统计理论为基础，对故障数据进行分析，从而诊断和预测故障。常用的基于可靠性模型的技术包括贝叶斯方法、证据理论（Dempster-Shafer 理论）与可靠性评估等。可靠性模型方法的优点是能够分析统计数据以获得所需的概率密度函数，并且所得的概率密度函数可以完全支持预测。

4）基于数据驱动的方法。基于数据驱动的方法包括小波分析、经验模式分解和支持向量机等方法。该方法能够很好地解决对模型和经验的依赖，不需要对象系统的先验知识，以测试和状态监测数据为对象，估计对象系统未来的状态演化趋势，可避免基于模型和基于知识的故障预测技术的缺点。

6.3　控制系统性能评估技术

随着复杂控制工程或系统规模的日益庞大，控制回路的性能变化对产品质量、资源消耗和经济效益越来越重要，因此，获知有关控制器的性能信息，识别、诊断过程控制性能的状况和存在的问题，并加以处理，日益成为企业和控制工程师普遍关注的问题。

控制系统性能评估技术是过程控制界备受关注的研究方向之一，其涉及控制理论、系统辨识、计算机技术、信号处理和概率统计等学科知识。控制系统性能评估一般过程是针对工业过程系统待评估的控制性能，利用过程数据和模型辨识等技术，寻找一个可供实际控制器参照的最佳性能控制器基准，然后利用过程数据测量实际控制器的性能参数，将其和基准控制器的性能进行比较，给出实际控制器的性能优劣的评价，如果控制性能下降或恶化，可进一步分析诊断性能异常/恶化的原因，提供其性能提高的可能途径和建议。

控制系统性能评估与监控技术，已成为维护现代流程工业自动化系统运行性能的主要技术。控制器的性能是指其处理被控变量与期望设定值之间偏差的能力，一般采用如下的性能指标形式：

$$\eta = \frac{J_{\text{des}}}{J_{\text{act}}} \tag{6-24}$$

式中，J_{des} 为期望的性能基准；J_{act} 为从控制回路输入/输出数据中计算得到的实际性能。

各类性能评估算法由于利用的控制系统模型不同，鲁棒性也不同。实际对象与模型的匹配程度，会严重影响评价指标的准确程度。

6.3.1　控制器性能评估与监控流程

评估是指在一个确定时间点上估计出表示控制器性能的统计量，监控是指时刻监视反映控制器性能的统计量的变化情况。控制器性能评估与监控包括如下三个方面。

1）确定系统的控制能力。

2）定义一个性能基准，然后将系统的性能与基准性能相比，给出控制器性能进一步提高的可能性及裕度。

3）对反映控制器性能的统计量不断进行监控，发现控制系统性能的变化。

简单化的控制器性能评估问题描述如图 6.2 所示。控制器性能评估提出了如下几个问题：控制器运行良好吗？它的工作情况是否令人满意？如果不满意，导致性能低下的原因是什么？如何在不影响控制回路正常运行的情况下，寻找一个能够计算出性能改进的基准？如何从现场大量运行数据中挖掘出控制回路运行情况的信息？

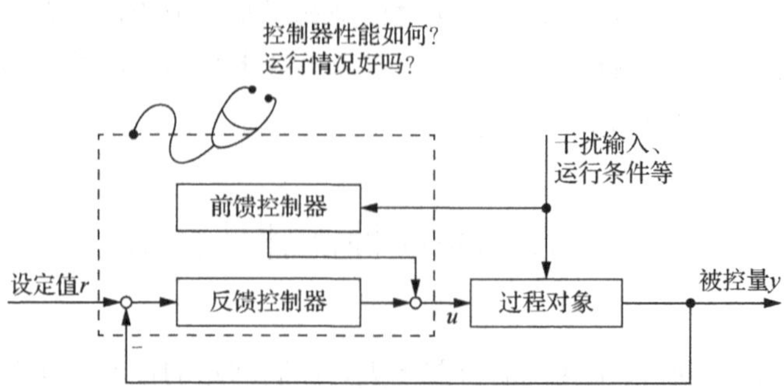

图 6.2　控制器性能评估问题的简单描述

有文献指出，实际工业中有 60%的控制器存在性能方面的问题，导致这些控制回路性能不佳的原因可归结为以下几点。

1）控制器整定不佳且缺少维护。导致这种情况的原因包括控制器未被整定或者是基于失配模型的整定，也可能是控制器类型使用不当。

2）设备故障或结构设计不合理。控制回路性能不佳，可能是由于传感器或执行器的故障（如过度的摩擦）引起的。如果装置或组件设计不合理，则问题可能更严重。这些问题无法通过重新整定控制器得到有效的解决。

3）缺少前馈或前馈补偿不足。若处理不当，外部扰动会使回路的性能恶化。因此，当扰动可测时，建议使用前馈控制对扰动进行补偿。

4）控制结构设计不合理。不合适的输入/输出配对，忽略系统变量间的相互耦合，自由度不足，过程强非线性，缺乏对大时延的补偿等都可能导致控制结构问题。

控制器性能评估就是判断控制器运行在什么状态，是良好的状态还是恶化的状态。主要是通过寻找一个客观的控制器性能基准，利用在线运行数据的自动检测技术，对运行数据进行处理得出实际性能，将之与基准性能相比较，给出实际控制器是否处于满意的性能以及它的性能还有多少改进的能力，还可以给出性能改进的方法或方向。

一般地，评估和监控控制器性能的过程应该包括以下几个步骤，具体流程如图 6.3 所示。

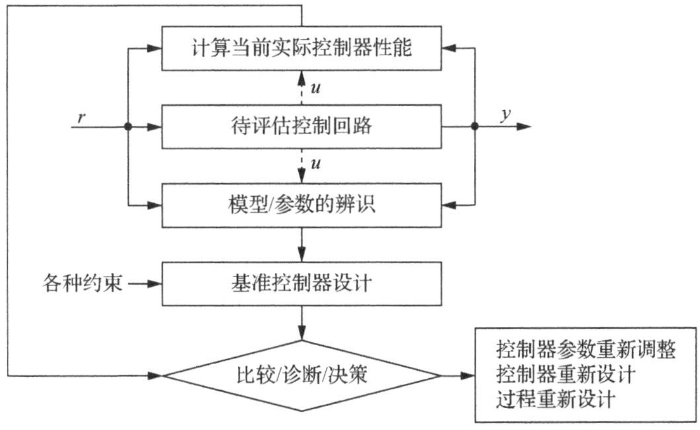

r—系统输入；y—系统输出；u—控制输出。

图 6.3　控制器性能评估与监控的基本过程

1）确定当前控制系统的能力。包括当前控制性能的量化，对系统的动态运行数据进行检测分析，并计算出当前控制系统的一些性能指标（如输出方差）。

2）选择设计性能评估的基准。确定一个基准用来评估当前控制器性能，这个基准可以是最小方差基准或其他用户自定义的基准，它表示被控对象和控制装置所能达到的期望性能。这一部分是控制器性能评估与监控技术的关键所在，也是目前大部分研究的核心内容。

3）对控制回路的性能进行评估和监控。检测当前控制性能与所选择基准之间的偏差，并发现当前控制回路性能存在的改进潜力。由于大多数工业过程中存在成百上千个控制回路，且分布在不同阶层。因此，在性能评估过程中，需要决定是采用自顶向下的策略（从上层的监控制回路到基本的控制回路）还是自底向上（从基本的控制回路到上层的监控回路）的策略。当控制回路性能使经济指标得到完全满足时，就不必再对过程和控制器进行分析。只有在控制回路无法满足控制目标且存在性能改进空间的情况下，才需要对回路性能做进一步分析。

4）诊断影响控制器性能的原因。如果分析表明，当前控制器的性能明显偏离了期望性能，那么就需要诊断相应的原因。

5）提出改进控制器性能的措施。分离出控制器性能变差的原因后，就需要采取措施恢复控制系统性能。大多数情况下，如果性能评估结果表明，在当前的控制结构和控制对象特性条件下无法达到期望的性能时，就需要对控制器及被控过程做深入分析，重新设计控制器结构或重新设计被控过程来提高控制回路的性能。

6.3.2　控制器性能评估方法与技术

1. 最小方差控制基准与 Harris 评估技术

控制器性能评估与监控问题的核心是建立性能评估基准。如果没有一个基准用来做比较，仅根据输出数据的方差，很难真正了解当前控制系统的运行状况。Harris（1989）在随机性能监控的开创性工作中，提出了最小方差基准，用这个基准可以评估控制回路的性能，并且可以得到当前控制回路性能可改进的潜力。由于最小方差基准是基于数据驱动型的，不需要过多的先验知识，同时在计算上相对简单，得到了广泛应用。

最小方差基准表征了输出方差的理论最低限，只能在实施最小方差控制的情况才能达到，其他控制器（包括 PID、LQ、史密斯预估器、模型预测控制）都无法达到。如果将最小方差基准用于实际系统的性能评估，可能会使评估结果趋于保守。

2. LQG 控制性能评估方法

在 LQ、MPC 的性能目标函数中可以看出，控制器对控制作用进行了抑制。控制作用的抑制对最小方差存在影响，为此，人们考虑将控制量作用加入性能基准中，从而出现了线性二次型高斯（linear quadratic Gaussian，LQG）基准，通过解决 LQG 问题可以得到在一定输入方差前提下的最小输出方差性能。

为确保工业过程经济性能评估的切实可行，将控制作用引入评估基准，即将关于控制方差/标准差与输出方差/标准差关系的 LQG 基准 $\sigma_y = f(\sigma_u)$，作为优化命题的非线性等式约束条件。

对于一个 $m \times p$ 的多变量控制系统，定义 LQG 二次最优性能指标为

$$J(\lambda) = \boldsymbol{E}[\boldsymbol{Y}^{\mathrm{T}} - \boldsymbol{WY}] + \lambda \boldsymbol{E}[\boldsymbol{U}^{\mathrm{T}} - \boldsymbol{RU}] \tag{6-25}$$

即控制优化的目标是最小化输出与控制的加权方差。式中，$\boldsymbol{E}$ 为数学期望；λ为控制输

入方差加权系数；$\boldsymbol{W}$ 和 $\boldsymbol{R}$ 分别表示输出与控制加权矩阵。通过改变矩阵 $\lambda\boldsymbol{R}$ 中对角元素的值，可以得到一个 $m+p$ 维的 Pareto 最优曲面，对于二维空间即为 LQG 性能曲线，如图 6.4 所示，当 $\lambda=0$ 时，即为最小方差控制，表示系统输出能够达到的方差最小极限；$\lambda=\infty$ 时为最小能量控制，表示控制器最小动作量的控制性能。

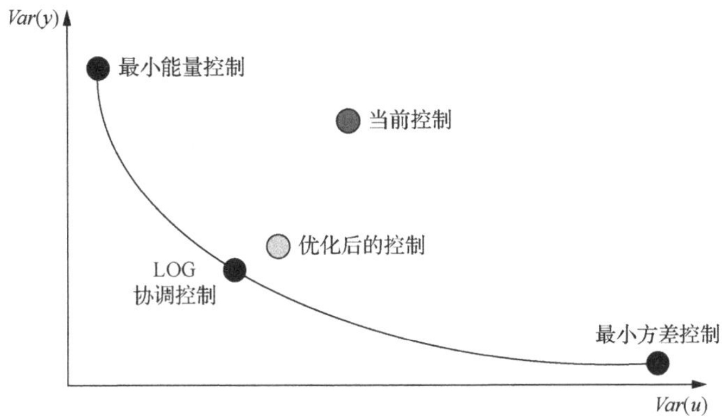

图 6.4　LQG 性能曲线/Pareto 最优曲面

LQG 性能曲线/Pareto 最优曲面表示控制和输出的方差下限，即控制器能够达到的性能上限。操作点只可能出现在曲面的上方。理想状况下，操作点将停留在 Pareto 曲面。由于噪声等不确定因素的影响，系统当前控制将偏离 Pareto 最优曲面，若控制器性能欠佳，当前工作点将远离最优曲面。通过对控制器的性能评估与优化，可以给出系统可能的性能提高空间，以改变当前工作点靠近 Pareto 最优曲面，提高经济效益。

根据式（6-25）描述的二次型性能指标，LQG 最优性能基准可以通过求解 LQG 最优状态反馈控制问题得到。

3. 用户自定义与基于历史数据的评估技术

除了考虑控制作用外，还可以考虑其他因素，如将期望调节时间、超调量闭环动态特性等作为基准，然后比较闭环动态特性是否接近期望动态特性。针对一些实际工业实例，可选取控制系统运行最好的历史数据，将以此为基础的性能目标函数 $J_{his}(k)$ 作为历史性能基准，再根据日常操作数据计算出 $J_{his}(k)$。该方法也属于用户自定义的基准，要比最小方差性能基准更灵活些，可产生更实际的性能指标，但这些基准主观性比较强。

6.3.3 先进控制系统经济性能评估

经济性能评估主要任务是根据厂级优化调度确立经济性能指标（economic performance index，EPI），其形式一般表示为

$$J=E[\theta]=\int_{y_j}\theta(y_j)f(y_j,\mu,\sigma)\mathrm{d}y_j \tag{6-26}$$

式中，y_j 表示系统输出；μ 和 σ 分别为系统输出的数学期望和标准差；$\theta(y_j)$ 表示经济性能函数（economic performance function，EPF）；$f(y_j,\mu,\sigma)$ 为在该经济性能函数取值下的概率密度函数（probability density function，PDF），即控制系统经济性能指标为经济性能函数与当前概率密度函数乘积的积分。在大多数工业过程中，过程关键变量的概

率密度函数服从正态分布，即

$$f(y_j,\boldsymbol{\mu},\boldsymbol{\sigma})=\frac{1}{\sqrt{2\pi}}\exp\left\{-\frac{(y_j-\boldsymbol{\mu})^2}{2\boldsymbol{\sigma}^2}\right\} \tag{6-27}$$

经济性能函数$\theta(y_j)$通过过程关键变量连接经济性能指标和控制过程，它定义了被控关键变量改变带来的利润增加或损失。典型的经济性能函数形式有：带约束的线性函数、CLIFFTENT 函数和二次型函数。带约束的线性函数表示在约束范围内经济效益随着关键变量的增加而线性增加，超出约束范围后效益降为零。CLIFFTENT 性能函数和带约束的线性性能函数相比，其效益在约束之外急剧降低后呈线性下降。二次型性能函数表示经济效益以二次型增加，到达顶点后反向二次降低。三种典型经济性能函数如图 6.5 所示。

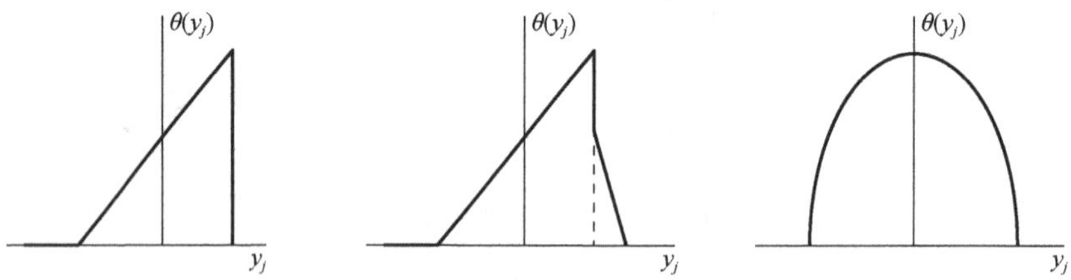

（a）带约束的线性性能函数　（b）CLIFFTENT性能函数　（c）二次性能函数

图 6.5　常用的几种经济性能函数

经济性能函数的确定是经济性能评估与优化的重要环节，其特征具有多样性，目前仍没有一套系统的标准确定其形式。除上述三种常见性能函数外，需要对具体工业过程做评估分析，结合工程经验，以确定其具体描述。

6.4　安全性技术

控制系统的安全包括两个方面：功能安全（functional safety）和网络安全（network security）。功能安全也称为机能安全，是指一个系统或设备整体功能的安全机制，它依赖于系统或设备对输入的正确操作。当每一个特定的安全功能获得实现，并且每一个安全功能必需的性能等级被满足的时候，功能安全目标就达到了。

一般情况下，当系统满足以下条件时就认为是功能安全的：任一随机故障、系统故障或共因失效都不会导致安全系统的故障，以免引起人员的伤害或死亡、环境的破坏、设备财产的损失。例如，可燃性液体容器内，当液位到达潜在的危险值时，液位开关就会关闭阀门阻止更多的液体进入容器，阻止液体从容器溢出。该过程的正确执行，可看作是功能安全。

网络安全是指网络系统的硬件、软件及其系统中的数据受到保护，不因偶然的或者恶意的原因而遭受到破坏、更改、泄露，系统连续可靠正常地运行，网络服务不中断。网络安全是一门涉及计算机科学、网络技术、通信技术、密码技术、信息安全技术、应用数学、数论、信息论等多种学科的综合性学科。

控制系统的网络安全除了保护控制系统软件、硬件资产外，更重要的是要保护它所控制系统的基础设施，以免引起资产损失、人员伤亡、环境破坏或者经济和社会的动荡。

6.4.1　功能安全

2000 年 5 月，国际电工委员会正式发布了 IEC61508 安全标准《电气/电子/可编程电子安全相关系统的功能安全》，它针对安全控制建立了一个基础的评价方法，对于工业领域的安全性技术具有划时代的意义。

安全控制从应用到发展，基本上是围绕两个主题，即“安全功能”和“功能安全”。IEC61508 将“安全功能”定义为针对规定的危险事件，为达到或保持受控设备的安全状态，由电气/电子/可编程电子安全相关系统、其他技术安全系统或外部风险降低措施实施的功能，而 IEC61508 指出的“功能安全”与受控设备及其控制系统相关，取决于安全控制系统和其他保护层功能的正确实施。

在过程工业领域的典型安全标准还有德国的 DIN V 19250—1994《控制技术对测量和控制设备应考虑的基本安全性要求》和 DIN V VDE0801—1990《安全相关系统中的计算机原理》、美国的 ANSI/ISA-84.01—1996《安全仪表系统在过程工业中的应用》等。

6.4.2　安全性控制

（1）安全性能

一般地，工业控制系统的安全性能主要包括安全性（safety）、可靠性（reliability）和可用性（availability）几个方面。

安全性是指控制系统免除不可接受风险影响的特性。它包括两个方面：系统在正常运行下的安全性和故障下的安全性。前者关注控制系统中逻辑上的错误，是需要竭力杜绝的，通常有专门的检测机构进行测试，后者是指故障时设备应导向安全状态。安全性以防止人员伤亡和财产损失为目的，安全性评价常用安全完整性等级（safety integrity level，SIL），它根据安全要求的不同共分为四个等级，分别是 SIL1、SIL2、SIL3 和 SIL4。从安全性讲，SIL4 是最可靠的，而 SIL1 最不可靠。SIL 等级越高，代表系统正确执行安全性能的概率越高。我国石化行业使用的是 SIL3，而铁路和轨道交通业使用的是 SIL4。

可靠性是指控制系统或元件在规定条件和时间内完成规定功能的能力。可靠性以维护系统的功能正常执行为目的，一般采用平均无故障时间（mean time between failure，MTBF）进行评价。为了提高系统的可靠性，规范的质量检查及软件工程是重要保障，此外，在硬件上应注意元器件的选择和使用，以及在机械环境和电磁兼容设计方面的考虑等。

可用性是在要求的外部资源得到保证的前提下，系统在规定的条件下和时间内处于可执行规定或恢复功能的能力。可用性以系统故障后对业务的影响最小为目的，通常采用平均修复时间（mean time to repair，MTTR）进行衡量。为了提高可用性，可以采取冗余或容错技术，如三重表决系统等，它能够兼顾安全性和可用性。

（2）信号安全

工业控制系统中常用的信号包括毫伏（mV）信号、0～5V 电压信号、1～5V 电压信号、0～10mA 电流信号、4～20mA 电流信号、电阻信号等。在实际工程中，通常将这些信号分为模拟量信号和数字量信号两大类。

许多现场的检测信号都是模拟信号，如液位、压力、温度、位置、pH 值、电压、电流等，通常都是将现场待检测的物理量通过传感器转换为电压或电流信号；执行装置所需的控制信号大多也是模拟量，如调节阀、电动机、电力电子的功率器件等的控制信号。也有许多现场设备只对应于两种状态，如按钮或行程开关的闭合和断开、电动机的启动和停止、指示灯的亮和灭、仪器仪表的 BCD 码、继电器或接触器的释放和吸合、晶闸管的通和断、阀门的打开和关闭等，可以用数字（开关）输出信号去控制或者对数字（开关）输入信号进行检测。另外，工业控制系统还可能需要处理高达数千伏、数百安的强电信号。为此，必须注意现场仪表和控制室内的控制系统的接地、电缆敷设、信号线及电源线的接线情况，它们都影响着控制系统的安全运行。

保障信号安全的有效手段是进行信号隔离，这一般要考虑以下两个方面的内容。

一是可靠绝缘：保证信号线之间不会产生漏电流，为此要求导线绝缘材料的耐压等级、绝缘电阻必须符合规定。

二是合理配线：要求信号线尽量避开干扰源，如当动力线和信号线平行敷设时，两者必须保持一定的间距，两者交叉时要尽可能垂直，导线穿管铺设时，电源线和信号线应在不同导线管内。不同信号幅值的信号线不宜穿在同一导线管内。在采用金属汇线槽敷设时，不同幅值导线、电缆与电力线需用金属隔板隔开。同一多芯电缆内不宜有不同幅值的信号线等。

在信号电缆敷设中，要特别注意将强电电缆与弱电电缆分开，电源电压 220V 以下、电流 10A 以下的电源电缆和信号电缆之间的距离要大于 150mm，电源电压 220V 以上、电流 10A 以上的电源电缆与信号电缆之间的距离应该大于 600mm。若放在同一桥架内，它们之间要装隔离板。热工电缆不可放在高压电场内。在发电机等附近有较强辐射处，应该用铜皮或铝箔等做成密封箱，以起到屏蔽作用。

（3）电路安全

为保证人身和财产安全，电气设备自身的电路安全非常重要。在各种保护措施中，本质安全电路是一种简单有效的防爆方式，它是指电路在标准规定条件（包括正常工作和规定的故障条件）下产生的任何电火花或任何热效应均不能点燃规定的爆炸性气体混合物。电火花的点燃特性取决于电路中的电气能量，当电路被接通或断开时总是以火花形式来释放一定的能量，该能量来源于供电电源及电路中的储能元件。

本质安全电路必须保证所设计的电气参数符合本质安全性的要求，其依据是 IEC 颁布的最小点燃曲线。可以考虑在本质安全型电气设备的设计阶段，在实验室中对其本质安全性进行事先评估，考查其电气参数是否符合本质安全要求规定，即与最小点燃电流值进行比较，判断电路是否具有安全性。

本质安全电路传递的功率比较低，主要应用于通信、控制、调节、信号等设备中，构成本质安全型电气设备。由于本质安全型电气设备具有体积小、重量轻、制造维护方便、价格低和安全程度高等优点，已成为一种不可缺少的安全措施。另外，在石油、化工等爆炸性危险环境下的过程控制系统，本质安全型现场总线技术得到了越来越多的应用，支持本质安全型现场总线系统有 Profibus-PA 和 Foundation Fieldbus 等。本质安全领域中还存在很多亟待解决的问题，如在保证本质安全的前提下如何实现多重保护功能及提高电源功率等。

（4）冗余与容错

冗余技术是指并行使用多个系统部件如 CPU、输入模块、通信卡件等，以提供错误检测和错误校正的功能。冗余技术还可以自动地检测故障，在不影响整个系统运行的很短时间内切换到后备设备上继续正常工作。

容错技术是指拥有内部冗余的并行元件和集成逻辑，当硬件或软件出现故障时，系统能够自动识别故障并使故障旁路继续执行正确的指定功能的能力。容错技术关注三个方面：一是故障约束，即限制过程或进程的动作，防止错误发生后在被检测出之前的扩大；二是故障检测，即对信息和过程进行不间断的动态检测，以及时发现错误；三是故障恢复，即修正或切换失效的部件。

控制系统硬件冗余和容错技术包括以下几个方面。

1）电源冗余。电源是控制系统的关键单元，在系统设计时，不仅要慎重考虑每个电源的容量，还要认真考虑整个电源单元的可靠性，采取电源冗余设计。

2）通信电缆冗余。控制系统的数据通信网络可以采用双重冗余方式，正常工作时冗余的两条数据通路同时并行运行，各自承担一半的通信负载，当其中一路发生故障时，另一路能自动地承担起全部通信负载，保证通信的正常进行。

3）控制模件冗余。设计控制模件的 N∶1 冗余，这样，无论哪一个主控制模件出现了故障，均将由备用控制模件替换，以保证系统能正常工作。

控制系统软件故障与硬件故障不同，它主要是来自软件设计和编码方面的错误，而与拷贝、使用、维护的关系甚小。相同软件的冗余不会提高其可靠性。为此，控制系统冗余与容错所采取的软件措施与软件的执行条件息息相关，具体如下。

① 时间冗余。通过消耗时间资源来达到故障容错的目的，如通过指令重复执行和程序卷回，有效地降低设备的运行速度，以克服或削弱故障的影响；

② 控制算法容错。采用控制器重构法、完整性设计法、基于自适应或自学习的方法、基于专家系统的方法和基于神经元网络的方法等；为某确定功能采用程序设计独立编制几个程序同时运行，并利用多数表决原则获得运行结果；

③ 弃权规则。当程序运行或继续运行的某些必要条件未能具备时，放弃对这些条件的要求，采取跳过、转移、N∶1 默认等方式保证程序继续运行；

④ 非正常性规则。要求软件设计充分考虑当非正常条件出现时可以有效地屏蔽偶然的故障、提高系统的可靠性。

6.4.3　安全控制系统

（1）硬件安全

安全控制系统硬件可以采用电气、电子或可编程电子技术，也可以采用基于以上技术的混合方案。下面简单说明对于安全控制系统的主要相关硬件的安全要求。

1）机柜。技术人员应该有足够的空间进入机柜的不同部分，否则挤在两台设备之间的人员可能无意间触发了一个电路断路器而导致错误，在机柜里还应当有足够的照明，各部分应该清楚地贴上标志。多数的机柜底部都有电气接线条，这是因为大多数机柜设计的电缆入口在底部。如果技术人员在机柜下面的地板上放置金属饭盒或工具，也可能会导致问题。一些系统集成商就是因为这个原因将母线条定位在面板顶部。

2）电源。系统需要清洁的、受保护并且合格的电源，应该有隔离变压器以防止尖峰、瞬变、噪声、超压或低压等情况。关键安全系统经常有冗余的电源供给，可用很多方法来实现冗余供电。电源安装应该满足容易接近并且容易检查的要求，同时还要达到最佳的散热。

3）接地。正确接地非常重要，有些系统需要固定接地，而另外一些需要浮动接地，接地需要考虑的内容包括腐蚀、阴极保护、静电和本质安全栅。

4）开关和继电器。继电器不仅应估计最大负荷，以防止触头粘连，也应该估计最小负荷。如果没有考虑这一点，那么电路中的微小电流可能不足以保持继电器触头的接触，而且电路可能在一段时间后由于变脏的触头而开路。

5）人机接口。人机接口一般包括显示器、报警器、灯、按钮等，所有这些都用来和操作人员进行信息交互。由于人们对持续的刺激通常反应会变得迟钝，所以报警信号不应太频繁或持续太久。

（2）软件安全

从安全性的角度讲，安全控制系统软件安全设计通常包括以下内容。

1）系统有多安全？

2）谁可以访问系统和谁不应该访问？

3）不同的人应该具有多高的系统访问权？

4）怎样控制访问权限？

……

安全控制系统不应该允许未授权的人员对它进行访问甚至进行篡改。可以用钥匙限制访问者的进入，但是必须有适当的制度来管理它们的有效性和使用情况。密码可以允许以不同的身份级别进入系统（如旁路、强制、软件更改），但是密码进入也必须被严格控制和管理。

（3）独立设置

安全控制系统应独立配置，不依赖于过程控制系统，以避免控制和安全功能同时失效，安全控制系统在设计时必须考虑配置相应的通信接口，使过程控制系统也能够监视安全控制系统的运行状态。

原则上，安全控制系统应该独立设置的部件包括检测元件、执行元件，较为复杂装置的安全控制系统适合分解为若干子系统，各子系统相对独立且分别设置后备手动功能，具体情况如下。

1）检测元件。所有安全控制系统输入信号的检测元件均独立设置，特别说明以下几种情况：既做指示控制又做联锁的流量检测点采用一块孔板和两台变送器的方式，其中一路经报警设定器进安全控制系统参与联锁，另一路进行指示或控制。

2）执行元件。安全控制系统的执行元件原则上也是独立设置，为确保系统执行动作的准确、可靠，对重要的联锁设置独立的开关阀，尽量不用普通调节阀来代替；电磁阀选用单电控型（双电控型电磁阀具有记忆功能，同时无法设计成故障安全型电路，因此不适用于紧急停车系统）；联锁阀应带有阀位开关，以确认阀位位置；联锁阀不设手轮（但具有安全复位功能）。

此外，独立配置的单元还包括：逻辑运算器、安全控制系统与过程控制系统之间或其他设备的通信单元，以及电源系统，除安全控制系统本身为独立设置外，为使其免受其他关联设备的影响，达到整个系统的故障安全要求，相关仪表的设计也遵循“独立设置”的原则，从检测元件到执行元件尽量采用独立的仪表或设备。

（4）减少环节

高效安全控制系统，从联锁信号检测到联锁逻辑计算再到联锁动作执行，应尽可能减少中间环节，减少由中间环节带来的出错的可能。

1）要尽可能地采用最直接的测量和最可靠的执行方式，避免复杂和不必要的设计及过多的电/气、气/电转换环节。

2）在防爆等级许可的情况下，尽量采用隔爆型仪表，减少由于安全栅而产生的故障源，减少误停车。

3）在运行时也要考虑对人员干预和选择环节的需求最少。

（5）配置冗余

安全控制系统应采用冗余/容错系统，使在元部件出现故障时，仍能继续运行。冗余/容错系统应具有检测和报告故障的能力，同时在局部故障状态下依然能持续正常运行。

安全控制系统除了需要在硬件结构上采用冗余结构实现容错以外，还可以参考采用一些辅助的配置冗余措施。

1）对于有相互关联的参数，可以使用不同的测量方法。

2）对于同一变量，可以采用不同的测量技术。

3）对于冗余结构的每一个通道，可以采用不同类型的可编程电子系统。

4）对于冗余的通信结构，可以使用不同的地址。

（6）故障安全

故障安全是当系统发生故障时，被控过程或设备能够自动转入预定安全状态，如开关类检测仪表在正常工况和供电条件下其接点应是闭合的或导通状态的，联锁执行机构应是带弹簧复位的单作用方式，电磁阀或中间继电器正常状态是励磁的等，根据具体的工艺过程，当系统发生故障时，这些仪表或设备应处在安全状态。

首先，安全控制系统必须是故障安全型的，即检测元件和最终执行元件在系统正常时应该是励磁的，即得电状态，在系统故障时应是非励磁的，又称为非励磁停车设计。另外，当系统的元件、设备、环节或能源发生故障或失效时，安全控制系统设计能使工艺过程趋于安全状态。

一般来讲，安全联锁装置有两种失效方式：安全失效与危险失效。安全失效是当系统产生显性故障时触发联锁动作，造成误停车；危险失效为当系统内存在隐性故障时将导致系统在需要时不能产生动作。

基于自诊断测试的安全控制系统能够依据逻辑运算单元自动进行周期性故障诊断，通过安全性诊断测试技术保证安全性。系统本身在出现故障时能自动置于安全状态，相关联的现场仪表、联锁阀等的设置也遵循“故障安全”原则。

1）开关类现场检测仪表均选用常闭型，即正常操作情况下接点闭合，故障情况下接点打开触发联锁动作，以有效防止故障不动作。

2）热电偶/热电阻及报警设定器均具有断线保护功能。

3）控制输出动作均采用故障安全原则，“0”逻辑为故障安全状态（如电磁阀采用正常励磁方式，即正常情况下电磁阀送电励磁），故障时联锁电磁阀断电动作。

4）在能源故障（停气、停电）时联锁阀能自动使生产过程处于安全状态的位置，阀位开关在阀位到达时接点闭合。

（7）紧急停车系统

在石油化工生产过程中，经常采用紧急停车系统（emergency shut down system，ESD），或称为安全联锁系统（safety interlocking system，SIS），它能够对生产装置可能发生的危险状态进行自动响应和干预，从而保障生产安全，避免造成重大人身伤害及财产损失。ESD是石化生产系统中的关键装备，担负着在生产过程中发现、识别、确认事故隐患，做出必要的反应，保障安全生产的任务。

为了提高生产过程的安全性，石化生产中经常采用冗余配置的安全保护方式。典型的情况是，ESD独立于生产监控系统（distributed control system，DCS），并与其共同实现安全保护功能。对于DCS而言，ESD的安全保护作用有并联和串联两种逻辑组合。

1）并联组合。在并联组合结构下，ESD对已处于DCS监控中的生产过程进行同步检测，实现对生产系统事故隐患的双重保护，其逻辑关系如图6.6所示。

图6.6　ESD与DCS的并联结构

2）串联组合。在串联组合结构下，ESD对尚未处置DCS保护的石化生产单元或过程项目进行监控，增加了安全保护的范围，其逻辑关系如图6.7所示。

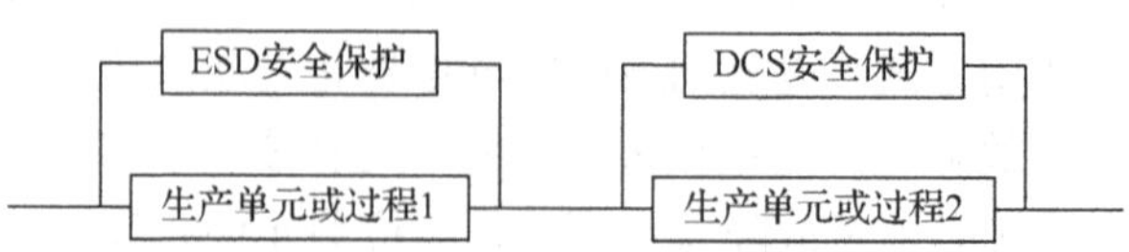

图6.7　ESD与DCS的串联结构

6.4.4　安全报警系统

（1）系统管理

安全报警系统在过程工业安全层面中的主要作用是故障检测与隔离，它通过工业过程实时数据和历史数据对过程所处运行状态进行判断，并根据自身对运行状态的判断生成报警信息和操作人员进行交换，提醒操作人员采取相应措施阻止过程运行状态恶化，以消除异常状态所带来的安全隐患。

报警系统管理的目的就是保障工业报警高效，使报警系统可以和流程工业更好结合，发挥其指导操作人员安全高效操作的作用。图 6.8 为报警系统管理生命周期阶段图，共分为十个阶段。

1）理念阶段是指建立基本定义和基本原则，用以设计、实施和维护报警系统。

2）鉴定阶段是在所建立的基本原则下，选择需要设置报警的潜在过程变量集合。

3）合理化阶段是基于报警理念审查过程变量集合、报警优先级等。

4）设计优化阶段包括确定报警阈值和使用先进报警技术提高报警系统效率。

5）实施阶段包括报警系统硬件软件设置和对于操作人员的培训。

6）操作阶段是报警系统现场应用阶段。

7）维护阶段需要停止报警系统，对其软件硬件设置进行更改。

8）监控与评估阶段将报警系统运行效果与报警期望目标进行比较，根据结果确定是否需要对其进行维护。

9）变更管理阶段主要对变更要求进行批准并记录，报警系统变更需要重新进行鉴定实施的各个阶段流程。

10）审核阶段是对报警系统的全面评估和批准。

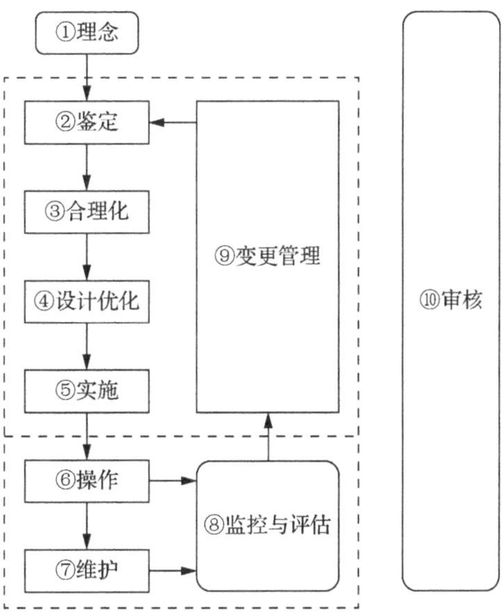

图 6.8　安全报警系统管理生命周期阶段图

（2）定期评估

报警系统需要为辅助操作人员操作提供报警信息，要求报警系统提供信息必须及时、准确，操作人员根据这些信息可以快速地判断引起报警的原因，以便采取合理恢复措施。然而，报警系统在工业运行不同阶段普遍存在着问题，而这些问题会产生负面影响，并可能导致潜在的后果，见表 6.5。

表 6.5　报警系统普遍存在的问题

工业阶段	问题	负面影响	潜在后果
正常运行	普通报警和高优先级报警数量过多	分散操作人员注意力，影响操作人员判断与决策	操作人员忽视重要报警信息，造成处理不及时，引发过程故障设置生产事故
紧急情况	报警频率高	操作人员缺乏足够时间分析报警信息产生根源	操作人员误操作，加剧紧急情况过程危险性
特殊模式（如过程开停车等）	错误报警过多	报警信息缺乏指导性	操作人员无视报警信息，过程异常状况难以及时反映，特殊模式运行失败

在报警系统管理生命周期中，定期报警系统评估是维护报警系统有效运行的重要保证。通过报警评估指标可以反映报警系统当前存在和潜在的问题，提醒设计人员报警系统运行状况，帮助其决策报警系统应该进入哪个管理阶段。

报警系统在运行效率恶化情况下很难正确体现当前流程工业运行状态，生成面向操作人员的提示信息的错误率增加，因此失去了指导工业过程安全高效运行的能力。如果缺少对于报警系统的及时正确评估，任由报警系统低效运行，会导致工业过程产品质量下降，故障频发等现象，可能引发严重安全生产事故。

报警系统在高效运行状态下，不经评估而对报警系统采取重新设计优化不但会浪费人力、物力，妨碍正常生产，而且新报警系统是否适合当前流程工业、会带来何种后果也很难确定。

一般地，需要特别关注影响安全报警系统运行效率的以下现象。

1）误报警。工业过程运行于正常状态，仍有部分报警处于激活状态。误报警一般不会引发过程故障或导致生产事故，但过多误报警信息会分散操作人员注意力，影响操作人员分析其他正常报警所包含的信息，使报警系统处于半瘫痪状态。

2）漏报警。工业过程运行进入异常状态，报警仍然处于非激活状态。漏报警现象会影响到操作人员正常操作，尤其一些关键过程变量如果不能正常反映工业过程异常，任由其发展，不但会造成产品品质下降，甚至会引发装置故障和严重安全事故。

3）滋扰报警。无论工业过程处于何种状态，反复出现的报警信息。滋扰报警所涉及的过程变量已经丧失了对于工业过程运行状况的监督能力，在紧急状况出现时滋扰报警会混迹在正常报警信息中，操作人员易将正常报警当作滋扰报警，而导致异常状况难以及时处理。

4）报警泛滥。在异常状况下同时有大量报警处于激活状态。报警泛滥的出现意味着整个报警系统已经处于失效状态，报警信息已经不能正确指导操作人员应对异常状况，操作人员只能依靠自身对工业过程的理解解决当前问题。美国三英里岛核电事故的主要原因之一就是报警泛滥，操作人员被大量无关报警信息淹没，无法分析异常状况根源并做出及时正确的处理，导致事态失控，发生堆芯熔化事故。报警泛滥产生的主要原因是流程工业过程集成度增强，操作人员管理的流程范围扩大，过程监控变量数量和需要处理的报警数量大幅增加。

（3）优化措施

有效的安全报警系统对生产过程控制与操作具有重要作用，而不良的安全报警系统则会对生产安全、环境及企业效益构成潜在的危险。为了改进现有安全报警系统的性能，可以考虑采取以下优化措施。

1）基于历史报警事件的相关性分析，形成相关过程报警事件组，建立并实时监测各相关报警事件组的安全性能指标。

2）基于报警安全性能静态优化技术，确定合理的过程参数报警阈值和相应报警事件的优先权。

3）根据报警安全性能动态优化技术，实现报警事件过程运行状况的动态优化管理。

4）基于离线过程报警事件传播模型，实现对相关过程报警事件组内的报警事件的故障诊断与预测。

5）提供历史报警事件记录、管理及统计分析功能。

6.4.5　安全评价

（1）生产过程安全评价

流程生产过程中所使用的原料、半成品、中间体和产品大多数具有易燃易爆、有毒有害和有腐蚀性的特性，而生产过程的运行通常也是处在易燃、易爆、易中毒、高温、高压的条件下。

1）危险度分级评价法。 危险度评价法是对建设工程或装置各单元和设备的危险程度进行分级的安全评价方法。危险度评价法规定单元危险度由物质、容量、温度、压力和操作五个项目共同确定，其危险度分别按 10 点、5 点、2 点、0 点计分，然后按点数之和分成三级，由累计分值确定单元危险度，危险度分级见表 6.6。

表 6.6　危险度分级

总分值	≥16 分	11～15 分	≤10 分
等级	I	II	III
危险程度	高度危险	中度危险	低度危险

2）用化学火灾、爆炸指数评价法。美国道化学公司于 1964 年开发了火灾爆炸危险指数评价法，用来评价工艺装置及其所含物料实际的火灾爆炸及反应危险，在化工行业应用广泛，是公认的最主要的危险指数法。该方法通过工艺单元火灾爆炸危险指数（fire & explosion index，F&EI）计算值与危险等级来进行评价，其间的关系如表 6.7 所示。

表 6.7　F&EI 计算值与危险等级的关系

F&EI 值	1～60	61～96	97～127	128～158	>158
危险等级	最轻	较轻	中等	很大	非常大

3）帝国化学蒙德火灾、爆炸、毒性指标评价法。1974 年，英国帝国化学工业有限公司蒙德分部在对现有装置及计划建设装置的危险性研究中，以道化学方法思想为基础，并对道化学法进行了几方面的补充，如引进了毒性的概念，将道化学公司的火灾爆炸指数扩展到包括物质毒性在内的火灾爆炸毒性指标的初期评价，使对装置潜在危险性

的初期评价更加切合实际；发展了容器安全态度等补偿系数，对采取安全对策措施加以补偿后的情况进行最终评价，从而使预测定量化更具有实用意义。

（2）控制系统

由于外界条件的干扰，生产过程中工艺参数的波动是不可避免的。因此，控制系统除了应满足抑制外部扰动和保持生产过程工况这两项基本要求外，还必须能够将生产过程的工艺参数保持在安全的范围内。

生产过程的控制设备通常由测量装置、传感器、控制器、执行器、记录仪表等组成，而面对的主要工艺参数一般是原料和公用工程的流量、温度、压力、浓度、物位等。对于可能出现使工艺参数超出控制范围的不安全情况，控制系统应该具有报警、切断或联锁功能，即：

1）对于超出控制范围，但在短时间内还不至于引起事故的工况，控制系统需要给出声光报警，提示操作人员采取措施及时处理相应的工艺参数波动。

2）对于不立即采取紧急动作就可能发生事故的工艺参数，控制系统要能自动切断进入设备的物料，若控制系统不够可靠，则要设置一个单独的切断系统。

3）对于错误操作可能导致危险的各阀门应设置联锁功能。

根据生产装置中采用的控制系统的复杂程度、仪表选型种类、安装方式等，选用故障树分析法、预先危险性分析法、安全检查表法等合适的评价方法进行评价。根据安全整体性要求等级的指标，它们分别为平均故障可能性（PFD average 值，PFD 为 probability of failure on demand）和每小时故障可能性（PFD per hour 值）。前者是安全系统要求较低的操作模式下的技术指标，后者是安全系统要求较高或连续操作模式下的技术指标。

任何一个安全控制系统都是由检测单元（现场仪表）、控制单元（逻辑单元）和执行单元（现场执行器）组成的。安全控制系统的平均故障可能性参数 PFD average 值为各子系统 PFD average 值之和，即 PFDSYS=PFDS+PFDL+PFDFE，其中，PFDSYS 为安全系统的 PFD average，PFDS 为检测单元的 PFD average，PFDL 为控制单元的 PFD average，PFDFE 为执行单元的 PFD average。PFD per hour 的计算方法和 PFD average 相类似。安全控制系统的安全整体性要求等级见表 6.8。

表 6.8　安全整体性要求等级（SIL）

SIL	PFD average	PFD per hour
4	$\geqslant 10^{-5}$；$<10^{-4}$	$\geqslant 10^{-9}$；$<10^{-8}$
3	$\geqslant 10^{-4}$；$<10^{-3}$	$\geqslant 10^{-8}$；$<10^{-7}$
2	$\geqslant 10^{3}$；$<10^{2}$	$\geqslant 10^{7}$；$<10^{6}$
1	$\geqslant 10^{-2}$；$<10^{-1}$	$\geqslant 10^{-6}$；$<10^{-5}$

6.4.6　控制系统网络安全技术

信息技术在给控制系统带来便利的同时，也凸显了控制系统的安全问题。为了有效地解决控制系统的安全问题，目前亟须解决的网络安全关键技术问题主要包括控制系统脆弱性分析与检测技术、控制系统安全防护技术及控制系统安全评估技术。

（1）控制系统脆弱性分析与检测技术

由于控制系统的封闭性、总线协议的私有性、大量采用嵌入式系统等待点，传统信息系统的隐患分析与脆弱性建模方法不完全适用于控制系统，因此需要解决控制系统脆弱性建模、脆弱性挖掘和隐患分析等关键技术问题。

1）控制系统隐患分析与脆弱性建模技术。控制系统中 DCS、可编程逻辑控制器（programmable logic controller，PLC）、远程终端单元（remote terminal unit，RTU）等核心控制设备受到入侵时可能出现异常行为、异常状态、异常数据等特征，针对目前控制系统异常捕获、检测及分析建模方法缺失的现状，需要解决控制系统设备及网络的异常状态检测、异常发生时控制设备行为和数据的实时捕获、控制系统攻击入侵建模等关键技术问题。

控制系统组态软件、监控软件、嵌入式软件和现场总线等方面存在访问控制机制不完善、角色权限模糊、安全区域间缺少隔离以及通信协议自身缺陷等安全隐患，使攻击者能够利用这些安全隐患并构造相应的入侵方式对控制系统进行攻击，对此需要解决控制系统入侵的特征分析、特征定义、特征建模、特征扫描和模糊测试等关键技术问题。

2）控制系统脆弱性检测技术。系统的脆弱性检测既可离线进行，又可在线检测。然而，由于在线脆弱性检测机制可能会破坏控制系统连续运行的动力学特性，甚至会造成重要基础设施的物理损坏。因此，控制系统的脆弱性检测采用离线检测的方式。

控制系统的离线检测需要解决的关键技术问题包括：建立镜像检测平台的复制建模方法，以此建立模拟现场的核心控制器、现场仪表、执行器、组态工作站、实时数据库、OPC 服务等关键组件的镜像平台；针对运行态镜像平台的脆弱性检测技术，确保在不影响实际系统运行的情况下进行目标系统存在的脆弱性挖掘。

3）控制系统脆弱性利用分析技术。控制系统脆弱性利用分析的目的是从机理分析的角度，研究分析控制系统的脆弱性可被利用的条件、触发机理以及可能产生的控制系统入侵行为和异常特征等，以便为控制系统入侵识别和检测提供依据。控制系统的专有性、封闭性及控制系统采用大量的异构平台，导致在脆弱性可利用性分析方面缺乏现存的静态逆向和动态跟踪等技术手段，因此需要重点解决针对核心控制芯片的指令集解析、针对固件内核程序和用户控制程序等二进制文件的静态逆向分析等关键技术问题。

（2）控制系统安全防护技术

控制系统具有高可靠性、高实时性、高可用性等需求，对于一套在线运行的控制系统较难以实现安全防护设备和手段的集成，因此以保障重要基础设施控制系统设备实体安全和控制业务流程可信为出发点，需要重点解决控制系统防护安全盾、可信平台与可信通信、容侵容错等安全防护关键技术问题。

1）控制系统防护安全盾技术。控制系统从层次化安全需求角度可以分为核心控制设备（控制器、执行器、工作站、网络设备等）和关键数据交互（MES 层网络与监控层网络之间的排产数据、工艺改进数据、先进控制数据，监控层与现场层的控制指令数据、实时监控数据、状态报警数据，现场层与执行机构间的总线通信数据等）两部分，从上述安全组件的层次分布可以看出，控制系统安全防护重点需要解决控制系统基础设施安全、实时控制行为安全、业务流程作业安全等构成的三层防护安全盾技术体系构建问题。

首先，解决控制系统核心控制设备和交互数据的常规防护技术问题，建立控制系统网络边界防护、接入控制技术、设备和主机的访问防护、仪表和执行机构的配置防护等静态防护机制。其次，解决控制系统运行过程中各组件控制及其通信行为的动态防护技术问题，建立业务流管道隔离技术、控制器程序段上传/下载控制、监控指令控制、现场总线安全侦测技术、实时流量分析、人机界面监控等动态防护机制。最后，解决控制系统核心业务流程的主动防护技术问题，建立控制业务流程逻辑和时序分析、基于服务认证和访问控制的防护技术、异常态势预测等多事件相关的防护体系。

2）控制系统可信平台与可信通信技术。现代控制系统采用大量的异构系统，网络通信方式多样，智能化终端设备广泛使用，增加了系统的复杂度，同时也对安全防护的实施提出了难题。据此需要面向控制系统的可信计算平台，解决系统控制行为可信性、业务流程可信任链传递及工业数据通信平台可信环境等关键技术问题，突破控制系统异构安全认证与可信通信签注密钥技术、安全 I/O、核心控制程序安全屏蔽和保护执行、重要控制程序块封装存储、远程监控认证等核心技术。

同时，需要建立控制系统可信计算体系结构，将系统的可信体现在可信认证、可信评测、基本控制单元可信等方面，解决针对控制系统设备实体安全、实时数据安全、控制行为安全、业务流程安全等可信防护理论和关键技术体系构建问题。

3）控制系统容侵容错技术。为保持控制系统的稳定性，使控制系统在受到非致命性攻击后仍能保证关键控制业务流程的正常运行，需要解决控制系统的容侵容错技术问题。

首先，在确保控制系统安全、稳定、可靠运行的前提下，解决控制系统安全资源冗余、控制程序安全自检、实时数据镜像恢复、故障元件解耦、异构系统资源重组、网络及硬件组态恢复等容侵抗毁关键技术问题；其次，在此基础上解决控制系统可生存自适应模型构建问题，突破控制系统受攻击后的故障分析及诊断技术、残存有效数据和实体资源重配置机制、系统自愈机器学习等技术；同时解决系统安全应急恢复的复杂性分析和动态模拟仿真、安全应急系统协同决策理论与应用等关键技术问题。

（3）控制系统安全评估技术

控制系统安全对系统功能业务流程及实时性、可靠性、稳定性等性能指标需求会造成一定的影响，因此需要从控制系统脆弱性与威胁事件间的关联关系出发，解决控制系统安全威胁与预测、风险评估建模与安全测试、抗毁及可恢复能力预估等关键技术问题，才能对控制系统安全进行有效的量化评估。

1）控制系统及其应用威胁识别与预测技术。 由于针对控制系统核心业务的威胁攻击，在形成源、迁移途径及潜在影响等方面都有别于针对传统信息网络的攻击，因此首先需要解决针对控制系统的威胁发现、检测、识别等技术问题；其次，分析针对控制系统和网络的渗透威胁关键数据指标，解决威胁事件信息收集、威胁事件关键数据整合等技术问题；另外，需要解决控制系统威胁事件预测模型构建问题及威胁事件预警机制（及其与其他邻接系统的安全联动依存关系）和威胁态势动态分析等技术问题，为控制系统安全评估提供理论依据和数据支撑。

2）控制系统安全风险评估建模与安全测试技术。由于实际控制系统与其工艺流程、控制作业、程序算法及专有硬件体系等有关，目前缺乏相应的安全评估技术，因此需要重点分析控制系统安全风险扩散动态影响因子及风险扩散模型；从关键设备安全风险指标、系统整体安全等级、系统架构及其防护能力和防护策略等风险评估理论、方法与工作流程等方面解决控制系统风险评估与控制问题；从控制系统物理层、网络层、主机层、应用层和数据层出发，解决网络架构分析、系统配置核查、攻击路径识别、脆弱性扫描、安全渗透等安全测试技术问题。

3）控制系统抗毁及恢复能力预估技术。针对控制系统抵御攻击能力以及受攻击后可恢复能力的评估，对保持控制系统的安全可靠运行具有重要意义，因此，针对受攻击后的系统，从目标跟随扰动以及伺服振荡限值、开闭环安全冗余链路转换、确定性通信冲突避免机制、控制器及总线协议异构适配重组能力、受攻击后备份系统切换效能、紧急停车后恢复启动等方面，解决控制系统可生存及自恢复评估技术问题。

参 考 文 献

柴天佑，2009．生产制造全流程优化控制对控制与优化理论方法的挑战[J]．自动化学报，35（6）：641-649．

柯赟，宋恩哲，姚崇，等，2020．船舶柴油机故障预测与健康管理技术综述[J]．哈尔滨工程大学学报，41（1）：125-131．

李江海，黄晓津，2012．核电数字化控制系统安全综述[J]．原子能科学技术，46（9）：411-416．

孙博，康锐，谢劲松，2007．故障预测与健康管理系统研究和应用现状综述[J]．系统工程与电子技术，29（10）：1762-1767．

孙优贤，等，2015．控制工程手册：上册[M]．北京：化学工业出版社．

阳宪惠，郭海涛，2007．安全仪表系统的功能安全[M]．北京：清华大学出版社．

杨婷，张嘉元，黄在起，等，2022．工业控制系统安全综述[J]．计算机研究与发展，59（5）：1035-1053．

袁亚湘，孙文瑜，1997．最优化理论与方法[M]．北京：科学出版社．

张建国，2010．安全仪表系统在过程工业中的应用[M]．北京：中国电力出版社．

周东华，李钢，李元，2011．数据驱动的工业过程故障诊断技术：基于主元分析与偏最小二乘的方法[M]．北京：科学出版社．

周东华，叶银忠，2000．现代故障诊断与容错控制[M]．北京：清华大学出版社．

GLOVER F, 1986. Future paths for integer programming and links to artificial intelligence[J]. Computers and Operations Research, 13(5): 533-549.

第 7 章　计算机控制系统

计算机控制系统是指由计算机参与并作为控制核心（控制器）的自动控制系统，该系统通过一些辅助部件将计算机与被控对象相联系，实现计算机对被控对象的控制，如图 7.1 所示。系统中被控对象通常指的是生产过程、机械装置、仪器仪表等，而辅助部件一般指 I/O 端口、检测装置、执行机构等部件。被控对象借助辅助部件，通过有线（模拟型号、数字信号）或无线（红外、微波、可见光等）的方式与计算机进行数据交流。

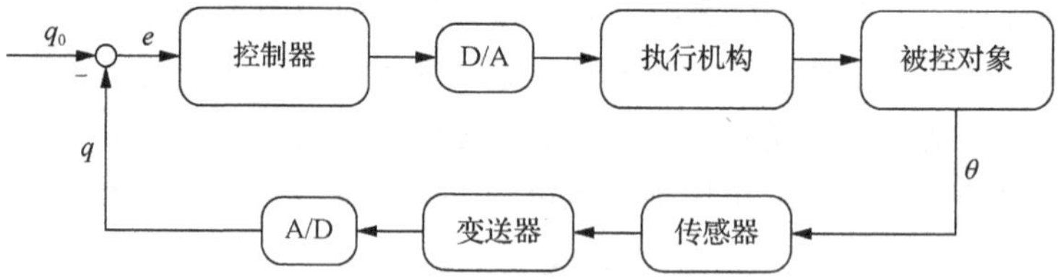

图 7.1　计算机控制系统的基本架构

注：q_0 是给定输入，q 为系统反馈，e 为输入偏差，q 为被控对象的值。

近年来，随着微电子技术和控制技术的不断发展，针对测控特点而设计的控制器不断出现，外加操作系统等软件技术的不断进步，计算机控制系统在工业控制中得到了广泛的应用。然而，就时间跨度来看，计算机控制技术的发展历程也相对漫长。

目前的计算机控制系统主要包括直接数字系统（direct digit control，DDC），分布式控制系统（distributed control system，DCS）、现场总线控制系统（fieldbus control system，FCS）、工业过程计算机集成制造系统（computer integrated manufacturing system，CIMS），以及嵌入式系统（embedded system，ES）。

7.1　直接数字控制

直接数字控制（direct digital control，DDC）系统是一种最基本的计算机控制系统，它以计算机为核心，由硬件、软件和相关控制算法构成。DDC 系统的逻辑构成如图 7.2 所示。

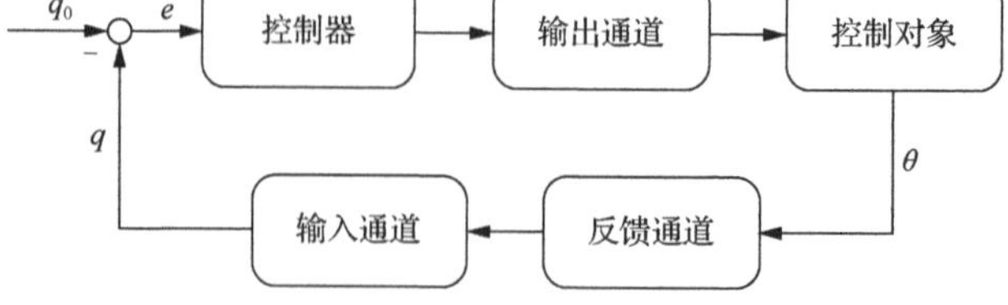

图 7.2　DDC 系统逻辑构成

在系统运行过程中，传感器周期性地采集工程现场的被控量（又称过程量，可以是温度、压力、流量等物理量），通过反馈通道进行检测，并通过输入通道进行标准化处理。处理后的被控量与系统的预期给定进行比较，二者的差值作为输入值送至控制器。控制器基于该输入值，通过特定的算法得到输出量，并通过输出通道输出，控制执行机构的动作，从而控制工程现场中的被控量。控制器由计算机及配套的软件和控制算法构成。由于计算机只能识别并处理数字量，因此系统需要将选定的被控量（由反馈通道获得）转换成数字量（A/D 转换），再送至控制器，这一过程在输入通道中完成。系统的数字量输出需要在输出通道中转换为模拟量（D/A 转换），控制执行器运行。

相比于早期的仪表分散控制系统，DDC 系统将控制器、指示器、记录装置等设备集中安装在中央控制室，而传感器、变送器及执行机构分散安装于工程现场。操作人员无须赴现场巡回检查，只需在控制室就可以读取各个工程现场的核心参数，并通过键盘进行给定值的设置。经过几十年的发展，DDC 系统的运行已从最初的操作指导控制和设定量控制等计算机与仪表共存的混合控制方式，发展为直接数字控制和监督计算机控制等以计算机为核心的控制系统，系统控制器也由单板机、标准总线模板机发展为 PCI 总线和 Compact PCI 总线工业控制机，简称工业 PC（industry personal computer，IPC）。由于 IPC 具有较好的通用性，已成为 DDC 系统的主流控制器。

7.1.1　DDC 系统的硬件结构

DDC 系统的硬件主要由控制单元、输入/输出单元和人机接口构成，如图 7.3 所示。控制单元与输入/输出单元负责对被控量的检测与控制；人机接口作为 DDC 系统与操作人员沟通的纽带，确保操作人员能够清晰地了解系统及工业现场的运行情况，并进行控制。

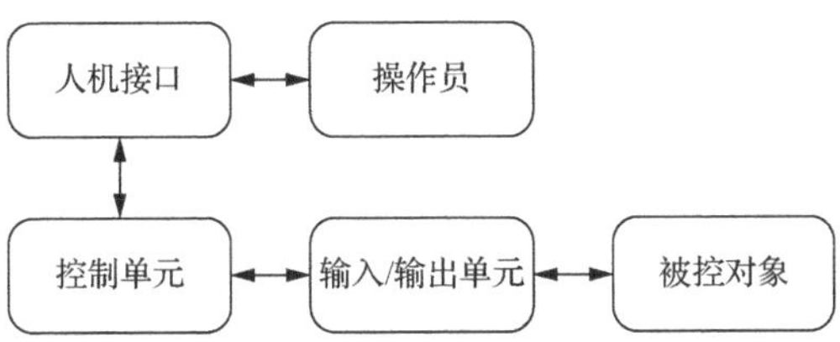

图 7.3　DDC 系统的硬件单元

从结构看来，IPC 的控制系统架构与通用 PC 无本质差别，各部分分工也基本一致。然而，从使用实际环境来讲，IPC 的处理器通常采用主频低、功耗低、可靠性高的处理器，以保证长时间的稳定运行，此外还兼顾防尘、抗电磁干扰等特性。因此，与通用 PC 相比，IPC 的主板及扩展部件通常安装在无源底板上，封闭在电磁隔离的金属盒子中。另外，为应对电磁干扰，对 IPC 的电源电路也进行了针对性的设计。

1．控制单元

控制单元是 DDC 系统的核心单元，主要包括 CPU、存储器、外设接口及网络接口等，这些设备通常集成在同一块主板上，形成一体化主板，如图 7.4 所示。

图 7.4　研华 KD-B75MB 主板

图 7.4 中所示为研华 KD-B75MB 的集成主板，用于 IPC-610 系列工业计算机上。该主板最高支持酷睿 I7-3770 处理器，8G 内存，带有 4 个 PCI 扩展槽，3 个 PCIe 扩展槽，并支持 USB、HDMI、VGA、COM、以太网等多种端口的扩展。

2. 输入/输出单元

在 DDC 系统中，输入/输出单元包括输入单元和输出单元。输入单元的作用是接收工程现场的传感器数据，并将其送入计算机进行识别和处理；输出单元的作用是将计算机处理后的数据输出至执行机构，控制执行机构的动作。通常来说，计算机的输入和输出通常为基于晶体管-晶体管逻辑电平（transistor-transistor logic，TTL）电平的电压信号，传感机构的输出信号及执行机构的驱动信号通常为 4~20mA 的电流信号。下面通过输入单元和输出单元两部分进行说明。

（1）输入单元

根据处理的信号不同，输入单元包括模拟量输入通道和数字量输入通道，涉及器件包括信号预处理电路、多路模拟开关、信号放大电路、采样保持电路、A/D 转换电路、电气隔离电路等。在一些特定场合中（如饮水机、输电线），有时还会使用光电耦合器或继电器进行信号隔离，输入单元的结构如图 7.5 所示。

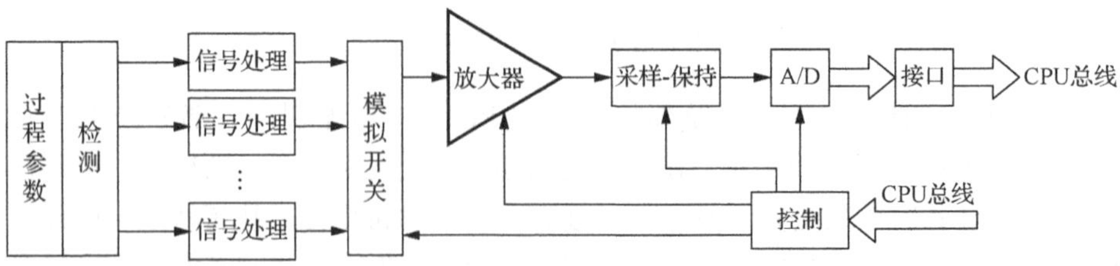

图 7.5　输入单元的结构

（2）输出单元

计算机输出通道也包括数字量输出和模拟量输出，如图 7.6 所示。其中，图 7.6（a）为数字量输出通道，其作用是将计算机的数字输出转换成现场各种开关设备所需求的信号，计算机通过锁存器输出控制信息；图 7.6（b）为模拟量输出通道，本质上是计算机的数据分配系统，其作用是把计算机输出的数字量转换为模拟量。

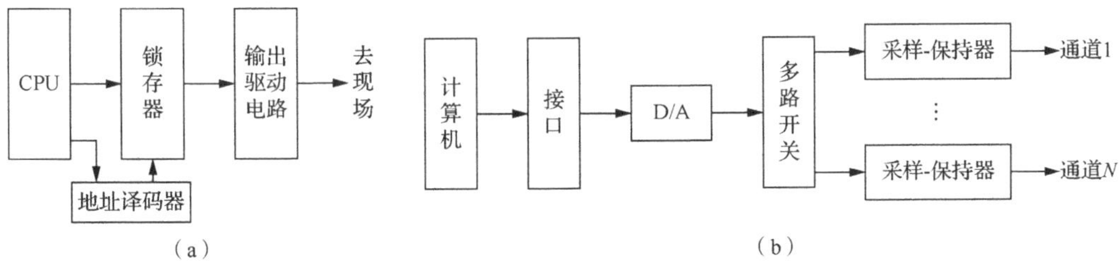

图 7.6　两种计算机输出通道

数字量输出通道主要由锁存器、输出驱动电路、输出口地址译码等电路组成。常见的锁存器包括 74HC273、74HC373、74HC573 等。

模拟量输出通道的核心是 D/A 转换器。常见的 D/A 转换器有 DAC0832（8 位）、AD5410（12 位）、AD5420（16 位）等。AD5410/AD5420 与 STM32F103 控制器的接口电路如图 7.7 所示。

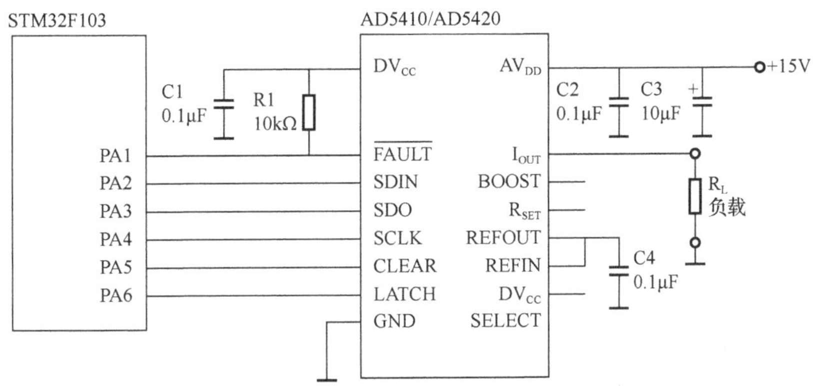

图 7.7　AD5410/AD5420 与 STM32F103 控制器的接口电路

7.1.2　DDC 系统的软件

DDC 系统的软件包括系统软件、应用软件和组态软件。系统软件包括操作系统、数据库及应用软件的开发平台。应用软件包括控制相关软件（如控制算法）、输入/输出软件及人机接口软件。组态软件是指向用户提供图形界面的相关软件。DDC 系统软件的结构如图 7.8 所示。

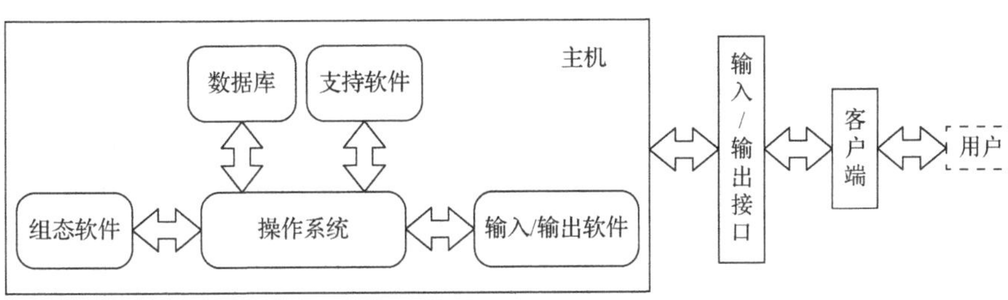

图 7.8　DDC 系统软件的结构

系统软件通常由第三方提供，其中操作系统一般为嵌入式操作系统，具有强实时性、高伸缩性、可装载性，并为支持软件的安装提供了统一的接口。Linux、Windows CE、Vxworks、Android、iOS、Harmony OS 等都是目前比较成熟的嵌入式操作系统。

现场采集的数据通常保存在数据库里，以备后期查询与分析。这里的数据库通常指用于工业的轻量级数据库（又称嵌入式数据库），用于现场数据的实时储存和管理。相比于传统数据库，嵌入式数据库在存取速度、资源占用率和实时性上具有一定优势。常见的工业用数据库包括 mSQL、SQLite、BerkeleyDB、嵌入式 MySQL 等。

支持软件是指与人机结构相关的通信软件。计算机系统可扩展多个外设如显示器、打印机、键盘等人机交互设备，用于计算机与操作人员之间的数据交互。不同扩展设备的接口结构与通信协议不同，支持软件针对不同的接口类型提供不同的通信协议，确保人机接口的正常工作。

1. DDC 系统的控制软件

DDC 系统的控制软件可分为连续控制、逻辑控制和顺序控制。其中，连续控制软件的用户表现形式是功能块图，逻辑软件的用户表现形式是逻辑梯形图、逻辑功能块图或逻辑指令表，顺序控制软件的用户表现形式是顺序功能块图。在组态软件的支持下，用这些功能块图、梯形图和指令表可以组成所需的控制回路。

（1）连续控制软件

常规的 DDC 算法以 PID 控制为主，展现在用户面前的形式为 PID 控制块，以此为核心，通过输入/输出、运算等功能块进行支持，可组成单回路、串级、前馈等控制回路。

PID 连续控制软件的编程应符合 PID 控制算法的工程实现原则。通常一个控制系统中只有一个 PID 连续控制软件，但可以有多个存储 PID 控制块参数表的数据区，每个数据区对应一个 PID 控制块。在控制过程中，系统根据回路中组态文件的要求，实时调用 PID 控制子程序，实现对 PID 控制回路的控制功能。

在 DDC 算法中，PID 控制算法需要与其他算法配合使用，其运算方式除通用算数运算外，还包括最值选取、平滑切换，阈值限位，以及补偿、延迟等环节。

（2）逻辑控制软件

逻辑控制软件主要用于控制设备的启停、通断等状态的切换，其输入和输出均为状态信号。常用的逻辑控制算法包括与、或、非、异或、触发器等。在监控组态软件的支持下，逻辑元件可构成逻辑梯形图，实现逻辑控制功能。

在监控组态软件的支持下，用户只在工程师站的屏幕上进行指令组态，形成新的组态文件，该文件下载到控制计算机中运行，实现控制效果。逻辑控制算法的用户表现形式或组态形式包括逻辑梯形图、逻辑功能块图、逻辑指令表等。

逻辑梯形图通常由触点、线圈、功能与案件连接而成，直观形象且易于理解。如图 7.9 所示，S_1～S_6 表示开关，L_1 与 L_2 表示电灯，左右两侧的竖线表示电源线。

逻辑功能块图通过输入和输出之间的对应，模块化地显示信号的流向，其逻辑关系标示在相应模块上，如图 7.10 所示，其中，S_x 为输入，L_x 为输出。

逻辑指令表是由指令代替图形化的表示方式，通过多条指令实现某一特定功能。这种方式更适应人们的编程习惯，如图 7.11 所示。

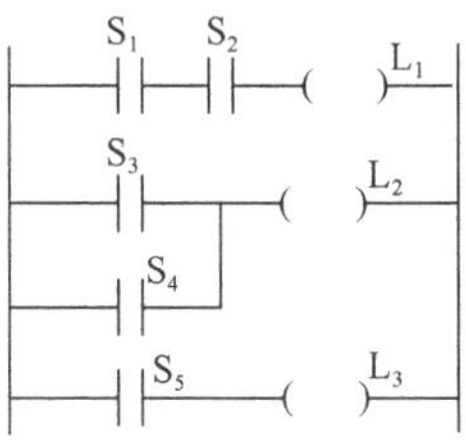

图 7.9　逻辑梯形图

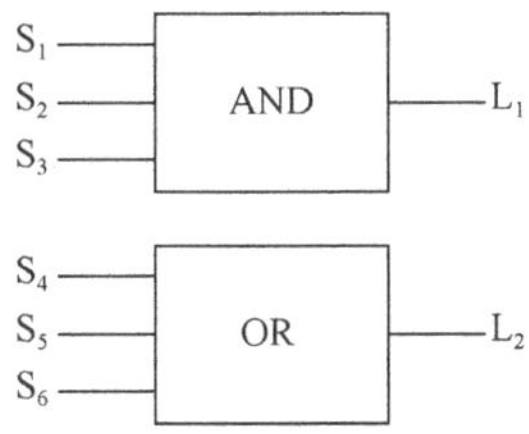

图 7.10　逻辑功能块

LD	S_1；	输入S_1
AND	S_2；	与S_2
AND	S_3；	与S_3
OUT	L_1；	输出L_1
OR	S_4；	或S_4

图 7.11　逻辑功能表

（3）顺序控制软件

顺序控制是按照预订的顺序步骤进行运算控制。顺序控制软件的输入/输出以逻辑信号为主，以模拟信号为辅，其主体是顺序功能块图。

2. DDC 系统的输入/输出软件

（1）输入软件

DDC 系统的输入软件用于接收来自现场的模拟量或数字量，如温度、压力、料位、开关等。根据接收数据的类型不同，常用的输入接口包括 AI 模板和 DI 模板，其中 AI 模板又分为大信号（0～10mA，4～20mA，0～5V）、小信号（mV 级）、热电偶和热电阻模板。不同模板对应的接口程序不同。

输入信号通常量级较小且混杂环境的干扰噪声，因此需要进行数据处理。常见的数据处理方式包括数字滤波、线性化处理、补偿运算、软测量技术等。其中数字滤波除利用 RC 滤波器外，还可使用均值滤波、中值滤波、限幅滤波、惯性滤波等。

（2）输出软件

输出软件用于接收来自功能块的输出或实时数据库的变量，将其送到输出功能块，再送到对应的 AO 或 DO 通道。输出软件包括以下几部分环节。

1）输出的服务程序：接收来自功能块或实时数据库输出的数据，并转换成输出接口程序所需要的数据类型，实现进程间通信、映射等功能。

2）输出接口程序：接收来自输出服务程序的数据，按照特定格式送至 D/A 模块或 DO 的输入端。

3）模拟量输出功能块：模拟量输出功能块与输出模板的信号点一一对应，通常以 4～20mA 或 0～10mA 的信号进行输出，其内部功能信号源选择、信号方向转换、非线性补偿等。

4）数字量输出功能块：数字量输出功能块也与输出模板的信号点对应，输出方式包括状态输出和脉宽调制输出。

3. 人机接口软件

DDC 系统的人机接口单元包括显示器、键盘、打印机等。这些器件需要依托相应的软件实现其功能，如显示画面、操作窗口等。

（1）显示画面

DDC 系统中的显示画面包括总貌画面、组画面、点画面、趋势画面等直观反映系统运行状态的图像，还包括流程图画面、报警画面、操作指导画面等辅助画面。

通常来说，显示画面需要图形、文字、数据组合而成，并配有颜色、闪烁及动画效果。例如，要搭建锅炉运行状态的控制页面，需要通过图形化效果构建出锅炉的外形、内部液位的实时变化、内部环境温度、压力等参数的动态变化效果，配合便于操作的虚拟按键和用户反馈效果，给人直观的控制效果和身临其境的感觉。

（2）操作窗口

操作窗口通常由显示信息和操作按键两部分构成。显示信息用于显示控制回路中的具体参数，一般通过具体数值、柱状图、文字描述等方式显示，配合颜色、强调符、动画效果进行标识，如液位信息在正常范围内，显示界面除显示特定数据外，实时液位柱状图显示为绿色，当液位过低，则显示为红色，当液位过高则显示为黄色等。

按键可由鼠标、键盘等输入设备控制，也可使用触摸屏控制。在 DDC 系统中，操作按键通常可控制运行方式、预定值、控制量、运行趋势等。

此外，DDC 系统中的人机接口软件还包括系统运行数据的记录（画面或数据）和报表打印等功能。

4. 监控组态软件

DDC 系统的监控组态软件在上位机（如 IPC 等）运行，并基于 PC 平台的硬件和软件完成其组态和运行的工作。监控组态软件包括输入和输出、实时数据库、控制回路、人机界面和通信接口等。组态过程可以看作是软装配的过程，软件提供各种模块供用户选择，然后进行组态，将组态产生的组态文件下装到对应的系统中运行，如控制回路组态文件下装到控制计算机，人机界面组态文件下装到操作员站等。用户无须编写源程序即可实现控制过程。

监控组态软件包括以下几个。

1）输入/输出组态运行软件：其功能将输入和输出信号抽象为输入和输出功能块，并为输入/输出模块与实时数据库连接提供接口程序。

2）实时数据库组态运行软件：负责数据库的建立、实时数据处理、历史数据处理、统计数据处理、报警数据处理和数据服务请求处理等，以及数据的存储与检索。

3）控制回路组态运行软件：该组态过程在操作员站或工程师站上进行，将控制回路中的元素抽象成各个独立的功能块，并运行在控制计算机上。

4）人机界面组态运行软件：提供各种图形开发工具和图形库，为用户提供形象直观、图文并茂、友好简便的操作监控环境。

7.1.3 DDC 系统的设计

DDC 系统设计涉及计算机硬件和软件、现场检测仪表和执行机构、控制理论和设计规范等方面的知识。不同的系统还有不同的设计思路和针对性的设计过程。总体来说，DDC 系统的设计要遵循部分通用的原则和流程。

1. DDC 系统的设计原则

作为工业系统，DDC 系统设计以可靠性为基础，并从各个性能指标入手进行设计。

（1）可靠性

工业系统的可靠性指标一般用平均故障间隔时间（mean time between failure，MTBF）来表示。在设备选型时，选择防护性能更高、安全性更好的性能器件，在方案设计时要有相应的安全保护措施，如接地屏蔽、安全预警、故障预测等。

（2）冗余性

DDC 系统通常要有后备方案，即当主设备发生故障时，备用设备可以尽快接管故障设备的工作，防止系统停机造成损失。对于重要的控制对象，通常会采用两台计算机互为备份的方式进行工作，称为双机系统或冗余系统。

这种系统可采用备份工作方式，即一台主机投入系统运行，当该主机发生故障时，另一台主机才介入工作；也可采用双机工作方式，即两台机器同时工作，并实时进行数据比较验证，当两机结果不一致时，则启动故障诊断程序。

（3）实时性

工业系统要求设备对外界参数的变化能够及时响应并做出处理，信息不丢失，操作不延误。工业计算机将这类事件分成两类：一类是定时事件，如常规性系统检查，依靠定时器实现，固定时间间隔对信息进行处理；另一类是随机事件，如故障检测，依靠中断系统实现，系统会针对中断源的优先级依次对事件进行处理。

（4）经济性

更强的系统经济性可带来更高的经济效益。为降低系统成本，设计者可以平台选型、研发周期、技术储备、可维护性、能耗等多方面入手。一是提高系统的性价比，在满足性能与可靠性指标的情况下，选择廉价产品；二是提高产品质量与产量，降低能耗和污染，改善劳动条件等。

此外，DDC 系统的通用性、操作性、维修性等指标也是系统设计的指导原则。

2. DDC 系统的设计流程

为设计满足需求的系统，设计人员首先要明确产品的需求，这需要通过市场调研完成。在了解市场（客户）需求的基础上，设计系统指标，通过技术手段实现这些指标，再进行系统整合与调试，最终在市场上进行销售。

在开发设计过程中，需要遵守以下原则。

1）标准化：选用的器件和接口要符合国际或行业标准，如总线标准、接口标准程序设计标准等。标准化的设计将为系统设备选型提供更广泛的空间，从而降低软硬件成本，缩短研发周期。

2）模块化：将系统整体功能分割成多个分功能，并以模块的形式对每个分功能进行实现，如控制模块、通信模块、A/D 转换模块、显示模块等。模块化设计有助于设计的分工，后期维护等工作。

3）系列化：构成系统的软硬件要配套，有助于系统的二次开发和外包设计。

应用设计要选择满足被控对象所需的软硬件平台，设计控制方案，并用监控组态软件构成可实际运行的控制回路即操作显示画面。应用设计按流程分为可行性研究、初步设计、详细设计、组态设计、应用组态、安装调试和现场投运等环节。

7.2　集散控制系统

集散控制系统（distributed control system，DCS）是将多个直接数字系统结合而形成的层次化计算机控制系统。DCS 纵向层次包括直接控制层（由控制站实现）、操作监控层（由工程师站和操作员站实现），并可扩展生产管理层和决策管理层。

DCS 采用分散控制、集中管理的设计思路。所谓分散控制，是指一个系统中存在多个以计算机为中心的控制回路，每台计算机独立完成信号的输入/输出和运算控制，极大提高了系统的运行维护成本和容错能力；所谓集中管理，是指各控制回路之间通过网络技术与数据库技术实现数据管理与信息共享，使管理人员可以在多台计算机上进行系统监控、管理与操作。

DCS 的基本层次结构如图 7.12 所示，包括五大功能模块：多个 DDC 构成的控制站（control station，CS），可对控制过程与控制参数进行直接干预的工程师站（engineering station，ES），对工艺流程进行监督管理的操作员站（operating station，OS）以及通过各种先进算法实现监督控制功能的计算机站（supervisory computer station，SCS）。这些结构通过监控网络连接在一起，并可通过网关接口（包括防火墙）与外网相连。

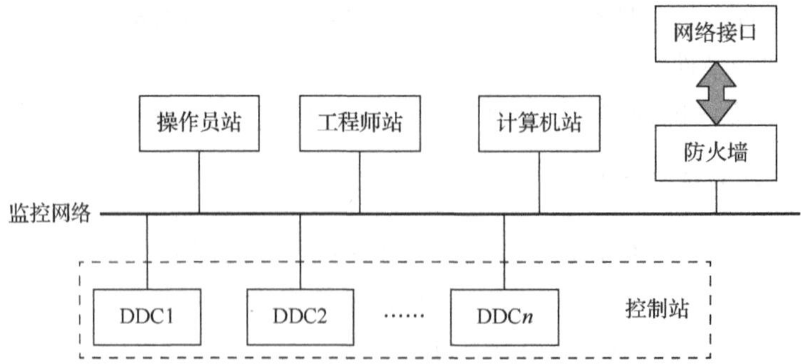

图 7.12　DCS 的基本层次结构

此外，根据整个系统的功能特点，各个模块需要进行配置并配合网络设备、电源柜、接线柜等设备实现具体功能。

DCS 的网络结构包括监控网络、生产管理网络和决策管理网络。监控网络是 DCS 网络的基础，具有实时性、快速性、安全性等特点。监控网络的通信距离通常为 1～5km，通信速度通常为 10～100Mbps，其传输介质一般为同轴电缆或光缆，通过一系列国际标准（如 ISO、IEEE 802 等）实现数据传输。生产管理网络通常覆盖整个厂区，通过 Ethernet 或 TCP/IP 等协议进行传输。生产管理网络通常与数据库相连，负责现场数据的传输与管理。决策管理网络为企业级网络，覆盖整个企业的各个生产及管理节点。决策管理网络通常由局域网或广域网构成，具有传输距离远（10～50km）、传输速度快（100～1000Mbps）的特点。

图 7.13 所示为 DCS 的信息传送模式。工程师站设计控制文件（包括控制算法）并加载到计算机站中的计算机里（上位机），计算机站将控制文件运行后的控制信息传递到控制站中特定 DDC 控制器（下位机）。下位机根据控制信息，结合现场参数对执行机构进行控制，将现场实时参数传递给操作员站的监控计算机上。监控计算机除监控现场参数外，还监控系统的运行状态和控制参数。

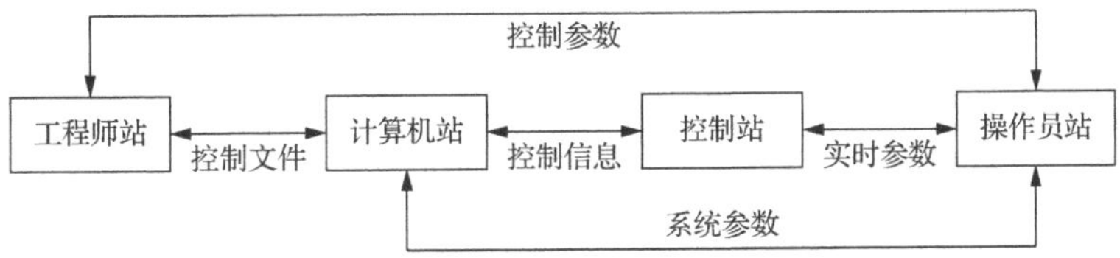

图 7.13　DCS 模块之间信息传输

7.2.1　DCS 控制站

DCS 控制站直接与现场的传感器、变送器、执行器等单元相连，具有信号的基本输入/输出、运算、控制、通信等功能。DCS 控制站由硬件和软件构成：硬件包括主控单元、I/O 单元和电源单元；软件包括系统软件和应用软件。

1. DCS 主控单元

主控单元通常由多个互为冗余的控制器组成，实现多机同步、故障分析和切换的功能。图 7.14 所示为控制站的基本框架和接口类型，其中主控单元由两个控制器构成，互为冗余。控制器包括 CPU、存储器、I/O 单元、通信单元和电源管理单元，如图 7.15 所示。

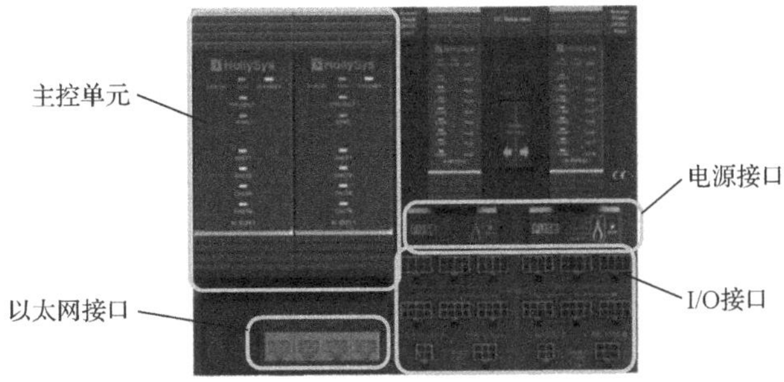

图 7.14　DCS 控制站的基本框架和接口类型

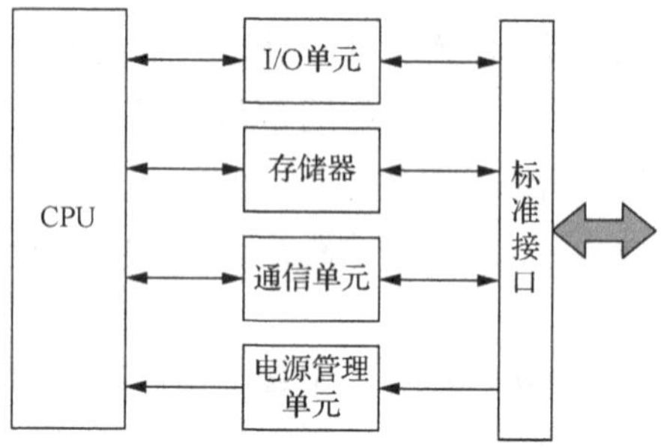

图 7.15　DCS 控制站的功能模块

在系统运行过程中，主控制器处于正常工作状态，负责数据的收发和基本运算；备用控制器处于热备份状态，同步接受主控制器的控制数据，但无信息输出。当主控制器出现故障时，备用控制器可在 ms 级完成切换，保证生产过程不间断。为确保主、备控制器长期同步，主控单元中一般设有多机同步接口，使主控制器数据周期性复制到备份控制器中。这一周期越短，主备控制器的同步性越好。

控制器的性能包括 I/O 容量、算法容量、控制周期和负荷率。I/O 容量是指每个控制器能容纳的 I/O 点数，点数值为 I/O 模块数与每个模块点数的乘积；算法容量是指控制器中最多可容纳算法模块的数量。这些模块可单独构成控制回路，也可多个构成串级控制回路。I/O 容量与算法容量取决于控制器的硬件（内存、硬盘空间和 CPU 资源），此外，I/O 容量还取决于相应的 I/O 算法。控制器控制周期是指执行一次控制过程（输入、运算、输出、通信）所需的时间。控制周期由用户设置，用户可根据不同控制量的特点，对不同控制回路设置不同控制周期。控制周期设置过小，一周期内无法完成预定控制内容，使系统报警。此时应通过增加、改进硬件或简化算法等手段进行补偿；控制周期设置过大，会导致控制器硬件空闲时间过多，浪费硬件资源。控制周期是控制器性能的重要指标，在相同 I/O 容量、算法容量等条件下，控制器能实现的控制周期越小，则控制器性能越强。复合率是指一个控制周期内，控制器工作时间在整个控制周期所占比例，用 ψ 表示，定义为

$$\psi = \frac{T_C - T_K}{T_C} \times 100\% \tag{7-1}$$

式中，T_C 为控制周期；T_K 为控制周期内的空闲时间。

若控制器在正常工作同时具有应对突发情况的能力，取值不超过 50%。当然，过小会造成硬件成本上升。

2. DCS 中的 I/O 单元

DCS 中 I/O 单元是通过模块化（I/O 控制卡，简称 I/O 卡）实现的，一个 I/O 卡包含多个 I/O 通道，通过模块中控制器控制通道导通。典型 I/O 单元实物如图 7.16 所示。

图 7.16 所示为典型八通道 I/O 控制模块，24V 电源供电，通过 USB 接口和 Modbus

协议进行通信。I/O 模块可通过并行总线直接与主板相连，也可以挂接在总线网络（一般为现场总线）上，如图 7.16 所示的 I/O 模块即是通过 Modbus 总线协议挂接在系统网络中。相比而言，利用总线系统连接的方式布局更加灵活，方便调试，且占用更少的 I/O 资源，如图 7.17 所示。

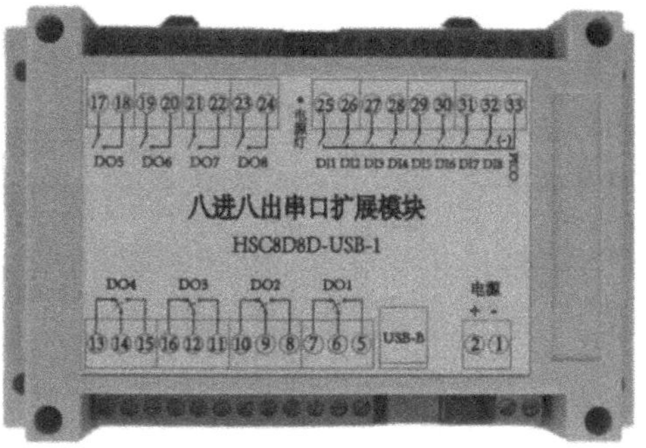

图 7.16　八通道 I/O 控制模块

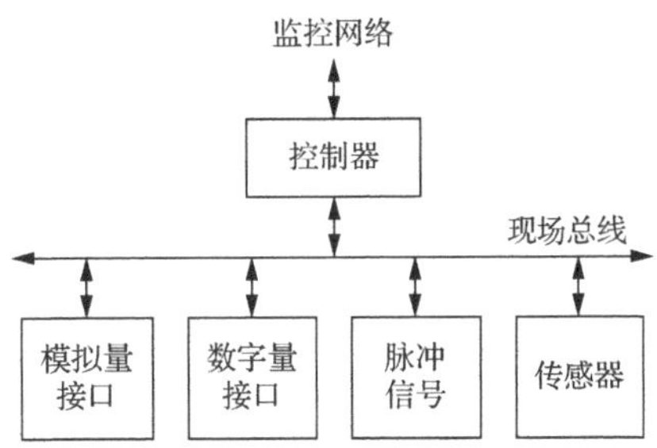

图 7.17　I/O 设备构成的输入/输出网络

DCS 中，常见的 I/O 模块包括模拟量输入/输出端口（通常为 0～5V 电压信号或 4～20mA 电流信号）、开关量输入/输出端口、传感器端口（温度、压力、物位等）、通信端口（RS232、RS485 等）等。这些端口既可以安装在控制现场，也可与控制器一起安装在机柜里，方式相对灵活。

3. 控制站软件

DCS 控制站软件包括系统软件和应用软件，其中，系统软件是指实时操作系统和通信网络软件，应用软件是指用于数据运算及输入/输出的软件。控制站软件一般由工程师站通过监控网络安装，安装完成后，控制站即可独立运行。

控制站的应用软件通常以模块化的形式展现给用户，用户通过选择不同的工程模块，构造所需的控制回路，并将生成的组态文件装载到控制站，即可实现相应的控制目的。

DCS 中输入/输出信号点与软件功能块一一对应，信道类型包括模拟量输入通道（AI）、数字量输入通道（DI）、模拟量输出通道（AO）、数字量输出通道（DO）等。利用特定的数据采集与过程控制软件，用户可在组态窗口中选择所需的功能块，自行编辑系统的输入/输出端口及控制架构，并通过下载将组态文件装载到工程师站里。

图 7.18（a）所示为南京科远自动化集团股份有限公司研发的 CCM Studio 控制器控制策略组态软件。该组态系统最多可支持 512 个 DPU 节点，每个节点支持 100～2000 个组态页。每个硬件组态页最大可支持 192 个 I/O 模块；每个控制组态页最大支持 128 个控制模块。每个模块由系统自动分配硬件地址。用户可以从工具箱的不同模块中选择所需功能单元，如图 7.18（b）所示。

图 7.19 所示为 CCM Studio 中创建的锅炉温控系统基本框架图。

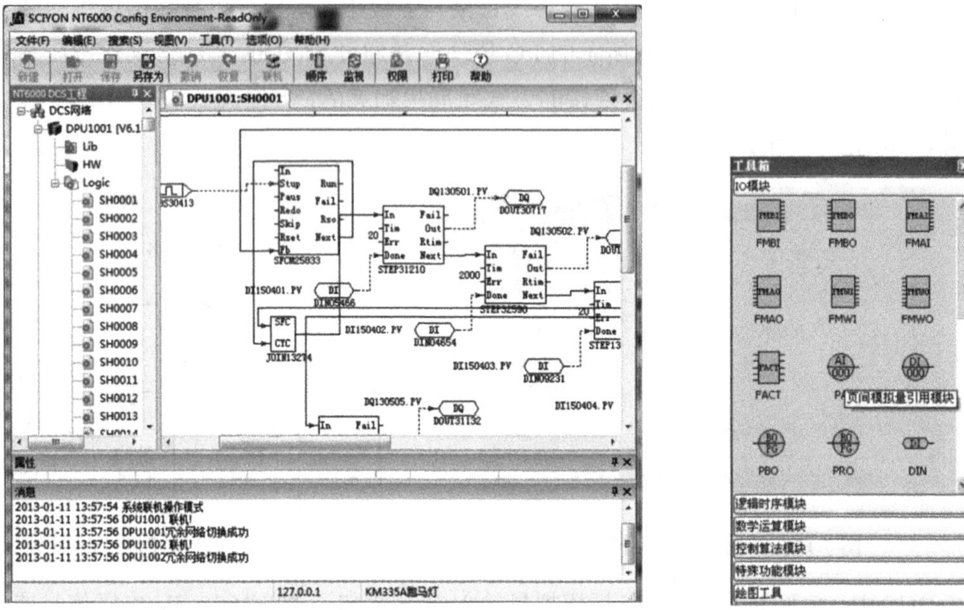

（a）窗口　　（b）工具箱

图 7.18　工业系统软件的组态窗口

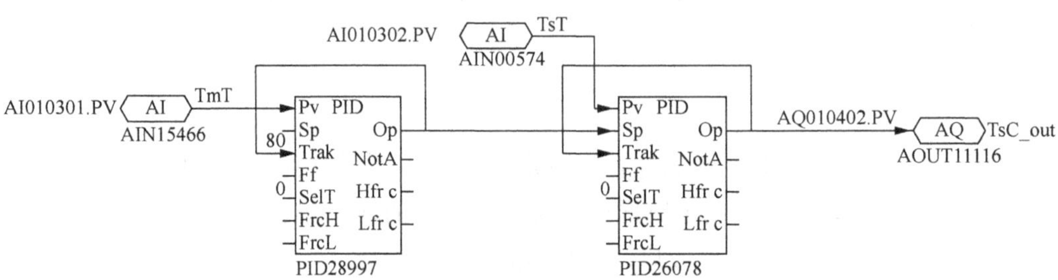

图 7.19　CCM Studio 中创建的加热炉温度控制系统

7.2.2　DCS 操作员站

操作员站用于为操作员提供系统运行的各状态参数，供操作员对系统进行监控和管理。系统状态一般由监控画面反馈给操作员，包括系统总览、各节点状态变化、故障警告等通用画面，也包括具体系统数据、控制回路、操作界面等专用画面，有时还包括运行日志、故障追忆、操作记录等管理画面。这些画面和相关运行文件在工程师站中进行编程，生成组态文件，并下载到操作站运行。本部分将通过硬件和软件两部分对操作员站进行说明。

1. 操作员站的硬件结构

操作员站一般分为落地式（图 7.20）和台式（图 7.21）两种，其硬件核心通常为 IPC 或工作站（work station）。相关外设包括存储器、键盘、鼠标、显示器、通信硬件打印机等。

图 7.20　落地式操作员站

图 7.21　台式操作员站

操作员站的主机通常为 32 位或 64 位的 IPC 或工作站，配备存储设备（内存、硬盘、光驱等）和人机交互设备（非触摸屏+键盘或触摸屏）。操作员站的键盘为专用键盘，除包括通用键盘功能外，还包括与系统输入/输出直接相关的字符、画面操作按键（滚动、切换等）、报警按键等。此外，针对系统特殊功能或生产过程，操作员站有时还提供辅助操作设备，用于特定过程的控制和操作。

2. DCS 操作员站的软件画面

DCS 操作员站画面内容包括标题区、图形区、文字区、控制区等部分，通过数字、符号、图形、动画等方式向操作员传递系统的实时状态。其中，通用画面通常指系统节点总览、I/O 板卡运行状态参数、控制回路逻辑结构与实时参数变化、报警信息画面等，主要通过符号、字符等信息表示系统状态，如图 7.22 所示的精馏塔系统与图 7.23 所示的化工远传系统，这些系统功能结构尽管不同，但其画面均是由功能模块构成，具有一定的相同性。

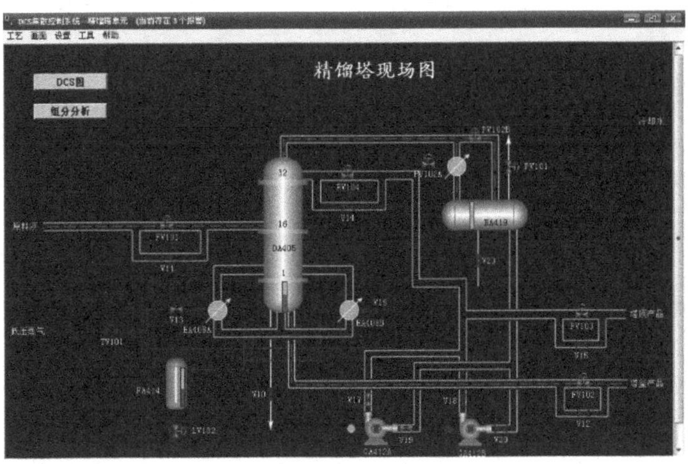

图 7.22　精馏塔系统框架

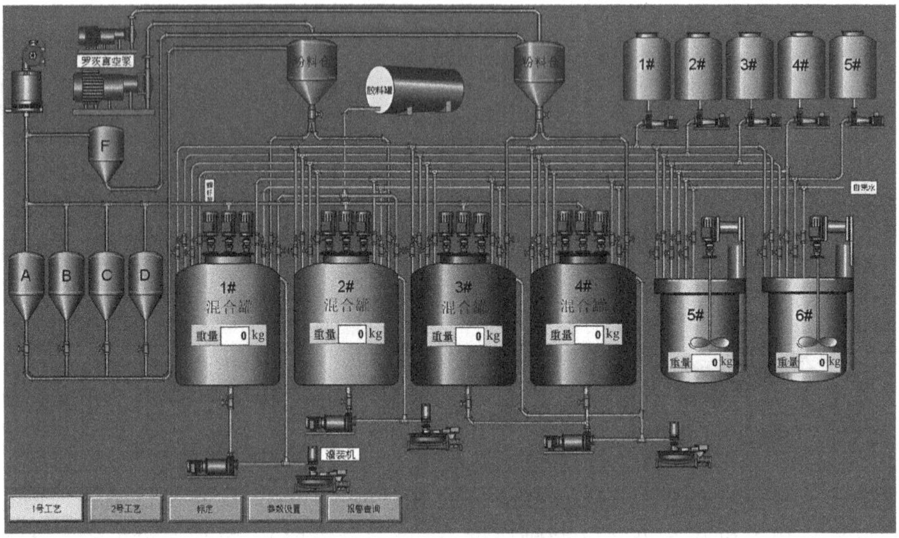

图 7.23　化工远传系统组态画面

专用画面通常指设备运行可视化界面、数据采集画面、控制回路监控画面等，主要通过图形、动画等方式提供系统的运行状态，这些画面通常在图形区根据系统的不同进行设计和优化，具有较强的针对性（图 7.24 和图 7.25）。相比较而言，通用画面显示内容简单，内存占用率低，实时性强；而专用画面具有动感性，直接以可视化方式体现系统的实时状态，具有更强的人机交互性。

除显示系统的实时数据外，DCS 操作员站还可以记录操作员的操作记录和系统的历史数据等信息。这些信息保留在系统日志文件里，通过表格方式显示在屏幕上，以供查阅。图 7.26 所示为某 DCS 系统的报警记录日志的操作人员界面。

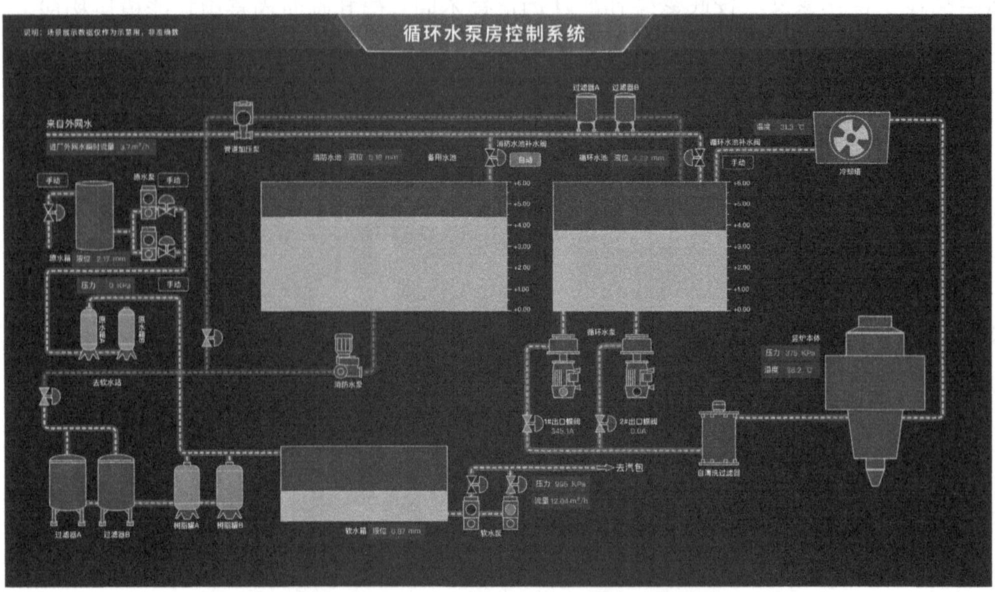

图 7.24　循环水泵房控制系统组态画面

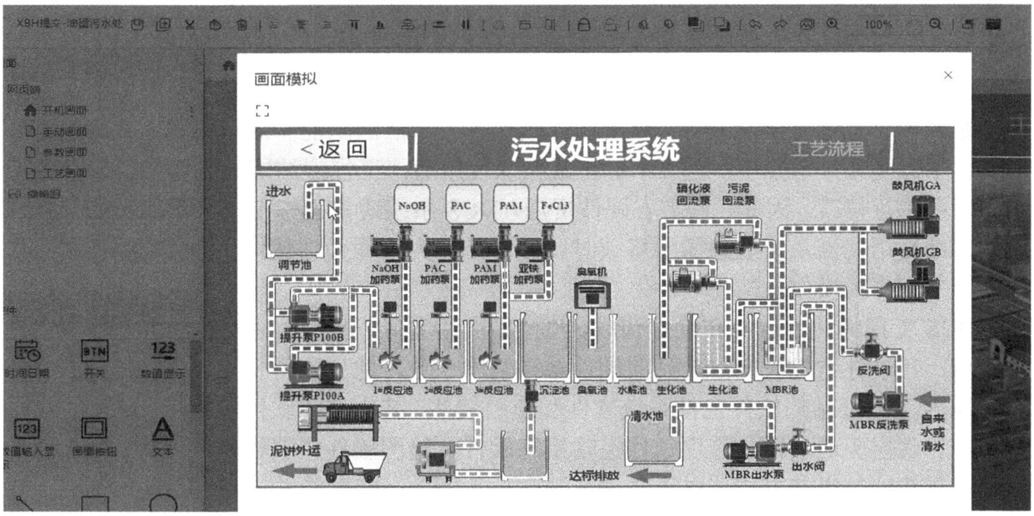

图 7.25　污水检测系统组态画面

光字牌	报警	问题
汽机光子报警一	发电机气体压力低报警	逻辑 330KPa，描述为 350KPa
	EH 油压低报警	报警 1、报警 2 定值一样，为 11.2MPa
	EH 油 A 泵出口滤网差压低报警	描述错误，应为高报警
	EH 油 B 泵出口滤网差压低报警	描述错误，应为高报警
汽机光子报警三	定子线圈出水温度高报警	逻辑 80℃，定值单为 75℃
	发电机汽端、励端冷风温度高报警	逻辑 80℃，定值单为 48℃
	凝结水流量低低报警	逻辑未做
	A 凝结水泵电机绕组温度高高报警	与绕组温度高报警定值相同，120℃
	B 凝结水泵电机绕组温度高高报警	逻辑定值为 100℃
	除氧器液位低低报警	逻辑定值为-100mm
	除氧器液位高高报警	逻辑定值为 2250mm
	排汽装置温度高报警	逻辑未做
	排汽装置温度高高报警	逻辑未做
	背压高报警	逻辑未做
汽机光子报警四	电泵供油压力低报警	逻辑未做
	电泵轴承温度高报警	逻辑未做
	电泵电机轴承温度高报警	逻辑未做
	电泵电机绕组温度高报警	逻辑未做
汽机光子报警五	闭式水母管压力低低报警	与闭式水母管压力低报警值相同，0.4MPa
汽机光子报警六	定冷水泵 A 故障报警	逻辑未做
	定冷水泵 B 故障报警	逻辑未做
	A 气泵调节压力低报警	逻辑未做

图 7.26　某热电发电系统的报警记录日志界面

7.2.3 DCS 工程师站

DCS 工程师站的作用是对系统进行组态和编程。在 DCS 系统投入使用以前，工程师站是人机交互最重要的节点，用于设计其他各个节点的功能和运行逻辑，并将组态好的文件下载到各个节点中。当 DCS 正式投入使用后，工程师站即失去作用，除非系统组态需要进行修改。因此，为节省硬件资源，DCS 系统通常会指定一个操作员站节点与工程师站复用，当系统组态需要修改时，该节点作为工程师站使用，当 DCS 正常工作时，该节点作为操作员站使用。

DCS 工程师站由软件和硬件构成。与操作员站类似，工程师站硬件也由 IPC 或工作站构成，其硬件结构与操作员站的硬件结构基本一致，此处不再赘述。

DCS 工程师站的软件包括系统软件和应用软件，其中系统软件包括操作系统、实时数据库和底层驱动软件，应用软件包括组态软件、绘图软件和编程软件三类。

组态软件的组态方式有以下 4 种。

1）填表组态。将系统的输入/输出及运算控制等功能通过参数表的方式表示，研发人员在表格指定位置填写对应的功能，即可生成组态文件，并装载至控制站。这种方式资源占用少，原理简单，但不够直观，便利性欠佳；

2）语言组态。通过组态语言进行组态。这些语言通常为高级脚本语言（如 WinCC 中 C 脚本和 VBS 脚本语言），语法简单，具有较强的针对性。进行组态时，用户针对不同的功能块进行设计，形成组态文件，并装载到控制站运行。这种组态方式可灵活实现复杂功能，但用户需掌握组态语言的使用方式，学习成本较高；

3）图形组态方式。通过图形块方式实现组态。用户通过软件提供的功能包选择需要的模块（AI/AO 模块、DI/DO 模块等），将其拖拽到屏幕的适当位置，并通过箭头或其他连线将其连接在一起，形成具有完整功能的系统。该组态方式资源占用率通常较高，但显示直观，使用方便，应用广泛；

4）混合组态方式。将前面提及的三种组态方式结合，根据不同场景，发挥各自优势。

绘图软件用于绘制运行于操作员站的画面。绘图软件为用户提供多种绘图工具，除绘制系统节点与控制回路外，还可为系统运行添加动画和声光效果，形成直观、形象、生动的操作画面。

编程软件用于控制算法实现，可使用通用高级语言（C 语言），也可使用 DCS 专用控制语言 CL 语言。DCS 为系统应用提供软件结构，编程语言可调用这些接口，实现复杂的控制方式。

7.2.4 DCS 系统应用

图 7.27 所示为汉中钢铁有限公司（以下简称汉钢）制氧 DCS 系统结构图。该制氧系统控制采用北京和利时公司开发的 Smart Pro DCS 系统。

该制氧系统的工程师站与操作员站分别由两台计算机构成，其中工程师站在系统运行时也可用作操作员站。两台电脑主机均由 DELL P4 电脑为核心搭建，配备双网卡，21 寸高分辨率彩色显示器，8 口 D-LINK 以太网交换机及 6 KVA UPS 电源（可独立维持系统工作 1 小时)。计算机操作系统为 Windows NT Workstation V4.0，搭载组态软件为和利时研发的 Con Maker 控制组态软件（图 7.28）和 Force View 监控组态软件。操作站监控软件为汉钢制氧专用软件。

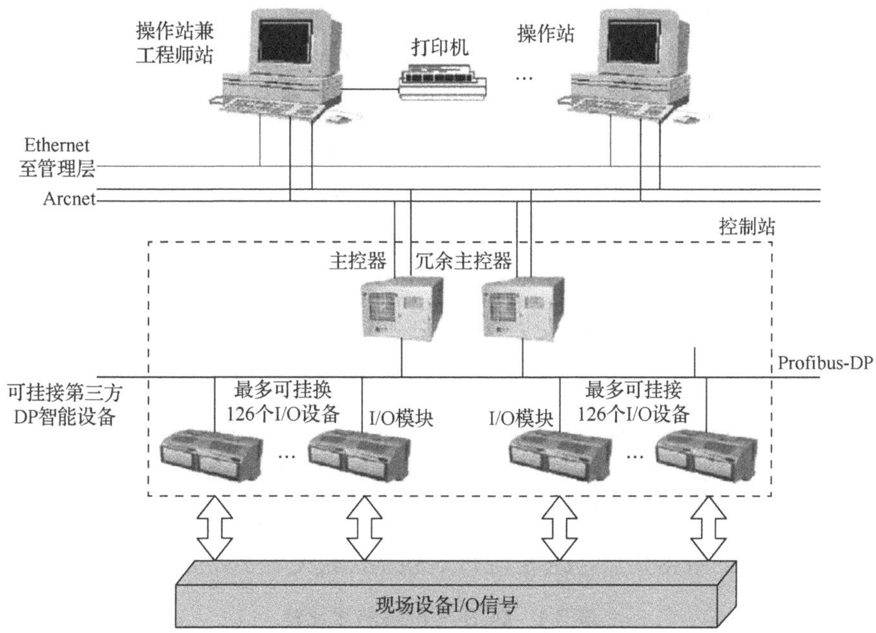

图 7.27　汉钢制氧 DCS 系统结构图

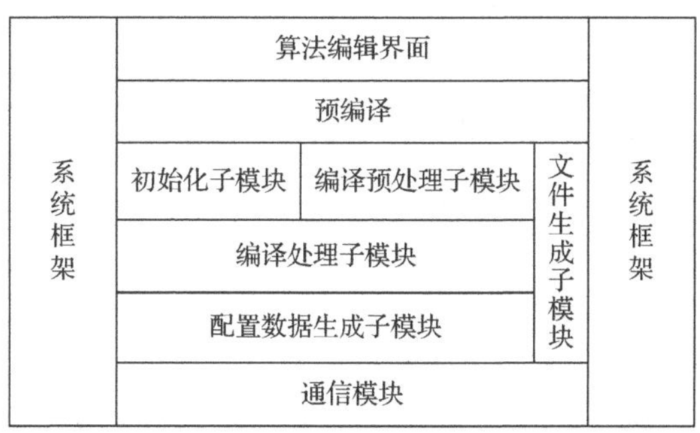

图 7.28　Con Maker 的逻辑结构

该系统的控制站核心是两块型号为 FM811 的控制器。两个控制器互为冗余，进行热备份，装备有硬件冗余切换电路和故障自检电路，可实时检测故障，并进行无扰动切换。正常工作时，两个控制器同时接收网络数据，同时进行数据运算，但只有主控制器输出结果，并通过双口 RAM 实时进行数据更新。主控制器控制站电源由 8 台 FM191 电源构成，两两互为冗余，每一组电源都可以独立承担系统的供电工作。

该系统底层 I/O 模块包括 8 路模拟量输出端口 FM145、8 路模拟量输出端口 FM151、16 位数字量输入端口 FM161、16 位数字量输出端口 FM171、电阻式温度传感器端口 FM143/FM143A 等，共计 46 块。各个 I/O 模块通过 Profibus 现场总线连接。每个 I/O 模块上都有控制器（CPU）和抗干扰设计，不仅可以降低主控制器的运算符合，还可以周期性地对 I/O 模块进行自检和故障诊断。每个 I/O 模块均支持热插拔，可快速更换，降低维护成本。电源、控制器及 I/O 模块一起安装在专用主机柜中。控制站使用的应用软件为汉钢制氧专用软件。

该 DCS 系统通过检测生产过程中控制现场的温度、压力、气体含量、振动等过程参数，从而控制各工序执行机构中阀门的开度，并为系统运行安全提供保障。

本章节介绍了 DCS 的体系结构与软硬件组成。在设计 DCS 时，要从可靠性、实用性、经济性、成熟性、可维护性等多方面考虑。目前，DCS 已广泛应用于石油、化工、发电、冶金等多个场合，成为工业控制中最主流的控制系统。

7.3　现场总线控制系统

现场总线控制系统（field bus control system，FCS）是一种以现场总线为通信方式的分布式、模块化控制系统。FCS 从 DCS 发展而来，将控制现场各个节点的数据输入/输出、运算、控制等环节分布到现场仪表中，通过一套开放式的信号通道，实现各节点与中央控制器之间的数据交互。DCS 与 FCS 技术比较见表 7.1。

表 7.1　DCS 与 FCS 技术比较

技术比较	DCS	FCS
通信方式	工业以太网等	局域网或现场总线
层次划分	三层	两层或三层
可扩展性	一般，取决于预留 I/O 接口数	较好，取决于现场总线负载能力
实时性	较强	取决于现场总线通信能力
可靠性	相对较高	相对较差

中央控制器与节点之间的通信基于现场总线实现。现场总线通信是通过物理信号线、通信协议和现场总线仪表构成的。目前现存的现场总线有 40 余种，通信速度从几十 Kb/s 至几十 Mb/s 不等，每种总线都有特定的物理结构与通信协议，具有特定现场总线通信接口的设备按要求挂接在该种现场总线网络中，即可实现设备之间的通信。

现场总线仪表相比于传统仪表，除信号变换等普通功能外，还兼具数据运算、控制、通信等功能，如传感器除具有过程变量检测、校正等功能，还可对数据进行控制和运算。FCS 设备间通过数字信号通信，设备内部有对应特定功能的功能块，这些功能块可在现场总线上组成控制回路。

FCS 没有独立的控制站、操作站和工程师站，而是将这些结构集成在一起形成统一的操作站。操作站中控制器使用 IPC 或工作站，具备控制、监督、组态等功能。图 7.29 所示为基于 FCS 的阀门控制系统，除控制器外，还包括压力变送器，调节阀和电源。压力变送器中集成模拟量输入模块 PT123，调节阀中集成 PID 控制模块 PC123 和模拟量输出模块 PV123。

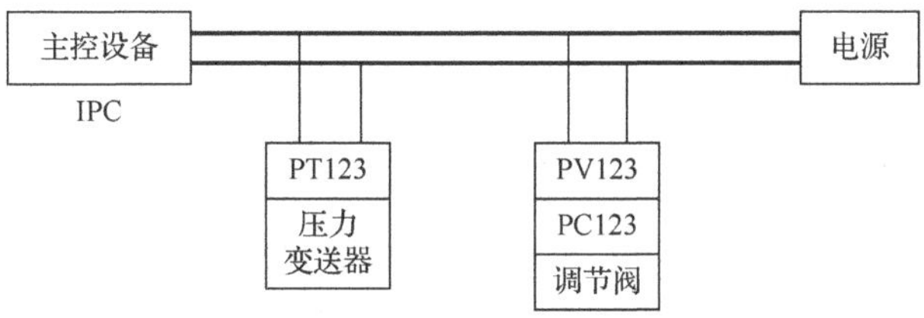

图 7.29　FCS 系统结构示例

图 7.29 中主控设备为操作站，集成工程师站、操作员站、控制站功能于一身。操作站通过组态软件，对压力变送器和调节阀功能进行组态，形成组态文件，装载到各功能单元。系统运行时，操作站可对系统功能进行整体控制，并可通过显示器实时显示系统的运行状态。

FCS 是计算机控制系统发展的必然结果，彻底实现了全分散式的系统结构，全数字式的信号传输，还具有较强的设备互操作性。只要设备兼容某种特定现场总线接口，该设备即可连接在现场总线系统中，实现“即插即用”。

本章节将对现场总线系统的特点和层次结构进行分析，并针对几种目前常见的现场总线规范和控制方式进行说明。

7.3.1　FCS 体系结构

FCS 系统主要包括现场控制层和操作监控层等，如图 7.30 所示。

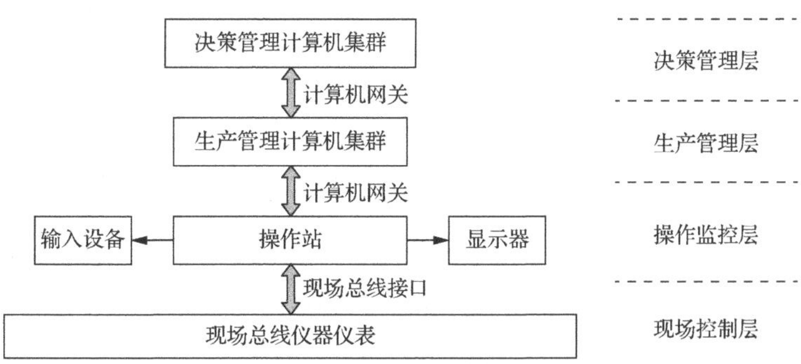

图 7.30　FCS 层次结构

现场控制层是 FCS 的基本结构，包括现场总线、支持现场总线的设备及其他辅助电路和结构。现场控制层的功能是搭建底层控制回路，并在控制回路上实现信号传递、控制和通信。操作监控层依托 IPC 实现，通过现场总线接口（field bus interface，FBI）与现场控制层相连。IPC 除作为控制器使用，还可将系统运行参数传递给监控计算机，用于对系统状态的实时反馈。在系统研发过程中，监控计算机可作为工程师站，将设备功能进行组态，并装载到相应设备中。

有些复杂 FCS 还扩展生产管理层和决策管理层，分别用于对整个公司网络进行工厂级与公司级管理。根据系统网络结构的复杂程度，这两个层次以大型机、多台中型机或微型机网络为中心，对企业各生产要素和人事管理进行整体规划。生产管理层和决策管理层通过计算机网关与操作监控层进行信息交流。

7.3.2 常见 FCS 的现场总线

不同现场总线基于不同标准进行数据传输，从传输速度看，现场总线大致可分为3类：低速现场总线（传输速度一般为几十至几百 kb/s），中速现场总线（传输速度一般为几百至几千 kb/s）和高速现场总线（传输速度一般为几十至几百 Mb/s）。

1. 低速现场总线

低速现场总线主要应用于控制现场的传感器、执行器等器件的数据传送，常用的低速现场总线有 FF-H1、HART 等。

（1）FF-H1

基金会现场总线（foundation fieldbus，FF）是由现场总线基金会发布的总线标准，FF 共有两个标准：低速版本 FF-H1 和高速版本 FF-HSE（也称 FF-H2）。FF-H1 的典型传输速率为 31.25Kb/s，其标准规定了通信标准和功能模块标准。在软件的支持下，用户可通过图形组态直接搭建控制回路，实现生产过程的自动化控制。

FF-H1 的每台设备都包含一个网络管理代理和各层协议管理实体。每个网络至少有一个网络管理者负责协调整个网络管理者向网络管理代理发出的请求，网络管理代理对请求作出回应。网络管理代理支持组态管理、运行管理、监视通信性能、检测监视故障等功能，并利用组态管理设置通信栈内的参数，选择工作方式与内容，观察和分析设备的通信状况。

（2）HART

HART 总线全称为可寻址远程传感器高速通路（highway addressable remote transducer）总线，是美国 ROSEMOUNT 公司于 1985 年推出的一种用于现场智能仪表和控制室设备之间的通信协议。HART 总线采用混合传输方式，在 4～20mA 的模拟信号上叠加幅值为±0.5mA 的正弦波信号，使基于 HART 总线的现场仪表既可以当作模拟仪表传输模拟信号，也可当作数字仪表传输数字信号。

HART 总线系统通常包括一台主设备、一台供电设备和若干仪表设备（从设备），此外，有时还包括一台副主设备（通常为手持编程器，作为系统的临时设备，承担主设备功能），也可加装安全栅以实现防爆要求，HART 现场总线系统结构如图 7.31 所示。

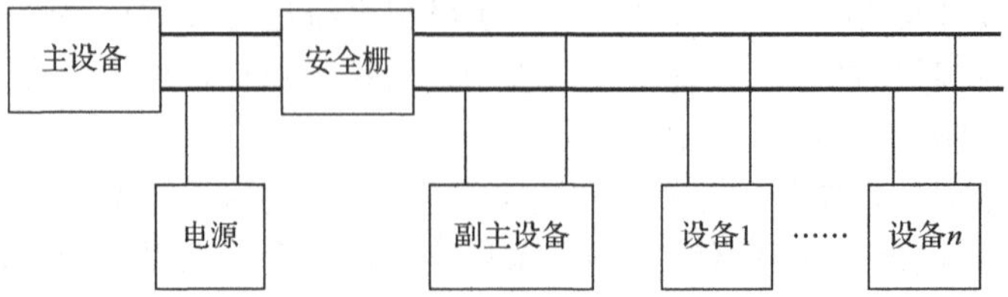

图 7.31　HART 现场总线系统结构

HART 总线采用半双工通信方式，通信模型包括协议物理层、数据链路层和应用层。

2. 中速现场总线

中速现场总线既可用于现场设备之间的通信，也可用于控制器与设备之间的通信。常见的中速现场总线包括 Profibus、CAN 等。

（1）Profibus

Profibus（process field bus，过程现场总线）是一种为适应工厂自动化、过程自动化技术需求而研发的现场总线，具有开放性强、标准化程度高的特点，其通信速度通常为 9.6Kb/s～12Mb/s。Profibus 协议标准包括：Profibus – DP、Profibus – PA 和 Profibus – FMS 三部分，简称 DP、PA 和 FMS。

DP（decentralized periphery，分散外围设备）用于设备级控制系统与分散式 I/O 的通信，是一种高速、低成本的通信协议。

PA（process automation，过程自动化）属于低速现场总线，通信速率为 31.25Kb/s，专为过程自动化设计，可将传感设备与执行机构连接在一起，并支持本质安全规范。

FMS（fieldbus message specification，现场总线报文规范），用于车间级自动化，构成多主机通信系统，FMS 现已逐渐被工业以太网代替。

此外，还针对特定设备制定了 PROFInet、PROFIdrive、PROFIsafe 等应用行规。其中，PROFInet 是一种高速以太网，以 IEEE802.3 协议为基础，兼容 PROFIBUS 现有的应用，可以与其他现场总线进行集成，有效地将企业信息管理层与现场控制层融合于一体；PROFIdrive 主要用于运动控制系统，如变频器、伺服控制器之间的数据传输；Profibus 现场总线系统的通信模型包括物理层、数据链路层和应用层三部分，对于 FMS 还增加了用户层。

（2）CAN

CAN（controller area network，控制器区域网络）总线最早用于汽车内部设备之间的通信，后逐步扩展至仪表、楼宇、机器人等多个领域。CAN 总线的通信模型中只有物理层和数据链路层，应用层由专用的集成电路构成，并与控制器连接。

CAN 总线可实现“1 对 1”、“1 对多”和“1 对全部”的通信方式，并采用多主工作方式。CAN 总线节点报文分成不同优先级，每帧数据 1～8 字节，保证了传输的实时性。

CAN 总线节点收发内容有 4 种类型：数据帧、远程帧、出错帧和超载帧。其中，数据帧有标准格式（CAN 2.0A，11 位标识符）和扩展格式（CAN 2.0B，29 位标识符）。数据帧的结构如图 7.32 所示。

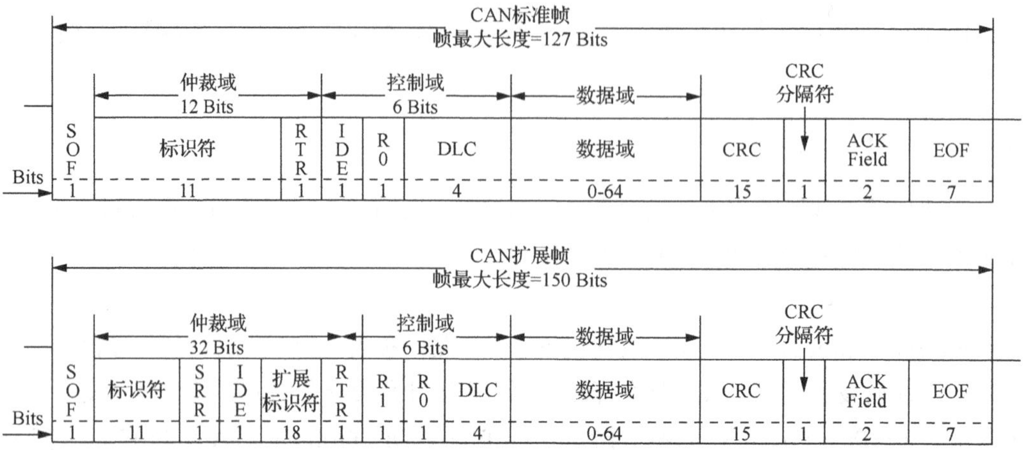

图 7.32　CAN 总线数据帧的标准格式和扩展格式

由图 7.32 可看出，数据帧包括 7 个区域：起始域（start of frame，SOF）、仲裁域、控制域、数据域、CRC 域、应答域、结束域。

一个 CAN 总线节点包括 CAN 总线收发器、通信控制器、微处理器 I/O 电路等模块，并通过传感器和执行器共同组成测控系统。

3. 高速现场总线

高速现场总线主要用于操作员站、工程师站和计算机站，也可用于控制器、传感器、变送器和执行器，速度通常在几十至几百 Mb/s，如 FF-HSE、PROFInet 等。

（1）FF-HSE

FF-HSE（high speed ethernet，高速以太网）的最高传输速率可达 100Mb/s，通常以多芯电缆或光纤为传输介质，传输距离最长为 100m。FF-HSE 基于以太网，具有以太网的优点，且支持 FF 协议的相关规范，是一种具有控制功能的综合网络。

（2）PROFInet

PROFInet 是 PROFIBUS 的一个子集，在传统以太网协议 IEEE802.3 的基础上，兼容了 PROFIBUS 的现有应用。

PROFInet 的通信模型包括物理层、数据链路层、网络层、传输层和应用层。除应用层外，其余层次均采用现有的通信协议。其中，物理层采用 IEEE802.3 标准，数据链路层采用 IEEE802.2 标准，网络层采用 IP 协议，传输层采用 TCP 或 UDP 协议。应用层使用部分软件新技术，如 Microsoft 的 COM 技术，以及 OPC、XML 和 Active X 等技术。

PROFInet 的拓扑结构分为总线型、树形、星形和环形，既可以集成 PROFIBUS 现场总线，也可以集成其他形式的现场总线。PROFInet 通过代理服务器集成的方式，可以与其他形式的现场总线集成，每个子系统作为一个网段接入交换机。

现场总线技术是控制、计算机、通信技术的交叉与集成，几乎涵盖了所有连续、离散工业领域，如过程自动化、制造加工自动化、楼板自动化、家庭自动化等。它的出现和快速发展体现了控制领域对降低成本、提高可靠性、增强可维护性和提高数据采集的智能化的要求。在未来，随着以太网技术的发展，现场总线技术在可靠性和通用性上还将会有新的发展。

7.4　嵌入式系统

嵌入式系统（embedded system，ES）的最初定义为是一种面向具体应用，软硬件可裁剪的计算机控制系统，其核心包括嵌入式硬件系统和嵌入式操作系统。随着工业中嵌入式系统的广泛使用，广义上讲，除通用计算机外的其他一切计算机控制系统均可看作嵌入式系统，包括 51 单片机、PLC、STM32、DSP 甚至 IPC 构成的系统均可看作嵌入式系统。图 7.33 所示为典型的嵌入式系统的整体架构。

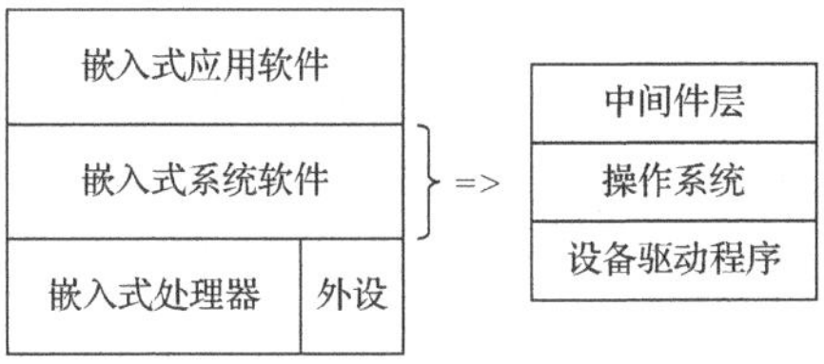

图 7.33　典型的嵌入式系统的整体结构

图 7.33 中，嵌入式系统包括硬件层和软件层，其中，硬件层由嵌入式处理器和外设构成；软件层包括嵌入式系统软件和嵌入式应用软件。嵌入式系统软件以设备驱动程序（即板级支持包）为基础，搭建操作系统和应用软件相关的支持组件。

7.4.1　嵌入式系统硬件结构

嵌入式系统的硬件结构包括 CPU、存储器、通信接口等核心部件。随着集成技术的发展，部分嵌入式系统还集成了 A/D（D/A）模块、定时器等结构，并支持多种总线协议的扩展。从功能来看，嵌入式系统的硬件核心为嵌入式处理器，除了常规的控制功能外，嵌入式处理器还针对特定场景需求（如快速运算、低功耗、高实时性等）进行优化，出现了多种衍生产品。以市场占有率最高的 51 单片机为例，其生产厂商就有 20 余家，相关衍生产品多达 350 余种。目前，嵌入式处理器已有 1000 余种，其寻址空间、运算速度、引脚结构也不断得到扩展和丰富。

图 7.34 为典型嵌入式系统板的硬件结构。

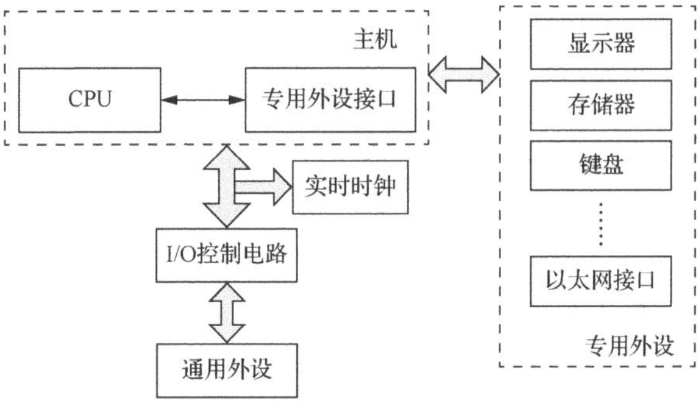

图 7.34　典型嵌入式系统板的硬件结构

1. 嵌入式处理器

嵌入式处理器是嵌入式系统板的核心部件，嵌入式系统板是以嵌入式处理器为中心进行设计的。随着集成技术的提高，微处理器、存储器、I/O 接口等设备高度集成在一块芯片上（即嵌入式处理器），使嵌入式处理器的可靠性更高，能耗更低，同时极大降低了制造成本。

不同类型的嵌入式处理器均有其对应的指令集体系结构（instruction set architecture，ISA）。ISA 定义了处理器运行相关的操作码、操作数、寄存器、寻址方式和异常处理等内容。

2. 嵌入式系统的存储器

对于嵌入式系统来说，存储器分为片上存储器和板载存储器，二者的分类与工作原理基本相同。无论空间大小，存储器本质上就是一个由电容组成的阵列。当处理器提取特定数据时，地址总线上的寻址信息通过存储器外部电路，映射到电容阵列的特定单元上，将这些单元上的数据通过数据总线传递到处理器中，如图 7.35 所示。

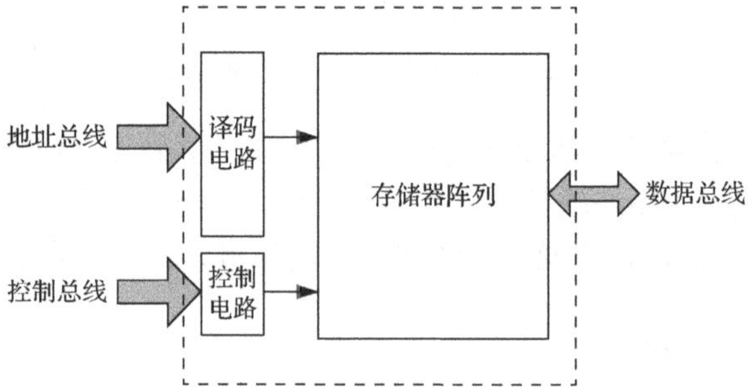

图 7.35　随机存取存储器的逻辑结构

嵌入式系统的片上存储器通常采用哈佛结构，即程序存储器与数据存储器独立组织，分开管理。处理器和软件将存储器划分成多个地址空间，并可将部分空间设置为专用功能。以 8051 单片机为例，其片内 ROM 和 RAM 的空间分配如图 7.36 与图 7.37 所示。

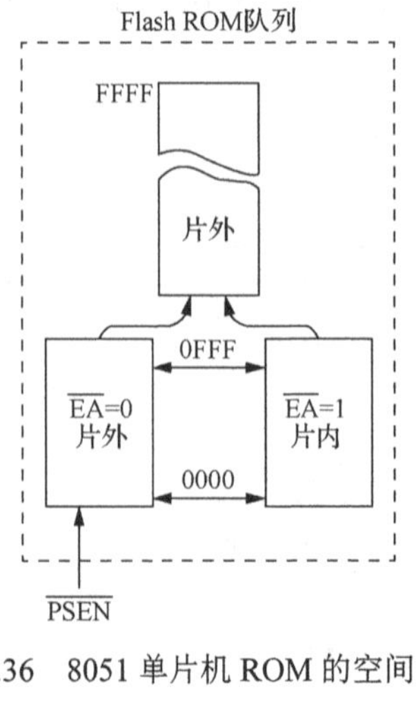

图 7.36　8051 单片机 ROM 的空间分配

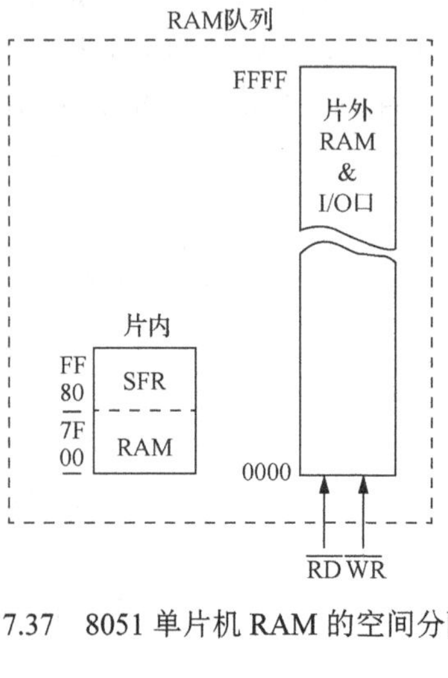

图 7.37　8051 单片机 RAM 的空间分配

3. 嵌入式系统的 I/O 端口

I/O 端口是处理器与外设或嵌入式系统与外设进行信息交换的重要通道，可用于设备间通信、控制信号等数据的传输。理论上讲，任何电气设备（小到单个 LED 灯，大到高清 LED 点阵显示器或电机等高功率设备）均可通过 I/O 端口进行控制。

与存储器类似，I/O 端口包括片上 I/O 端口与板载 I/O 端口，二者的功能与工作原理基本相同。片上 I/O 是指集成在处理器上的 I/O 端口，这类端口通常对数据的读取速度较快，但驱动能力较弱，当控制大功率电气设备时，需要与锁存器或专门的驱动电路配合使用。相对而言，板载 I/O 端口的读取速度较慢，但配合内部控制器或驱动电路，使板载 I/O 端口的驱动能力相对较强。板载电路可通过标准接口与主控电路连接，使用时有较强的灵活性。一个板载 I/O 接口模块等同于一个小型计算机控制系统，此处不再赘述。

根据数据传送的方式，I/O 端口分为并行 I/O（并口）与串行 I/O（串口）。并行 I/O 控制方式简单，传输速度快，但成本较高，且线路之间有干扰，通常仅用于板内或板间的数据传送。常见的并行 I/O 接口包括有 IEEE 1284、CRT 接口等。

IEEE 1284 接口的典型接口为 25 线（A 型、D 型）或 36 线（B 型、C 型、D 型）。其中，25 线接口包括 8 条数据线、5 条状态线、4 条控制线和 8 条地线；36 线接口包括 8 条数据线、7 条状态线、2 条控制线以及若干条地线和预留接口。图 7.38 所示为 25 线与 36 线的转接线。

CRT 接口（又称 VGA 接口）接口共 15 线，3 行布局，每行 5 线，包括红黄蓝三原色信号线及分别对应的地线，行、列同步线，预留线等，该接口物理结构如图 7.39 所示。

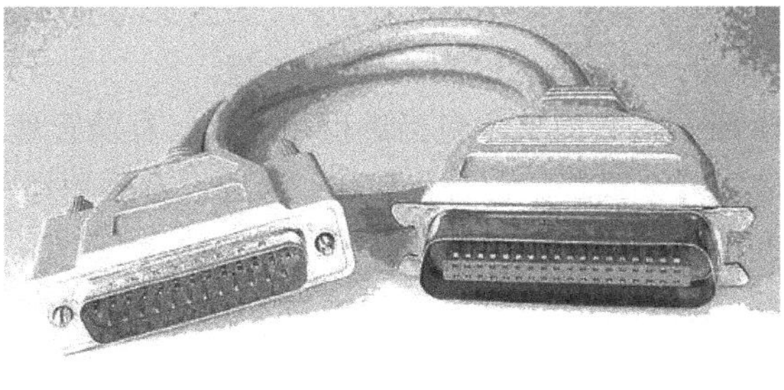

图 7.38　IEEE 1284 接口转接线

图 7.39　标准 CRT 接口

另一种常见的数据传送方式为串行通信方式，该方式对应的 I/O 口一般称为串口。相比于并行通信方式，串行通信方式的接口结构简单（通常 1～2 根信号线）、传输可靠性高，适用于远距离通信，但由于数位逐位发送，传输周期增多，速度较慢，且需要遵循标准数据帧格式，数据结构相对复杂。通常来讲，一帧串行数据包括起始位、有效数据位、校验位、停止位 4 部分，其中在简单的双机通信中，校验位有时可以省略。数据帧的具体位数与依托的通信协议相关，如 8051 单片机异步通信串口（UART）的数据帧包括 1 位起始位、8 位有效数据位、1 位校验位（可省略）、1 位停止位；而 I^2C 通信协议中，1 帧寻址数据包括 1 位起始位、7 位地址位、1 位传输方向位，1 位应答位或终止位。相关的协议很多，本处不再展开说明。

7.4.2 嵌入式操作系统

并非所有的嵌入式硬件都可支持操作系统，如 8051 单片机的内部结构与 I/O 端口工作模式相对简单，可通过其指令系统直接控制内部寄存器与 I/O 端口的状态，而对于相对复杂的嵌入式处理器（如 STM32 或 IPC），由于 I/O 端口模式配置复杂，寄存器种类繁多，很难通过指令直接控制，此时需要嵌入式操作系统作为辅助。

操作系统本质上是一个软件库的集合，其作用一方面可以为应用软件提供一个抽象层，降低应用程序对硬件的依赖；另一方面可以管理系统硬件和软件，保证系统工作效率更高、更可靠。嵌入式操作系统是嵌入式系统软件的核心，包括进程管理、存储管理、I/O 系统管理 3 部分，这些功能组件以进程管理组件为核心，相互依赖。

1. 操作系统分类

嵌入式操作系统一般分为 3 类：单体操作系统、分层操作系统、微内核操作系统。

（1）单体操作系统

单体操作系统指的是所有软件模块均集成在单个可执行文件中，操作系统编写好后，可链接成为一个大型二进制可执行文件。这类操作系统通常包括一个用来处理服务过程请求的主程序，一套用来执行系统调用的服务过程和一套用来辅助服务过程的使用过程。

由于单体操作系统在扩展、修改和调试上具有一定劣势，单体操作系统内部通常进行模块化设计（因此也称单体模块化结构系统），每个模块对应一类系统功能，如文件 I/O 模块、存储管理模块、进程管理模块及各模块对应的驱动程序，如图 7.40 所示。常见的单体嵌入式操作系统包括 Linux、Jbed、MicroC/OS-Ⅱ和 PDOS 等。

以 Linux 操作系统为例，如图 7.41 所示，其内核中包括进程调度器、存储管理器、虚拟文件系统、网络接口、进程间通信等几个模块。此外，Linux 通过设备驱动程序管理底层硬件，并通过软件服务程序为上层应用软件提供服务。

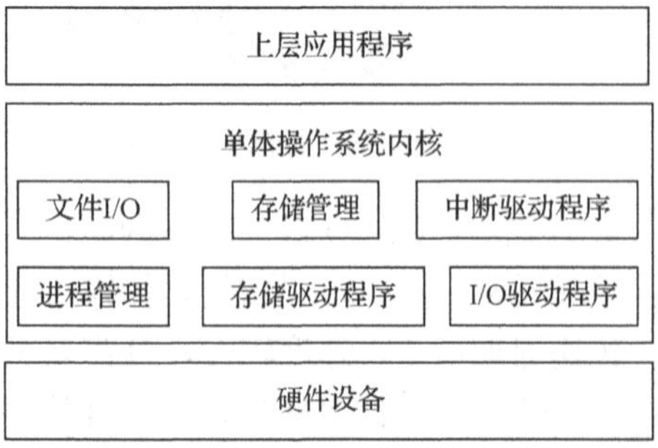

图 7.40　单体操作系统结构

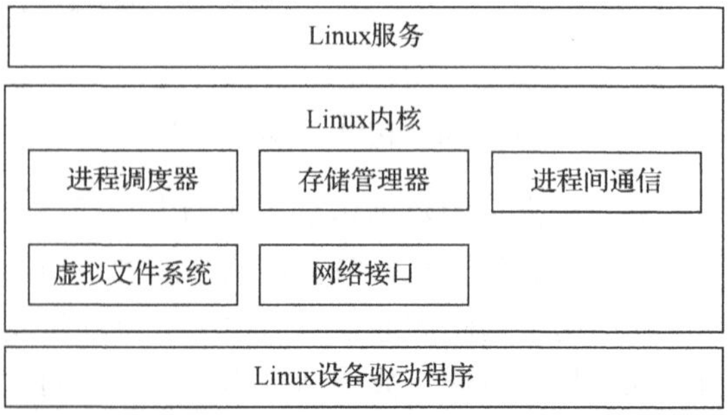

图 7.41　Linux 操作系统框架

（2）分层操作系统

该操作系统设计成层次化的结构，每一层均具有特定的执行规则（函数）。在分层操作系统中，最内层为硬件层，最外层为用户界面层，上层执行依赖下层提供的功能，如图 7.42 所示。每一层均可通过遍历的方式访问其下面的层，而无法访问上面的层，如在图 7.43 中，输入/输出管理层要访问硬件层，则必须通过进程管理层、存储器的辅助管理层对硬件层进行访问，而无法跳过这两层直接访问硬件层。相比于单体操作系统，分层操作系统的安全性与调试便利性上具有一定优势，更容易开发和维护，但每个层次的应用接口均会产生额外的开销，影响系统的性能。常见的分层操作系统有 FreeDOS、DOS/eRTOS、VRTX 等。

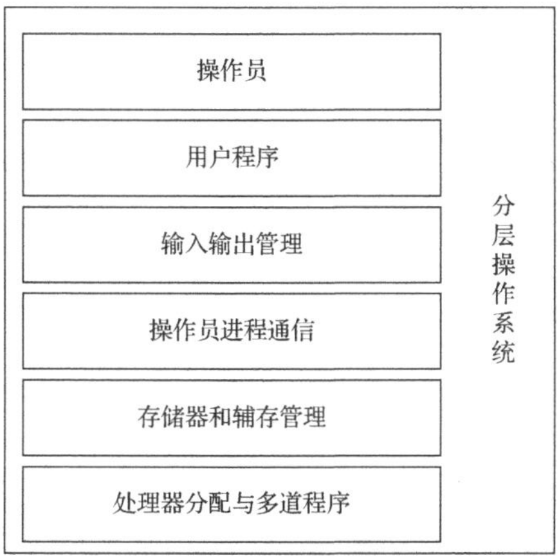

图 7.42　分层操作系统的结构

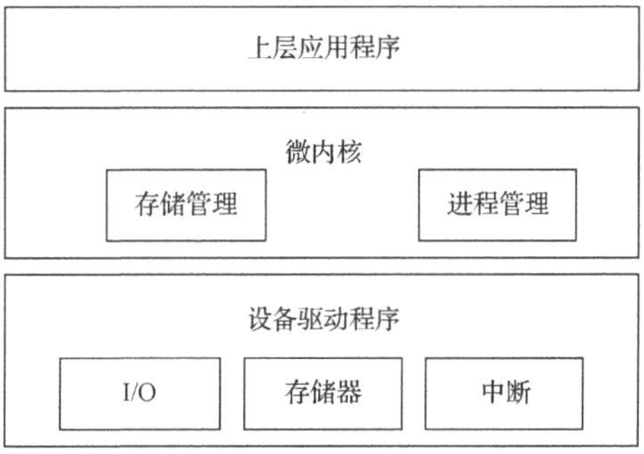

图 7.43　微内核操作系统结构

（3）微内核操作系统

微内核操作系统的内核只保留常规操作系统中最核心的部分（通常为进程管理和存储管理，有时内核中仅包括进程管理），其余部分被抽象到内核之外，如图 7.43 所示。这一类操作系统内核只包括基本通用服务，通常不需要修改（由于内核很小，即使需要修改也很简单），因此可以方便添加新的用户服务，扩展性和移植性较强，然而由于组件之间的通信由用户层维护（而非内核），受通信效率的影响，该类操作系统的性能会受到一定影响，此外，当系统功能开销增加时，微内核的性能也会受到影响。常见的微内核嵌入式系统有 OS-9、VxWorks、QNX 等。

2. 嵌入式操作系统标准

POSIX（portable operating system interface）是由 IEEE 制定的（IEEE 1003），可为在 Unix 操作系统上运行的软件提供一系列 API 标准。POSIX 提供了操作系统相关的 API 和进程管理、内存管理及 I/O 管理功能的定义。

进程管理包括线程管理、信号量操作、优先权调度、实时信号扩展、定时器等内容。POSIX 中定义了线程的创建、控制和终止的方式，并为线程间的共享地址争用问题定义同步原语。内存管理包括进程内存锁定、内存映射文件和共享内存对象等内容。I/O 管理分为同步 I/O 和异步 I/O。

7.4.3　中间件与应用软件

嵌入式系统的中间件与应用软件属于系统的辅助软件，其中应用软件属于嵌入式系统中最终的软件类型；而中间件介于操作系统与应用程序之间，用于简化软件系统的开发。

1. 中间件

中间件是一种不属于操作系统内核、设备驱动程序或应用软件的系统软件，其主要作用是对嵌入式应用屏蔽底层操作系统的异构性，常见的功能有网络通信、内存管理、数据处理等。

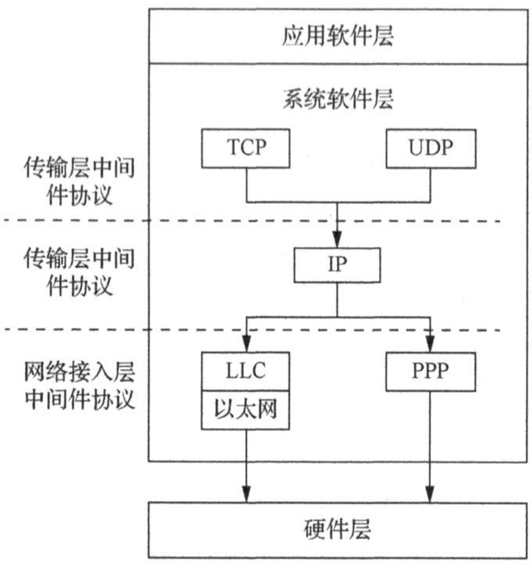

图 7.44　互联网中间件示意图

中间件属于系统软件，可减少软件开发的时间和成本，简化应用程序的编码过程。有些复杂的嵌入式系统通常不止一个中间件的要素，单个中间件要素通常基于彼此互操作性进行选择。某些情况下，嵌入式系统的中间件可以在市场上进行选购，很多嵌入式操作系统的生产商也提供了中间件软件包，在自己的系统平台上具有良好的兼容性。

在 TCP/IP 模型中，网络接入层、互联网层和传输层之间的软件可视为网络中间件，具体来说，用户数据报协议（UDP）和互联网协议（IP）均可看作中间层，如图 7.44 所示。

（1）点对点协议

点对点协议（PPP）是一种网络接入层和数据链路层之间的中间件，支持同步和异步两种传输方式。一般来说，PPP 软件通过四个子机制的组合进行定义：PPP 封装机制、数据链路协议的握手、认证协议、网络控制协议，其工作方式包括链路静止、链路建立、身份认证、网络层协议和链路终止，其关系如图 7.45 所示。

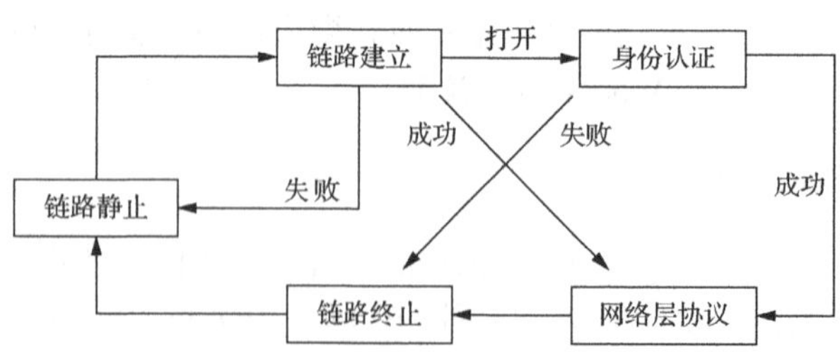

图 7.45　PPP 各工作方式之间流程

PPP 以帧为单位进行数据传送，为了使两个设备建立一个 PPP 链路，双方都必须发送一个数据链路协议帧，以配置和测试数据链路的连接。任一时刻，一个设备上的 PPP 连接总处于一个特定状态：初始、启动、已停止、已关闭、停止中、关闭中等。

（2）互联网协议

互联网协议（IP）负责实现寻址和包重组的功能，也属于互联网中间件。当 IP 层收到来自上层的数据包或下层的数据帧后，会以数据报的形式进行处理。IP 协议中的地址域通常指的是 IP 地址，即网络地址，由 IP 层进行处理。IP 地址有 32 位，以“点分十进制”的方式进行表示。

IP 地址可划分为不同的组，称为类（A、B、C、D、E 五类），分类方法如下：

A 类地址：0.0.0.0～127.255.255.255

B 类地址：128.0.0.0～191.255.255.255

C 类地址：192.0.0.0～223.255.255.255

D 类地址：224.0.0.0～239.255.255.255

E 类地址：244.0.0.0～255.255.255.255

连接到互联网中的每台设备都有唯一的 IP 地址，IP 地址中的主机标识分配由设备或网段的管理员完成。E 类地址保留，用作以后使用。

7.4.4　嵌入式系统开发

嵌入式系统通常不是在单独一个系统上开发的，而是通常至少需要连接到嵌入式平台上的另一个计算机系统来管理对该平台的开发。因此，嵌入式系统的开发除需要目标系统外，还需要主机、调试工具、传输介质等硬件作为支撑，此外还需要编译器、调试软件及其他软件进行辅助。

嵌入式系统的软件源代码通常使用标准 ASCII 文本编辑器或位于开发平台上的集成开发环境（intergrated development environment，IDE）进行设计。IDE 是一个工具集，将软件编写、编译等工作集成到一个应用程序用户界面中。常见的 IDE 平台有 KEIL、IAR、CDK 等。

鉴于硬件电路设计与调试成本高、周期长、修改不方便，很多硬件工程师会使用 CAD 工具对电路进行模拟调试。常见的 CAD 软件有 SPICE 和 PSpice，以及电路设计软件 Altium Designer 等。在 CAD 软件基础上融合应用电子、计算机、信息处理等技术形成 EDA 软件，用于电路的设计和仿真，如 Proteus、Multisim、MATLAB 等。

总之，嵌入式系统是伴随工业生产而发展起来的，如今嵌入式系统发展更加地趋于提供更加生动的人机交互界面；对于更多小型电子产品具备更好的移植性，从而实现其自动化，低功耗，智能化。

参 考 文 献

哈利南，2022．嵌入式 Linux 基础教程[M]．2 版．周鹏，译．北京：人民邮电出版社．

雷姆兹·H. 阿帕希杜塞尔，安德莉亚·C. 阿帕希杜塞尔，2019．操作系统导论[M]．王海鹏，译．北京：人民邮电出版社．

李正军，2022．计算机控制系统[M]．4 版．北京：机械工业出版社．

李正军，李潇然，2017．现场总线及其应用技术[M]．2 版．北京：机械工业出版社．

李正军，李潇然，2021．现场总线与工业以太网[M]．武汉：华中科技大学出版社．

诺尔加德，2018．嵌入式系统：硬件、软件及软硬件协同（原书第 2 版）[M]．马志欣，等译．北京：机械工业出版社．

孙优贤，等，2015．控制工程手册：上册[M]．北京：化学工业出版社．

汤旻安，邱建东，汤自安，等，2018．现场总线及工业控制网络[M]．北京：机械工业出版社．

王锦标，2018．计算机控制系统[M]．3 版．北京：清华大学出版社．
王孔敢，2020．嵌入式与实时操作系统[M]．徐坚，等译．北京：机械工业出版社．
熊伟，2012．工控组态软件及应用[M]．北京：中国电力出版社．

第 8 章　机器人技术与应用

8.1　概　　述

机器人技术是伴随计算机技术、自动控制技术、传感技术等融合发展起来的一项综合性技术。20 世纪 80 年代，以机器人技术为核心发展而来的机器人学被定义为研究感知与行动之间智能连接的一门科学。基于这一定义，机器人可通过轮子、履带、腿足甚至螺旋桨等移动装置实现空间中的运动，通过电机、液压装置、气动装置等执行机构实现具体的作业内容，并可通过各种机载或遍布在环境中的传感器感知自身的状态或目标环境中的信息。所谓智能连接指的是通过特定的控制、规划和学习方法，使机器人按照人们的预计要求执行动作。此外通过机载或外接动力装置，便构成了机器人系统的基本结构，如图 8.1 所示。

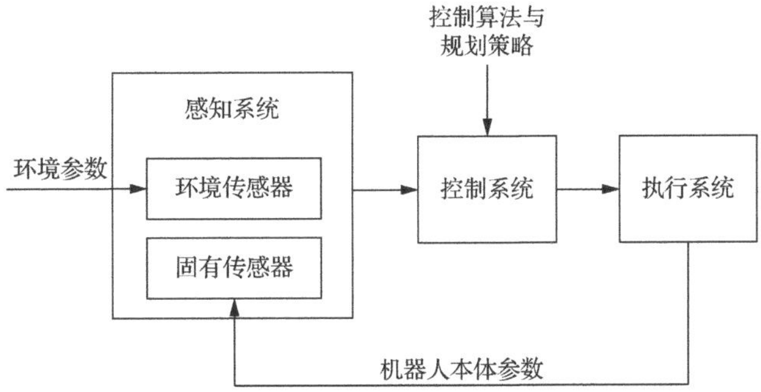

图 8.1　机器人系统的基本结构

8.1.1　机器人的分类

机器人可按照多种方式进行分类，若从机器人的应用背景、操作方式、外观形态等方面综合考虑，可将机器人分成固定机械臂、移动机器人、共融机器人 3 类。

1. 固定机械臂

固定机械臂通常简称为机械臂，是传统工业机器人的典型代表，机械臂技术相对成熟，因此应用十分广泛，是目前工业中实际应用最多的一类机器人。目前，机械臂已广泛应用到焊接、装配、喷涂、转运、加工等工业领域。

机械臂由于外观与人的胳膊类似而得名，是由一系列连杆与关节连接（串联或并联）而成。常见的机械臂关节包括旋转关节和伸缩关节，每一个关节称为一个自由度，从成本与灵活度综合考虑，大多数机械臂采用六自由度配置，确保机械臂的模块可在工作空间中以任意角度到达任意位置。

机械臂的典型代表有 ABB 推出的六轴机械臂［图 8.2（a)］，Fanuc 公司推出的六轴机械臂［图 8.2（b)］，日本山梨大学研发的 SCARA［图 8.2（c)］及各种并联机械臂［图 8.2（d)］等。随着现代工业任务的日趋复杂，单个机械臂有时很难满足作业需求，多机械臂协同或机械臂与移动平台结合也是机械臂发展的重要趋势，典型代表有 ABB 开发的双臂机械臂［图 8.3（a)］和移动机械臂［图 8.3（b)］等。

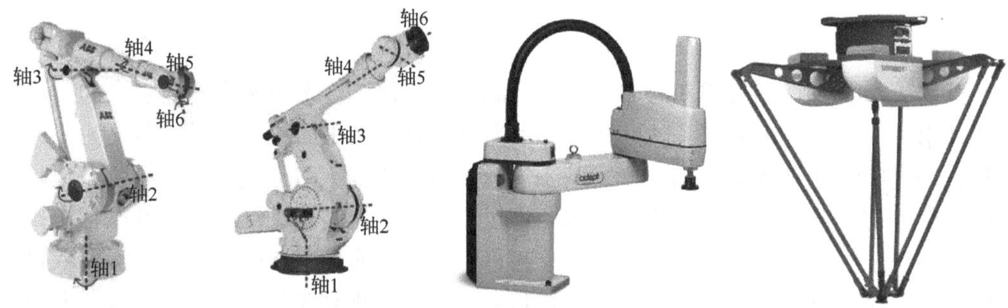

（a）ABB六轴机械臂　（b）Fanuc六轴机械臂　（c）SCARA　（d）并联机械臂

图 8.2　常见机械臂示例

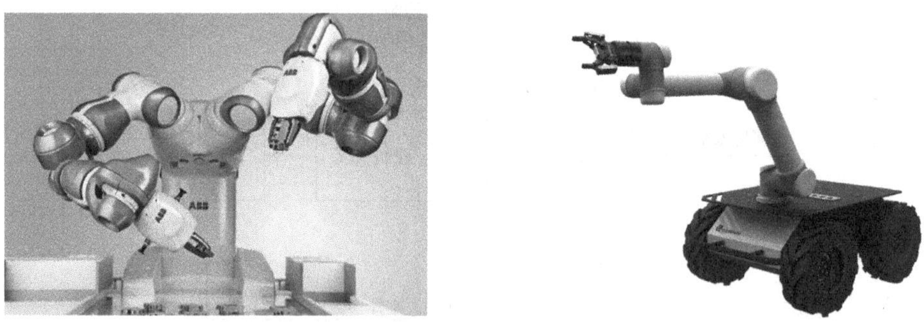

（a）ABB 双臂机械臂　（b）移动机械臂

图 8.3　常见的新型机械臂示例

2. 移动机器人

该类机器人是指通过远程遥控或自主导航在空间内移动的移动平台。常见的无人配送机器人［图 8.4（a)、(b)］、无人机［图 8.4（c)］、无人小车［图 8.4（d)］等移动平台均属于这一类机器人。

（a）无人配送机器人（一）　（b）无人配送机器人（二）　（c）无人机　（d）无人小车

图 8.4　几种常见的移动机器人

移动机器人包含范围非常广泛，从运动空间上分为空中机器人（unmanned aerial vehicle，UAV）、水下机器人（remotely operated vehicle，ROV）、陆基无人平台等。

1）空中机器人：无人驾驶飞机、无人飞艇、旋翼机器人、扑翼机器人［图 8.5（a）］等。

2）水下机器人：无人艇、无人潜水器［图 8.5（b）］等。

3）陆基无人平台：履带式机器人、轮式机器人、腿足式机器人［图 8.5（c）］、轨道式机器人［图 8.5（d）］等。

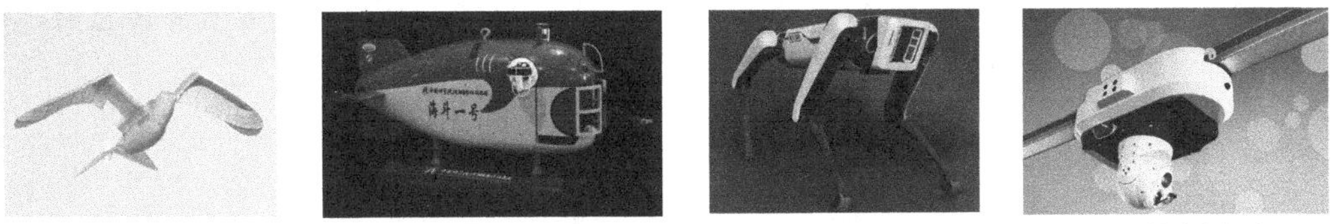

（a）扑翼机器人　（b）无人潜水机　（c）腿足式机器人　（d）轨道式机器人

图 8.5　常见的移动机器人

随着机器人技术与通信技术的发展，谷歌、特斯拉、波音、华为、大疆等众多国内外公司已开展移动机器人的研发工作，并取得了很多成果，市场需求也在不断扩大。以无人驾驶汽车为例，借助物联网（车联网）技术与智能手机的发展，预计 2025～2035 年，无人驾驶汽车的销量将从 23 万辆增长到 1180 万辆，部分无人驾驶和完全无人驾驶汽车的总销量将从 110 万辆增长到 4200 万辆。

3. 共融机器人

共融机器人是指能与人、其他机器人、作业环境自然交互、自主适应复杂动态环境并协同作业的机器人。该类机器人包括医疗机器人［图 8.6（a）］、仿生机器人、特种机器人［图 8.6（b）］等，在高端制造、生活服务、医疗康复、国防安全等多个领域极具发展潜力。

（a）医疗机器人　（b）特种机器人

图 8.6　常见的共融机器人

8.1.2　机器人关键技术

机器人种类繁多，每一类机器人所依托的技术侧重点也不尽相同，总体看来，机器人关键技术主要有三个方向：环境感知、模式识别和运动控制。

1. 环境感知

机器人经常会工作于非结构化环境中，这要求机器人通过传感器自主感知周围环境参数的变化。在机器人研究中，常见的传感器包括力传感器、惯性/导航传感器、GPS（global positioning system，全球定位系统）传感器、用于识别环境信息的视觉传感器和听觉传感器、用于感知本体运动状态的速度传感器等。此外，针对机器人本体还需要诸如检测电量、油位、压力等参数的传感器。在一些特殊场合还可能需要气体传感器、光照传感器、温湿度传感器、红外传感器等设备。

2. 模式识别

机器人为了更好地与环境交互，需要对传感器感知到的数据进行识别和分类，从而为分析和决策提供相应信息。模式识别主要依靠机器人自身具备的智能算法。在工程领域，智能的研究包括计算机科学、信息论、控制论等多个领域。此外，在非工程领域还包括神经生理学、心理学、语言学等多个学科。

3. 运动控制

运动控制与机器人的行为直接相关，伴随机器人的产生发展至今。机器人的运动控制按机构分为：集中控制系统、分布式控制系统和现场总线控制系统；按控制方式分为：开环式控制系统、半闭环控制系统和全闭环控制系统。运动控制算法包括基于模型的运动控制算法、非基于模型的控制算法。从控制层次来看，控制算法包括基于执行机构的控制算法（直接规划执行机构的控制量）和基于笛卡儿空间的控制算法（计算末端执行器的控制参数，再映射到执行机构上）。

8.2　机器人模型

建立机器人的数学模型是控制机器人的基础。机器人的数学模型包括运动学模型和动力学模型，本节将从这两个模型出发，以如图 8.7 中所示的四足机器人为例，阐述机器人数学模型建立的常见方法和步骤。

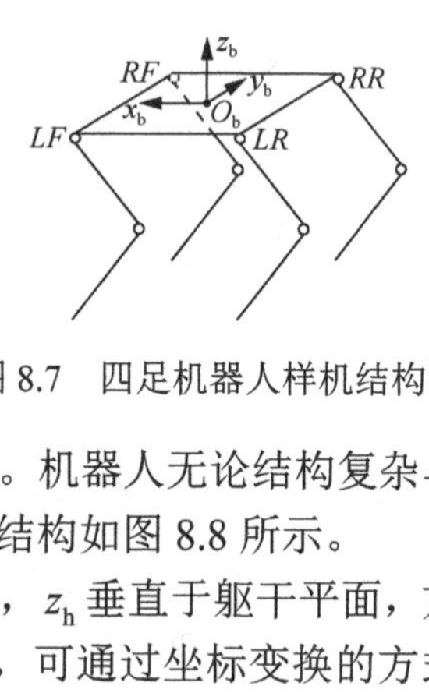

图 8.7　四足机器人样机结构图

8.2.1　机器人正向运动学模型

机器人运动学模型涉及机器人在空间中的位置/姿态、线/角速度和线/角加速度等物理量，而与力/力矩等力学量无关。机器人无论结构复杂与否，其本质均可视为由连杆构成，图 8.7 中四足机器人的腿部结构如图 8.8 所示。

图 8.8 中，$\{O_h\}$ 为髋关节坐标系，x_h 指向躯干的前进方向，z_h 垂直于躯干平面，方向向上，y_h 由右手定则确定，以 $\{O_h\}$ 原点所在处作为参考点，可通过坐标变换的方式求得足端相对于参考坐标系的位置。

在坐标系 $\{Q_3\}$ 中，足端（图 8.8 中 $\boldsymbol{P}$ 点）坐标为

$$\boldsymbol{p}_3=[d_2,0,0] \tag{8-1}$$

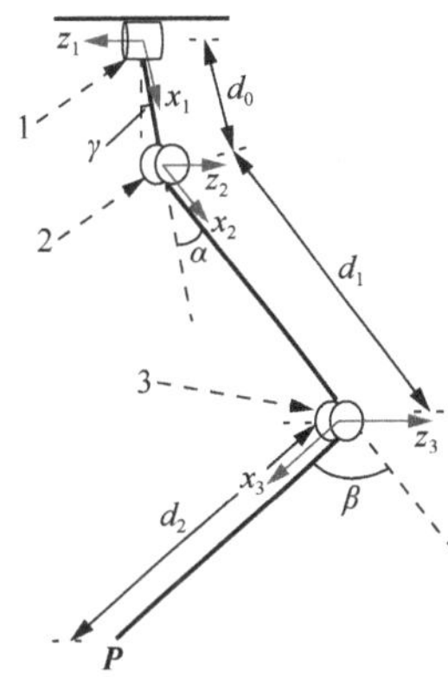

图 8.8　腿部结构示意图

将 $\boldsymbol{p}_3$ 变换到坐标系 $\{Q_2\}$ 中，可得到 $\boldsymbol{p}_2$，其中变换矩阵表示为

$${}^2\boldsymbol{T}_3=\begin{bmatrix}\cos\beta & -\sin\beta & 0 & d_1\\ \sin\beta & \cos\beta & 0 & 0\\ 0 & 0 & 1 & 0\\ 0 & 0 & 0 & 1\end{bmatrix} \tag{8-2}$$

则 $\boldsymbol{p}_2$ 可表示为

$$[\boldsymbol{p}_2,1]={}^2\boldsymbol{T}_3\cdot[\boldsymbol{p}_3,1] \tag{8-3}$$

将 $\boldsymbol{p}_2$ 变换到坐标系 $\{Q_1\}$ 中，得到 $\boldsymbol{p}_1$，其中变换矩阵为

$${}^1\boldsymbol{T}_2=\begin{bmatrix}\cos\alpha & -\sin\alpha & 0 & d_0\\ \sin\alpha & \cos\alpha & 0 & 0\\ 0 & 0 & 1 & 0\\ 0 & 0 & 0 & 1\end{bmatrix} \tag{8-4}$$

则 $\boldsymbol{p}_1$ 可表示为

$$[\boldsymbol{p}_1,1]={}^1\boldsymbol{T}_2\cdot[\boldsymbol{p}_2,1] \tag{8-5}$$

将 $\boldsymbol{p}_1$ 变换到髋关节坐标系 $\{Q_{\mathrm{h}}\}$ 中，得到 $\boldsymbol{p}_{\mathrm{h}}$，其中变换矩阵为

$${}^{\mathrm{h}}\boldsymbol{T}_1=\begin{bmatrix}0 & 0 & -1 & 0\\ -\sin\gamma & \cos\gamma & 0 & 0\\ \cos\gamma & \sin\gamma & 0 & 0\\ 0 & 0 & 0 & 1\end{bmatrix} \tag{8-6}$$

则 $\boldsymbol{p}_{\mathrm{h}}$ 可表示为

$$[\boldsymbol{p}_{\mathrm{h}},1]={}^{\mathrm{h}}\boldsymbol{T}_1\cdot[\boldsymbol{p}_1,1] \tag{8-7}$$

通过计算可得

$$\boldsymbol{p}_{\mathrm{h}}=\begin{bmatrix}d_2\cdot s_{\alpha+\beta}+d_1\cdot s_\alpha\\ -d_2\cdot c_{\alpha+\beta}\cdot c_\gamma-d_1\cdot c_\alpha\cdot c_\gamma-r\cdot c_\gamma\\ -d_2\cdot c_{\alpha+\beta}\cdot s_\gamma-d_1\cdot c_\alpha\cdot s_\gamma-r\cdot s_\gamma\end{bmatrix} \tag{8-8}$$

同理，由于四条腿的结构一致，其余三条腿在其对应的髋关节中的表示形式与式（8-8）相同。

再将 $\boldsymbol{p}_{\mathrm{h}}$ 通过平移变换到躯干坐标系 $\{Q_{\mathrm{b}}\}$ 中，得

$$\boldsymbol{p}_{\mathrm{b},LF}=\boldsymbol{p}_{\mathrm{h}}+[a/2,0,-b/2]^{\mathrm{T}} \tag{8-9}$$

同理可得到其余三条腿的正运动学方程：

$$\boldsymbol{p}_{\mathrm{b},RF}=\boldsymbol{p}_{\mathrm{h}}+[a/2,0,b/2]^{\mathrm{T}} \tag{8-10}$$

$$\boldsymbol{p}_{\mathrm{b},LR}=\boldsymbol{p}_{\mathrm{h}}+[-a/2,0,-b/2]^{\mathrm{T}} \tag{8-11}$$

$$\boldsymbol{p}_{\mathrm{b},RR}=\boldsymbol{p}_{\mathrm{h}}+[-a/2,0,b/2]^{\mathrm{T}} \tag{8-12}$$

用下标表示不同的腿，可得腿部正向运动学方程的具体形式为

$$\boldsymbol{p}_{\mathrm{b},LF}=\begin{bmatrix} d_2\cdot s_{\alpha,LF+\beta,LF}+d_1\cdot s_{\alpha,LF}+a/2 \\ -d_2\cdot c_{\alpha,LF+\beta,LF}\cdot c_{\gamma,RF}-d_1\cdot c_{\alpha,LF}\cdot c_{\gamma,LF}-r\cdot c_{\gamma,LF} \\ -d_2\cdot c_{\alpha,LF+\beta,LF}\cdot s_{\gamma,LF}-d_1\cdot c_{\alpha,LF}\cdot s_{\gamma,LF}-r\cdot s_{\gamma,LF}-b/2 \end{bmatrix} \tag{8-13}$$

$$\boldsymbol{p}_{\mathrm{b},RF}=\begin{bmatrix} d_2\cdot s_{\alpha,RF+\beta,RF}+d_1\cdot s_{\alpha,RF}+a/2 \\ -d_2\cdot c_{\alpha,RF+\beta,RF}\cdot c_{\gamma,RF}-d_1\cdot c_{\alpha,RF}\cdot c_{\gamma,RF}-r\cdot c_{\gamma,RF} \\ -d_2\cdot c_{\alpha,RF+\beta,RF}\cdot s_{\gamma,RF}-d_1\cdot c_{\alpha,RF}\cdot s_{\gamma,RF}-r\cdot s_{\gamma,RF}+b/2 \end{bmatrix} \tag{8-14}$$

$$\boldsymbol{p}_{\mathrm{b},LR}=\begin{bmatrix} d_2\cdot s_{\alpha,LR+\beta,LR}+d_1\cdot s_{\alpha,LR}-a/2 \\ -d_2\cdot c_{\alpha,LR+\beta,LR}\cdot c_{\gamma,LR}-d_1\cdot c_{\alpha,LR}\cdot c_{\gamma,LR}-r\cdot c_{\gamma,LR} \\ -d_2\cdot c_{\alpha,LR+\beta,LR}\cdot s_{\gamma,LR}-d_1\cdot c_{\alpha,LR}\cdot s_{\gamma,LR}-r\cdot s_{\gamma,LR}-b/2 \end{bmatrix} \tag{8-15}$$

$$\boldsymbol{p}_{\mathrm{b},RR}=\begin{bmatrix} d_2\cdot s_{\alpha,RR+\beta,RR}+d_1\cdot s_{\alpha,RR}-a/2 \\ -d_2\cdot c_{\alpha,RR+\beta,RR}\cdot c_{\gamma,RR}-d_1\cdot c_{\alpha,RR}\cdot c_{\gamma,RR}-r\cdot c_{\gamma,RR} \\ -d_2\cdot c_{\alpha,RR+\beta,RR}\cdot s_{\gamma,RR}-d_1\cdot c_{\alpha,RR}\cdot s_{\gamma,RR}-r\cdot s_{\gamma,RR}+b/2 \end{bmatrix} \tag{8-16}$$

式中，s_* 表示 $\sin(*)$，c_* 表示 $\cos(*)$。

8.2.2　雅可比矩阵的确定

式（8-13）～式（8-16）两端同时对时间求导并整理成矩阵形式，忽略表示不同腿的下标，可得到相同的形式，

$$\begin{bmatrix}\dot{x}\\ \dot{y}\\ \dot{z}\end{bmatrix}=\begin{bmatrix} d_2\cdot c_{\alpha+\beta}+d_1\cdot c_\alpha & d_2\cdot c_{\alpha+\beta} & 0 \\ d_2\cdot s_{\alpha+\beta}\cdot c_\gamma+d_1\cdot s_\alpha\cdot c_\gamma & d_2\cdot s_{\alpha+\beta}\cdot c_\gamma & d_2\cdot c_{\alpha+\beta}\cdot s_\gamma+d_1\cdot c_\alpha\cdot s_\gamma+r\cdot s_\gamma \\ d_2\cdot s_{\alpha+\beta}\cdot s_\gamma+d_1\cdot s_\alpha\cdot s_\gamma & d_2\cdot s_{\alpha+\beta}\cdot s_\gamma & -d_2\cdot c_{\alpha+\beta}\cdot c_\gamma-d_1\cdot c_\alpha\cdot c_\gamma-r\cdot c_\gamma \end{bmatrix}\begin{bmatrix}\dot{\alpha}\\ \dot{\beta}\\ \dot{\gamma}\end{bmatrix} \tag{8-17}$$

式（8-17）中的 3×3 矩阵即为关节空间向足端操作空间映射的雅可比矩阵，记为

$$\boldsymbol{J}_r=\begin{bmatrix} d_2\cdot c_{\alpha+\beta}+d_1\cdot c_\alpha & d_2\cdot c_{\alpha+\beta} & 0 \\ d_2\cdot s_{\alpha+\beta}\cdot c_\gamma+d_1\cdot s_\alpha\cdot c_\gamma & d_2\cdot s_{\alpha+\beta}\cdot c_\gamma & d_2\cdot c_{\alpha+\beta}\cdot s_\gamma+d_1\cdot c_\alpha\cdot s_\gamma+r\cdot s_\gamma \\ d_2\cdot s_{\alpha+\beta}\cdot s_\gamma+d_1\cdot s_\alpha s_\gamma & d_2\cdot s_{\alpha+\beta}\cdot s_\gamma & -d_2\cdot c_{\alpha+\beta}\cdot c_\gamma-d_1\cdot c_\alpha\cdot c_\gamma-r\cdot c_\gamma \end{bmatrix} \tag{8-18}$$

显然，通常情况下，$\det\boldsymbol{J}_\mathrm{r}\neq 0$，即 $\boldsymbol{J}_\mathrm{r}$ 是满秩的，说明腿部足端在 3 个方向上都是可控的。同理可知其余三条腿的雅可比矩阵也满秩。矩阵 $\boldsymbol{J}_\mathrm{r}$ 中，变量为α、β、γ，因此可将 $\boldsymbol{J}_\mathrm{r}$ 记为 $\boldsymbol{J}(\alpha,\beta,\gamma)$。用下标区分不同的腿，则四条腿的雅可比矩阵可分别记为

$$\boldsymbol{J}_{\mathrm{r},LF}=\boldsymbol{J}(\alpha_{LF},\beta_{LF},\gamma_{LF}) \tag{8-19}$$

$$\boldsymbol{J}_{\mathrm{r},RF}=\boldsymbol{J}(\alpha_{RF},\beta_{RF},\gamma_{RF}) \tag{8-20}$$

$$\boldsymbol{J}_{\mathrm{r},LR}=\boldsymbol{J}(\alpha_{LR},\beta_{LR},\gamma_{LR}) \tag{8-21}$$

$$\boldsymbol{J}_{\mathrm{r},RR}=\boldsymbol{J}(\alpha_{RR},\beta_{RR},\gamma_{RR}) \tag{8-22}$$

8.2.3　机器人逆向运动学方程

以左前腿为例（编号为 LF），式（8-13）中，假设足端在躯干坐标系 $\{Q_\mathrm{b}\}$ 中的坐标表示为 $\boldsymbol{p}_{\mathrm{b},LF}=[x_{\mathrm{b},LF},y_{\mathrm{b},LF},z_{\mathrm{b},LF}]$，则式（8-13）可重新写为

$$\begin{cases} x_{b,LF} = d_2 \cdot s_{\alpha,LF+\beta,LF} + d_1 \cdot s_{\alpha,LF} + a/2 \\ y_{b,LF} = -d_2 \cdot c_{\alpha,LF+\beta,LF} \cdot c_{\gamma,LF} - d_1 \cdot c_{\alpha,LF} \cdot c_{\gamma,LF} - r \cdot c_{\gamma,LF} \\ z_{b,LF} = -d_2 \cdot c_{\alpha,LF+\beta,LF} \cdot s_{\gamma,LF} - d_1 \cdot c_{\alpha,LF} \cdot s_{\gamma,LF} - r \cdot s_{\gamma,LF} - b/2 \end{cases} \tag{8-23}$$

将α_{LF}、β_{LF}和γ_{LF}看作待求量，解方程组（8-23），得

$$\begin{cases} \alpha_{LF} = \arcsin\left((z_{b,LF} + b/2) \Big/ \sqrt{{y_{b,LF}}^2 + (z_{b,LF} + b/2)^2} \right) \\ \beta_{LF} = \arcsin\left(\sqrt{1 - \left(\left(\sqrt{{y_{b,LF}}^2 + (z_{b,LF} + b/2)^2} - r \right)^2 + (x_{b,LF} - a/2)^2 - d_1^2 - d_2^2 \right)^2 / 4d_1^2 d_2^2} \right) \\ \gamma_{LF} = \arcsin\left(d_2 \cdot \left(\sqrt{{y_{b,LF}}^2 + (z_{b,LF} + b/2)^2} - r \right) \sin\beta_{LF} - (x_{b,LF} - a/2)(d_1 + d_2 \cos\beta_{LF}) / A_{LF} \right) \end{cases} \tag{8-24}$$

式中，$A_{LF} = -(x_{b,LF} - a/2)^2 - (\sqrt{{y_{b,LF}}^2 + (z_{b,LF} + b/2)^2} - r)^2$。

同样方式进行方程组求解，可得其余单条腿的逆运动学方程。

8.2.4　机器人动力学模型

通过机器人动力学模型可实现精确力控制。常见的动力学建模方法有牛顿-欧拉法、拉格朗日法和汉密尔顿法，本节使用拉格朗日法建立上述腿部结构的动力学模型，为后续机器人的基于动力学模型的运动控制提供相应的理论基础。

由 n 个连杆通过位移或旋转关节连接起来的机械系统。设$q_i(i=1,\cdots,n)$表示各个关节的位移或旋转角，而其速度或者角速度由$\dot{q}_i(i=1,\cdots,n)$来表示。那么，该系统的状态可以用广义坐标$\boldsymbol{q}^{\mathrm{T}}=[q_1,q_2,\cdots,q_n]^{\mathrm{T}}$，$\dot{\boldsymbol{q}}^{\mathrm{T}}=[\dot{q}_1,\dot{q}_2,\cdots,\dot{q}_n]^{\mathrm{T}}$来描述。即该系统各关节所具有的动能之总和为$V(q,\dot{q})$，势能之和为$U(q)$，则拉格朗日动力学的结论可以用式（8-25）所示的拉格朗日方程描述：

$$\boldsymbol{\tau}_i = \frac{\mathrm{d}}{\mathrm{d}t}\left(\frac{\partial L}{\partial \dot{q}_i}\right) - \frac{\partial L}{\partial q_i}, \quad i=1,2,\cdots,n \tag{8-25}$$

式中，$\boldsymbol{\tau}_i$是作用在第 i 个关节连杆上的外部力或力矩之和（如果q_i是直线坐标，则相应的$\boldsymbol{\tau}_i$表示力，反之，如果q_i是角度坐标，则相应的$\boldsymbol{\tau}_i$表示力矩）。L 是按照式（8-26）定义的拉格朗日函数：

$$L(q,\dot{q}) = V(q,\dot{q}) - U(q) \tag{8-26}$$

在本节所示的机器人模型中，每条腿有三个转动关节，带动腿部的三连杆运动，其中最上面的关节为横摆运动，下面两个关节为俯仰运动。由腿部的运动学方程可推导得出腿的动力学模型。

机器人的数学模型对于控制精度至关重要，在机器人末端处于自由状态且环境相对单一的情况下，单纯的运动学模型通常可以满足控制要求，而当机器人末端经常与环境接触时，如焊接等情形，需要利用动力学模型考虑力学量反馈，从而实现机器人各关节力矩的控制。

8.3　机器人运动规划

当机器人的整体（如移动机器人）或部分（如机械臂）在非结构环境中运动时，需

要规划好其运动轨迹，以避免与环境中的障碍物发生碰撞，这就涉及机器人的运动规划。

所谓运动规划，本质上就是在操作空间中为机器人找出一条无碰撞的路径，使机器人从起始位置运动到最终位置。这一过程涉及机器人的操作空间（又称工作空间，通常为两维或三维，用 W 表示）、关节空间（又称构型空间，维数与机器人结构有关，用 C 表示）、障碍区域（维数与 W 相同，用 O 表示）、可规划区域（维数与 W 相同，用 F 表示，且 $F=W-O$）和机器人的实际位姿（维数与 C 相同，用 q 表示），则基本几何路径规划问题可定义如下。

已知：

1）工作空间 $W\in\mathbf{R}^2$ 或 $W\in\mathbf{R}^3$，$\mathbf{R}^n$ 表示 n 维空间；

2）障碍区域 $O\in W$；

3）机器人初始位姿 $q_0\in F$，目标位姿 $q_t\in F$；

4）机器人由刚性连杆构成。

目标：

计算一条连续路径 t：$[0,t]\in F$；使 $t(0)=q_0$，$t(t)=q_t$。

通常情况下，直接计算 O 与 F 不方便，且空间 C 的维数通常较高，这些都为轨迹规划造成一定困难。现阶段机器人运动轨迹规划通常有两种方式：一是利用多项式中的散点表示机器人在运动过程中位置，自变量通常为时间，此方法下，机器人沿着多项式所指的位置不断运动；二是利用能量观点表示机器人的运动趋势，如势场法等。

8.4　机器人运动控制

当轨迹规划完成后，需要使机器人按照规划的路径运动，这就需要机器人的运动控制。机器人通常由多关节构成，由于科氏力、惯性力在关节间会产生耦合作用，外加重力、负载等因素，机器人的控制问题相对比较复杂。当机器人（机械臂）低速运动时，关节之间的科氏力和惯性力（离心作用）可以忽略，即将机器人各个关节等效成独立的伺服机构，针对每个关节的位姿进行控制（基于单关节模型的控制方式）。若要使机器人获得更高的动态性能，则需要考虑关节之间的耦合问题，如可将机器人看作整体进行规划（基于多关节模型的控制方式）。机器人系统的整体控制架构如图 8.9 所示。

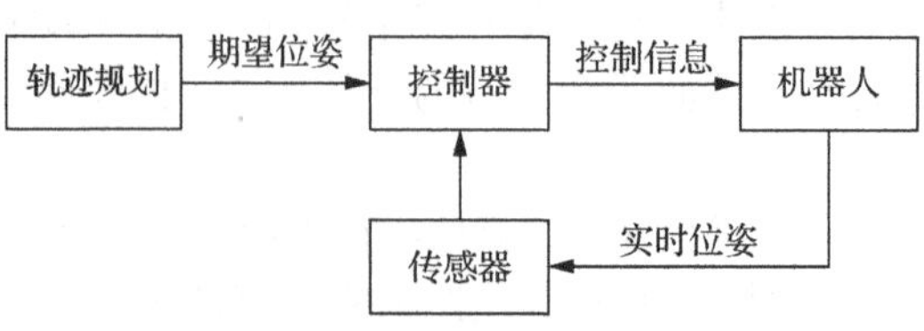

图 8.9　机器人整体控制架构

图 8.9 中，机器人控制系统与传感器构成闭环，其中，期望位姿包括期望的机器人位置信息及位置信息的导数（运动速度和加速度）。控制信息的形式由机器人的执行机构决定，如机器人为电机驱动，则控制信息为电机旋转角度、扭矩等；若机器人为液压驱动，则控制信息为液压缸的位移、压力等。机器人的实时位姿由传感器检测并转换成电量，在控制器中与期望位姿进行比较，得到驱动器的输出值。

机器人的运动控制通常基于机器人的数学模型和轨迹规划，从控制层级来看，机器人运动控制分为关节空间控制和操作空间控制。其中，关节空间控制是设计一种反馈控制器，使关节坐标系尽可能精确跟踪期望运动，该方式适用于机器人数学模型相对简单、控制任务相对明确的场合，包括 PD 控制、PID 控制、逆动力学控制等；操作空间控制通常面向更复杂、结构确定性更低的场合，该方法在操作空间中规划机器人的行为和运行轨迹，再通过雅可比矩阵将运动特性映射到关节空间中。

8.4.1　运动控制任务

从其控制任务上讲，机器人的控制包括两大类：轨迹跟踪和位置调节。此外，机器人控制过程受到外部环境变化的影响，有时还要考虑对干扰进行抑制。

1. 轨迹跟踪

轨迹跟踪目的在于使机器人在一定时间和空间内，本体或部分的位姿随规划轨迹进行运动。假设机器人在一定时间内按照规划轨迹运动，轨迹光滑，随时间变化满足函数 $x_{\mathrm{d}}(t)$ 。在前面的运动规划中，规划器可规划 $x_{\mathrm{d}}(t)$ 本身和其对应的一阶、二阶导数（分别对应速度和加速度）。若机器人的实际位置为 $x(t)$ ，则机器人的运动误差可表示为

$$\begin{cases} e(t)=x_{\mathrm{d}}(t)-x(t) \\ \dot{e}(t)=\dot{x}_{\mathrm{d}}(t)-\dot{x}(t) \\ \ddot{e}(t)=\ddot{x}_{\mathrm{d}}(t)-\ddot{x}(t) \end{cases} \tag{8-27}$$

为简单起见，自变量 t 省略，则轨迹跟踪的控制率可写为

$$u_{\mathrm{f}}=\ddot{x}_{\mathrm{d}}+k_{\mathrm{v}}\dot{e}+k_{\mathrm{p}}e \tag{8-28}$$

从系统分析简便角度出发，可假定 $u_{\mathrm{f}}=\ddot{x}$ ，则式（8-28）可重写并整理为

$$\ddot{e}+k_{\mathrm{v}}\dot{e}+k_{\mathrm{p}}e=0 \tag{8-29}$$

通过选择式（8-29）中的 k_{v} 与 k_{p} 即可使系统具备特定的性能特征。

在实际轨迹规划过程中，除位置保持在可规划区间内，规划速度与加速度均不能超过执行机构的运动极限，因此，复杂且状态相关的加速度是有界的。

2. 位置调节

位置调节是一种点对点的控制方式，目的是使机器人本体或部分稳定保持在特定位置，而不受环境或扰动的影响。某种程度上来说，位置调节可看作轨迹跟踪的特例，可在机器人只需从一个位置移动到另一个位置，而对于运动过程中的轨迹和精度没有特殊要求时使用。

位置调节不需要进行轨迹规划，只需要调节操作空间或关节空间中的控制参数，使位置稳态误差保持在 0 即可，其过程中可能会出现不可预知的超调，且系统瞬态特性不容易预测。

3. 干扰抑制

干扰抑制可看作一种位置调节控制，误差方程可表示为

$$\ddot{e}+k_{\mathrm{v}}\dot{e}+k_{\mathrm{p}}e=f_{\mathrm{dist}} \tag{8-30}$$

从式（8-30）可以看出，微分方程由干扰力 f_{dist} 驱动，若 f_{dist} 有界，则其解 e 也是有界的。

（1）常值干扰

对于常值或变化较慢的干扰量（如重力），可通过消除稳态误差的方式抑制干扰。当系统稳定时，$\ddot{e}=\dot{e}=0$，则式（8-30）可整理为 $e=f_{\mathrm{dist}}/k_{\mathrm{p}}$，即在扰动一定的情况下，$k_{\mathrm{p}}$ 越大，位置误差越小，但无法彻底消除。此外，过大的 k_{p} 会造成系统发散，因此，k_{p} 不能无限制增大。

若要彻底消除位置误差，式（8-30）中增加积分项，写成

$$f_{\mathrm{dist}}=\ddot{e}+k_{\mathrm{v}}\dot{e}+k_{\mathrm{p}}e+k_{i}\int e\mathrm{d}t \tag{8-31}$$

对式（8-31）进行求解可知，当 $\ddot{e}=\dot{e}=0$ 时，$e=0$。需要注意的是，由于积分项的引入，系统由二阶变成三阶，在实际使用时，k_i 取值通常较小，使新系统（三阶）尽可能接近原系统（二阶）的性能。

（2）周期性干扰

这种情况下，可将式（8-31）所示的微分方程展开成傅里叶级数，将干扰当作各种谐波分量的叠加。对于二阶系统，谐波干扰造成的稳态误差也是个谐波函数，其频率和干扰信号的频率相同，其幅值和相位均与谐波频率有关。根据线性叠加原理，可得到任意周期干扰所造成的误差。

8.4.2 PID 控制

PID 控制在工业控制中应用非常广泛，也是机器人的位置调节控制中的常见控制方式。有关 PID 控制的原理在其他章节中已有阐述，本节只针对 PID 控制在机器人中的应用进行说明。

PID 控制的优势在于结构简单，各控制参数具有明确的物理含义。除常规 PID 控制外，根据系统的要求和动态特性，PD 控制、PI 控制也是常用的控制方式。在 4.1.3 节中，为消除静态误差，使用的就是 PI 控制方式，这种方式适用于控制量非突变的情况下，如机器人关节电机的转速控制等。当系统要求有较高的动态特性时，需要引入微分环节（D）以保证系统的动态性能。关于 PID 控制具体算法的专著很多，此处不再赘述。

8.4.3 计算力矩控制

在一些高速运动操作中，PID 控制会导致任务的延迟，从而降低控制精度。为提高系统动态性能，可采用基于模型的控制方法。

（1）逆动力学控制

在关节空间中，逆动力学形式如下：

$$\boldsymbol{\tau}=\boldsymbol{M}\cdot\boldsymbol{u}+\boldsymbol{C}\cdot\dot{\boldsymbol{q}}+\boldsymbol{\tau}_{\mathrm{g}} \tag{8-32}$$

式中，$\boldsymbol{M}$、$\boldsymbol{C}$、$\boldsymbol{\tau}_{\mathrm{g}}$ 对应机器人动力学方程中的相关矩阵；$\boldsymbol{\tau}$ 为施加在机器人上的力（力矩）；$\boldsymbol{u}$ 为系统的输入量，其形式可根据实际系统决定，如考虑运动加速度与力的对应

关系，系统的输入为 $\boldsymbol{u}=\ddot{\boldsymbol{q}}$。通常情况下，$\boldsymbol{u}$ 的形式与 PID 类型控制律类似，如 $\boldsymbol{u}=\ddot{\boldsymbol{q}}_{\mathrm{d}}+\boldsymbol{K}_{\mathrm{V}}\dot{\boldsymbol{e}}+\boldsymbol{K}_{\mathrm{P}}\boldsymbol{e}$，整理可得

$$\ddot{\boldsymbol{e}}_{\mathrm{d}}+\boldsymbol{K}_{\mathrm{V}}\dot{\boldsymbol{e}}+\boldsymbol{K}_{\mathrm{P}}\boldsymbol{e}=0 \tag{8-33}$$

式（8-33）为操作空间的误差动力学方程。若雅可比矩阵 $\boldsymbol{J}$ 可逆，结合操作空间动力学方程，可得到操作空间中的逆动力学方程

$$\ddot{\boldsymbol{e}}_{x}+\boldsymbol{K}_{\mathrm{V}}\dot{\boldsymbol{e}}_{x}+\boldsymbol{K}_{\mathrm{P}}\boldsymbol{e}_{x}=0 \tag{8-34}$$

式中，$\boldsymbol{K}_{\mathrm{V}}$ 与 $\boldsymbol{K}_{\mathrm{P}}$ 在操作空间中也有明确的物理意义。
在式（8-33）和式（8-34）中，通过合理选择 $\boldsymbol{K}_{\mathrm{V}}$ 与 $\boldsymbol{K}_{\mathrm{P}}$ 的值，可使得 $t\to\infty$ 时，$e_{\mathrm{d}}\to 0$ 或 $e_{x}\to 0$。

（2）计算力矩法

将式（8-32）进行整理，并将 $\boldsymbol{u}$ 代入式（8-32）中，得

$$\boldsymbol{\tau}=\boldsymbol{M}\cdot(\ddot{\boldsymbol{q}}_{\mathrm{d}}+\boldsymbol{K}_{\mathrm{V}}\dot{\boldsymbol{e}}+\boldsymbol{K}_{\mathrm{P}}\boldsymbol{e})+\boldsymbol{C}\cdot\dot{\boldsymbol{q}}+\boldsymbol{\tau}_{\mathrm{g}} \tag{8-35}$$

进一步整理，得

$$\boldsymbol{\tau}=\boldsymbol{\tau}_{\mathrm{q}}+\boldsymbol{\tau}_{\mathrm{f}} \tag{8-36}$$

式中，$\boldsymbol{\tau}$ 为控制器施加给机器人的力（力矩）；$\boldsymbol{\tau}_{\mathrm{q}}=\boldsymbol{M}\cdot\ddot{\boldsymbol{q}}_{\mathrm{d}}+\boldsymbol{C}\cdot\dot{\boldsymbol{q}}+\boldsymbol{\tau}_{\mathrm{g}}$ 为基于机器人力学模型的期望力矩计算量；$\boldsymbol{\tau}_{\mathrm{f}}=\boldsymbol{M}\cdot(\boldsymbol{K}_{\mathrm{V}}\dot{\boldsymbol{e}}+\boldsymbol{K}_{\mathrm{P}}\boldsymbol{e})$ 为控制器基于运动误差的力矩补偿量，如图 8.10 所示。

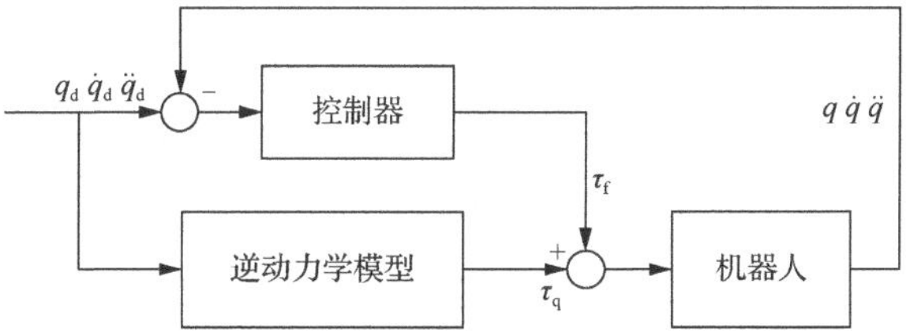

图 8.10　基于关节空间的计算力矩法控制框图

相比于传统逆运动学控制，如图 8.11 所示，计算力矩控制通过机器人的实时位姿（包括速度与加速度）反馈，计算补偿力矩大小，并使补偿力矩直接参与到机器人的控制中。

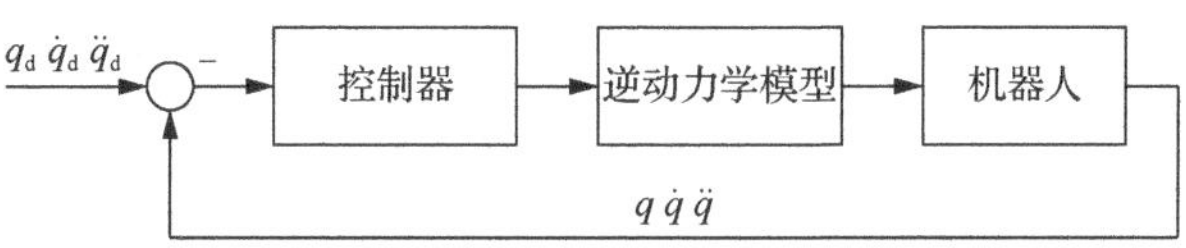

图 8.11　基于关节空间的逆动力学控制框图

从力矩生成的角度来看，计算力矩控制是闭环的，使计算力矩控制方式具有很好的控制效果。然而，计算力矩控制由于需要实时计算补偿力矩大小，需要更高的采样频率，因此对硬件的要求更高。相比而言，逆动力学控制中，由于机械臂的运动速率远小于电机的带宽，采样频率无须很高。

在使用计算力矩控制方式时，需要清楚准确地了解系统力学模型，当系统模型难以获得时，该方法的使用会出现误差，可在控制率中进行补偿：

$$\boldsymbol{u} = \ddot{\boldsymbol{q}}_{\mathrm{d}} + \boldsymbol{K}_{\mathrm{V}}\dot{\boldsymbol{q}}_{\mathrm{d}} + \boldsymbol{K}_{\mathrm{P}}\boldsymbol{q}_{\mathrm{d}} + \Delta\boldsymbol{v} \tag{8-37}$$

其中，补偿项可表示为

$$\Delta\boldsymbol{v} = \begin{cases} -\rho(x,t)\dfrac{\boldsymbol{B}^{\mathrm{T}}\boldsymbol{Px}}{\|\boldsymbol{B}^{\mathrm{T}}\boldsymbol{Px}\|}, & \|\boldsymbol{B}^{\mathrm{T}}\boldsymbol{Px}\| \neq 0 \\ 0, & \|\boldsymbol{B}^{\mathrm{T}}\boldsymbol{Px}\| = 0 \end{cases} \tag{8-38}$$

在式（8-38）中，$\boldsymbol{x} = (\boldsymbol{e}_{\mathrm{q}}^{\mathrm{T}}, \dot{\boldsymbol{e}}_{\mathrm{q}}^{\mathrm{T}})^{\mathrm{T}}$，$\boldsymbol{B} = (\boldsymbol{0}, \boldsymbol{I}_n)^{\mathrm{T}}$，$\boldsymbol{P}$ 为满足式（8-39）的（$2n\times 2n$）的矩阵。

$$\boldsymbol{PA} + \boldsymbol{A}^{\mathrm{T}}\boldsymbol{P} = -\boldsymbol{Q} \tag{8-39}$$

矩阵 $\boldsymbol{A}$ 与 $\boldsymbol{K}_{\mathrm{P}}$、$\boldsymbol{K}_{\mathrm{V}}$ 有关，其形式为

$$\boldsymbol{A} = \begin{bmatrix} \boldsymbol{0} & \boldsymbol{I}_n \\ -\boldsymbol{K}_{\mathrm{P}} & \boldsymbol{K}_{\mathrm{V}} \end{bmatrix} \tag{8-40}$$

需要注意的是，在式（8-38）中，由于 $\Delta\boldsymbol{v}$ 的不连续性，会导致不可预期抖振现象，因此为避免这一情况，式（8-38）可写为

$$\Delta\boldsymbol{v} = \begin{cases} -\rho(x,t)\dfrac{\boldsymbol{B}^{\mathrm{T}}\boldsymbol{Px}}{\|\boldsymbol{B}^{\mathrm{T}}\boldsymbol{Px}\|}, & \|\boldsymbol{B}^{\mathrm{T}}\boldsymbol{Px}\| > \varepsilon \\ -\dfrac{\rho(x,t)}{\varepsilon}\boldsymbol{B}^{\mathrm{T}}\boldsymbol{Px}, & \|\boldsymbol{B}^{\mathrm{T}}\boldsymbol{Px}\| \leqslant \varepsilon \end{cases} \tag{8-41}$$

式中，$\varepsilon > 0$，为边界条件，减小 ε 的值可减小系统的跟踪误差。

然而，在式（8-41）中，补偿项是根据机器人整体动力学方程设计的，需要较大的计算量，对硬件提出较高的要求，为解决这一问题，可使用带独立关节补偿的计算力矩控制方式。该控制方式中，外环中的变量定义为 $\boldsymbol{v}$，可写为

$$\boldsymbol{v} = \boldsymbol{K}_{\mathrm{v}}\dot{\boldsymbol{e}}_{\mathrm{q}} + \boldsymbol{K}_{\mathrm{p}}\boldsymbol{e}_{\mathrm{q}} + \Delta\boldsymbol{v} \tag{8-42}$$

式（8-42）中，$\Delta\boldsymbol{v}$ 的第 i 个分量 $\Delta\boldsymbol{v}_i$ 可写为

$$\Delta\boldsymbol{v}_i = \begin{cases} -[\boldsymbol{\beta}^{\mathrm{T}}\boldsymbol{\omega}(\boldsymbol{q}_{\mathrm{d}}, \dot{\boldsymbol{q}}_{\mathrm{d}})]^2\dfrac{s_i}{\varepsilon_i}, & |s_i| \leqslant \dfrac{\varepsilon_i}{\boldsymbol{\beta}^{\mathrm{T}}\boldsymbol{\omega}(\boldsymbol{q}_{\mathrm{d}}, \dot{\boldsymbol{q}}_{\mathrm{d}})} \\ -[\boldsymbol{\beta}^{\mathrm{T}}\boldsymbol{\omega}(\boldsymbol{q}_{\mathrm{d}}, \dot{\boldsymbol{q}}_{\mathrm{d}})]^2\dfrac{s_i}{|s_i|}, & |s_i| > \dfrac{\varepsilon_i}{\boldsymbol{\beta}^{\mathrm{T}}\boldsymbol{\omega}(\boldsymbol{q}_{\mathrm{d}}, \dot{\boldsymbol{q}}_{\mathrm{d}})} \end{cases} \tag{8-43}$$

式中，ε_i 为可变边界，$\boldsymbol{\beta} = [\beta_1 \quad \beta_2 \quad \beta_3]^{\mathrm{T}}$，$\boldsymbol{\omega}(\boldsymbol{q}, \dot{\boldsymbol{q}}) = [1 \quad \|\boldsymbol{q}\| \quad \|\dot{\boldsymbol{q}}\|]^{\mathrm{T}}$，且满足

$$\|\boldsymbol{M}\cdot(\ddot{\boldsymbol{q}}_{\mathrm{d}} + \boldsymbol{K}_{\mathrm{V}}\dot{\boldsymbol{e}} + \boldsymbol{K}_{\mathrm{P}}\boldsymbol{e}) + \boldsymbol{C}\cdot\dot{\boldsymbol{q}} + \boldsymbol{\tau}_{\mathrm{g}}\| \leqslant \boldsymbol{\beta}^{\mathrm{T}}\boldsymbol{\omega}(\boldsymbol{q}, \dot{\boldsymbol{q}}) \tag{8-44}$$

取李雅普诺夫函数形式如式（8-45）所示：

$$\boldsymbol{V} = \frac{1}{2}[\boldsymbol{e}_{\mathrm{q}} \quad \dot{\boldsymbol{e}}_{\mathrm{q}}]\begin{bmatrix} \lambda\boldsymbol{K}_{\mathrm{p}} & \boldsymbol{H} \\ \boldsymbol{H} & \lambda\boldsymbol{H} \end{bmatrix}\begin{bmatrix} \boldsymbol{e}_{\mathrm{q}} \\ \dot{\boldsymbol{e}}_{\mathrm{q}} \end{bmatrix} + \sum_{i=1}^{n} g_i^{-1}\varepsilon_i \tag{8-45}$$

对式（8-45）两端求导，得

$$\dot{\boldsymbol{V}} = -\boldsymbol{\alpha}\,|[\boldsymbol{e}_{\mathrm{q}} \quad \boldsymbol{e}_{\mathrm{q}}]^{\mathrm{T}}|^2 \tag{8-46}$$

结合式（8-45）与式（8-46），如果 $\boldsymbol{K}_{\mathrm{p}}$ 与 l 足够大，则可以得到 α 为某一正常数，进而可以此分析系统的稳定性。

8.4.4　自适应控制

与常规控制相比，自适应控制的控制律中包含与时间相关的函数，并可通过闭环系统中的信号对相关参数进行在线调整。因此，可在系统模型参数不明确的情况下实现控制目标。由 n 维动力学模型的性质可知，存在与连杆质量、连杆惯性力矩相关的 r 维向量 $\boldsymbol{a}$ 和一个 $n\times r$ 维的回归矩阵 $\boldsymbol{Y}(\boldsymbol{q}_{\rm d}\ \ \dot{\boldsymbol{q}}_{\rm d}\ \ \ddot{\boldsymbol{q}}_{\rm d})$，满足

$$\boldsymbol{M}\ddot{\boldsymbol{q}}+\boldsymbol{C}\dot{\boldsymbol{q}}+\boldsymbol{\tau}_{\rm g}=\boldsymbol{Y}(\boldsymbol{q}_{\rm d}\ \ \dot{\boldsymbol{q}}_{\rm d}\ \ \ddot{\boldsymbol{q}}_{\rm d})\boldsymbol{a} \tag{8-47}$$

很多自适应控制策略可基于这一性质进行设计。

8.5　机器人视觉控制

视觉反馈是机器人控制过程中常用的反馈方式。近年来，由于神经网络技术的发展，机器人可以更好地理解和识别现实世界中图像传递的信息，机器人视觉技术也取得了很大的进展。

机器人视觉系统通过摄像机获取图像，由图像信息计算三维空间中物体的位置、形状等几何信息，实现三维物体重建。图像上每一个像素灰度值都反映了三维空间中物体某点反射光的强度，这些像素都与空间物体表面上点的几何位置存在对应关系。机器人的视觉控制包括视觉标定、视觉检测和视觉跟踪等。

8.5.1　视觉标定

摄像机成像特征与其几何尺寸相关，因此根据摄像机的几何参数可以计算推导出各图像像素点在实际场景中的位置，这一过程是通过实验、计算等方法实现的，称为视觉标定。传统视觉标定是通过一个结构已知、精度很高的空间参照物，由参照物在图像和空间坐标系的位姿约束建立摄像机参数标定的方程组。在一些情况下，不借助外在的标定参照物，仅利用图像对应点的信息即可完成标定工作，这种方式称为自标定方式。此外，也可以通过控制摄像机的运动获取图像数据，借助摄像机的运动信息辅助求解摄像机参数。

1. 消除图像畸变

相机标定的任务之一就是消除图像畸变。常见的图像畸变分别为径向畸变和切向畸变。其中，径向畸变主要由透镜制造时的形状引起，呈中心对称分布；切向畸变由图像传感器组装不精确导致。在一幅图像中，光心处的径向畸变是 0，距离透镜中心越远，径向畸变越严重。

图 8.12（a）表示的是径向畸变。若畸变不存在，空间中的点 p、光心、投影点 p' 应位于同一直线上。图 8.12（b）表示的是切向畸变，是由透镜光轴与图像传感器平面不垂直导致的。

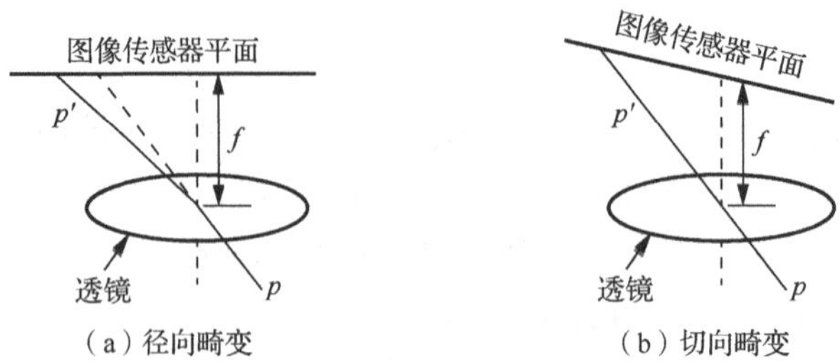

（a）径向畸变　　（b）切向畸变

图 8.12　图像畸变示意图

假设图像的中心坐标为（u_0, v_0），理想状态下（无畸变）的图像坐标为（u, v），实际（发生畸变）图像坐标为（u_d, v_d），则径向畸变的数学模型形式为

$$\begin{cases} u_d = u(1 + k_1 r^2 + k_2 r^4 + k_3 r^6) \\ v_d = v(1 + k_1 r^2 + k_2 r^4 + k_3 r^6) \end{cases} \tag{8-48}$$

切向畸变的数学模型形式为

$$\begin{cases} u_d = u + 2p_1 uv + p_2(r^2 + 2u^2) \\ v_d = v + p_1(r^2 + 2v^2) + 2p_2 uv \end{cases} \tag{8-49}$$

在式（8-48）与式（8-49）中，参数k_1、k_2、k_3、p_1、p_2均为畸变模型的修正参数，且$r^2 = u^2 + v^2$。相机本身的几何参数（内参）与畸变模型的修正参数决定了从相机三维坐标投影到图像二维坐标投影的变换关系。外参 $\boldsymbol{T}$ 决定了从世界坐标系到相机坐标系的变换关系。如果确定了相机的内参、外参和畸变系数，则可进行图像坐标与世界坐标之间的相互转换，同时也可以消除镜头和图像传感器引起的图像畸变。

2. 相机标定

相机标定的作用有两个：去除图像畸变和获取目标在世界坐标系里的姿态。相机标定是通过在相机前放置特制的标定参照物，对参照物进行拍照，使用特定的图像处理算法获取相机的内参、外参及畸变系数的过程。不考虑图像畸变的相机标定方法称为线性标定方法；考虑图像畸变的方法称为非线性标定方法。对于非线性标定方法，要求解非线性方程组，因此这种方法需要较大的计算量。相机标定方法主要包括三个步骤：单应性矩阵估计、计算相机内参和外参、计算畸变系数，有时标定完成后需要结合这三个步骤进行联合参数优化。

（1）单应性矩阵估计

首先假设图像没有畸变，根据摄像机线性模型可知，空间中任意标定点 $\boldsymbol{p}$ 在世界坐标系下的齐次坐标可写为${}^w p = ({}^w x, {}^w y, {}^w z, 1)$，点 $\boldsymbol{p}'$ 为点 $\boldsymbol{p}$ 对应的像素投影点，点 $\boldsymbol{p}'$ 的齐次像素坐标为（$u, v, 1$）。设定非零比例因子 s，相机的内参矩阵 $\boldsymbol{M}$，外参矩阵 $\boldsymbol{T}$，坐标旋转矩阵$\boldsymbol{R} = [r_1, r_2, r_3]$，空间位移矢量$\boldsymbol{t} = [t_x, t_y, t_z]^{\mathrm{T}}$，则式（8-50）成立。

$$s\begin{bmatrix} u \\ v \\ 1 \end{bmatrix} = \begin{bmatrix} \alpha & 0 & u_0 \\ 0 & \beta & v_0 \\ 0 & 0 & 1 \end{bmatrix} [\boldsymbol{R} \ \ \boldsymbol{t}] {}^w\boldsymbol{p} = \boldsymbol{M}\boldsymbol{T} {}^w\boldsymbol{p} \tag{8-50}$$

如果所有标定点均位于同一平面内，则式（8-50）可简化为

$$s\begin{bmatrix} u \\ v \\ 1 \end{bmatrix} = \boldsymbol{MT}^{w}\boldsymbol{p} = \boldsymbol{M}[\boldsymbol{r}_1\ \ \boldsymbol{r}_2\ \ \boldsymbol{t}]^{w}\boldsymbol{p} \tag{8-51}$$

在式（8-50）中，令 $\boldsymbol{H} = \boldsymbol{M}[\boldsymbol{r}_1\ \ \boldsymbol{r}_2\ \ \boldsymbol{t}]$，则 $\boldsymbol{H}$ 被称为单应性矩阵。求解方程（8-51）可得到 $\boldsymbol{H}$ 的具体表达式。

（2）计算相机内参和外参

假设单个摄像机的模型如图 8.13 所示，其中 O 为光心，其余各段长度均在图中标出。

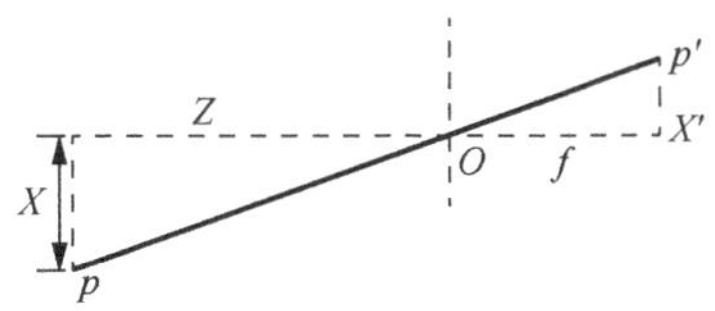

图 8.13　摄像机的结构模型

由图 8.13 所示，可得

$$\frac{Z}{f} = \frac{X}{X'} = \frac{Y}{Y'} \Rightarrow \begin{cases} X' = f\dfrac{X}{Z} \\ Y' = f\dfrac{Y}{Z} \end{cases} \tag{8-52}$$

在坐标系中以像素为单位进行划分，则投影点 $\boldsymbol{p}'$ 的坐标值可写为

$$\begin{cases} u = \alpha X' + c_x \\ v = \beta Y' + c_y \end{cases} \Rightarrow \begin{cases} u = f_x \dfrac{X}{Z} + c_x \\ v = f_y \dfrac{Y}{Z} + c_y \end{cases} \tag{8-53}$$

式中，$f_x = af, f_y = bf$，c_x 与 c_y 为像素缩放以外的平移量。将式（8-53）写为齐次方程形式，得

$$\begin{bmatrix} u \\ v \\ 1 \end{bmatrix} = \frac{1}{Z}\begin{bmatrix} f_x & 0 & c_x \\ 0 & f_y & c_y \\ 0 & 0 & 1 \end{bmatrix}\begin{bmatrix} X \\ Y \\ Z \end{bmatrix} = \frac{1}{Z}\boldsymbol{KP} \tag{8-54}$$

式中，$\boldsymbol{K} = \begin{bmatrix} f_x & 0 & c_x \\ 0 & f_y & c_y \\ 0 & 0 & 1 \end{bmatrix}$ 称为相机的内参数矩阵（内参）。通常来说，内参在相机出厂时就已经确定并由厂商提供。对于特定相机来说，内参是唯一的，在相机使用过程中不会改变。

固连在机器人平台上的相机通常随机器人运动，因此其在世界坐标系中的位置会实时变化。在图 8.13 中，基于式（8-50）中定义的各变量，式（8-54）可写为

$$\begin{bmatrix} u \\ v \\ 1 \end{bmatrix} = \frac{1}{Z}\boldsymbol{KP} = \frac{\boldsymbol{K}}{Z}(\boldsymbol{R}^{w}\boldsymbol{p}+\boldsymbol{t}) = \boldsymbol{KT}^{w}\boldsymbol{p} \tag{8-55}$$

在式（8-55）中，矩阵 $\boldsymbol{T}$ 成为相机的外参数。在机器人运行过程中，外参数随机器人运动而不断变化。相机的外参是不唯一的，同时外参数与机器人的运动轨迹密切相关。

综上所述，相机标定的整体步骤如下：

1）对不同姿态的标定板进行拍照，获得多幅图像，一般来说，图像数量不少于五幅；

2）通过图像处理算法（椭圆拟合、连通域分析等），提取每幅图像的标定点像素坐标，并根据标定板的几何尺寸确定标定点在参考坐标系（大地坐标系）中的坐标；

3）计算相机的内参和不同姿态下的外参。

8.5.2　视觉检测

视觉检测的目的是从复杂的背景中辨识出目标位姿，并分离背景，以完成跟踪、识别等任务。视觉检测的主要任务是去除不关注的背景，得到关注的前景目标。视觉检测通常可分为基于背景建模的视觉检测方式和基于前景建模的视觉检测方式。

（1）基于背景建模的视觉检测方式

该方法是将当前的帧图像与建立的背景参考模型进行对比，通过设定阈值分割（假设阈值为 N）出目标前景。该方法一般包括初始化背景模型、维护背景模型和前景检测与分割等步骤，如图 8.14 所示。

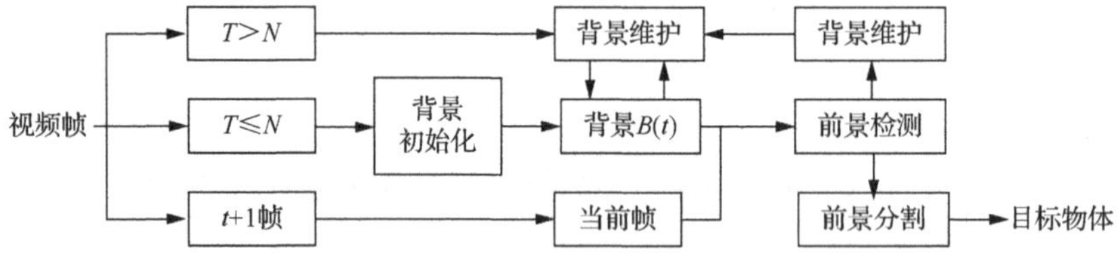

图 8.14　基于背景建模的目标检测流程图

其中，背景初始化模型可以从一段较短且不包含前景目标的训练图像序列中获取，但实际中的场景很难满足该条件，这就需要从包含前景目标的图像中对背景进行建模，这也是该方法的关键。基于背景建模的视觉检测模型包括均值背景模型、中值滤波背景模型等，近年来还出现了统计模型、聚类模型、神经网络模型等。

（2）基于前景建模的视觉检测

该方法的步骤包括离线训练和在线检测两步。在离线训练阶段，分别提取样本中前景目标和背景特征，建立目标前景或背景表观模型，再训练分类器，得到一个性能理想的分类器模型；在线检测阶段，对测试样本在多个尺度上进行滑动窗口扫描，提取训练时使用的特征建立表观模型，再使用离线训练得到的分类器模型对其进行分类，从而判断各个窗口是否为前景目标，如图 8.15 所示。

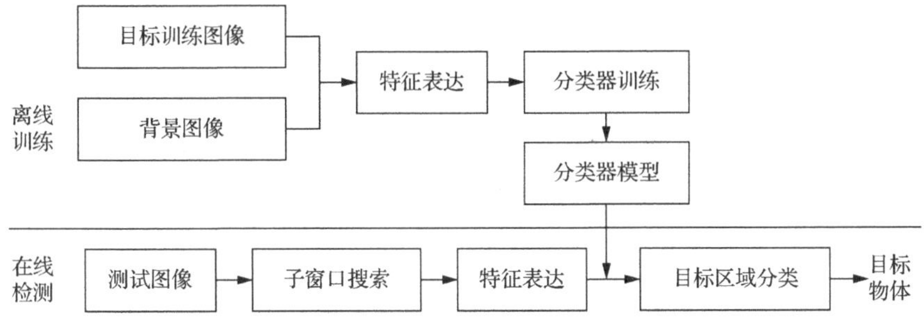

图 8.15　基于前景建模的目标检测流程图

该方法基于“特征表达+分类器”的通用模型，主要任务是高效地建立特征模型并构造合适的分类器。

8.5.3　视觉跟踪

视觉跟踪是指对图像序列中感兴趣的目标进行检测、提取、识别和跟踪，从而获得目标的各项运动参数，并对此进一步处理和分析，实现对运动目标的行为理解。目前，视觉跟踪广泛应用于视频监控、机器人视觉和自主导航等领域。此外，人机交互系统与虚拟现实技术中视觉跟踪也非常重要。

1. 视觉跟踪的基本框架

在视觉跟踪过程中，目标状态初始化通过目标检测实现，目标跟踪是在目标监测的基础上，对目标的状态进行连续估计的过程。

运动目标跟踪问题可以等价为在连续的图像帧之间，构建基于目标位置、速度、形状、纹理、色彩等有关特征的对应匹配问题，通常由目标状态初始化、表观建模、运动估计及目标定位四部分组成，如图 8.16 所示，其中，t 为当前图片帧数，N 为用于分钟初始化的视频帧数。

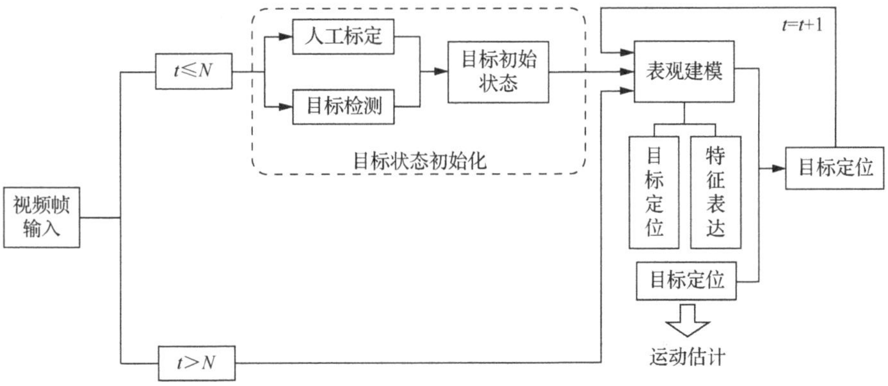

图 8.16　运动目标跟踪问题的一般处理流程

目标状态的初始化一般通过人工标定或目标检测的方法实现。表观建模主要包括对目标的视觉特征进行描述，以及度量视觉特征之间的相似性。运动估计则是采用某种运动假设来预估目标可能出现的位置，常用的运动估计方法包括线性回归、隐马尔科夫模型、卡尔曼滤波及粒子滤波等。最后，在表观建模与运动估计的基础上，采用某种最优化策略获取目标最可能的位置，实现对跟踪目标的定位。

2. 视觉跟踪的基本模型

目标跟踪按照有无检测过程的参与，可分为生成式跟踪和判别式跟踪。其中，生成式跟踪方法在目标检测的基础上，对前景目标进行表观建模后，按照一定的跟踪策略，估计跟踪目标的最优位置；判别式跟踪方法是通过对每一帧图像进行目标检测来获取跟踪目标状态，因此这类方法也被称为基于检测的跟踪方法。

（1）生成式跟踪方法

该方法采用一定的跟踪策略，估计下一帧中跟踪目标的状态，其跟踪过程与检测过程是相互独立的，二者有时间先后顺序。该方法的关键在于如何精确地对跟踪目标进行重构表达，采用在线学习的方法对跟踪目标进行表观建模，以适应目标表现的变化，实现跟踪效果。目前，生成式表观模型的建立方法可分为基于核的方法、基于子空间的方法和基于稀疏表示的方法。

基于核的方法通常采用核密度估计的方式构建表观模型，并使用均值漂移（mean shift）算法对运动目标的位置进行估计。早期的基于核的方法虽然考虑了跟踪目标的颜色及灰度，但忽略了梯度、形状等视觉信息，在复杂场景、目标部分遮挡、快速运动及尺度变化等情况下容易出现漂移问题。为此，伊尔马兹（Yilmaz）将非对称核引入 mean shift 方法，实现了对跟踪目标的尺度自适应以及方向的选择。

基于子空间的方法的关键在于如何构建相关的基础以及它们所构成的子空间，从而对目标进行表示。列维（Levey）和布兰德（Brand）采用增量奇异值分解（singular value decomposition，SVD）的方法获取子空间学习的解，并将其应用于计算机视觉处理和音频特征提取中。

基于稀疏表示的方法通常假设跟踪目标在一个由目标模板所构成的子空间内，其跟踪结果是通过寻求与模板重构误差最小的目标而得到的最佳勾选目标。

生成式跟踪方法使用了丰富的图像表示，能精确地拟合目标的表观模型。实际应用中跟踪目标通常没有特定的表现形式，对此类方法的正确性验证显得非常困难。此类方法忽略了背景信息，当场景中出现与目标表观相似的物体时，跟踪算法易受到干扰，出现跟踪失败的问题。

（2）判别式跟踪方法

该方法将视觉目标跟踪视为一个二分类的问题，可充分地利用背景信息，克服生成式跟踪方法的不足。判别式跟踪方法的基本思路是寻求跟踪目标与背景之间的决策边界，采用在线增量学习的方法，获取前景目标与背景的分界面，降低计算成本，提高计算效率。该方法通过对每一帧图像进行目标检测，获取目标状态，整体可分为基于在线 boosting 的方法、基于 SVD 的方法和基于随机学习的方法等。

基于在线 boosting 的方法源于瓦利安特（Valiant）提出的 PAC（probably approximately correct，概率近似准确）学习模型，其基本原理是通过对弱分类器进行重新整合从而提升分类性能。由于此分类方法具有较强的判别学习能力，因此已广泛地应用于目标跟踪任务。此类方法通过自适应地选择区分较强的特征，根据目标的变化，自适应地改变分类器，完成跟踪任务。

基于 SVM 的方法通过引入最大化分类间隔约束，学习到具有较强分类性能的 SVM 分类器，对目标与非目标进行划分，最终实现对运动目标的跟踪。

基于随机学习的方法通过随机特征与输入信息建立跟踪目标的表观模型。该方法通常使用 GPU 实现并行加速计算，相比于在线 boosting 和基于 SVM 的方法，其处理速度更快，效率更高，可以扩展应用到多分类问题的求解中。由于此类方法的特征选取比较随机，故在不同的应用环境下，跟踪性能不稳定。

综上所述，视觉反馈作为一种直观的反馈方式，已广泛应用于机器人控制系统中，并伴随传感技术与控制技术的进步仍在不断发展。与人眼相比，当前的机器人视觉在关注深度与广度上具有明显优势，但稳定性与抗干扰能力仍具有较大差距。在某些特定领域，如高速运动物体的跟踪能力，复杂背景下的图像分割与目标识别能力，高噪声条件下视觉信号的处理能力等方面仍具有较大发展空间。

8.6　工业机器人

机器人的分类方式有很多，从应用领域出发大致可分为工业机器人、移动机器人、特种机器人等。

1）工业机器人：以机械臂为代表的，面向工业生产，可实现工业生产中的焊接、装配、喷涂、转运、加工等操作，进行人机交互和多机协作等工作。

2）移动机器人：该类机器人包含种类很多，可在空中、地面、水面（水下）等多种场合下运动。该类机器人的发展伴随运动控制技术、仿生技术、视觉技术、机构设计等多个技术共同发展，并已在自动驾驶、公共服务、军事侦察等多个领域得到了应用。

3）特种机器人：面向特殊用途（教育、医疗、军事等）的机器人，一般由经过专门培训的人员操作或使用的，辅助和/或代替人执行任务的机器人。

严格地说，这三类机器人之间并没有清晰的界限，如用于军事排爆的排爆机器人，从用途上讲属于特种机器人，而从其结构特性上看，也属于移动机器人。

8.6.1　工业机器人的特点

工业机器人通常包括三大部分和六大子系统构成，其中，三大部分是指机械部分、传感部分和控制部分；六大子系统包括机械结构系统、驱动系统、感知系统、机器人-环境交互系统、人机交互系统和控制系统。

工业机器人用于工业生产，通常集成在一个大的生产体系中，为了保证生产环节的高效，工业机器人通常可针对不同的生产场景进行设计和优化，如装配、码垛、喷涂、焊接以及精细操作作业等，这些场景对机器人机构的关节数量、工作空间、运行精度、负载能力等性能均有不同的要求。

8.6.2 工业机器人主要应用场景

1. 自动化生产

工业机器人是自动化生产领域一种非常重要的设备，它可进行重复、烦琐、危险或高精度的工作，让传统的劳动力解放出手来学习更具有创新性的工作。在生产线上，工业机器人可自动完成件装配、检测和包装等任务，增加生产效率。另外，由于工业机器人具有可编程性和高精度控制能力，能快速适应生产需求的变化，实现批量或小批量生产的快速转换。

2. 焊接

焊接是工业环节中非常重要的一环，不仅对机器人的运行精度要求较高，还需要机器人具备一定的柔顺性。由于计算机技术的发展，现代焊接机器人一般都有如下特征：

1）轨迹具有较高度的重复性与定位精度，典型的重复能力约为±0.1mm，定位精度约为±1.0mm。

2）末端执行器具有较高的运行速度，可达到 8m/s。

3）以机械臂为基础的工业机器人通常具有 6 个自由度，部分大型工业机器人的机械臂安装在移动滑轨上，总共有 7 个自由度。

4）有效载荷一般为 6～100kg。

5）通过高速输入/输出控制器（PLC）和机器人单元内部协同动作。

6）在大型生产现场，机器人通过现场总线和以太网与其他环节互联。

3. 装配

自动装配是工业生产中非常重要的环节，具有极为广阔的发展和应用前景。利用机器人执行装配工作，不但可减轻操作人员的劳动强度，也可提高工作效率。在装配领域，工业机器人的转载能力通常为 100～300kg，并具有如下特点。

1）在 100kg 有效负载的前提下，重复定位精度至少为±0.5mm，一个典型的装配机械臂的自重与有效载荷比约为 1500kg∶150kg。

2）具有极高的可靠性，装配机械臂的典型平均无故障时间约为 50 000h。

3）为提高工作效率，原则上讲，搬运的速度越快越好，因此需要高功率执行机构（一般高达 5kW）。

4）大多数装配机器人的运动轨迹、位置、方向基于实时机器人仿真接口，通过离线编程系统生成，运动精确性取决于机器人模型的精度。

4. 人机协作

在目前的工业生产中，机器人作为人类能力的延伸和增强，辅助于生产环节。理论上讲，机器人可实现全工业环节的全自动操作，但有些时候，从可靠性与成本角度考虑，机器人的工作需要人的辅助。如在某些高精度器件装配环节中，装配过程需要机器人将物件运至装配位置区域，再由人手动辅助物件精确接入装配点。这种场合下，人机协作的安全性非常重要，除了施工人员必须遵守标准化作业流程外，机器人本身也要有针对性地安全设计。

ISO 10218-1:2006 标准为工业机器人使用规定了关于固有安全性，涉及保护和信息的需求和说明。人机协同操作必须满足这些标准，大致有以下几方面：

1）用手引导的设备必须处于末端的工作范围内。

2）机器人的运行速度要在安全范围内（不高于 250mm/s），并处于安全监控的范围内，此处安全监控要求不低于 ISO 13849 标准中的 3 级标准（不低于 PL3 级别，除非经过风险评估后认为该操作需要更高的风险等级）。

3）机器人具备感知能力，确保与人保持安全距离，此处的安全距离与运行速度有关。安全距离和速度监控也要满足不低于 ISO 13849 标准中的 3 级标准（不低于 PL3 级别，除非经过风险评估后认为该操作需要更高的风险等级）。

如果机器人的功耗低于 80W，静态冲击力不高于 150N，则该机器人无须添加其他传感器来进行安全防护，当然这些都基于 ISO 13849 标准。现阶段，采用新的控制策略，机构和执行器的设置都可以满足这些要求，这样的机器人叫作本质安全型机器人。

8.6.3　工业机器人的典型机构

机构的设计直接决定了机器人的运动特性。工业机器人通常采用关节式的机构设计，可使机器人末端深入或绕过障碍物进行工作。常见的机器人结构形式如图 8.17 所示。

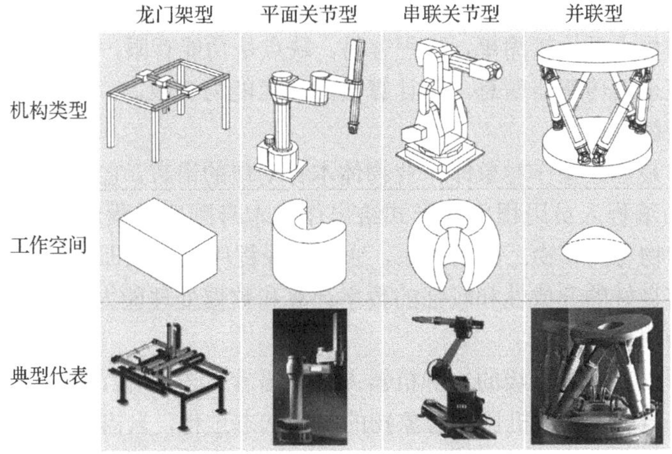

图 8.17　典型的工业机器人机构形式

图 8.17 中，除并联型机械结构外，其余三种均为串联型机构形式。其中，串联机构可获得更大的工作空间，而并联机构可以获得更高的刚度和灵活性，且并联机构微动精度高，结构也比串联机构稳定。

对于图 8.17 中所示的几种串联机器人，龙门架型机器人也称为笛卡儿坐标机器人，多用于码垛等对负载要求较高的场合。这种机器人的特点是坐标描述清晰，无须复杂的数学转换，因此模型建立相对容易，其结构的选取具有较强的通用性。此外，这种机器人末端工作空间几乎全部位于基座投影区域内，因此具有较强的负载能力。

平面关节机器人又称 SCARA 机器人，是一种多用于平面定位的串联式机器人，这种机器人通常具有 3 个旋转关节，其轴线相互平行，外加 1 个线性关节，垂直于底座平面运动。SCARA 机器人在底座平面方向（x 轴与 y 轴）具有较好的顺应性，在垂直底座平面方向（z 轴）具有较好的刚度特性，因此常用于装配等工作。

串联关节型机器人又称铰链式机器人，通常为手臂型机器人，各关节串联连接。串联型机器人通常具有 6 个旋转自由度，部分此类机器人为确保与环境接触时的柔顺性（如喷涂、焊接等），手臂末端有时还会连接伸缩式的被动关节。

8.6.4　工业机器人的编程

机器人要实现一定的动作和功能，除了依靠机器人的硬件支撑外，相当一部分功能是靠编程来完成的。伴随着机器人的发展，机器人编程技术也得到了不断完善，现已成为机器人技术的一个重要组成部分。机器人编程是使用某种特定语言来描述机器人动作轨迹，使机器人按照既定运动和作业指令完成编程者预定的相关操作或任务。

早期的机器人由于功能单一，动作简单，可采用固定程序或者示教方式来控制机器人的运动。随着机器人作业动作、作业环境的复杂化，机器人编程语言也越来越丰富。目前，按照作业描述水平的高低，机器人编程语言分为动作级、对象级和任务级三类。

（1）动作级编程语言

动作级编程语言是最低级的机器人语言。它主要以描述机器人的运动为主，通常一条指令对应机器人的一个动作，可用来描述从机器人的一个位姿运动到另一个位姿。动作级编程语言的优点是比较简单，编程容易。缺点是功能有限，无法进行繁复的数学运算，不能接受复杂的传感器信息，与计算机的通信能力有限。

（2）对象级编程语言

对象级语言是描述操作对象即作业物体本身动作的语言。它不需要描述机器人手爪的运动，只要由编程人员用程序的形式给出作业本身顺序过程的描述和环境模型的描述，即描述操作物与操作物之间的关系，通过编译程序机器人即能知道如何动作。对象级编程语言具有良好的开放性和较强的数字计算和数据处理能力。

（3）任务级编程语言

任务级编程语言是更高级的一种机器人编程语言。这类语言可以用机器人的动作来描述作业任务，但可不描述机器人对象物的中间状态过程，只需要按照某种规则描述机器人对象物的初始状态和最终目标状态，机器人语言系统即可利用已有的环境信息和知识库、数据库自动进行推理、计算，从而自动生成机器人详细的动作、顺序和数据。任务级编程语言的结构较为复杂，需要人工智能的理论基础和大型知识库、数据库的支持，目前还不是十分完善，有待于进一步的研究。

自发明机器人以来，机器人编程语言也在不断地更新和发展。国际上第一种机器人语言是美国斯坦福大学于 1973 年研制的 WAVE 语言，WAVE 语言是一种机器人动作级语言，主要用以机器人的动作描述，辅助视觉传感器进行机器人的手、眼协调控制。此后，随着世界各国对机器人研究的不断深入，不同种类的机器人语言也不断出现。目前，国内外主要的机器人语言如 AL 语言、AML 语言、AutoPASS 语言、ARIL 语言、IML 语言、MCL 语言、SERF 语言、SIGLA 语言、PLAW 语言、VAL 语言等，已有 20 多种。

8.7　移动机器人

移动机器人研究是机器人技术研究中的重要领域。移动机器人按照机器人的活动范围又包括地面移动机器人、水下移动机器人、空中移动机器人等，此外，每一类移动机器人按照其移动模式又可以分为很多小类。本节以地面移动机器人为例，简要介绍移动机器人的相关技术。

从运动方式来看，地面移动机器人包括轮式机器人、履带式机器人、腿足式机器人三大类。这些机器人通常使用遥控、自主或半自助的方式，代替人类进入复杂环境中执行劳动强度大、危险级别高的任务。

8.7.1　轮式机器人

该类机器人以车轮作为移动机构，车轮的形式取决于机器人的用途和特性，如轨道运行的轮式机器人通常载重量较大，多采用实心钢轮；室外铺装或半铺装路面运动的轮式机器人，为增大轮-地接触面积，通常采用充气轮胎；室内铺装路面运行的机器人为考虑其运动灵活性，通常使用实心轮胎或麦克纳姆轮。此外，考虑到不同机器人的特定需求，如轻量化，不同轮式机器人的车轮材质也不同。

1. 轮式机器人的车轮配置与转向机构

轮式机器人的车轮配置从单轮到多轮（四轮以上）均有涉及。其中，单轮和双轮机构在实际生产场景中应用较少；三轮机构中有一个轮起到支撑作用，另外两轮起到驱动和差动转向作用；四轮驱动的应用更为广泛，四轮机构在静态稳定性、高速动态性能、载重能力、能耗等方面均有兼顾，并可采用不同的方式实现驱动和转向；多轮机构（如六轮）具有更强的载重能力，多用于大型且高负载的机器人上。

2. 三轮机器人的运动分析

如前面所述，三轮机器人的车轮配置包括“前一后二”和“前二后一”两类，如图 8.18 所示。对于“前一后二”的形式，两个驱动轮的线速度分别为 v_1 和 v_2，其余参数均标示在图 8.18（a）中。

驱动轮中点 P 的运动速度为 v_P，且满足

$$v_P = \frac{v_1 + v_2}{2} \tag{8-56}$$

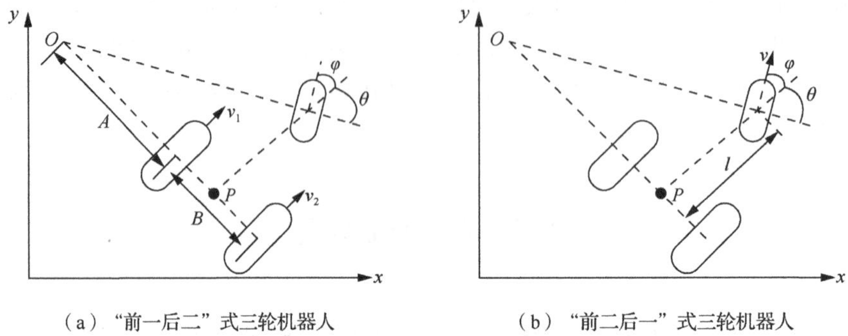

图 8.18　三轮机器人的运动分析

分别投影到坐标轴上的速度为

$$\begin{cases}\dot{x}=v_{\mathrm{P}}\cos\theta=\dfrac{v_1+v_2}{2}\cos\theta\\ \dot{y}=v_{\mathrm{P}}\sin\theta=\dfrac{v_1+v_2}{2}\sin\theta\end{cases}\tag{8-57}$$

转向圆心 O 到左轮的距离 A 可表示为

$$A=\frac{v_1 B}{v_2+v_1}\tag{8-58}$$

式中，B 为两个驱动轮之间的距离，则车体角速度为

$$\dot{\theta}=\frac{v_1}{A}=\frac{v_2-v_1}{B}\tag{8-59}$$

将 $\dot{x}$，$\dot{y}$ 与 $\dot{\theta}$ 写成矩阵形式，得

$$\begin{bmatrix}\dot{x}\\ \dot{y}\\ \dot{\theta}\end{bmatrix}=\begin{bmatrix}\dfrac{1}{2}\cos\theta & \dfrac{1}{2}\cos\theta\\ \dfrac{1}{2}\sin\theta & \dfrac{1}{2}\sin\theta\\ -\dfrac{1}{B} & \dfrac{1}{B}\end{bmatrix}\begin{bmatrix}v_1\\ v_2\end{bmatrix}\tag{8-60}$$

式（8-60）即为该机构的运动学方程，其中的 3×2 矩阵即为机构的雅可比矩阵。

对于“前二后一”的车轮配置方式，假设前轮的驱动速度为 v，转向速度为 w，则两驱动轮中点 P 处的速度 v_{P} 可表示为

$$v_{\mathrm{P}}=v\cos\varphi\tag{8-61}$$

则 v_{P} 在坐标轴上的投影为

$$\begin{cases}\dot{x}=v_{\mathrm{P}}\cos\theta=v\cos\varphi\cos\theta\\ \dot{y}=v_{\mathrm{P}}\sin\theta=v\cos\varphi\sin\theta\end{cases}\tag{8-62}$$

由于前轮中心到车体转弯中心的距离为 $l/\sin\varphi$，则车体旋转角速度为 $\dot{\theta}=v/l\sin\varphi$。考虑到 $\dot{\varphi}=\omega$，则该配置下的运动学方程为

$$\begin{bmatrix} \dot{x} \\ \dot{y} \\ \dot{\theta} \\ \dot{\varphi} \end{bmatrix} = \begin{bmatrix} \cos\varphi\cos\theta & 0 \\ \cos\varphi\sin\theta & 0 \\ \sin\varphi / l & 0 \\ 0 & 1 \end{bmatrix} \begin{bmatrix} v \\ \omega \end{bmatrix} \tag{8-63}$$

8.7.2　履带式机器人

履带式机器人具有较前越障能力，可在野外非铺装路面上运动。相比于轮式机构，履带式机器人具有如下特点：

1）支撑面积大，适合于松软或泥泞场地作业，通过性能好。

2）越野机动性好，爬坡、越沟等性能优于轮式机构。

3）履带与地面的摩擦力大，牵引附着性好。

4）结构复杂，重量大，减震性能差，保养难度大。

1. *履带式机器人的支撑机构*

履带式机器人的履带形状通常有长方形［图 8.19（a)］与梯形［图 8.19（b)、(c)］两类，此外还有一些变种以应对特定场合，如图 8.19（d)、(e）所示。相比而言，长方形履带支撑面积较大，所以稳定性较高，其驱动轮和导向轮兼具支撑轮的功能；梯形履带的驱动轮和导向轮不具备支撑轮的功能，履带基本较高的接近角，更适合越障。

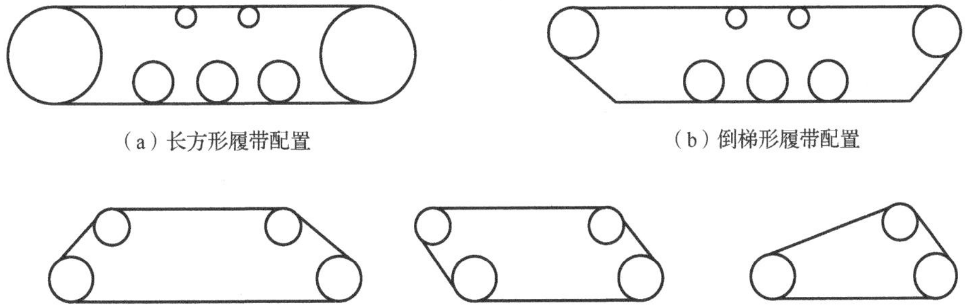

（a）长方形履带配置　（b）倒梯形履带配置

（c）正梯形履带配置　（d）平行四边形履带配置　（e）三角形履带配置

图 8.19　几种常见的履带结构

履带式机构根据支撑轮的数量不同可分为多支点式和少支点式两种。多支点式一般具有 5～9 个支撑轮，相邻两支撑轮之间的距离小于履带节距的 1.5 倍，履带在支撑轮之间不能弯曲，因而接地比压近于均匀分布；多支点式支撑轮数量较少，单个轮直径较大，运行阻力小，但履带在支撑轮之间有较大弯曲，履带受力不均匀，通常适合硬质路面上行进。

当运行速度较低（小于 5km/h）时，支撑轮与履带梁之间不需要弹性悬挂，行进时没有缓冲作用，若要行进在较高速度时，则需采用弹性悬挂和半弹性悬挂。支撑轮多装于滑动轴承上，只有轻载的履带移动机构中才采用滚动轴承。

托带轮安装于履带上分支的下方，以减少履带的下垂量，保持履带平稳运行。托带轮只承载履带自重，尺寸较小且结构简单。有时也可使用大支撑轮取代专门的托带轮，也可用滑动导路代替托带轮，特别采用硬质塑料来代替钢制导路，造价低，使整个机构高度降低，但阻力有所增加。

履带是由履带板拼接而成，不同工况下的履带板尺寸不同，履带板包括整体式和组合式两种。整体式履带板结构简单、制造方便，但维护成本较高，若出现损坏，只能整块更换。

履带两端的导向轮可选择一个作为驱动轮。若前轮作为驱动轮，则履带的上分支受力小，承载分支处于微张紧状态，运行阻力较小；若后轮作为驱动轮，履带的承载分支部分长度处于压缩弯折状态，运行阻力增大。驱动轮的齿数通常为Z=8～10，导向轮可设计成无齿的，以应对链轨磨损后节距增长的问题。当节距因链轨磨损而增长时，为不发生脱轨的情况，履带机构中会设计张紧装置。

2. *履带式机器人的越障原理*

为提高履带式机器人的越障能力，通常会设计前摆臂辅助越障。

这种机器人的越障过程（以攀爬台阶为例）可分为两个阶段：第一阶段，将摆臂搭在台阶上，使车体在行走机构和摆动机构的共同作用下，顺利爬到第二台阶，此时车体实现了地面、第一台阶、第二台阶的三点接触；第二阶段，机器人只需在行走机构的作用下如同上坡一样缓缓向上爬。

假设台阶是光滑的，摆臂重心处于摆臂中心轴线上距大轮点 1/3 处，整个车体重心位于车体几何中心处。台阶高度为H_0，机器人自身受到的重力为 $\boldsymbol{G}$，台阶与摆臂之间的作用力为$\boldsymbol{N}_1$，可分为水平分力 $\boldsymbol{F}_0$ 和垂直分力 $\boldsymbol{N}$，地面与后轮之间的作用力为$\boldsymbol{N}_2$，在机器人离开地面的瞬间，前轮与地面没有作用力如图 8.20 所示，可得

$$\boldsymbol{N}_1 = \boldsymbol{N} / \cos\alpha \tag{8-64}$$

由于两个摆臂对称，以一个摆臂为例，可得$\boldsymbol{N} = \boldsymbol{G}/4$。假设$\boldsymbol{T}_*$为*产生的力矩，由力矩平衡方程可知，$\boldsymbol{T} = \boldsymbol{T}_{N1} - \boldsymbol{T}_G$，如图 8.21 所示。综上整理可得

$$\boldsymbol{T} = \boldsymbol{G}\left(\frac{L_0}{4\cos\alpha} - \frac{L\cos\alpha}{3}\right) \tag{8-65}$$

由式（8-65）可计算出整个运动过程中 $\boldsymbol{T}$ 的最大值$\boldsymbol{T}_{\max}$，为补偿台阶与摆臂之间的摩擦，引入补偿系数 K，则实际力矩值$\boldsymbol{T}'$可写为

$$\boldsymbol{T}' = \frac{\boldsymbol{T}_{\max}}{K} \tag{8-66}$$

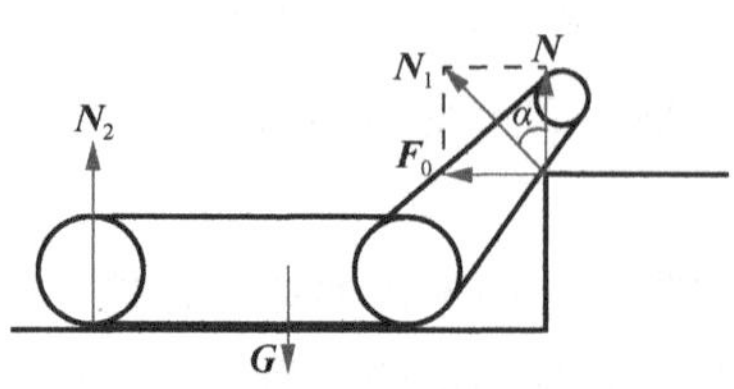

图 8.20　爬台阶时的整车受力图

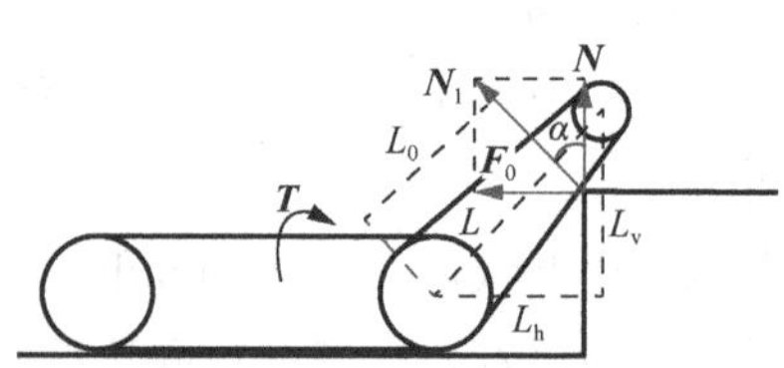

图 8.21　爬台阶时的摆臂受力图

8.7.3　腿足式机器人

在前面所述的机器人中，机器人移动时需要有一个连续的支撑平面，因此在山地、碎石地及类似于梅花桩的路面上无法正常通行。腿足式机器人在这一方面有独特优势，腿足式机器人主要具有以下特点。

1）支撑点不连续，理论上可以适应各种路面。

2）足端轨迹与躯干姿态解耦，躯干不受路面状态影响。

3）可随时实现全方位移动，无须设置转向机构。

4）由于动物界中有大量腿足式动物，因此很多样本可供研究。

按照腿的数量，腿足式机器人也分为单足到多足，其中，双足和四足机器人的研究最多，主要因为这两类机器人在自然界中研究样本最多，此外，其他类型机器人中，偶数腿机构占有绝大多数，因为此类机构可以产生有效的步态。

一般来说，四足动物的腿部结构可分为两大类：昆虫类的腿部结构和哺乳动物类的腿部结构，如图 8.22 所示。

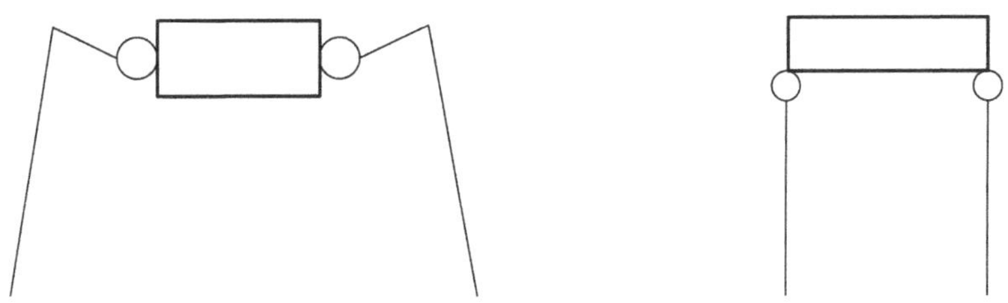

（a）昆虫类腿部结构　　　　（b）哺乳动物类腿部结构

图 8.22　四足动物的两种常见腿部结构

图 8.22（a）四条腿分布在躯干两侧，可以提供较大面积的支撑平面。对于机器人来说，这样的腿部结构有利于提高其静态稳定性。然而，此类腿部结构与地面接触的 4 个支撑点位于躯干在地面上的投影区域之外，要对腿部各关节施加更大的力或力矩才能满足躯干的运动要求。因此，此类的腿部结构可用于小型、轻量的机器人。具有图 8.22（b）这种结构的机器人尽管在静态稳定性上稍显劣势，但其在载重能力和动态性能上具有明显的优势。

腿足式机器人的研究大多是在仿生学研究的基础上发展而来的，伴随控制理论的发展而发展。与自然界中的动物类似，基于仿生学的腿足式机器人样机常见为双足、四足和六足，单足常见于测试平台，而更多足机器人偶尔也见于部分文献，但相对较少。

1. 双足机器人

双足机器人通常以人类或双足动物为研究原型，其控制方式围绕研究原型开展研究。目前国内外比较有代表性的成果包括波士顿动力（Boston Dynamics）公司研发的 Petman 和 Atlas，俄勒冈州立大学研发的 Cassie，优必选公司研发的 Walker 及北京理工大学研发的“汇童”机器人等，如图 8.23 所示。

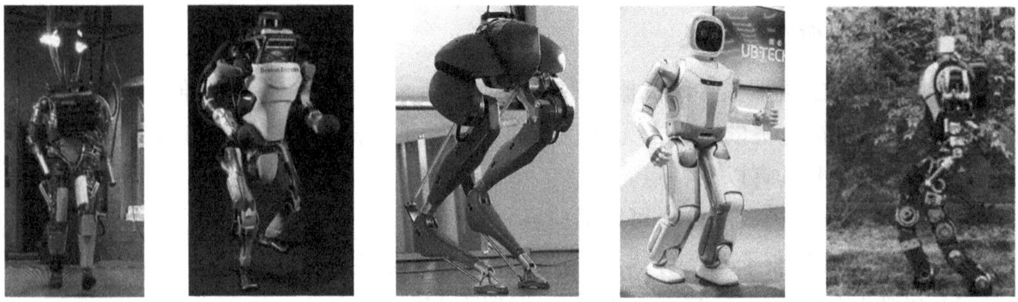

（a）Petman　（b）Atlas　（c）Cassie　（d）Walker　（e）“汇童”

图 8.23　几种有代表性的双足机器人

其中，Atlas 的身高超过 1.8m，重量超过 150kg（后期轻量化版本为 80kg），由机载液压动力源进行驱动。该机器人不仅可进行诸如步行、奔跑等常规运动，还可借助自身的多种传感器和学习算法实现空翻、快速越障甚至舞蹈等复杂运动。

Cassie 是一款以鸵鸟为仿生对象研制的双足机器人。该机器人采用轻质腿部结构，通过结构优化减小腿部的运动惯量。Cassie 整机共有 10 个自由度，具备较强的运动能力，奔跑速度可达 4m/s，但该机器人的传感器较少，使得其自主运动能力相对不足。

Walker 与“汇童”两款机器人是目前国内较为先进的双足机器人，其中 Walker 依靠视觉反馈可实现很多日常行为操作；“汇童”机器人可以完成打太极拳、打乒乓球等复杂动作，并在非结构环境中具备一定的越障能力。

2. 四足机器人

四足机器人通常以四足动物为研究对象，这也是目前腿足式机器人研究的重点领域。相比于双足机器人，四足机器人的优势在于其较强的静态稳定性、负重能力和地形适应性。从 2005 年波士顿动力公司研发了液压四足机器人 Bigdog 以来，该领域经过了多年的快速发展，目前四足机器人已实现商业化（波士顿动力公司的 Spot mini），并在军事、交通物流、居家娱乐等领域发挥越来越重要的作用。

图 8.24（a）中为波士顿动力公司研发的 LS3（Legged Squad Supporting System）机器人。该机器人最初的研发目的是用于解决野外行军中的货物运输和作战掩护等问题。LS3 全重 500kg 以上，有机载内燃机功能，液压驱动，具有很强的运动能力和适应能力。其采用前膝后轴式的腿部结构配置，以增强越障能力，并通过针对性设计实现非常规环境下的适应性问题。然而，内燃机由于噪声大，不利于隐蔽，而电机又受限于功率和电池续航等因素影响，导致 LS3 项目最终未能达到军方的预定要求而下马。尽管如此，从技术角度上讲，LS3 仍然是四足机器人发展的重要里程碑。

Spot mini 是波士顿动力公司针对民用场景研发的新型、轻型化四足机器人［图 8.24（b）］。该机器人采用电机驱动和机载动力源方式，主要面向室内环境的货物运输，单次充电可运行 90min。依托于多种先进的机载传感器和先进控制方式，Spot mini 可轻松实现上下台阶，复杂地形越障等运动，并可以模块化的方式集成多种传感器、执行机构甚至武器，已实现不同场景的适应和快速切换。此外，多个 Spot mini 之间还可以实现相互自主协作功能。从功能和运动能力上看来，Spot mini 并没有突破性地发展，但作为第一款用于行业生产的四足机器人，其在四足机器人产业化的过程中发挥了重要作用。

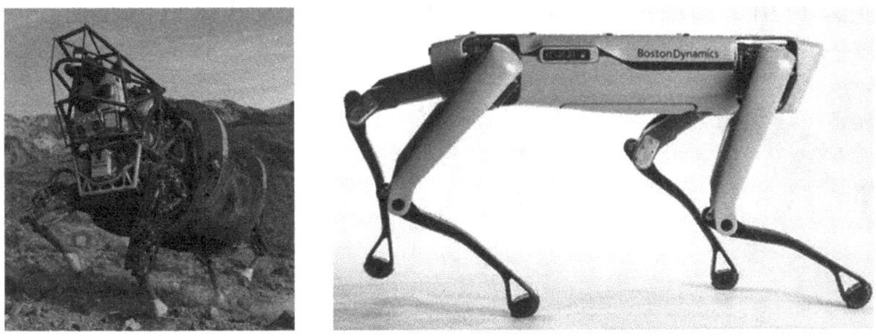

（a）LS3　　（b）Spot mini

图 8.24　波士顿动力公司的四足机器人

2010 年，国家“863 计划”设立了关于四足机器人研究的专项课题，推动了国内四足机器人领域的发展。国内多家高校及研究机构均开展了四足机器人的相关研究。图 8.25 分别为山东大学、哈尔滨工业大学、上海交通大学、国防科技大学研制的四足机器人。

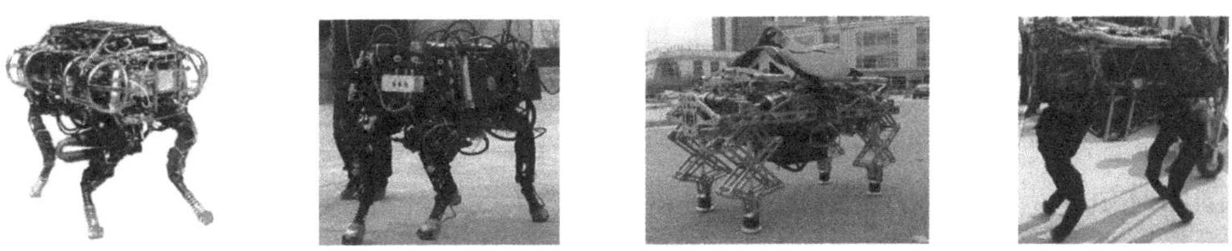

（a）山东大学研制的四足机器人　　（b）哈尔滨工业大学研制的四足机器人　　（c）上海交通大学研制的四足机器人　　（d）国防科技大学研制的四足机器人

图 8.25　部分国内高校研制的四足机器人样机

宇树科技于 2017 年推出一款名为“Laikago”［图 8.26（a）］的高性能四足机器人，具有较强的地形适应性，其 2019 年升级版产品“Aliengo”［图 8.26（b）］是国内第一台可实现后空翻的四足机器人。该公司最新一代产品“犇犇”［图 8.26（c）］是一款面向教育和娱乐的小型机器人产品，该产品在 2021 年春晚亮相，展现了优异的性能。

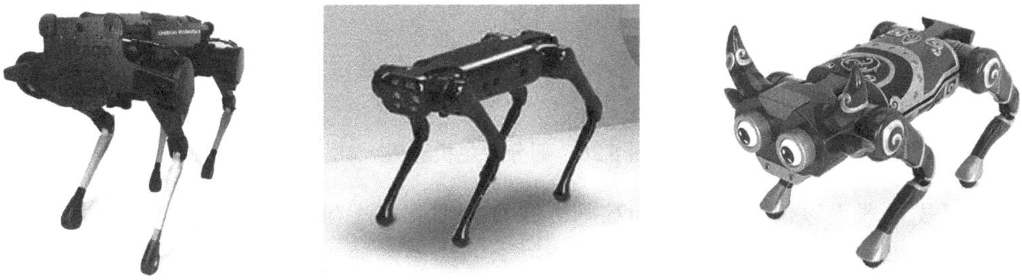

（a）Laikago　　（b）Aliengo　　（c）犇犇

图 8.26　宇树科技研发的部分四足机器人

此外，云深科技研发的“绝影”机器人及后续面向智慧工厂的“绝影 Pro”[图 8.27（a）]也是比较有代表性的四足机器人，通过机载传感器可实现自主避障和自主导航等行为。另外，该公司还研发了可二次开发的“绝影 Mini”[图 8.27（b）]和“绝影 Mini Lite”[图 8.27（c）]，可用于四足机器人的个性化场景设置以及四足机器人基础研究等工作。

（a）绝影 Pro　（b）绝影 Mini　（c）绝影 Mini Lite

图 8.27　绝影系列四足机器人

3. 多足机器人

多足机器人通常以小型昆虫作为研究模型。与四足或双足机器人相比，多足机器人的姿态控制更灵活，静态稳定裕度较高，但能耗相对较高，因此该类机器人多以小型机器人为主，面向特定场景开发，其腿部结构配置也多以图 8.22（a）中所示为主。

德国 Magdeburg 大学研发的 Anton 机器人是一款六足机器人[图 8.28（a）]，该机器人采用模块化设计，将六条腿均分到三个模块上，该机器人整机共 22 个自由度，具有较高的运动灵活性，可用于灾后地区的侦察工作。同类型的还有德国比勒费尔德大学研制的 Hector 六足机器人[图 8.28（b）]，该机器人与 Anton 类似，也采用模块化设计，不同的是，其关节中包含柔性部件，可提高能量利用效率，提高运动柔顺性。

此外，美国波士顿动力公司研发的 RHex 六足机器人是一款用于野外复杂环境的小型机器人[图 8.28（c）]，其特点是腿部无复杂结构，依靠运动控制和机构设计即可实现越障、涉水等操作。

（a）Anton　（b）Hector　（c）RHex

图 8.28　部分六足机器人

腿足式机器人以仿生学研究为基础，其发展涉及多个领域，受限于篇幅问题，本章中无法展开说明。目前的腿足式机器人的很多专项运动能力已超越其仿生对象，肢体大运动的研究相对成熟，未来有关腿足式机器人的研究预计会集中于机器人的运动连续性、柔顺性、能量利用率、精细动作等方面的研究。

参 考 文 献

蔡自兴，谢斌，2022．机器人学[M]．4 版．北京：清华大学出版社．
丁超，2021．高性能四足机器人对角步态控制与重心误差修正方法研究[D]．济南：山东大学．
董昊臻，2021．双足机器人步态仿真及腿部设计与控制研究[D]．武汉：华中科技大学．
高翔，张涛，刘毅，等，2017．视觉 SLAM 十四讲：从理论到实践[M]．北京：电子工业出版社．
胡楠，2018．核电站救灾环境下六足机器人的步态规划与运动控制[D]．上海：上海交通大学．
克雷格，2018．机器人学导论（原书第 4 版）[M]．贠超，等译．北京：机械工业出版社．
李贻斌，荣学文，李彬，2021．液压驱动四足仿生机器人理论、技术与实现[M]．北京：科学出版社．
刘斌，2017．四足机器人落地过程中缓冲策略的研究[D]．济南：山东大学．
卢奇，科佩克，2018．人工智能[M]．2 版．林赐，译．北京：人民邮电出版社．
罗均，谢少荣，翟宇毅，等，2006．特种机器人[M]．北京：化学工业出版社．
王海燕，2014．液压驱动双足机器人运动系统设计与控制[D]．济南：山东大学．
西西利亚诺，哈提卜，2013．机器人手册[M]．《机器人手册》翻译委员会，译．北京：机械工业出版社．
熊有伦，李文龙，陈文斌，等，2018．机器人学：建模、控制与视觉[M]．武汉：华中科技大学出版社．
战强，2019．机器人学：机构、运动学、动力学及运动规划[M]．北京：清华大学出版社．